航空类专业职业教育系列教材

航空概论

丘宏俊　钟梓鹏　周　堃　主编

西北工業大學出版社

西　安

【内容简介】 为贯彻立德树人的重要使命，紧贴航空运输行业的实际需求，本书用系统而精练的方式阐述航空基础知识。本书从飞行器的基本认识与分类出发，着重强调了航空安全的重要性，随后深入浅出地剖析了普通飞机(固定翼)与直升机(螺旋桨)的基本构造，阐述了多种常见航空发动机的类型、结构特点及安装布局，简明扼要地介绍了空气动力学基础、飞行原理和基本飞行过程，以及飞机运行中的典型系统。

本书可作为高等院校航空相关专业的基础教材，助力学生构建基本的航空知识框架，同时，也能够服务于航空运输行业的在职培训，提升从业人员的专业素养，还可作为广大青少年和航空爱好者的科普读物。

图书在版编目(CIP)数据

航空概论 / 丘宏俊，钟梓鹏，周堃主编. --西安：西北工业大学出版社，2024.11. --(航空类专业职业教育系列教材). -- ISBN 978-7-5612-9587-8

Ⅰ. V2

中国国家版本馆 CIP 数据核字第 2024YU5716 号

HANGKONG GAILUN

航 空 概 论

丘宏俊 钟梓鹏 周堃 主编

责任编辑：华一瑾	**策划编辑**：华一瑾
责任校对：张 潼 季苏平	**装帧设计**：高永斌 董晓伟
出版发行：西北工业大学出版社	
通信地址：西安市友谊西路 127 号	邮编：710072
电　　话：(029)88493844，88491757	
网　　址：www.nwpup.com	
印 刷 者：西安五星印刷有限公司	
开　　本：787 mm×1 092 mm	1/16
印　　张：17.875	
字　　数：446 千字	
版　　次：2024 年 11 月第 1 版	2024 年 11 月第 1 次印刷
书　　号：ISBN 978-7-5612-9587-8	
定　　价：68.00 元	

如有印装问题请与出版社联系调换

前　言

新中国成立后，我国航空事业实现了高速蜕变，从萌芽初建成长为如今的航空大国，正朝着航空强国的目标稳步迈进。伴随着我国航空事业的蓬勃发展，对各类航空专业人才的需求日益增长，涵盖了飞机研制工程师、飞行员、乘务员、维修技师、地面服务人员、航务调度、空中交通管理员及众多管理与技术专才。

航空是一个高度专业化、技术密集且对安全性要求极高的行业，每位从业者均需具备航空器的基本认知与分类，熟悉航空法律规范与安全标准，理解飞机结构与系统，了解气象知识，掌握空气动力学基础理论及飞行科学原理等核心知识。这些都是航空从业人员专业素养的基石，也是确保飞行安全和运营效率的关键因素。

为落实立德树人的根本任务，我们对接航空运输业的标准，编写了《航空概论》一书，旨在系统、扼要地阐述航空基础知识。本书摒弃大量计算公式、复杂推导过程的写作风格，采用通俗易懂的语言来阐述航空基础知识，结构合理、知识覆盖面广、图文并茂、可读性强。此外，本书与数字化资源深度融合，提供丰富、灵活、高效的学习体验，通过整合课程思政资源、行业案例及拓展资料，以实现航空知识传播、技能提升、素质培育与价值观塑造的多维教育目标。

全书共分为 8 章。第 1 章概述了飞行器概念及其分类，第 2 章介绍了航空安全、适航管理及法律法规，第 3 章剖析了普通飞机（固定翼）结构与直升机（螺旋桨）构造，第 4 章介绍了航空发动机的类型、结构特征与安装方式，第 5 章深入讲解了空气动力学基本原理与应用，第 6 章围绕飞行平衡、稳定及操控进行了介绍，第 7 章描述了飞机基本飞行过程的各个阶段及性能指标，第 8 章则详述了飞机关键系统的构成与运作机制。每章后均配有习题，便于教学实践与自我检测。

书中标记“*”的内容为选学内容，旨在适应不同学科背景与教育层次的学生需求，各教学单位可根据具体培养计划灵活选用章节内容。

本书由丘宏俊、钟梓鹏、周堃任主编，中航工程集成设备有限公司总工程师李凯研究员、航空工业通飞华南公司研发中心程志航研究员共同参与本书的编写，全书由丘宏俊统稿。其中，丘宏俊负责第1,3,5,8章的编写；钟梓鹏负责第2,4章的编写；周堃负责第6,7章的编写。

在本书编写过程中曾参考了国内外相关领域的学术成果、翻译作品及同行教材，在此对所有贡献者一并表示诚挚的谢意。

由于笔者水平有限，书中难免有疏漏与不妥之处，敬请广大读者不吝赐教，以便持续改进与完善。

编　者

2024年8月

目　　录

第1章 飞行器概念与航空器分类

▶内容提示

学习航空知识，首先需要了解飞行器的基本概念与航空器的分类。本章阐述了飞行器、航空器、航天器等的基本概念，重点阐述了航空器的概念、特点和应用等，并对空气动力航空器进行了重点分类介绍，包括普通飞机（固定翼）、直升机（螺旋桨）和无人机。旨在建立航空器的基本概念，为后续学习航空知识奠定必要的基础。

▶教学要求

(1)了解飞行器的概念与分类。

(2)掌握航空器的概念、特点和相关应用。

(3)了解航天器的概念与分类。

(4)了解火箭、导弹的概念与分类。

(5)掌握空气动力航空器的分类。

▶内容框架

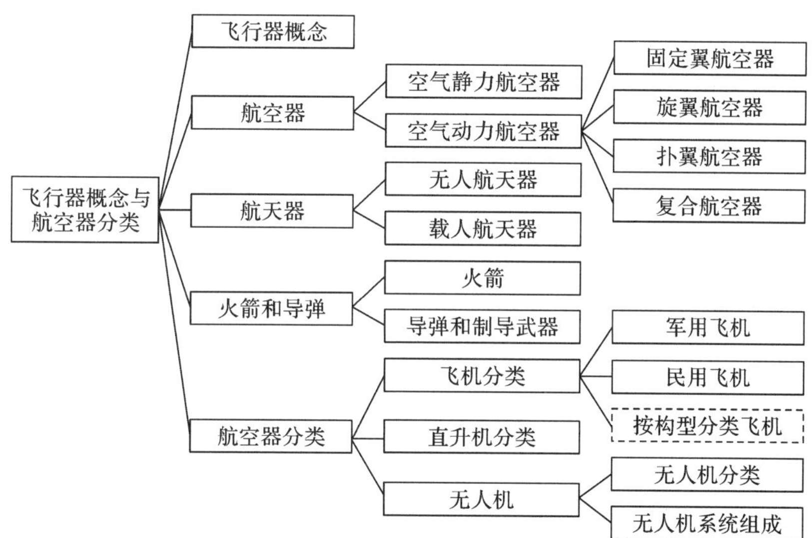

飞行器对人类的生产、生活和战争产生了深远的影响，促进了人类的科技进步和文明发展，推动人类不断探索未知世界，也代表着一个国家的科技水平。本章首先对飞行器进行简单的分类介绍；其次，重点介绍航空器的概念、特点与应用，并对航天器、导弹进行介绍；最后，对空气动力航空器进行了重点分类介绍。旨在建立飞行器的基本概念，为后续学习航空知识奠定必要的基础。

1.1 飞 行 器

飞行器(flight vehicle)是由人类制造、能飞离地面、在大气层内或大气层外空间(太空)飞行的器械的统称。飞行器通常可分为3类:航空器,航天器,火箭、导弹和制导武器。

【拓展阅读】

中华民族悠久的飞天史

中华文明历经上下五千年的起源、形成和发展,中华民族自古以来就对探索太空、发现宇宙奥秘进行了孜孜不倦的探索与追求,发明了许多飞行工具,为人类探索太空与认识宇宙作出了重大贡献。

从"嫦娥奔月"到"千年梦圆"。嫦娥奔月是中国上古时代的神话传说故事,反映了中华民族对太空星辰的向往。明朝万户(陶成道)的飞天壮举,反映了中华民族对飞天事业孜孜不倦的探索与追求。新中国成立后,中华民族迈着雄健的步伐在浩瀚的天宇上走出了一条令世人刮目相看的"飞天之路",从"东方红送乐"到"神舟飞天",再到"嫦娥揽月",从"天问探火"到"北斗指路"……,这些标志着中国飞天发展史的大国重器,承载着中华民族自古以来就有的飞天梦想腾飞、升空。"千年飞天梦,今朝一夕圆",如今,我国的载人航天事业已进入了"空间站时代",我们先后成功发射了"天和"核心舱、"问天"实验舱、"梦天"实验舱,于2022年建成了中国空间站,拥有了自己的太空家园,将为人类的和平与进步做出重大的贡献。

风筝由中国古代劳动人民发明于春秋时期,距今已有2 000多年。有"公输子削竹木以为鹊,成而飞之,三日不下""墨子为木鸢,三年而成"的记载。公元1600年,东方的风筝传到了欧洲,19世纪英国发明家乔治·克雷由风筝产生灵感而发明滑翔机。

孔明灯,又叫天灯,俗称许愿灯、祈天灯,是一种古老的汉族手工艺品,是最古老的热气球。其发明者一种说法为"莘七娘",另一种说法为"诸葛亮"。孔明灯在古代多用作军事用途,现代人放孔明灯,多作为祈福之用。孔明灯的飘移方向人无法控制,使用不当,容易威胁飞行安全、破坏基础设施和造成火灾等问题。

竹蜻蜓是一种中国传统的民间儿童玩具,流传甚广。竹蜻蜓由两部分组成,外形呈T字形,横片为旋翼(螺旋桨)的形状,快速一搓竖柄,松手,竹蜻蜓就飞上天空。后来,西方人根据竹蜻蜓的形状和原理发明了直升机的旋翼。

新中国成立后,我国的航空航天事业取得了蓬勃发展。党的二十大报告充分肯定了近些年我国在"载人航天、探月探火、大飞机制造"等领域取得的重大成就,并进一步指出"加快建设制造强国、质量强国、航天强国、交通强国、网络强国、数字中国","坚持科技强军、人才强军",为我国航空航天事业发展擘画了新的蓝图,我国的航空航天事业将大有可为。广大航空航天工作者责任重大、使命光荣,要充分发挥航空航天在科技创新、制造强国、质量强国、新时代军事战略方针等方面的引领作用,传承弘扬"空天报国精神",踔厉奋发、埋头苦干、守正创新、勇攀高峰,为全面建设社会主义现代化国家、全面推进中华民族伟大复兴贡献航空航天人的力量。

航空器(aircraft)是指在大气层中飞行的飞行器,需要以空气为介质产生升力来克服自身重力才能升空飞行,是种类最多、应用最广的飞行器。

航天器(spacecraft)又称空间飞行器、太空飞行器,是按照天体力学的规律在太空运行,执行探索、开发、利用太空和天体等特定任务的各类飞行器。

火箭、导弹、制导武器是可以在大气层内飞行,也可以在大气层外飞行的飞行器。它们不靠空气静浮力、也可不靠空气动力,而是主要靠推进装置(发动机)产生的推力升空飞行。它们密切相关且飞行原理相同,往往把它们归为一类。

1.2　航　空　器

航空器根据产生升力的基本原理可分为两大类:空气静力航空器和空气动力航空器,其基本分类如图 1-1 所示。

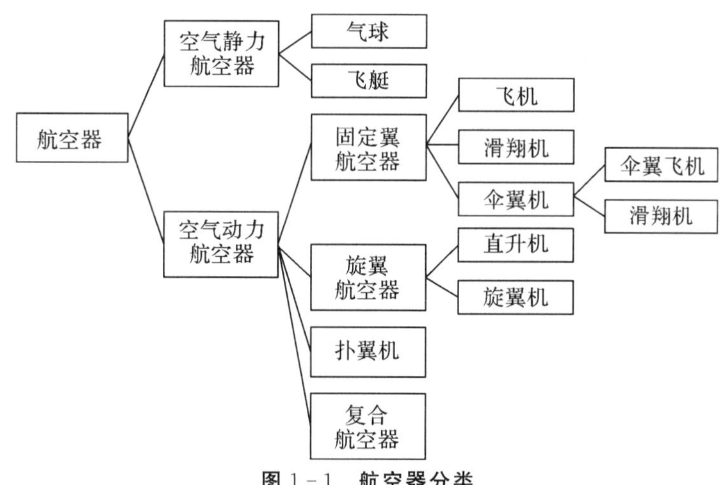

图 1-1　航空器分类

1.2.1　空气静力航空器

空气静力航空器(aerostatic aircraft)主要依靠空气产生的静浮力升空飞行,主要包括孔明灯、气球和飞艇,其主体是由一个充盈着密度小于空气的气体(如氢气、氦气和热空气)形成的气囊。因空气作用于气囊的浮力大于其自身的重量,故能使其升空飞行。习惯上称此类航空器为浮空器或轻于空气的航空器。

1. 气球

气球可包括热气球(hot air balloon)、氢气球(hydrogen balloon)等,上半部是一个大气囊,下半部是吊篮,如图 1-2 所示。气球靠气囊内外的气体密度差产生静浮力升空后随风飘动,或者被系留在某一固定位置上,可用于航空体育、摄影、旅游、空中探测等。孔明灯(见图 1-3)被认为是世界上最早的热气球雏形。

图 1-2　气球　　　　图 1-3　孔明灯

2. 飞艇

飞艇(airship)由流线型艇体和吊舱组成。艇体是一个充盈比空气密度小气体的气囊，用于产生升力；吊舱用于装载人员和货物，装有发动机、安定面和操纵面，可以控制飞行方向和路线，如图 1-4 所示。飞艇可以用于交通、运输、娱乐、赈灾、影视拍摄、科学实验等。飞艇按结构可分为硬式、半硬式和软式飞艇；按飞行高度分为一般飞艇、平流层飞艇、近空间飞艇和空间飞艇。

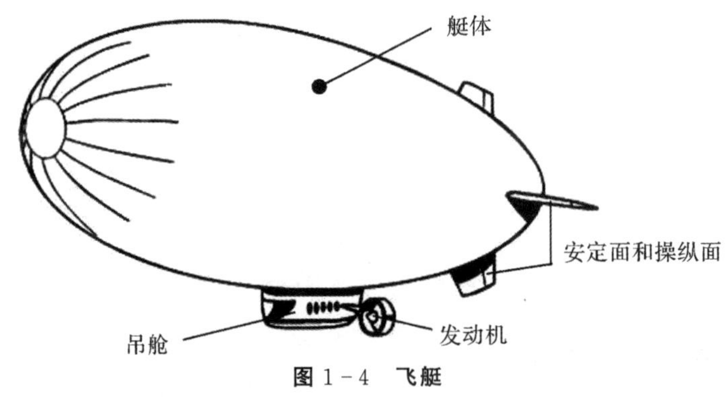

图 1-4　飞艇

1.2.2　空气动力航空器

空气动力航空器(aerodynamic aircraft)主要依靠自身与空气相对运动产生的作用力升空飞行。它的整体密度比空气大，习惯上称此类航空器为重于空气的航空器。此类航空器主要包括固定翼航空器、旋翼航空器、扑翼航空器、复合航空器等。

1. 固定翼航空器

固定翼航空器(fixed-wing aircraft)主要由相对固定的机翼产生升力升空飞行。典型的固定翼航空器包括飞机、滑翔机和伞翼机。

(1)飞机。飞机(airplane)，又称固定翼飞机，由驱动前进的动力装置、产生升力的固定机翼、控制飞行姿态的安定面和操纵面、用于装载的机身和起落装置等部件组成，如图 1－5 所示。飞机是目前品种最多、应用范围最广的航空器，是 20 世纪的重大发明之一，深刻地改变和影响了人们的生活，在交通、运输、军事、科研、体育等方面都发挥着重要的作用。

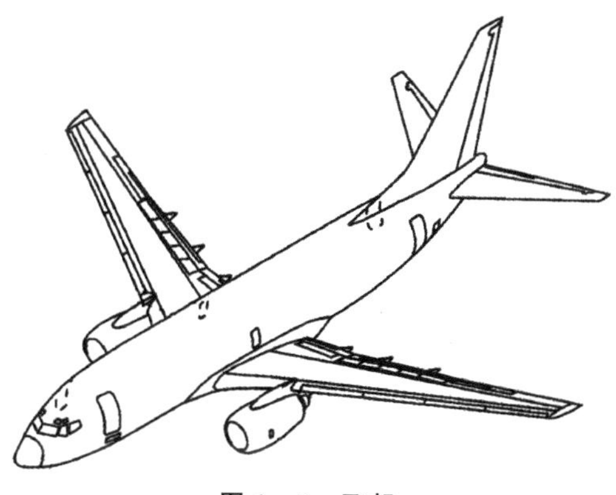

图 1－5　飞机

(2)滑翔机。滑翔机(glider)由产生升力的固定机翼、控制飞行姿态的安定面和操纵面、用于装载的机身、起落装置等部件组成。其与飞机的最大区别在于没有驱动前进的动力装置，如图 1－6 所示。滑翔机通过弹射、拖曳或牵引等方式上升到一定高度，在下滑飞行中依靠自身重力的分量获得前进动力。当飞机失去前进驱动力时，也就变为滑翔机，可通过滑翔的方式进行迫降。滑翔机可用于体育运动、军事侦察、科学实验、空中摄影等。

视频 1－1　无动力飞行

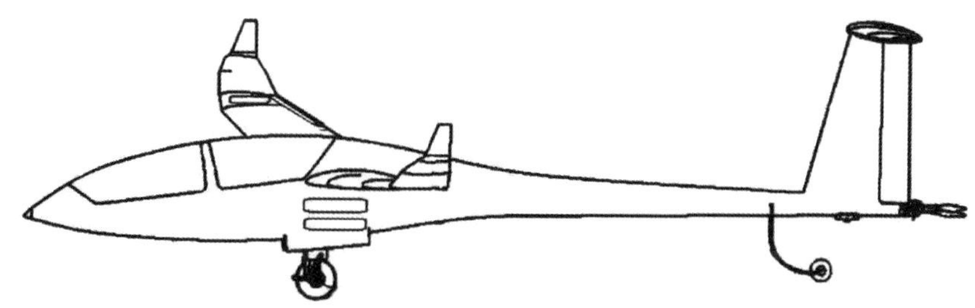

图 1－6　滑翔机

(3)伞翼机。伞翼机是以柔性伞翼代替刚性机翼提供升力的航空器，按有无动力装置可分为伞翼滑翔机(滑翔伞)、动力滑翔伞(动力伞)和动力伞翼机(伞翼飞机)。伞翼机使用方便，可以快速装配和收叠存放，可用于体育运动、娱乐休闲、军事侦察、科学实验、商业广告等。

滑翔伞(paraglider)由翼型伞衣、吊挂系统和操纵装置等组成，从高处起飞后，通常由飞行员通过控制飞行方向和速度来保持滑翔伞的平衡和飞行高度，如图 1－7 所示。装备了动力装置的滑翔伞称为动力伞，可以从平地起飞。

动力伞(power paraglider)是一种结合滑翔伞技术和小型推进装置的轻型航空器，允许驾驶员在空中进行有动力的飞行，包括起飞、爬升、巡航、盘旋和定点降落。

伞翼飞机(parasol)由伞翼、动力装置和控制系统等组成，可以在空中滑翔飞行或者由动力装置驱动飞行，如图 1－8 所示。

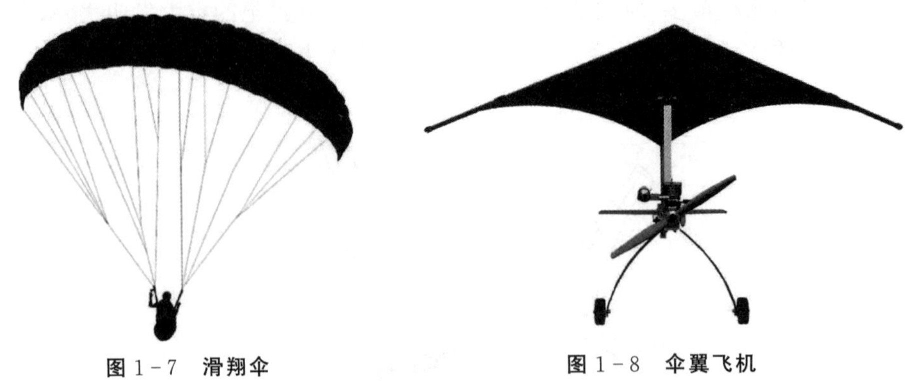

图 1－7 滑翔伞　　图 1－8 伞翼飞机

此外，风筝、纸飞机、手抛飞机等也靠空气动力飞行，也属于空气动力航空器。

2. 旋翼航空器

旋翼航空器(rotor-wing aircraft)主要由旋转的翼面产生升力升空飞行。典型的旋翼航空器包括直升机和旋翼机。

(1)直升机。直升机(helicopter)由驱动旋翼转动的动力装置、旋翼、尾桨、用于装载的机身、起落装置等部件组成，如图 1－9 所示。直升机的升力和推进力均由旋翼产生，可垂直起降、空中悬停、前后飞行、左右飞行、低速机动等，具有很好的适应性和灵活性，广泛应用于军事、民用和科学研究等领域。直升机根据旋翼不同，可分为单旋翼直升机、双旋翼直升机和新概念直升机(多旋翼、倾转旋翼等)。

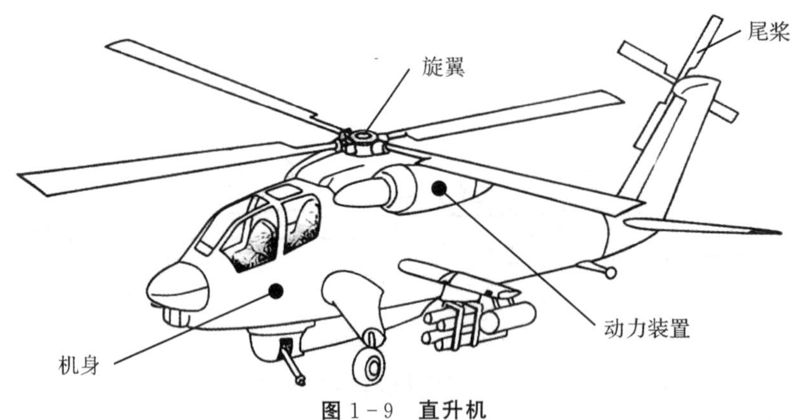

图 1－9 直升机

(2)旋翼机。旋翼机(rotorcraft)由驱动前进的动力装置、产生升力的旋翼、控制飞行姿态的安定面和操纵面、用于装载的机身、起落装置等部件组成，如图 1－10 所示。旋翼机与直升机在外形上比较相似，最大的区别在于旋翼不是由动力驱动，而是由前进产生的相对气流吹动旋翼旋转产生升力。旋翼机不能垂直起飞或悬停，需要由推进装置驱动滑跑一定距离才能起飞，起飞时常要给旋翼一个初始动力。旋翼机具有起降距离短、能作低速低空飞行、简单轻巧、便于隐蔽等特点，可用于体育运动、娱乐休闲、军事侦察、科学实验等。

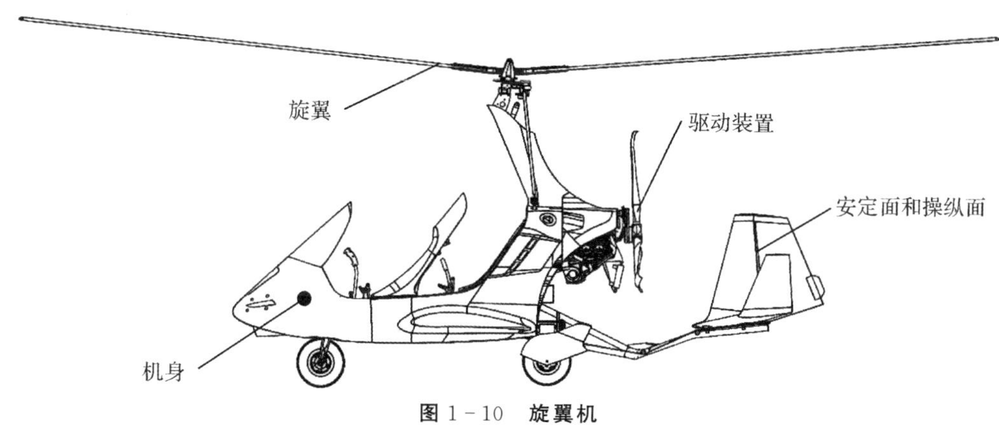

图 1－10　旋翼机

3. 扑翼航空器

扑翼机(ornithopter)属于扑翼航空器，扑翼机是一种能像鸟类和昆虫那样上下扑动翅膀飞行的航空器，又称振翼机，主要由机翼、动力系统、控制系统和机身等部分组成，如图 1－11 所示。扑翼机的机翼能够产生升力和推进力，从而使其在空中飞行，可以用较小的能量进行长距离飞行，同时具有较强的机动性。

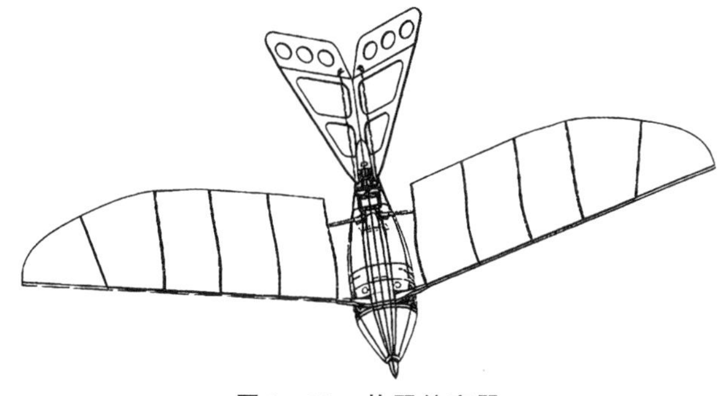

图 1－11　扑翼航空器

与固定翼和旋翼航空器相比，扑翼机具有尺寸适中、便于携带、起飞容易、飞行灵活、隐蔽性好等特点，可用于民用和军事等领域，尤其是军事领域，能完成许多其他飞行器所无法执行的任务。

视频 1－2　扑翼机简介

扑翼机的研究始于古代，近年来，随着科技的发展，扑翼机的研制取得了新的进展。扑翼机是一种具有挑战性和创新性的飞行器，其研制需要克服许多技术和工程方面的难题。虽然目前扑翼机仍处于研究和开发阶段，但随着技术的不断进步和应用场景的不断拓展，未来扑翼机将会在各个领域发挥越来越重要的作用。

4. 复合航空器

复合航空器(compound aircraft)，又称复合飞行器或者混合飞行器，是一种将不同飞行原理或结构特点进行融合的航空器。它可能结合了固定翼、旋翼、喷气反作用力等多种飞行原理，以实现更高效、更灵活、多用途的飞行。复合航空器一般要求具有类似直升机的垂直起降和空中悬停能力，还具有类似固定翼飞机高速、长距离、低能耗的巡航飞行能力，图1-12为一种典型的复合航空器。

复合航空器具有许多潜在的优势，可以在不同的飞行阶段或任务需求中，选择最适合的飞行模式，从而提高飞行效能。复合航空器在军事、救援、货运及未来城市空中交通等方面展现出的巨大潜力，成为现代航空领域的重要研究方向之一。然而，复合航空器的设计和制造也面临许多挑战。例如，如何有效地融合不同的飞行原理和结构，减少“死重”；如何确保飞行器的稳定性和安全性，提高性能和使用效果等。

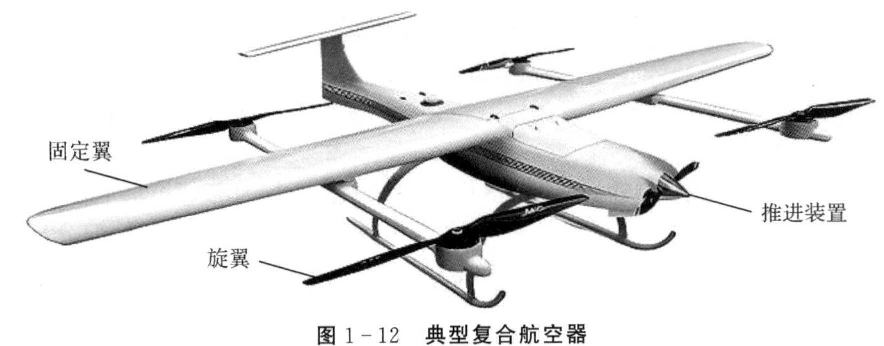

图1-12　典型复合航空器

1.3　航　天　器

航天器与航空器同为飞行器，但其飞行原理有较大不同。航天器在地球大气层以外接近真空的宇宙空间运行，摆脱了大气层束缚，在天体引力场作用下，基本上按天体力学的规律运动，运动速度从约八千米每秒到十几千米每秒。

视频1-3　宇宙速度

当航天器的运动速度达到第一宇宙速度(7.9 km/s，环绕速度)时，就可以绕地球运行而不会飞离地球或落回地球表面；达到第二宇宙速度(11.2 km/s，逃逸速度)时，就可以摆脱地球引力的束缚，离开地球进入太空，成为围绕太阳运行的人造行星；达到第三宇宙速度(16.7 km/s，太阳逃逸速度)时，就可以摆脱太阳引力的束缚，离开太阳系进入更广阔的宇宙空间，如图1-13所示。这三个宇宙速度都是基于力学理论和天体力学的计算结果，实际的航天任务中还需要考虑其他因素的影响，如空气阻力、地球自转和太阳辐射压等。同时，由于航天器的质量和轨道高度等因素的变化，实际所需的速度也会有所不同。

航天器由于种种原因，如运载火箭的误差、大气阻力、地球自转、太阳辐射、引力扰动等，入轨点的速度和方向会与预定的轨道稍有偏差，运行过程中还会发生轨道偏离。为了保持航天器的正常运行和完成各项任务，需要进行轨道修正。

航天器的分类标准有多种，常按是否载人将航天器分为无人航天器和载人航天器，其基本分类如图1-14所示。

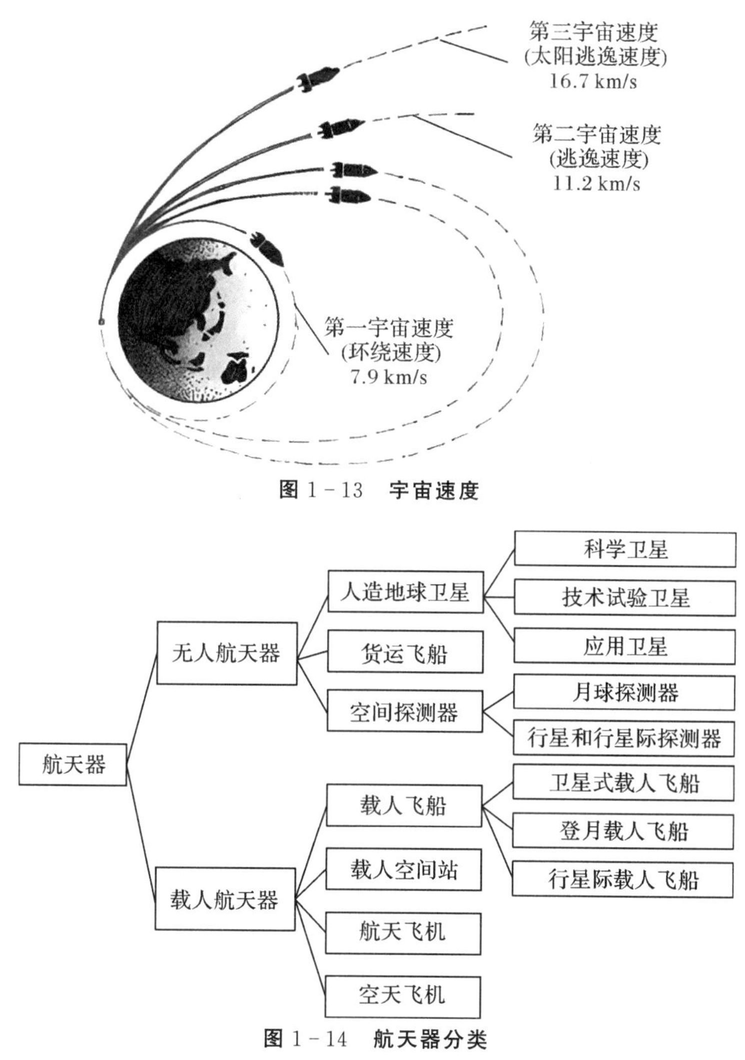

图 1-13　宇宙速度

图 1-14　航天器分类

1.3.1　无人航天器

无人航天器(uncrewed spacecraft)是指不载人的航天器,又称自主航天器,可以执行各种太空任务,包括科学探测、技术试验、信息传输、民生应用、军事侦察等。无人航天器的种类很多,主要包括人造地球卫星、货运飞船和空间探测器等。

1. 人造地球卫星

人造卫星(satellite)是指环绕地球在空间轨道上运行的无人航天器。人造卫星是发射数量最多、用途最广、发展最快的航天器,占航天器的 90%以上。人造卫星可分为 3 大类:科学卫星、技术试验卫星和应用卫星。科学卫星主要用于科学探测和研究,主要包括空间物理探测卫星和天文卫星等;技术试验卫星主要用于新技术和设备的试验,包括通信、导航、气象等;应用卫星主要用于实际应用,包括通信、气象观测、导航、国土资源调查、军事侦察等。

【拓展阅读】

北斗卫星导航系统

北斗卫星导航系统(Beidou Navigation Satellite System,BDS)是中国自行研制的全球卫星导航系统,也是继GPS、GLONASS之后的第三个成熟的卫星导航系统。北斗卫星导航系统是我国目前建成最庞大的卫星应用系统,系统采用地球静止轨道卫星、倾斜地球同步轨道卫星和中圆地球轨道卫星三种轨道卫星组成的混合星座,与其他卫星导航系统相比,高轨卫星更多,抗遮挡能力强,尤其低纬度地区性能特点更为明显。

北斗卫星导航系统由空间段、地面段和用户段三部分组成,可在全球范围内全天候、全天时为各类用户提供高精度、高可靠定位、导航、授时服务,并且具备短报文通信能力。目前已为全球用户提供定位、导航和授时服务,全球定位精度将优于10 m,测速精度优于0.2 m/s,授时精度优于20 ns;亚太地区定位精度将优于5 m,测速精度优于0.1 m/s,授时精度优于10 ns。将来整体性能还会提升。

2. 货运飞船

货运飞船(cargo spacecraft)一般包括货物舱和推进舱,是用于运输物资(包括货物及废弃物),向空间站定期补给食品、货物、燃料和仪器设备等,并可对空间站进行轨道控制的航天器,是空间站的重要组成部分。货运飞船可延长航天器的在轨飞行时间,提高航天员的空间驻留和工作时间,拓展空间飞行器的能力,为空间站上乘员的长期驻留和实现空间站的长期应用提供支持。空间站产生的废弃物和生活垃圾等也要随货运飞船下行并在进入大气层后烧毁。我国目前使用“天舟”系列货运飞船为空间站提供保障服务。

3. 空间探测器

空间探测器(space probe),又称深空探测器或宇宙探测器,一般由专用系统和保障系统组成,是对宇宙进行探测的无人航天器。它可以对月球和太阳系内的各主要行星、小行星等天体进行近距离观测,着陆进行实地考察,或采集样品进行研究分析。空间探测器按探测的对象可以分为月球探测器、行星和行星际探测器等。我国使用“嫦娥号”“玉兔号”系列探测器对月球进行探测、采样,使用“天问号”系列探测器对太阳系的行星进行探测,标志着中国在深空探测领域进入世界先进行列。

1.3.2 载人航天器

载人航天器(manned spacecraft),又称载人宇宙飞船,是指用于在绕地球轨道或外层空间按受控飞行路线运行的载人飞行器。它具有生命保障功能,生活、工作所需的场所和设备,天地通信功能。根据飞行和工作方式的不同,载人航天器可分为载人飞船、载人空间站、航天飞机和空天飞机等几类。

1. 载人飞船

载人飞船(manned spaceship),又称宇宙飞船,是一种能保障航天员在太空的生活和工作以执行航天任务并返回地面的航天器。载人飞船可以独立进行航天活动,也可用作往返地面和空间站之间的“渡船”,还能与空间站或其他航天器对接后组成联合飞行体。载人飞船按照其飞行任务不同,可分为卫星式载人飞船、登月载人飞船和行星际载人飞船。

目前，我国用“神舟号”作为载人飞船，2003年10月15日，“神舟五号”载人飞船把我国第一位航天员杨利伟送上了太空，实现了中华民族千年的飞天梦想。

2. 载人空间站

载人空间站(space station)，又称太空站、航天站，是一种在近地轨道长时间运行，可供多名航天员巡访、长期工作和生活的载人航天器。空间站分为单模块空间站和多模块空间站两种。单模块空间站可由航天运载器一次发射入轨，多模块空间站则由航天运载器分批将各模块送入轨道，在太空中将各模块组装而成。空间站体积比较大、结构复杂，在轨道运行时间较长，功能丰富，能开展多种太空科研活动。

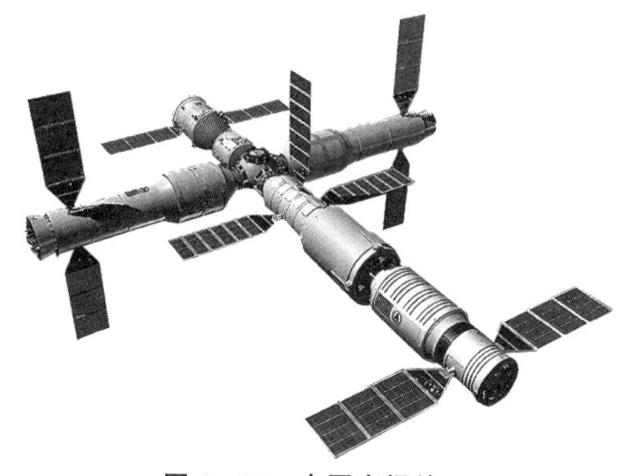

图1-15　中国空间站

我国于2022年建成了由“天和”核心舱、“问天”实验舱和“梦天”实验舱组成的中国空间站，图1-15为中国空间站的构型图。

3. 航天飞机

航天飞机(space shuttle)，又称航天飞船，是一种可重复使用的航天运载器，它能够往返于地面和宇宙空间之间，运送人员和物资或在轨道完成既定任务。航天飞机通常由轨道飞行器和助推器组成。轨道飞行器是航天飞机的核心部分，一般设计成飞机形状，由运载火箭送入轨道，返回地面时可像飞机那样着陆。

4. 空天飞机

空天飞机(aerospace plane)是航空航天飞机的简称，是既能航空又能航天的新型飞行器，是航空技术与航天技术高度结合的飞行器，将把空间开发推向一个新的阶段。空天飞机可以像飞机一样从机场跑道上起飞，以高超声速在大气层飞行，直接进入太空轨道，成为航天器，降落时亦可以像飞机一样在机场跑道上降落，成为自由往返天地之间、可复用的运输工具。空天飞机是一种未来飞行器，目前多个国家都在进行研究，但还没有实际的应用。

1.4　火箭、导弹和制导武器

1.4.1　火箭

火箭(rocket)是主要由火箭发动机喷射工作介质产生的反作用力向前推进的飞行器。它自身携带全部推进剂，不依赖外界工作介质产生推力，可以在稠密大气层内，也可以在大气层外飞行，是实现航天飞行的运载工具。火箭通常由动力系统、控制系统和结构系统组成。动力系统包括火箭发动机、推进剂储存器等，负责提供飞行所需的动力；控制系统包括制导和控制系统、姿态控制系统等，负责火箭的飞行轨迹和姿态稳定；结构系统则包括火箭的箭体、整流罩等部分，负责支撑和保护火箭内部的设备和有效载荷。火箭的分类有多种，其基本分类如图1-16所示。

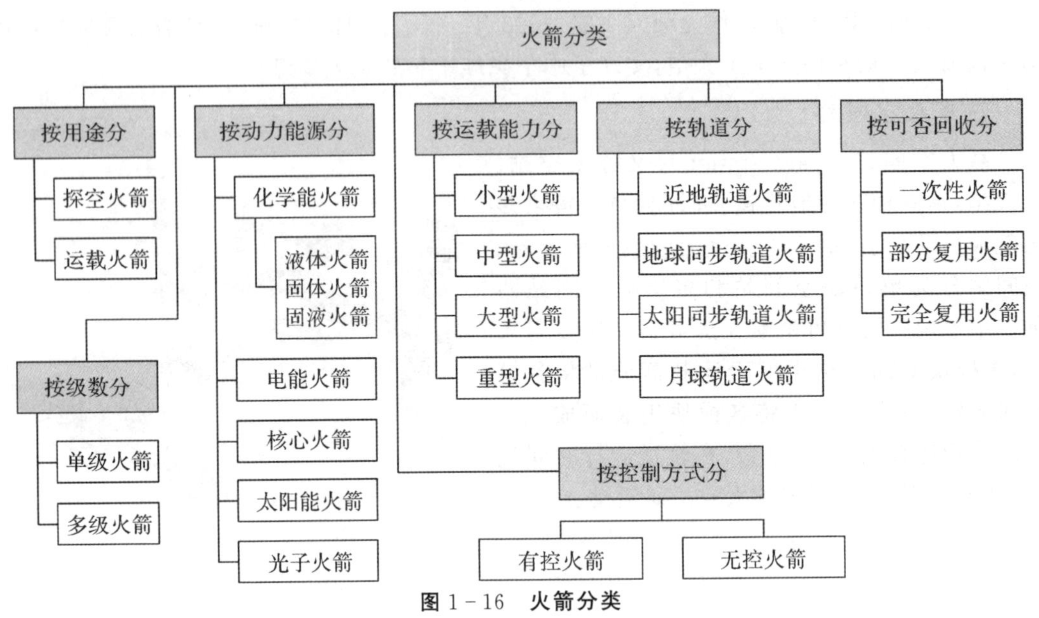

图 1-16 火箭分类

1.4.2 导弹和制导武器

导弹(missile)和制导武器(guided weapon)是一种携带战斗部，主要依靠自身动力装置推进，由制导系统导引控制飞行航迹，导向目标并摧毁目标的飞行器。它们通常由战斗部、弹体结构、动力装置和控制系统等组成，如图 1-17 所示。战斗部是毁伤目标的专用装置，也叫弹头，是导弹毁伤目标的有效载荷。弹体结构是把导弹各部分连接起来的支承结构，并用于存储燃料(工作介质)。动力装置是导弹飞行的动力源，常用固体或液体火箭发动机，有的用涡轮风扇或涡轮喷气发动机、混合推进剂火箭发动机、冲压喷气发动机。巡航导弹通常用固体火箭发动机助推，涡轮风扇或涡轮喷气发动机巡航。弹道导弹一般用固体或液体火箭发动机。制导系统用于控制导弹的飞行方向、姿态、高度和速度，引导导弹或弹头准确地飞向目标。导弹的分类繁多，在此不作详述。

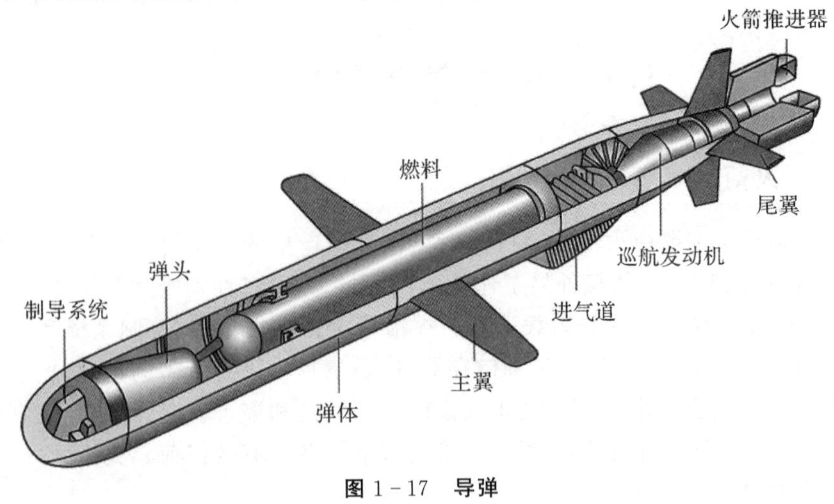

图 1-17 导弹

【拓展阅读】

两弹一星

“两弹一星”是指核弹(原子弹和氢弹)、导弹和人造地球卫星。20世纪50—70年代，以毛泽东同志为核心的第一代中央领导集体，为保家卫国、维护世界和平，高瞻远瞩，果断地作出了独立自主研制“两弹一星”的战略决策。大批优秀的科技工作者、解放军战士、工人和群众，以身许国，怀着对新中国的满腔热爱，响应党和国家的召唤，义无反顾地投身到这一神圣而伟大的事业中，进行了艰苦卓绝的研究和探索工作，创造了一个个“科技奇迹”。

“两弹一星”不但使中国拥有了具有威慑力的核武器系统，起到了保家卫国的作用并使国人获益至今，使中国逐步进入强国之列，而且还塑造了“两弹一星”精神。它是爱国主义、集体主义、社会主义精神和科学精神的真实写照，是中华民族宝贵的精神财富，对中华民族伟大复兴具有深远意义。

邓小平同志说过：“如果20世纪60年代以来中国没有原子弹、氢弹，没有发射卫星，中国就不能叫有重要影响的大国，就没有这样的国际地位，这些东西反映一个民族的能力，也是一个民族、一个国家兴旺发达的标志。”

江泽民同志在1999年召开的“两弹一星”表彰大会中指出：“两弹一星”精神的核心内涵为“热爱祖国、无私奉献、自力更生、艰苦奋斗、大力协同、勇于攀登”。随后还称赞中国航天队伍是一支“特别能吃苦、特别能战斗、特别能攻关、特别能奉献”的队伍。

2022年4月12日习近平总书记在海南视察文昌航天发射场发表讲话时指出：要大力弘扬“两弹一星”精神、载人航天精神，坚持面向世界航天发展前沿、面向国家航天重大战略需求，强化使命担当，勇于创新突破。

1.5　航空器分类

飞机与直升机是种类最多、应用最广的航空器，下面将对常见的飞机与直升机进行分类介绍。

1.5.1　飞机分类

飞机按不同的分类标准可得到不同的分类结果，如按用途分、按构造形式分、按动力装置分、按飞行速度分、按驾驶方式分等，如图1-18所示为飞机的不完全分类图。部分内容还可参考第3章“飞机构造基础”和第4章“航空动力装置基础”。按用途如类详细介绍如下。

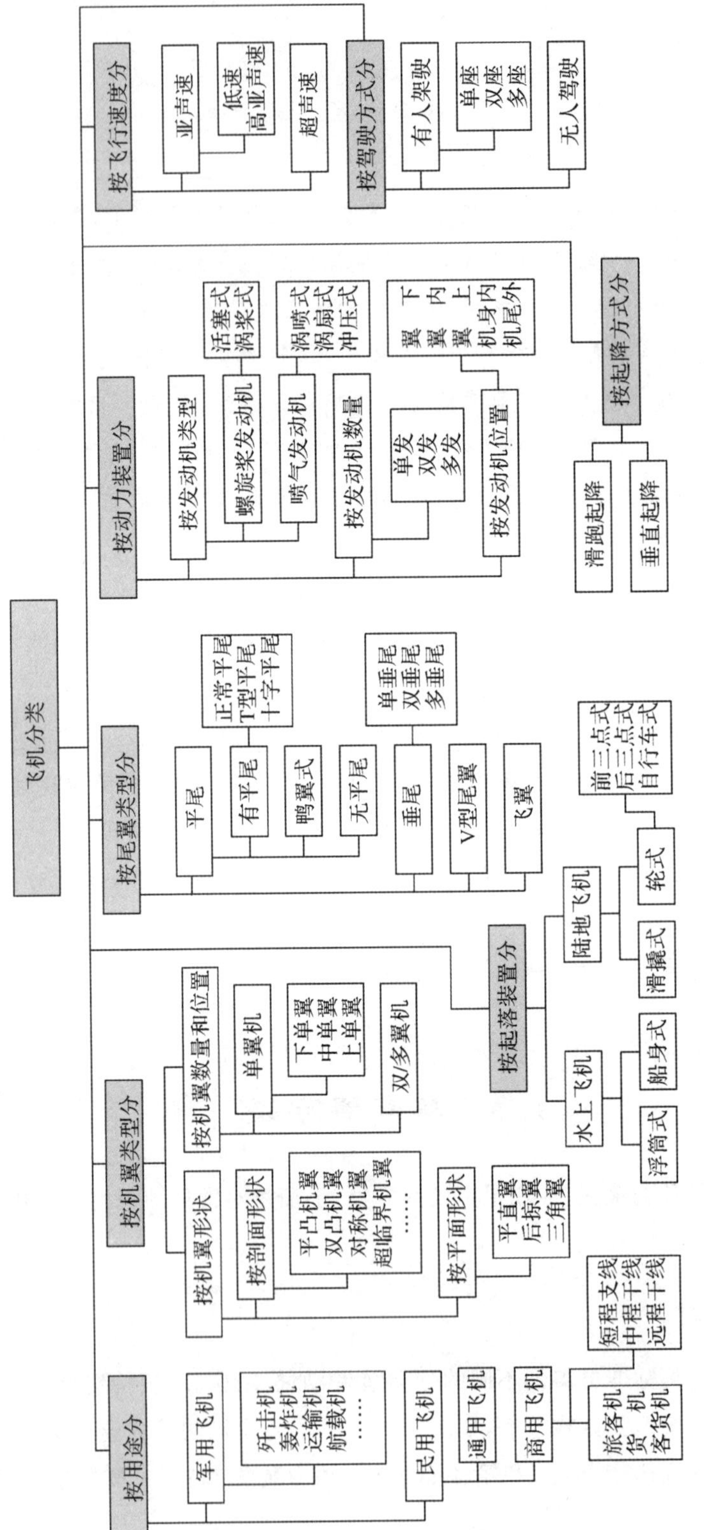
飞机分类
按用途分
军用飞机
歼击机
轰炸机
运输机
航载机
……
民用飞机
通用飞机
商用飞机
旅客机
货 机
客货机
短程支线
中程干线
远程干线
按机翼类型分
按机翼形状
按剖面形状
平凸机翼
双凸机翼
对称机翼
超临界机翼
……
按平面形状
平直翼
后掠翼
三角翼
按机翼数量和位置
单翼机
下单翼
中单翼
上单翼
双/多翼机
按起落装置分
水上飞机
浮筒式
船身式
陆地飞机
滑橇式
轮式
前三点式
后三点式
自行车式
按尾翼类型分
平尾
有平尾
正常平尾
T型平尾
十字平尾
鸭翼式
无平尾
垂尾
单垂尾
双垂尾
多垂尾
V型尾翼
飞翼
按动力装置分
按发动机类型
螺旋桨发动机
活塞式
涡桨式
喷气发动机
涡喷式
涡扇式
冲压式
按发动机数量
单发
双发
多发
按发动机位置
翼 下
翼 内
翼 上
机身内
机尾外
按起降方式分
滑跑起降
垂直起降
按飞行速度分
亚声速
低速
高亚声速
超声速
按驾驶方式分
有人驾驶
单座
双座
多座
无人驾驶

图1-18 飞机分类

1. 军用飞机

军用飞机(military aircraft)是直接参加战斗、保障战斗行动和军事训练的飞机的总称，是航空兵的主要技术装备。军用飞机在战争中发挥着重要的作用，对战略战术和军队组成等产生了重大影响。军用飞机在设计、制造、使用、维护和保障等方面与民用飞机存在显著区别，其特点是强调飞机的作战性能和战场适应性，同时要求具有较高的可靠性、安全性和维护性。军用飞机按照不同的用途和战斗任务可以分为歼击机、轰炸机、运输机、侦察机、预警机、空中加油机、舰载机等。

【拓展阅读】

大山里的飞机制造厂

“大山里的飞机制造厂”是对中国三线建设时期在西部地区建立的航空工业基地的一种形象描述。

三线建设是指中央根据当时的国际形势，自1964年起在中国中西部地区进行的国家战略后方基地的建设。三线包括京广线以西、甘肃乌鞘岭以东和山西雁门关以南、贵州南岭以北的广大地区。在三线建设中，一些国防尖端项目的选址要“靠山、分散、隐蔽、进洞”，因此产生了一批在山洞里的核工程，在大山里的飞机制造厂，在山洞里的车间。以下是一些著名的“大山里的飞机制造厂”：

云马飞机制造厂：位于贵州省安顺市镇宁县，始建于1965年，现更名为云马飞机制造公司，是贵州航空工业011基地的重要工厂之一，设计生产多款歼击机，为国防做出巨大贡献。

贵州黎阳发动机厂：位于贵州省安顺市平坝区，始建于1965年，现更名为中航工业贵州黎阳航空发动机(集团)有限公司，是我国航空发动机的骨干研制和生产企业之一。

三线建设是新中国历史上一次重要的战略决策和战略部署，对于增强国防力量、促进区域经济发展、优化产业结构、培养人才队伍、加强民族团结以及改革开放等方面都具有重要的意义。广大建设者在极端困难条件下，对国家忠诚、对事业执着、不畏艰难、勇于探索。在三线建设过程中形成了“三线精神”，其核心内涵可扼要表述为“艰苦创业、无私奉献、团结协作、勇于创新”。它是中华民族精神的重要组成部分，是激发爱国情怀、倡导艰苦奋斗、鼓励创新创造的重要源泉。

(1)歼击机。歼击机(fighter)，又称战斗机，主要用来歼灭空中敌机和其他空袭目标的飞机，夺取空中优势(制空权)，还可携带一定数量的对地攻击的武器，执行对地/对海攻击任务。歼击机具有速度快、机动性好、隐蔽性好等特点。从第二次世界大战开始，歼击机就发挥了重要作用。随着科技的发展，歼击机的性能也在不断提升，正朝着高速、高机动、隐身、智能化方向发展。

我国于1956年7月13日自行制造了首架歼击机——歼-5，目前已经发展到了以歼-

20 为代表的第五代歼击机，如图 1-19 所示。

图 1-19 歼击机

(2)轰炸机。轰炸机(bomber)主要用所携带的弹药(炸弹、鱼雷、导弹等)对地面、水面目标进行轰炸，是一种重要的军用飞机，具有突击力强、航程远、载弹量大、机动性高等特点。轰炸机可以分为战术轰炸机、战役轰炸机和战略轰炸机三种类型。随着科技的发展，轰炸机的性能也在不断提升，新型轰炸机更加注重隐身性能、抗干扰能力、信息化和智能化等方面的提升。

我国于 1966 年 9 月 25 日成功试飞了自行制造的首架轻型战术轰炸机——轰-5，目前我国最大的轰炸机是轰-6，如图 1-20 所示，新一代轰炸机(轰-20)正在研制过程中。美国的 B-2 轰炸机代表着目前轰炸机的最高水平，它是一种可隐身的战略轰炸机，如图 1-21 所示。

图 1-20 轰-6 轰炸机　　图 1-21 B-2 轰炸机

(3)运输机。运输机(transport plane)，常指军用运输机，是用于运送军事人员、武器装备和其他军用物资的飞机，具有较大的载重量和续航能力，能实施空运、空降、空投，保障地面部队从空中实施快速机动。军用运输机按运输能力可以分为战略运输机和战术运输机。战略运输机航程远、载重量大，主要用来载运部队和各种重型装备，实施全球快速机动。战术运输机用于战役战术范围内遂行空运任务，有的具有短距起落性能，能在简易机场起落。随着科技的发展，军用运输机的性能也在不断提升，未来的军用运输机将会更加注重信息化、智能化和多功能化等方面的提升。

我国于 1957 年 12 月 7 日成功首飞了自行制造的首架运输机——运-5，目前已经发展到了以运-20 为代表的新一代运输机，如图 1-22 所示。

图 1-22　运-20 运输机

(4)舰载机。舰载机(carrier-based aircraft)是指航空母舰或其他大型军舰上搭载的作战飞机，主要执行攻击、侦查、救援等任务。舰载机的优势在于可以利用舰船的海上机动性，在全球范围内执行作战任务，而无须依赖陆地机场。舰载机的外形、构造与普通陆地起降飞机的差别不大，其特点主要体现在起降方式上。由于受到舰船上起降甲板长度的限制，舰载机需要采用滑跃起飞、弹射起飞、拦阻着舰，或者采用垂直起降等方式，技术难度大，风险高。

视频 1-4　舰载机起降

2012 年 11 月 23 日，我国自行研制的舰载机歼-15 成功起降"辽宁舰"，突破了滑跃起飞、阻拦着舰等关键技术，标志着我国航母时代的到来，如图 1-23 所示。

图 1-23　歼-15 舰载机

【拓展阅读】

人物——罗阳

罗阳(1961.06.29—2012.11.25)，辽宁沈阳人，曾任"歼-15"舰载机等多个型号飞机研制的工程总指挥，沈阳飞机工业(集团)有限公司董事长、总经理、党委副书记。2012 年 11 月 25 日，我国航母舰载机歼-15 成功起降"辽宁舰"。创造中国历史的第三天，罗阳在执行任务时突发急性心脏病，经抢救无效，因公殉职，终年 51 岁。

罗阳

(1961—2012)

罗阳同志被评定为烈士，被追授“全国优秀共产党员”，当选为“2012年感动中国年度人物”，被评为第四届全国道德模范——全国敬业奉献模范。2018年12月18日，党中央、国务院授予罗阳同志“改革先锋称号”，颁授改革先锋奖章，并获评用生命践行航空报国的优秀代表。2019年9月25日，罗阳被评选为“最美奋斗者”……

罗阳同志的一生是航空报国的一生，他将自己30多年的全部精力和智慧都奉献在祖国航空事业的发展上，直至生命最后一刻，用身躯践行了航空报国的伟大宗旨。罗阳用自己的兢兢业业、鞠躬尽瘁，诠释了什么叫爱岗敬业、无私奉献、恪尽职守、不负重托。

习近平同志指出，罗阳同志秉持航空报国的志向，为我国航空事业发展作出了突出贡献，他的英年早逝是党和国家的一个重大损失。他身上所具有的信念的能量、大爱的胸怀、忘我的精神、进取的锐气，正是我们民族精神的最好写照，是我们“民族的脊梁”。

如今，一支支“罗阳青年突击队”秉承罗阳烈士的遗志，弘扬航空报国精神，扎根航空装备研制一线，在急难险重任务中携手拼搏奉献，在建设航空强国的火热实践中绽放光芒。

(5)其他军用飞机。军用飞机还包括侦察机、教练机、预警机、电子对抗机、反潜机、空中加油机等。这些不同的飞机可以是根据不同的用途和战斗任务专门研发的机型，也可以是在一些较成熟的机型上进行改型、改进而成。

初教-5初级教练机是新中国第一架自行制造的飞机，于1954年7月3日成功首飞，后经鉴定性能良好，如图1-24所示。初教-5是中国航空工业从修理走向制造的里程碑，结束了新中国不能自行制造飞机的历史，掀开了中国航空工业发展史上崭新的一页。

图1-24　初教-5初级教练机

我国以运-8飞机为基础先后改装了预警机(空警-200，如图1-25所示)、电子战机、指挥控制机、海上反潜巡逻机(海雕-8，如图1-26所示)等飞机；以运-20飞机为基础先后改装了预警机、空中加油机(运油-20，如图1-27所示)等飞机。

图 1-25　空警-200 预警机

图 1-26　海雕-8 反潜巡逻机

图 1-27　运油-20 空中加油机

2. 民用飞机

民用飞机(civil aircraft)是指一切非军事用途的飞机，作为一种运人载物的交通工具，特别强调其安全性、经济性和舒适性。民用飞机包括商用飞机和通用飞机。商用飞机有国内和国际干线客机、货机或客货两用机以及国内支线运输机。通用飞机有公务机、农业机、林业机、轻型多用途机、巡逻救护机、体育运动机和私人飞机等。

安全性是民用飞机赖以生存和发展的基础。为了提高民用飞机的安全性，在研制阶段，必须通过系统化、规范化的安全性分析、设计、生产和验证等工作；在运维阶段，也要依照适航条例和标准，通过定期检查和维护，故障管理与维修等工作，以避免灾难性事故的发生和减少事故损失，提高飞机的安全性和使用效能。

(1)干线飞机。干线飞机(trunk aircraft)是指在国际航线和国内航空运输枢纽站之间运营的商用飞机。干线飞机的载客量较大，航程也相对较长，通常为大型中、远程飞机。国内航线干线飞机一般载客量在 100 人以上，航程在 3 000 km 以上，多用中型以上飞机；国际航线干线飞机一般载客量在 150 人以上，航程在 5 000 km 以上，多用大型中、远程飞机。世界上有许多干线飞机制造商，如波音、空中客车、中国商飞等，B737、A320、C919 为典型的中程干线飞机，如图 1-28 所示。

(2)支线飞机。支线飞机(regional aircraft)指在中心(枢纽)城市与中小城市或中小城市之间运营的商用飞机。支线飞机的载客量较小，一般载客量在 100 人以下，航程在 3 000 km 以下，多用涡轮螺旋桨飞机或小型喷气飞机。支线飞机对于提高航空运输覆盖率和方便旅客出行具有重要意义。支线飞机尺寸较小，发动机功率也较小，其油耗较低，运营成本较低。世界上有许多支线飞机制造商，如庞巴迪、巴西航空工业、中国商飞等，CRJ-900、ERJ-145、ARJ21-700为典型的短程支线飞机，如图1-29所示。

图1-28　典型中程干线飞机

图1-29　典型支线飞机

(3)通用飞机。通用飞机(utility aircraft)是指除从事定期客运、货运等公共航空运输飞机之外的其他民用航空活动的所有飞机的总称。根据《通用航空飞行管理条例》，通用航空(general aviation)是指除军事、警务、海关缉私飞行和公共航空运输飞行以外的航空活动，包括从事工业、农业、林业、渔业、矿业、建筑业的作业飞行和医疗卫生、抢险救灾、气象探测、海洋监测、科学试验、遥感测绘、教育训练(飞行员培训)、公司通勤、私人公务、文化体育、旅游观光等方面的飞行活动。通用飞机是全部飞机类型中，数量最多、型号最多的机种。塞斯纳-172为一种典型的通用飞机，如图1-30所示。通用飞机在民用航空活动中发挥着重要作用，具有广泛的应用前景和市场潜力。

图 1-30　塞斯纳-172 飞机

判断一架飞机是否为通用飞机，不能只简单通过其型号进行判断，而是要通过飞机的用途或适航证书进行判断，因为有些飞机可能具有多种用途。

3. 按构型分类的飞机

飞机的构型(configuration)是指飞机的几何外形和主要部件布置方案的总称，通常根据部件的外形、数量和相对位置进行区分。飞机的构型涉及到气动布局、发动机和主要系统安装等，与飞机的性能、功能和物理特性密切相关。本文将主要按飞机的气动布局构型对飞机进行分类，包括机翼构型、尾翼构型和起落架构型，相关内容请参阅第 3 章“飞机构造基础”；以及按飞机动力装置构型对飞机进行分类，相关内容请参考第四章“航空动力装置基础”。

1.5.2　直升机分类

直升机(helicopter)按不同的分类标准可得到不同的分类结果，如按用途分、按旋翼类型分、按重量分、按动力装置分、按起落架类型分、按驾驶方式分等，如图 1-31 所示为直升机的不完全分类图。

直升机旋翼(rotor)在旋转时，会与周围空气发生相互作用，给周围空气以作用力，空气也以大小相等、方向相反的反作用力(力矩)作用于旋翼。该力矩会传到机体上，若不采取措施，直升机会在反作用力矩作用下产生旋转，这个反作用力矩通常称为直升机旋翼的反扭矩，如图 1-32 所示。为了保持直升机正常飞行，需要平衡旋翼产生的反扭矩。根据不同平衡反扭矩的方法，产生了不同构型的直升机，包括单旋翼、双旋翼和多旋翼等直升机。

1. 单旋翼直升机

单旋翼直升机(single rotor helicopter)是指只有一副(主)旋翼的直升机，又可分为带尾桨和不带尾桨 2 种形式。

单旋翼带尾桨直升机具有一副旋翼和一副尾桨，如图 1-32 所示。它通过尾部安装的小旋翼，称为尾桨(tail rotor)，产生力矩去平衡旋翼产生的反扭矩。这种直升机结构简单，平衡、稳定和操纵等问题较容易解决，是一种最常见的直升机构型，其缺点是尾桨需要消耗部分功率。旋翼产生升力和推力，改变旋翼的升力可使直升机上升、下降或悬停；改变旋翼的倾斜角度可产生推进力使直升机前后左右飞行；改变尾桨产生的平衡力矩可使直升机转向。

视频 1－5　旋翼反扭矩

单旋翼无尾桨直升机没有传统的尾桨，通常采用尾部喷气、推力反向器或者跷跷板式设计等来平衡反扭矩。单旋翼无尾桨直升机具有结构简单、制造维护成本低、飞行效率高、安全性好、噪声小等特点，但控制系统的设计和实现难度较大，其应用并不多，如麦道 MD520N 型直升机等。

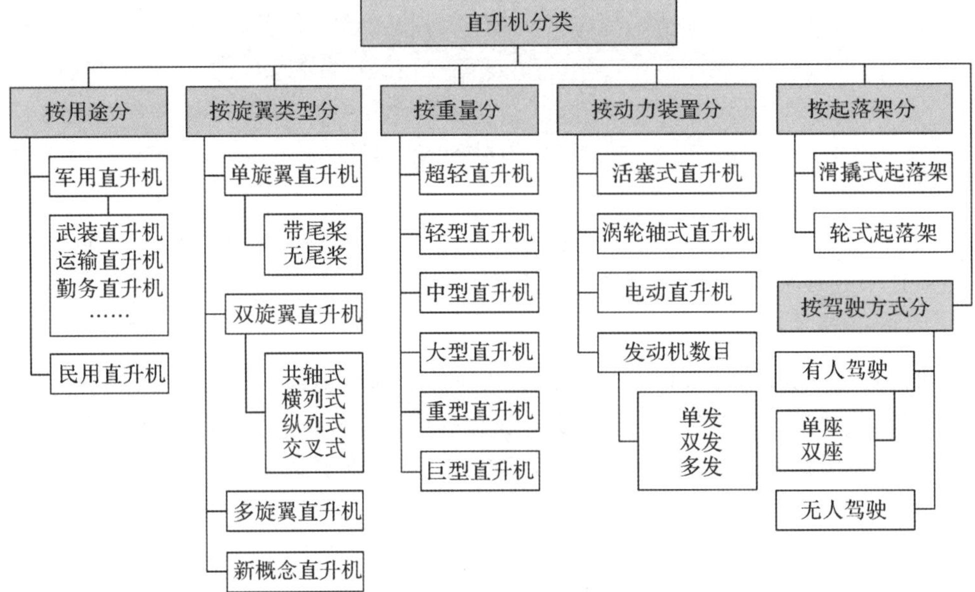

图 1－31　**直升机分类**

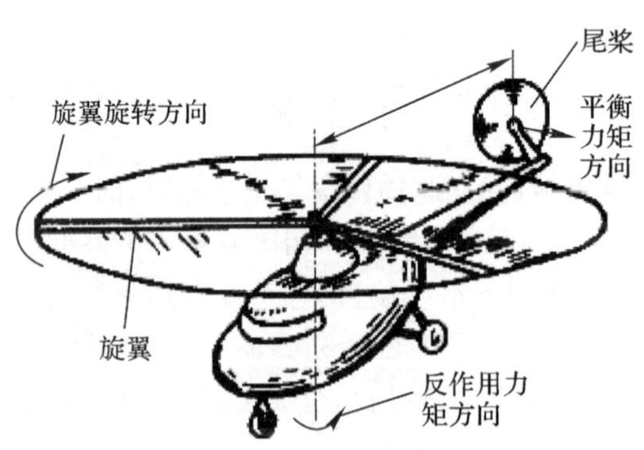

图 1－32　**直升机的反扭矩**

2. 双旋翼直升机

双旋翼直升机(dual-rotor helicopter)具有两副旋翼，两副旋翼的旋转方向相反，两副旋翼产生的反扭矩可以相互平衡。根据旋翼的不同布局形式，双旋翼直升机可分为共轴式、横列式、纵列式、交叉式，如图 1－33 所示。

双旋翼共轴式直升机(coaxial rotor helicopter)的两副旋翼分别安装在同心的外套轴和内轴上,如图1-33(a)所示。有两副旋翼产生升力,每副旋翼的尺寸也可以较小。这类直升机通过操纵其中一副旋翼的转速变化,使反扭矩不等而改变航向。双旋翼共轴式直升机没有尾桨,外形尺寸可以比较小,机体部件可以紧凑地安排在直升机重心处。其缺点是传动机构和操纵机构较单旋翼直升机复杂。俄罗斯的卡莫夫设计局研制出了庞大的"卡"系列直升机,基本上都是双旋翼共轴式布局,如卡-26、卡-226等。

双旋翼横列式直升机(transverse rotor helicopter)的两副旋翼并列安装在机身左右,如图1-33(b)所示。这类直升机构造对称,因为具有机翼(旋翼支架),所以气动性能较好,操纵性和横向稳定性也好。其缺点是要在机身两侧增装旋翼支架,结构重量较重,传动系统和操纵系统较复杂,迎风面积较大,气动阻力较大。米-12是典型的双旋翼横列式直升机。

双旋翼纵列式直升机(tandem rotor helicopter)的两副旋翼分别安装在机身的前、后两端,如图1-33(c)所示。这类直升机的突出优点是纵向重心范围大,纵向稳定性好,因此可以将机身设计得比较庞大,有效容积大,重量效率高,比较适用于中型和大型直升机。其缺点是结构复杂,传动系统也较复杂。此外,从气动力上来看,前旋翼尾涡会对后旋翼产生气动干扰,为降低前旋翼尾涡对后旋翼的气动干扰程度,通常后旋翼的位置要高于前旋翼。CH-47"支奴干"、波音-234是典型的双旋翼纵列式直升机。

双旋翼交叉式直升机(intermeshing rotor helicopter)两副旋翼的转轴不平行,分别向外侧倾斜,且横向轴距很小,所以两副旋翼在机体上方呈交叉状,如图1-33(d)所示。这类直升机的优点是稳定性比较好,适宜执行起重、吊挂作业。其缺点是因双旋翼横向布置,故气动阻力较大,但比双旋翼横列式直升机小一些。美国卡曼公司的K—600直升机是典型的双旋翼交叉式直升机。

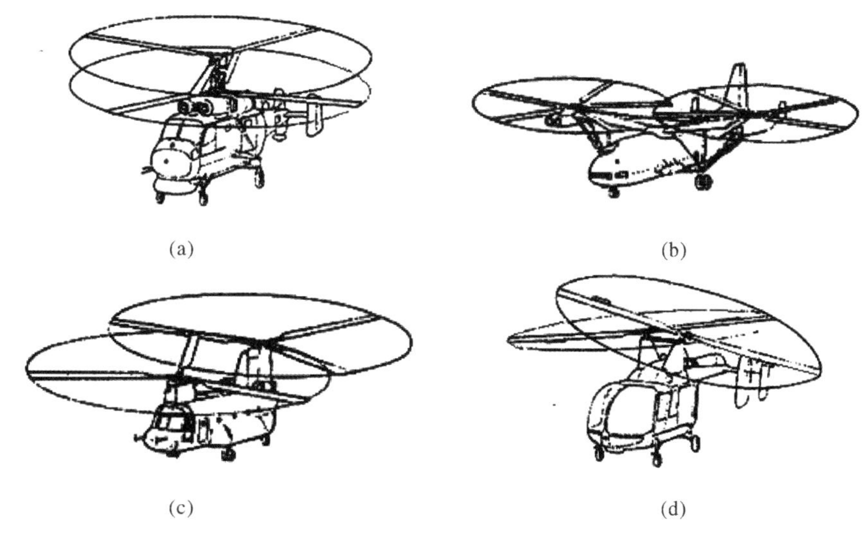

图1-33 双旋翼直升机

(a)共轴式;(b)横列式;(c)纵列式;(d)交叉式

3. 多旋翼直升机

多旋翼直升机(multicopter)是指具有三副旋翼以上的直升机,常见有4旋翼、6旋翼和

8旋翼，如图1－34所示。这些旋翼可以同时或独立旋转以产生升力和推力，从而实现垂直起降、飞行、悬停等飞行动作。多旋翼直升机具有更高的稳定性和机动性，可以在不同的飞行条件下保持稳定的飞行状态。目前，多旋翼直升机多用于无人机，尤其是电动无人机。

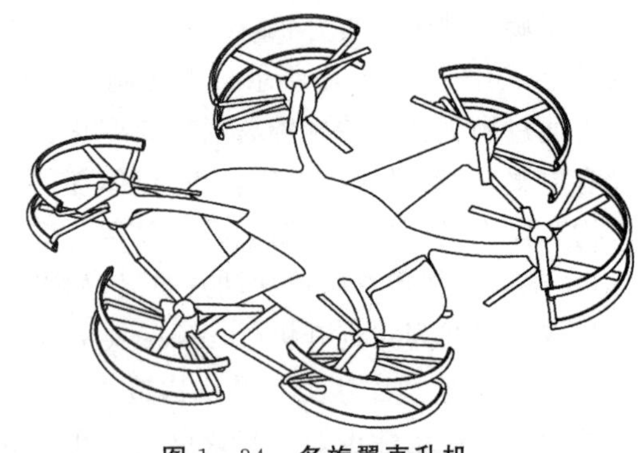

图1－34 多旋翼直升机

动力装置和旋翼是此类直升机的核心部件，往往通过调整若干副旋翼的转速来实现各种飞行动作。由于旋翼往往是简单安装在电动机上，其结构比较简单，控制原理也比较简单，但要解决好多旋翼之间协调工作的问题。

4.新概念直升机

新概念直升机是指采用最新航空技术、设计理念和材料研制的直升机，与传统直升机相比具有功能更丰富、性能更高、能耗更低、噪声更小、适应性更强等特点。新概念直升机往往将直升机的垂直起降功能与固定翼飞机的高速远程飞行特点结合起来，又称为复合直升机或复合飞行器，如倾转旋翼机。

倾转旋翼机(tilt rotor)是一种将直升机和固定翼飞机特点融为一体的新型飞行器，被形象地称为“空中混血儿”。它既有普通直升机垂直起降和空中悬停功能，又有螺旋桨飞机的高速巡航能力。倾转旋翼机具有若干副能在水平位置与垂直位置之间转换的旋翼，当飞机垂直起飞和着陆时，旋翼转轴垂直于地面，呈直升机构型；在达到一定飞行状态后，旋翼转轴可倾转90°，呈水平状态，旋翼当作螺旋桨使用，升力由机翼产生，呈固定翼飞机构型，此时倾转旋翼机能像螺旋桨飞机那样以较高的速度作远程飞行。V－22“鱼鹰”飞机是典型的倾转旋翼机，如图1－35所示。

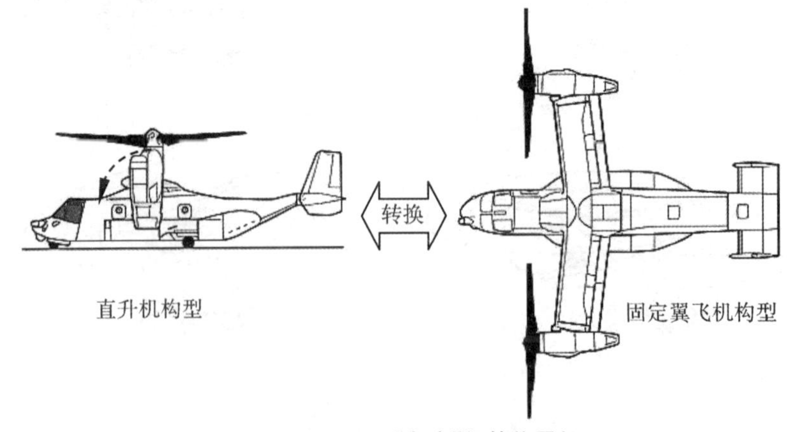

图1－35 V－22“鱼鹰”倾转旋翼机

新概念直升机与常规直升机相比，具有飞行速度快、航程远、振动小、噪声小、载重量大、油耗低等优点，但也存在结构复杂、气动特性复杂、技术难度大、操纵复杂、安全性及可靠性差、死重过多等不足。

直升机的其他分类结果，由于内容繁多，且有些尚未达成共识，将不再进行赘述，部分内容可以参考其他章节。

1.5.3　无人机

无人机(Unmanned Aerial Vehicle, UAV)是无人驾驶飞行器的统称，是利用无线电遥控设备或/和自备的程序控制装置操纵的不载人飞行器，可包括无人固定翼飞机、无人旋翼飞行器、无人飞艇、无人伞翼机、无人扑翼机等。无人机与载人机的飞行原理与构造方式基本相同，差别主要体现在飞行控制方式上。与载人飞行器相比，无人机具有体积小、机动灵活、成本低廉、使用方便、环境适应性强等优点，但也存在受通信技术制约、可靠性差、安全性差、抗干扰性差等不足。随着科技的发展和应用的拓展，无人机取得了快速发展，已广泛应用于军事、民用和科学研究等领域。

1. 无人机分类

无人机用途广泛、种类繁多，分类复杂，通常可按用途、构造形式、重量、飞行控制方式、飞行轨迹等进行分类，图1-36为无人机的不完全分类图。下面将对一些典型无人机进行介绍。

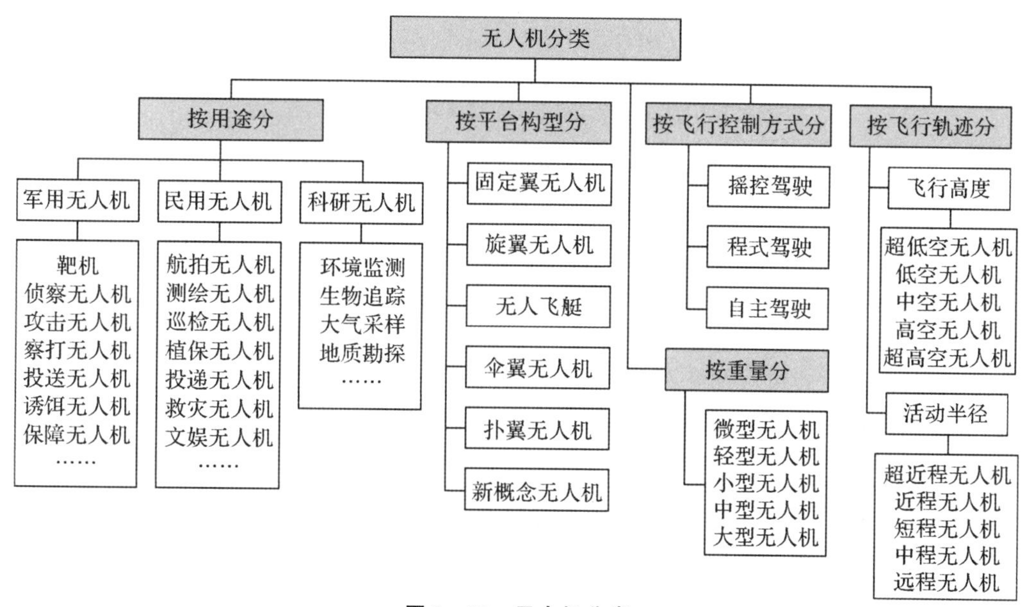

图1-36　无人机分类

(1)按用途分。

1)军用无人机。无人机最早萌芽于军事领域，从最早构想的自杀式无人机(类似巡航导弹)，到侦察无人机，到靶机，再到无人机广泛应用于军事用途。随着无人机的发展，无人机在军事上有多种用途，包括侦察和监视、攻击和打击、空中掩护、物资运送、电子战、通信中继、训练和演习等，可适应不同的作战环境和任务需求，可执行载人飞行器不能胜任的任务，未来随着技术的不断进步和应用场景的不断拓展，无人机的军事用途将更加丰富和重要。图1-37为我国生产的"翼龙"多用途无人机。

图 1-37　翼龙多用途无人机

2)民用无人机。随着无人机技术的发展,无人机在民用各个领域的应用都非常广泛,可用于航拍、测绘、植保、巡检、投递、搜救、环保监测、气象探测、文化娱乐等领域,如图 1-38 所示。随着无人机价格降低和性能提高,以及低空领域的开放,无人机在各个行业的渗透率将大幅提高。当前,在中国“无人机＋消费领域”已经走在世界前列,具有主导地位。未来,无人机与传统行业结合前景广阔、大有可为。

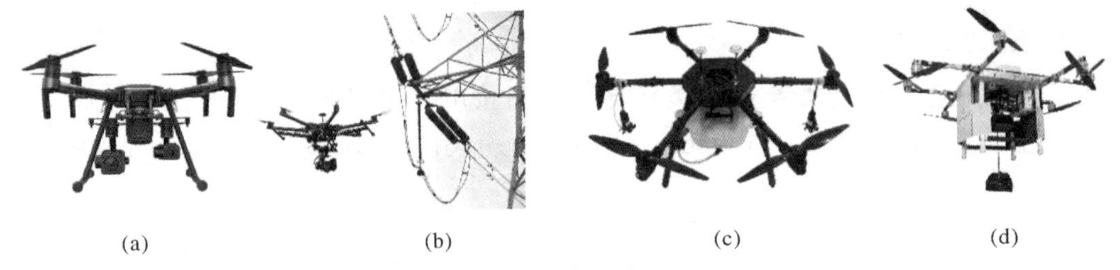

图 1-38　典型民用无人机

(a)航拍无人机;(b)巡检无人机;(c)植保无人机;(d)投递无人机

3)科研无人机。科研无人机是指专门用于科学研究和学术实验的无人机,它们在各种科研领域发挥着重要作用。科研无人机往往具备高度模块化、可编程性以及强大的载荷能力,能够搭载各类传感器、相机和其他科研设备进行数据采集、环境监测、实验测试等多种任务。科研无人机在多个领域有广泛应用,包括但不限于:通信技术(如无人机中继通信等)、地球科学(如地理测绘与遥感等)、大气观测(如收集气象数据和环境污染信息等)、生态与农业科学研究(如评估动植物数量、种类分布、栖息地状况,监测作物生长状态、病害等)、海洋研究(如监测海洋生物、海洋环境等),以及对无人机技术的实验研究等。

随着技术的不断创新和发展,科研无人机的应用领域将进一步拓展,不断推动着科学研究和技术应用的边界。

(2)按平台构型分。无人机的平台构型可以分为多种类型,每种构型都有其独特的特性和适用场景。

1)固定翼无人机。它通常能够提供较高的飞行速度、较长的续航时间和远距离覆盖能力,适用于需要高速、远距离、大面积作业的任务。

2)旋翼无人机。它能够垂直起降,易于操作,且能在空中悬停,是消费级市场和许多民用应用中的首选。

3)无人飞艇。它具有优秀的滞空能力和稳定性,适合执行长时间的高空监视、环境研究、通信中继或广告展示等任务。

4)伞翼无人机。它可以在较小的场地进行起飞和降落,适用于某些特定的侦察或数据收集任务,尤其是在需要低速稳定飞行的情况下。

5)扑翼无人机。它具有高度的隐蔽性和机动性，适合在复杂或限制性环境中进行监控、探索或科研任务。

6)新概念无人机。它集合了多种不同形式飞行器的优点，适合用于一些综合要求较高的任务。

(3)按飞行控制方式分。现代无人机可以在辅助驾驶仪的操控下飞行，但并不是所有无人机都能实现完全自动驾驶，常用的飞行控制方式有遥控驾驶、程式驾驶和自主驾驶。

1)遥控驾驶：操作员通过遥控器上的摇杆、按钮和开关等操作设备，发送指令控制无人机的起降、飞行和任务等操作。这种驾驶方式常用于一些小型无人机，对操作员的专业技能和经验要求比较高。

2)程式驾驶：在操作员发出指令后，将指令转换为一系列的控制指令，通过预先储存的程序和航线，使无人机按照预设的程序进行飞行。程式驾驶可以提高无人机的作业效率和自主性，减少对操作员的依赖，又称为自主-辅助驾驶。在一些复杂的任务中，操作员仍然需要实时监控和调整无人机的飞行状态。

3)自主驾驶：通过预设的程序或人工智能技术自主完成起降、飞行和任务等操作，又称自主飞行。这种驾驶方式需要事先对无人机进行编程或训练，使其具有智能，能够根据环境和任务需求自主决策和调整飞行状态。自主驾驶可以提高无人机的作业效率和自主性，但在技术实现和安全性方面还存在一些挑战。

(4)按重量分。无人机的重量对其飞行性能、安全性、经济性和任务执行能力等方面有着显著的影响，也是无人机管理与规范中的重要内容。各国家和地区根据飞行重量制定了一些相关标准。由于无人机的类型众多，目前尚无高度统一的分类标准，以下是一些常见的按重量分类的无人机。

1)微型无人机：通常空机重量≤7 kg。这类无人机主要用于室内飞行、个人娱乐、低空摄影等，操作简便，较容易获得飞行许可(除非在特定管制区域)。

2)轻型无人机：7 kg＜空机重量≤116 kg。适用于业余爱好者、初级商业应用，如基础航拍、休闲娱乐等。

3)小型无人机：116 kg＜空机重量≤5 700 kg。应用较广泛，包括专业航拍、农业喷洒、环境监测、科研调查等，通常需要注册并获取飞行许可。

4)大型无人机：空机重量＞5 700 kg。通常用于军事用途、科学研究、复杂环境监测、货物运输等，要求较高级别的飞行控制系统、专业的操作人员和地面支持。

(5)按飞行轨迹分。无人机按飞行高度和活动范围分类，能够清晰地反映出不同类型无人机在任务执行中的适用范围和能力，有助于根据无人机的性能和任务需求，将其应用到最适合的场景中。由于无人机的类型众多，目前尚无高度统一的分类标准，以下是一些普遍认可的按飞行高度和活动范围分类的无人机。

1)按飞行高度分。无人机按照飞行高度可以分为以下几类：

①超低空无人机：任务高度一般在 0～100 m 之间，适用于个人娱乐、植保作业、旅游、搜索和救援等近距离作业。

②低空无人机：任务高度一般在 100～1 000 m 之间，常用于训练、伞降、投送、侦察以及农林作业等多种任务。

③中空无人机:任务高度一般在 1 000～7 000 m 之间,适合于训练、巡逻、轰炸和航线飞行等中距离任务。

④高空无人机:任务高度一般在 7 000～18 000 m 之间,主要用于训练、侦察、轰炸、拦击、巡逻、通信中继、科研应用和远程航线飞行等多种任务。

⑤超高空无人机:任务高度一般大于 18 000 m,主要应用于需要超越常规飞行高度,如高空侦察和截击任务,科研与气象观测等。

尽管有些无人机可以达到很高的飞行高度,实际操作中还需遵循各国及地区的法律法规。例如,在中国,民用无人机一般限制飞行高度在 500 m 以内,并且在特定区域,如军事禁区、城市中心、机场周边等,可能存在更严格的限制飞行规定。因此,实际飞行时应始终遵守当地的规定和限制。

2)按活动半径分。无人机按照活动半径可以分为以下几类:

①超近程无人机:活动半径一般小于 15 km,适用于局部区域的快速侦察、勘查、监控、短途货物运输或数据采集等任务。

②近程无人机:活动半径一般在 15～50 km 之间,适合于战地侦察与监视、城市环境监控、短距离物资配送、农业喷洒或紧急情况下的快速响应。

③短程无人机:活动半径一般在 50～200 km 之间,可用于较大范围的环境监测、边境巡逻或中距离物资运输等多种民用和准军事用途。

④中程无人机:活动半径一般在 200～800 km,适用于在更广阔的领域内的侦查、海洋监视、广域通信中继等任务。

⑤远程无人机:活动半径一般大于 800 km,这类无人机具有长航时能力,能够执行跨区域的战略侦察、军事监视、科研与环境监测等远距离任务。

2. 无人机系统的基本构成

无人机的种类繁多,构型各异,典型无人机的基本构成包括飞行器系统、任务载荷系统、数据链系统和指挥中枢系统等,如图 1－39 所示。

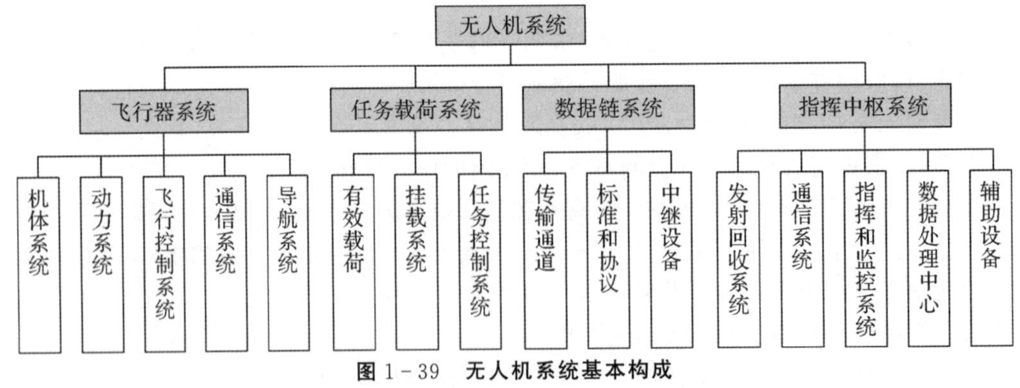

图 1－39 无人机系统基本构成

(1)飞行器系统。飞行器系统(aerial vehicle system)是无人机的基础平台,是实现目标任务的载体,是无人机系统的主体。飞行器系统的基本组成包括机体系统、动力系统、飞行控制系统、通信系统和导航系统等。无人机飞行器系统可以是全新研发的飞行器平台,也可由原有的飞行器改装而成。无人机机体系统的相关内容可参考图 1－36 或相关章节。

无人机动力系统可分为燃料动力系统和电能动力系统等。燃料动力可来自燃油、氢能或其他可燃能源。常见的燃料动力系统的构造形式为活塞式发动机和燃气涡轮式发动机，具体内容可以参考第4章。电能动力可来自蓄电设备、太阳能或其他可发电设备。常见的电能动力系统的构造形式为电动机。当前大多数多旋翼无人机都为电动无人机。

无人机飞行控制系统是无人机的大脑，一般包括传感器、机载数据处理器、伺服作动设备和飞行控制舵面，以实现飞行管理和飞行控制。飞行管理是指收集指挥中枢的控制指令、传感器采集的状态参数和导航系统产生的飞行参数，经过机载数据处理器(计算机)的综合处理产生飞行控制指令。飞行控制是按照飞行控制指令由伺服设备产生操纵力和位移控制飞控舵面的运动调节飞行状态，以确保飞行器能够按照预定的轨迹和任务要求稳定、准确地飞行。常见的传感器包括空速管、压力传感器、迎角传感器、陀螺仪传感器、加速度传感器、磁力计传感器、红外传感器等。常见的伺服设备包括液压作动筒和舵机等。飞行控制舵面与飞机构型相关，常见的舵面包括升降舵、方向舵、副翼、旋翼等。

无人机通信系统负责实现飞行器与指挥中枢之间的信息传输，主要由机载通信设备和指挥通信设备两部分组成。机载通信设备包括天线、通信模块和数据链等，负责接收指挥中枢的指令并将飞行状态和任务数据回传指挥中枢；指挥中枢通信设备包括指挥平台、天线、遥控器和数据接收设备等，负责发送控制指令和接收无人机回传的数据。常用的无人机通信方式有无线电通信、卫星通信和移动网络通信等，可选择不同的通信频段和数据传输协议，以保证无人机通信的可靠性和稳定性。

无人机导航系统主要向无人机提供参考坐标系的位置、航向、速度、飞行姿态等信息，以引导无人机按照指定航线飞行。常见的导航包括惯性导航、地形辅助导航、卫星导航、新型导航和组合导航等。

(2)任务载荷系统。任务载荷系统(mission payload system)是指无人机在执行任务时所携带的设备或装置，如摄录机、炸药、重物、炸弹等，这些设备或装置能够根据不同的任务需求进行定制和配置，以实现特定的任务目标。任务载荷系统主要包括有效载荷、挂载系统和任务控制系统。

无人机有效载荷是指无人机在执行任务时所能携带的设备或装置的重量，是衡量无人机承载能力的重要指标，受到无人机飞行器平台的设计和性能限制，包括机体结构、发动机功率、飞行性能等。

无人机挂载系统是指飞行器系统与有效载荷的匹配接口。任务载荷的功能、重量、尺寸和功耗等有较大的差别，在设计无人机的任务载荷系统时，需要综合考虑任务需求、载荷性能和无人机平台等多个因素设计合理的挂载系统，以确保无人机的有效载荷能够得到合理利用和支持任务载荷的正常工作。

无人机任务控制系统是无人机任务载荷的核心组成部分，主要用于实现对任务载荷的集成、控制、数据处理和信息传输等功能。该系统一般由载荷管理单元、接口电路和软件等部分组成。

(3)数据链系统。数据链系统(data link system)负责建立飞行器与指挥中枢之间的数据传输通道，实现无人机系统中的传感器平台、控制平台、任务平台和监测平台之间各种数据信息的处理与传输。数据链系统主要包括传输通道、消息标准和通信协议、中继设备等。

数据链系统与通信系统密切相关。

传输通道是无人机数据链的基础，包括上行链路和下行链路等，它要求能够提供高速数据传输所需的带宽和频段。

消息标准用于定义数据链中传输的消息格式和内容，确保不同系统之间能够正确解析和交换信息。通信协议则包括数据链路层、网络层和应用层的协议规范，以确保数据传输的可靠性和高效性。

中继设备是在通信系统中用于延伸通信距离、增强信号强度或扩大网络覆盖范围的设备，通常包括中继站、转发器、放大器等组件，可以帮助飞行器与指挥中枢或其他无人机之间建立稳定、可靠的通信连接，确保数据传输的连续性和完整性。

(4)指挥中枢系统。指挥中枢系统(command central system)是整个无人机系统的"神经中枢"，负责任务规划，控制飞行器的发射、飞行与回收，接收和处理数据，控制载荷任务的运行。指挥中枢系统主要包括飞行器发射和回收系统，通信系统，控制和监控系统，数据处理中心和相关的辅助设备，涉及相关硬件、软件和人员。一台遥控器就可看作是一套简单的指挥中枢系统。无人机指挥中枢系统常设置在地面上，被称为地面站系统(Ground Control System, GCS)，也可以搭载在其他平台上。图 1-40 为典型航拍多旋翼无人机的系统组成图。

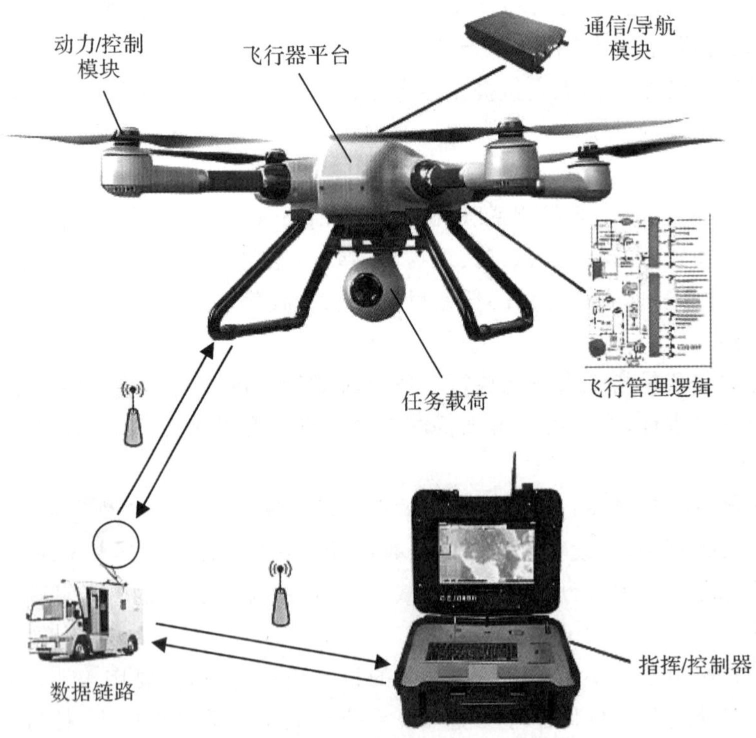

图 1-40 典型航拍多旋翼无人机系统

无人机指挥中枢的主要功能包括以下几种。

1)任务规划与调度：根据任务需求，对无人机的任务进行规划和调度，包括航路规划、任务载荷配置、起降点选择等。

2)实时监控与指挥:对无人机的飞行状态、位置、任务执行情况等信息进行实时监控,并根据需要下达飞行任务和指令,对无人机进行指挥和控制。

3)数据处理与分析:对无人机采集的数据进行处理、分析和挖掘,为决策提供支持。

4)系统集成与协调:将飞行器系统与指挥控制中心以及其他相关系统进行集成和协调,保证整个无人机系统的正常运行和工作。

习　　题

一、填空题

1.飞行器通常可分为________,________,________。

2.航空器根据产生升力的基本原理可分为________,________。

3.典型的固定翼航空器包括________,________,________。

4.第一宇宙速度为________。

5.人造卫星可分为________,________,________。

6."两弹一星"是指________,________,________。

7.民用飞机包括________,________。

8.双旋翼直升机可分为________,________,________,________。

9.无人机常用的飞行控制方式有________,________,________。

10.无人机的任务载荷系统主要包括________,________,________。

二、选择题

1.在"热气球、飞机、滑翔机、伞翼飞机、孔明灯、风筝、旋翼机、扑翼机"中,主要靠空气动力原理实现飞行的有(　　)种。

A.4　　B.5　　C.6　　D.7

2.陶成道被人们称为"世界航天第一人",他是我国(　　)的人。

A.秦朝　　B.唐朝　　C.宋朝　　D.明朝

3.滑翔机的推进力由(　　)产生。

A.发动机　　B.机翼升力　　C.重力　　D.空气动力

4.直升机的推进力由(　　)产生。

A.发动机　　B.旋翼　　C.机翼　　D.螺旋桨

5.舰载机的特点体现在(　　)上。

A.设计形状　　B.使命任务　　C.起降方式　　D.飞行距离

6.新中国第一架自行制造的飞机是(　　)。

A.歼-5　　B.运-5　　C.直-5　　D.初教-5

7.(　　)是民用飞机赖以生存和发展的基础。

A.安全　　B.效率　　C.成本　　D.舒适

8.塞斯纳-172是一种典型的(　　)。

A.干线飞机　　B.支线飞机　　C.通用飞机　　D.货运飞机

9.当前,民用领域的无人机多为(　　)。

A. 固定翼飞机　　B. 单旋翼直升机

C. 多旋翼直升机　　D. 扑翼机

10. 无人机的飞行控制系统是无人机(　　)的子系统。

A. 飞行器系统　　B. 任务载荷系统

C. 数据链系统　　D. 指挥中枢系统

三、问答题

1. 飞机与滑翔机有何异同?

2. 直升机与旋翼机有何异同?

3. 简述“两弹一星”精神的内涵与作用。

4. 简述尾桨对单旋翼直升机的作用。

5. 简述无人机在民用领域的应用。

第2章 航空安全概论

▶内容提示

本章阐述了航空安全的相关内容，重点介绍了航空安全的定义、航空安全的内容、适航管理的基本概念和适航管理的分类，介绍了国际民航组织（International Civil Aviation Organization，ICAO）、美国联邦航空管理局（Federal Aviation Administration，FAA）、欧洲航空安全局（European Union Aviation Safety Agency，EASA）、中国民航局（Civil Aviation Administration of China，CAAC）航空安全管理的相关内容。本章还对世界民航安全现状、中国民航安全现状、航空安全的重要性、中国民航安全法规体系等内容进行了介绍。

▶教学要求

（1）了解世界民航安全现状、中国民航安全现状。

（2）了解航空安全的重要性。

（3）掌握航空安全的定义、航空安全的内容。

（4）掌握适航管理的基本概念、适航管理的分类。

（5）了解国际民航组织、美国联邦航空管理局、欧洲航空安全局安全管理的相关情况。

（6）了解中国民航局安全管理的相关情况。

（7）了解中国民航安全法规体系。

▶内容框架

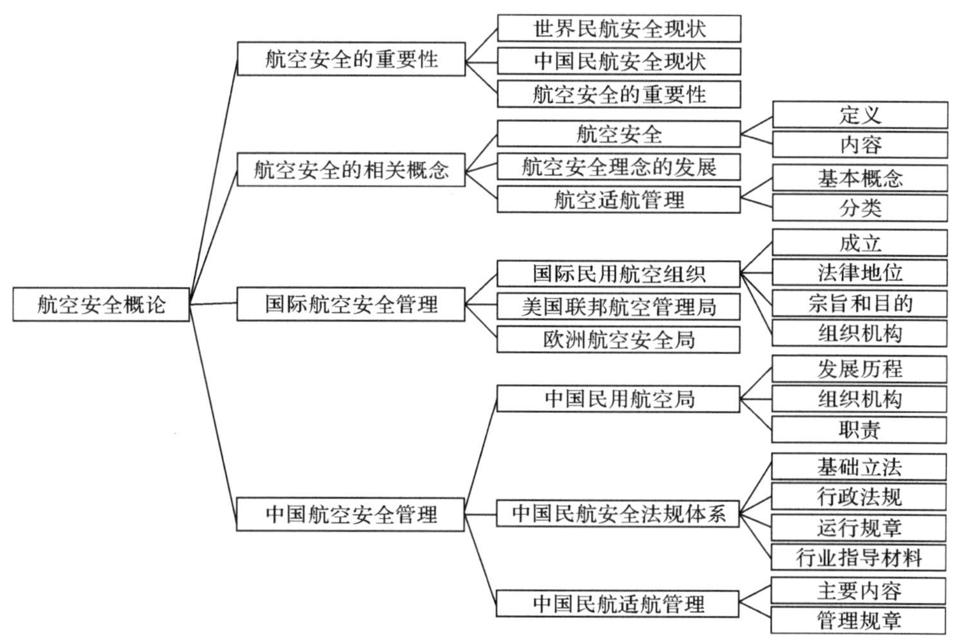

航空安全,犹如翱翔天际的飞鸟之双翼,既是全球民航业发展的坚实支撑,也是广大乘客信赖与选择航空出行的根本保障。自人类历史上的第一架飞机成功起飞以来,航空安全就一直是业界内外关注的焦点话题,其内涵涵盖了从飞机设计、制造、运营到维护、管理等全过程的安全管控,旨在最大限度地减少飞行风险,保障所有飞行活动参与者的生命财产安全。

航空安全的重要性在一系列重大航空事故的沉痛教训中尤为凸显。每一起航空事故的发生,都是对整个行业安全警钟的敲响。这些事件促使国际民航组织、各国政府及航空企业不断修正和完善现行的安全标准与法规,推动航空安全技术的进步和管理措施的创新,从源头预防、过程监控到应急响应,构筑了一道道坚实的空中防线。

航空安全不仅关乎每一段旅程的平安抵达,更是衡量一个国家和地区航空业成熟度、竞争力乃至社会治理能力的重要标尺。在这个追求速度与效率的时代,我们应当清醒认识到:安全永远是飞行的第一要义,也是我们在追求航空科技进步与发展的同时,必须紧握不放的生命线。

2.1　航空安全的重要性

2.1.1　世界民航安全现状

根据国际民航组织(ICAO)统计,2022 年全球最大起飞重量超过 9 000 kg 的商业运输飞机的数量为 32 906 架(该数据包括使用中和处于停放状态的飞机)。2022 年,全球定期航班完成旅客运输量为 32.62 亿人次,完成旅客周转量 58 887.75 亿人·公里,完成货物运输量为 5 650 万吨,货物周转量 2 202.09 亿·公里。

从 1958 年美国波音 B707 投入服役以来,民用航空进入喷气式时代,航空事故率不断下降。从空客公司发布的 2022 年度《商用航空事故统计分析报告》中的数据(见图 2-1 和图 2-2)可见,1961 年—20 世纪 70 年代,全球范围内民用运输飞行事故率已显著下降。从 20 世纪 80 年代到 2022 年,全球范围内民用运输飞行事故率稳步下降。

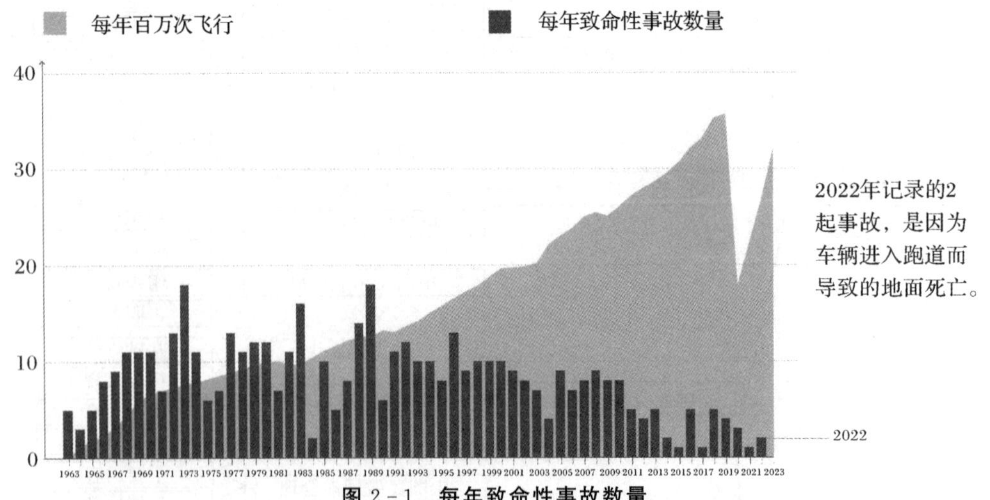

图 2-1　每年致命性事故数量

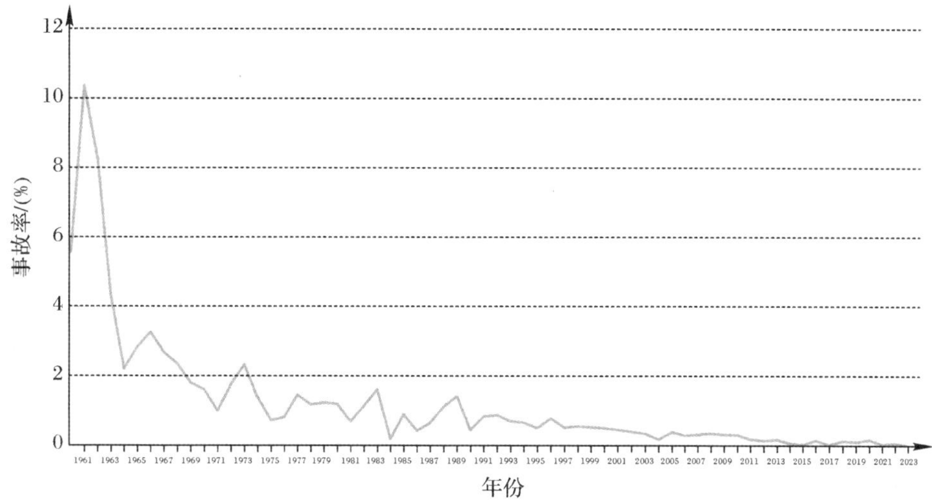

图 2-2　每年每百万次飞行的致命性事故率

国际航空运输协会(International Air Transport Association,IATA,简称“国际航协”)《2023 年全球商用航空安全报告》显示,航空业在安全领域持续发力,2023 年是“有史以来最安全的”一年。2023 年无一起喷气式客机损毁(飞机被毁或严重损坏)或致命事故,只有一起涡轮螺旋桨飞机的致命事故(死亡 72 人)。2023 年,总事故率为 0.80 每百万次飞行(相当于每 126 万架次发生一次事故),是十多年来事故率最低的一年。这一比率低于五年(2019—2023 年)的平均值 1.19。2023 年致命风险从 2022 年的 0.11 和五年(2019—2023 年)的平均值 0.11 降至 0.03。该数据意味着,假设一个人每天都搭乘飞机旅行,历时 103 239 年才可能遭遇一次致命事故。

以上数据都表明,航空业高度重视安全,飞行是最安全的运输方式。今后,航空业仍然会继续努力,确保飞行更加安全。

2.1.2　中国民航安全现状

进入 21 世纪以来,中国民航的基础建设、机队规模和运输能力都有很大发展。截至 2022 年底,我国共有运输航空公司 66 家,其中国有控股公司 39 家,民营和民营控股公司 27 家。截至 2022 年底,中国民航全行业运输飞机期末在册架数为 4 165 架。2022 年,中国民航全行业完成旅客运输量 25 171.32 万人次,完成旅客周转量 3 913.87 亿人・公里。2022 年,中国民航全行业完成运输总周转量 599.28 亿吨・公里,完成货邮周转量 254.10 亿吨・公里,完成货邮运输量 607.61 万吨。2022 年,中国民航全行业运输航空公司完成运输飞行小时 627.56 万小时,完成运输起飞架次 256.57 万架次。

2022 年,我国民航运输航空百万架次重大事故率十年滚动值为 0.011。2022 年,全年共发生运输航空严重征候 3 起,人为责任原因征候 3 起。

2.1.3　航空安全的重要性

1988 年 12 月 21 日晚上,泛美航空公司 PA103 航班正在执行德国法兰克福—英国伦敦—美国纽约—美国底特律航线。飞机在英国边境小镇洛克比上空爆炸解体。巨大的火球从天而降，狠狠地砸在了苏格兰小镇洛克比的谢伍德新月广场上，航班上259名乘客和机组人员无一幸存，地面上11名洛克比居民死于非命，这次空难被称为洛克比空难。出事的飞机是波音747－121型飞机。洛克比空难不仅夺走了270条鲜活的生命，还加速了泛美航空的破产进程。1991年12月4日，由于大量国际航线长期入不敷出，国内航线毫无起色，再加上巨额空难赔款和海湾战争的影响，泛美航空终于关门歇业。由这个例子可见，航空安全是航空运输业发展的基石，关系到乘客的生命安全，也直接影响到航空公司的声誉和经济利益。

“9·11”事件是2001年9月11日发生在美国的有组织的恐怖袭击事件。2001年9月11日上午(美国东部时间)，恐怖分子劫持4架美国民航客机。两架被劫持的客机分别撞向美国纽约世界贸易中心一号楼和二号楼，两座建筑在遭到攻击后相继倒塌，世界贸易中心其余5座建筑物也受震而坍塌损毁；9时许，第三架被劫持的客机撞向位于美国华盛顿的美国国防部五角大楼，五角大楼局部结构损坏并坍塌，第四架坠毁在宾夕法尼亚州一处空地上。“9·11”事件是发生在美国本土的最为严重的恐怖攻击行动，遇难者总数高达2 996人(含19名恐怖分子)。联合国发表报告称此次恐怖袭击造成美国经济损失高达2 000亿美元，相当于当年生产总值的2%。2001年9月20日，布什宣布，美国将开展反恐怖主义的全面战争，并建立以美国为领导的全球“反恐”联盟；2001年10月7日，美国发动了阿富汗战争。由这个例子可见，航空安全不仅仅影响一个航空公司，还会影响一个国家，甚至是影响整个国际社会。

航空运输业是现代经济社会发展的重要支柱之一，对于促进国际交流与合作、推动旅游业发展等方面发挥着重要作用。保障航空安全，有利于维护航空运输业的正常运行和发展，为经济社会发展提供有力支撑。总之，航空安全对于促进国家经济发展和社会稳定具有重要意义。

2.2 航空安全的相关概念

2.2.1 航空安全

1.航空安全的定义

国际民航组织对航空安全给出了以下定义：在航空范畴内，安全是指“与航空器的运行有关或直接支持航空器运行的航空活动的风险被降低并控制在可接受水平的状态”。

视频2－1 航空安全定义

航空安全是相对的，不是绝对的。尽管消除事故和严重事故征候是人们渴望的，但百分之百的安全率是达不到的。即使尽最大的努力来避免，还是难免发生失效和差错。没有任何人类活动或人造系统能保证绝对的安全(即无风险)，只能把风险控制在可接受的水平之下。

航空安全是动态的。在航空业发展的过程中，新的安全隐患和风险不断出现，我们要不断地采取新的措施和方法，把风险控制在适当的水平之下，这样才能让“开放和动态”的航空系统保持安全的状态。

2. 航空安全的内容

航空安全包含飞行安全、航空地面安全、防止非法干扰、航空器客舱安全、危险品运输、搜寻与救援六大方面的内容。

(1)飞行安全。飞行安全是指航空器从跑道上开始起飞滑跑的时刻起，到航空器在跑道上降落滑跑结束的时刻为止的时间内，不出现航空器上的人员伤亡和航空器损坏事件。

目前，普遍把定期飞行的亿客公里死亡率、亿飞行公里事故率、100 万飞行小时事故率、10 万起降架次事故率作为指标，衡量一个国家、一个航空公司的飞行安全水平，尤其以 100 万飞行小时事故率最为常用。

(2)航空地面安全。航空地面安全涉及对机场活动区内发生的航空器损坏或地面人员伤亡及各种地面设备、设施损毁事件的防止和控制。

(3)防止非法干扰。直接危及飞行安全的下列行为属于非法干扰：用各种非法手段劫持航空器；故意破坏航空器；扰乱机舱内秩序，干扰飞行机组执行任务；在航空器内伤害其他旅客或乘务人员；在候机、登机、下机过程中伤害其他旅客及机场工作人员；冲击机场，扰乱机场正常工作秩序，影响航空器运行安全；传布虚假情报(灯光、无线电信号等)；移动、破坏正在工作的航行保障设备。

(4)航空器客舱安全。客舱安全的目标：在正常运行状态下，保证机组不受非法干扰；保证旅客人身安全和尊严；及时救治伤病；防止航空器遭受故意破坏；防止乘机人员误动机舱内开关、手柄等影响安全运行禁止动用的装置；适时调整旅客座位或移动货物位置，以保持好飞行正常运行的重心位置与平衡。

(5)危险品运输。危险品是指对健康、安全、财产或环境构成危险，并在技术细则的危险品清单中列举的物品或物质。危险品分为爆炸品、压缩气体和液化气体、易燃液体和易燃固体、自燃物品和易燃物品、氧化剂和有机过氧化物、毒害品和感染性物品、放射性物品、腐蚀品及其他(杂类)等 9 类。

在飞行过程中，要求危险物品在正常空运条件下不能发生任何泄漏、燃烧等事故，不能有任何影响飞机正常飞行和损害乘客、机组人员身体健康的事故发生。危险物品只有经过正确的鉴定、包装，满足航空运输飞行特殊条件的要求才能够运输。

(6)搜寻与救援。《国际民用航空公约》附件 12《搜寻与援救》给出了搜寻与援救的定义。搜寻是指由援救协调中心或援救分中心利用现有人员和设施，确定遇险人员位置的工作。援救是指找回遇险人员，为其提供初步的医疗或其他需要，并将其送往安全地点的工作。

《中华人民共和国搜寻援救民用航空器规定》规定了我国搜寻援救民用航空器的分工情况：

视频 2-2　航空安全内容

1)中国民航局负责统一指导全国范围的搜寻援救民用航空器的工作；

2)省、自治区、直辖市人民政府负责本行政区域内陆地搜寻援救民用航空器的工作，民用航空地区管理局予以协助；

3)国家海上搜寻援救组织负责海上搜寻援救民用航空器工作，有关部门予以配合。

搜寻与救援的主要内容包括:搜寻与救援方案的制订,搜寻与救援系统建立,搜寻与救援的实施等。

2.2.2 航空安全理念的发展

航空安全的发展过程可以分成四个阶段,如图 2-3 所示。

第一阶段:关注技术因素阶段。这个阶段的时间跨度是从 20 世纪初到 20 世纪 60 年代末。在这期间,航空作为大规模交通运输的一种形式应运而生。航空运输中的安全缺陷,最初与技术因素和技术故障相关。因此,安全方面的努力集中在技术因素(如航空器)的调查和改进上。到 20 世纪 50 年代,技术改进导致事故率逐渐降低,安全过程逐步扩展到包括遵守规章和监督方面。

第二阶段:关注人为因素的阶段。到 20 世纪 70 年代初,由于主要技术的不断进步和安全规章的逐步完善,航空事故率大大降低。此时,人们除了关注技术因素之外,还把努力的重点扩展到了人为因素。据统计,约 80%以上的事故源于人为差错。因此,安全管理开始转向关注人为因素问题。当时,人为因素倾向于关注个人,并没有充分考虑到人是会受到操作和组织环境的影响。直到 90 年代初,才认识到个人是在复杂环境中工作的,这些环境中的多种因素可能会影响人的行为。

第三阶段:关注组织机构(如航空公司、机场等)因素的阶段。在 20 世纪 90 年代中期,人们开始从系统的视角审视安全,开始关注组织机构的因素,并引入了"组织机构性事故"的观念。这个观念考虑了诸如组织机构文化和政策对安全风险控制措施的有效性的影响。另外,使用被动和主动的方法进行日常安全数据收集与分析,使组织机构能够监测已知的安全风险并发现新出现的安全趋势。这些改进提供了知识和基础,促成了当前的安全管理做法。

第四阶段:关注总系统(全国航空系统)的阶段。总系统是把全国的航空业视为一个系统。这样,国家能够更全面地考虑在整个系统中各组织机构的相互关系。国家主要关心的是如何最好地管理不同组织机构之间的接口。从 21 世纪初开始,许多国家已经开始实施国家安全方案或安全管理体系,并获得了安全效益。

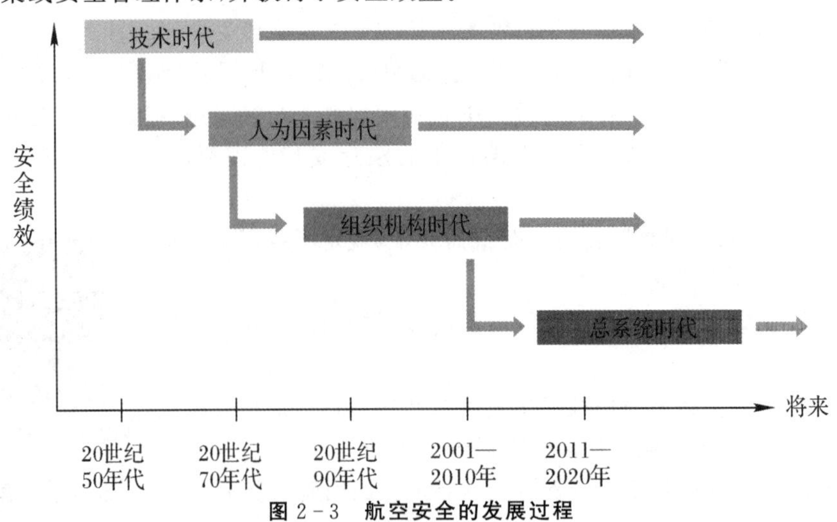

图 2-3 航空安全的发展过程

2.2.3　航空适航管理

1. 适航管理的基本概念

适航是适航性(Airworthiness)的简称，根据《国际民用航空公约》附件 8《航空器适航性》，适航是指航空器、发动机、螺旋桨或部件符合设计标准并处于安全运行状态。通俗来讲，适航的含义是：航空器适合于航行。民用航空器的适航性是指航空器(包括其部件以及子系统)始终符合其型号设计并始终处于安全运行状态。

适航管理是对航空器适航性进行控制。《中华人民共和国民用航空器适航管理条例》规定，民用航空器适航管理是为了保障民用航空安全，维护公众利益，促进民用航空事业的发展。民用航空器的适航管理，是根据国家的有关规定，对民用航空器的设计、生产、使用和维修，实施以确保飞行安全为目的的技术鉴定和监督。民用航空器的适航管理由中国民用航空局来负责。

视频 2 - 3　适航管理

适航管理具有权威性、国际性、完整性和统一性、动态发展性和独立性。

2. 适航管理的分类

民用航空器的适航管理分为两类：

(1)初始适航管理。初始适航管理是在航空器交付使用之前，适航主管部门依据各类适航标准和规范，对民用航空器的设计和制造所进行的型号合格审定和生产许可审定，以确保航空器及其部件的设计和制造是按照适航部门的规定进行的。初始适航管理是对航空器的设计和制造进行控制。

(2)持续适航管理。持续适航管理是在航空器满足初始适航标准和规范、满足型号设计要求、符合型号合格审定的基础上，获得适航证并投入运行后，为保持它在设计制造时的基本安全标准或适航水平，为保证航空器能始终处于安全运行状态而进行的管理。持续适航管理是对航空器及其部件的使用和维修进行控制。

初始适航管理和持续适航管理相辅相成、密不可分。它们之间没有明显的界线，也无法截然分开。初始适航管理和持续适航管理的交联和融汇共同构成了民用航空器适航管理的全部内容。

2.3　国际航空安全管理

在实施航空安全管理政策、程序以及执行方案时，安全和有效管理责任由各种组织机构分担，其中包括国际组织、国家民用航空管理局、航空器所有人和经营人、空中航行服务提供者、机场、航空器和动力装置主要制造商、维修组织、行业和专业协会、航空教育和培训机构等。此外，提供航空服务的第三方(包括合同服务)同样承担着安全管理的责任。下面将分别介绍民用航空安全管理体系中重要机构的情况。

2.3.1 国际民用航空组织

国际民用航空组织(ICAO)成立于1947年,是联合国系统中负责处理国际民航事务的专门机构。ICAO总部设在加拿大蒙特利尔,截至2023年12月,已有193个会员国。其主要活动是研究国际民用航空的问题,制定民用航空的国际标准和规章,鼓励使用安全措施,统一业务规章和简化国际边界手续。

1.成立

国际民航组织前身为根据1919年《巴黎公约》成立的空中航行国际委员会(International Commission for Air Navigation,ICAN)。由于第二次世界大战对航空器技术发展起到了巨大的推动作用,世界上已经形成了一个包括客货运输在内的航线网络,但随之也引起了一系列急需国际社会协商解决的政治上和技术上的问题。因此,在美国政府的邀请下,52个国家于1944年11月1日至12月7日参加了在芝加哥召开的国际会议,签订了《国际民用航空公约》(通称《芝加哥公约》),按照公约规定成立了临时国际民航组织(Provision International Civil Aviation Organization,PICAO)。1947年4月4日,《芝加哥公约》正式生效,国际民航组织也因之正式成立,并于5月6日召开了第一次大会。同年5月13日,国际民航组织正式成为联合国的一个专门机构。1947年12月31日,"空中航行国际委员会"终止,并将其资产转移给"国际民用航空组织"。

2.法律地位

国际民航组织是国际法主体,这种主体资格是由成员国通过《芝加哥公约》而赋予的。《芝加哥公约》第47条规定:"本组织在缔约国领土内应享有为履行其职能所必需的法律能力。凡与有关国家的宪法和法律不相抵触时,都应承认其完全的法人资格。"

国际民航组织的权利能力和行为能力主要表现在:

(1)协调国际民航关系。努力在国际民航的各领域协调各国的关系及做法,制订统一的标准,促进国际民航健康、有序地发展。

(2)解决国际民航争议。多年来,国际民航组织充当协调人,在协调各国关系上发挥过不可替代的作用。

(3)缔结国际条约。国际民航组织不仅参与国际条约的制订,还以条约缔约方的身份签订国际条约。

(4)特权和豁免。国际民航组织各成员国代表和该组织的官员,在每个成员国领域内,享有为达到该组织的宗旨和履行职务所必须的特权和豁免。

(5)参与国际航空法的制订。在国际民航组织的主持下,制订了很多涉及民航各方面活动的国际公约,从《芝加哥公约》及其附件的各项修正到制止非法干扰民用航空安全的非法行为,以及国际航空私法方面的一系列国际文件。

国际民航组织是政府间的国际组织，是联合国的专门机构。国际民航组织是各主权国家以自己本国政府的名义参加的官方国际组织，取得国际民航组织成员资格的法律主体是国家，代表这些国家的是其合法政府。国际民航组织是联合国的一个专门机构，但不是联合国的附属机构，而是在整个联合国体系中享有自主地位。

3.宗旨和目的

国际民航组织的宗旨和目的在于发展国际航行的原则和技术，促进国际航空运输的规划和发展，以便实现下列各项目标：

(1)确保全世界国际民用航空安全地和有秩序地发展；

(2)鼓励为和平用途的航空器的设计和操作技术；

(3)鼓励发展国际民用航空应用的航路、机场和航行设施；

(4)满足世界人民对安全、正常、有效和经济的航空运输的需要；

(5)防止因不合理的竞争而造成经济上的浪费；

(6)保证缔约各国的权利充分受到尊重，每一缔约国均有经营国际空运企业的公平的机会；

(7)避免缔约各国之间的差别待遇；

(8)促进国际航行的飞行安全；

(9)普遍促进国际民用航空在各方面的发展。

以上九条共涉及国际航行和国际航空运输两个方面问题。前者为技术问题，主要是安全；后者为经济和法律问题，主要是公平合理，尊重主权。两者的共同目的是保证国际民航安全、正常、有效和有序地发展。

4.组织机构

国际民航组织由大会、理事会和秘书处三级框架组成，如图 2-4 所示。

(1)大会。大会是国际民航组织的最高权力机构，由全体成员国组成。大会由理事会召集，一般情况下每三年举行一次，遇有特别情况时或经五分之一以上成员国向秘书长提出要求，可以召开特别会议。大会决议一般以超过半数通过。参加大会的每一个成员国只有一票表决权。但在某些情况下，如《芝加哥公约》的任何修正案，则需三分之二多数票通过。

大会的主要职能为：选举理事会成员国，审查理事会各项报告，提出未来三年的工作计划，表决年度财政预算，授权理事会必要的权力以履行职责，并可随时撤回或改变这种权力，审议关于修改《芝加哥公约》的提案，审议提交大会的其他提案，执行与国际组织签订的协议，处理其他事项等。

大会召开期间，一般分为大会、行政、技术、法律、经济五个委员会对各项事宜进行讨论和决定，然后交大会审议。

(2)理事会。理事会是向大会负责的常设机构，由大会选出的 36 个缔约国组成。理事国分为三类：第一类是在航空运输领域居特别重要地位的成员国，第二类是对国际航空运输的发展有突出贡献的成员国，第三类是区域代表成员国。在 2022 年国际民航组织大会期间，有 10 个国家当选为第一类成员国，12 个国家当选为第二类成员国，14 个国家当选为第三类成员国。

理事会设主席一名。主席由理事会选举产生，任期三年，可连选连任。现任(2022 年—2025 年)理事会主席为萨尔瓦托雷·夏基塔诺。

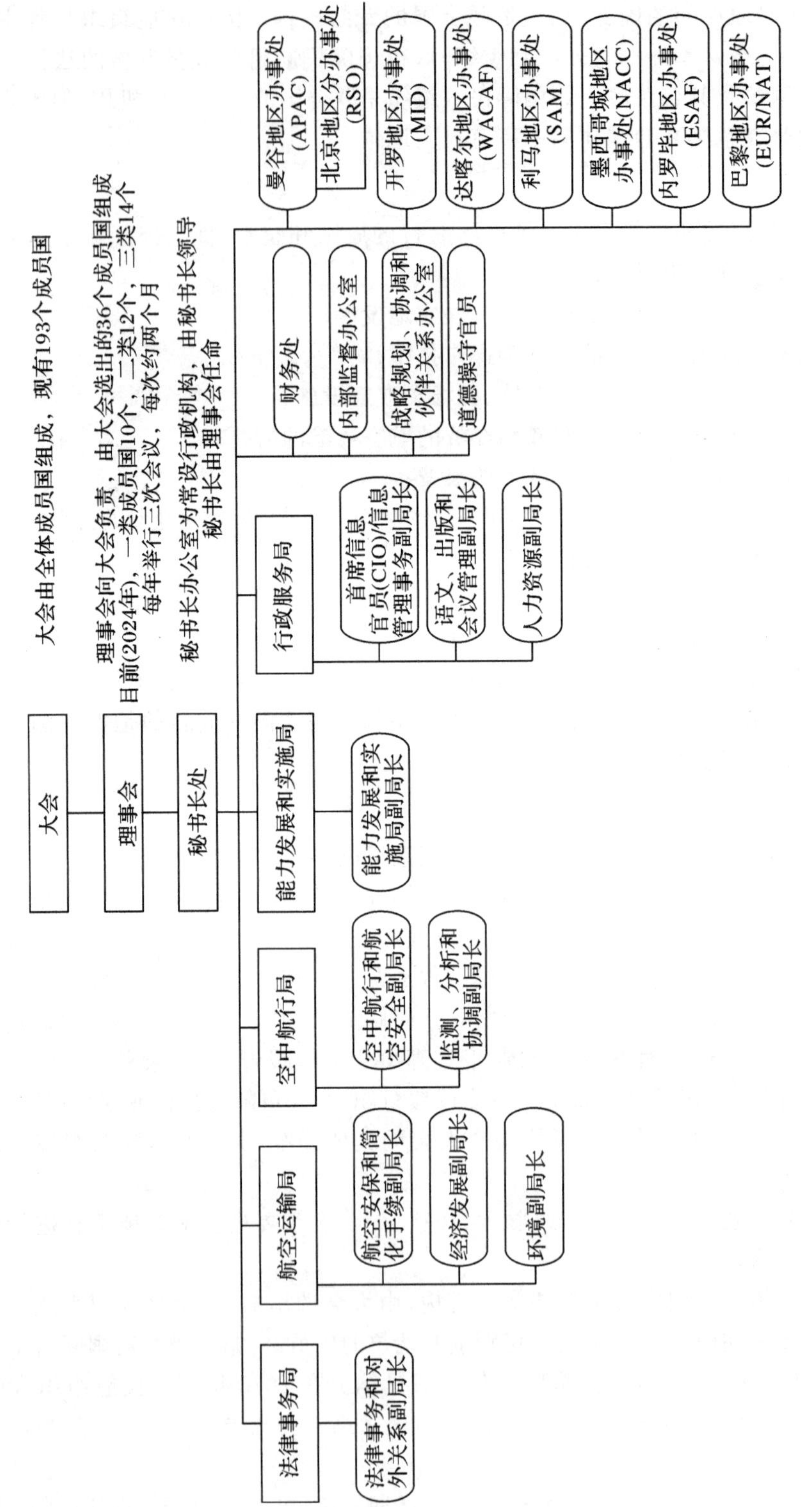

图2-4 国际民用航空组织(ICAO)机构图

理事会每年召开三次会议，每次会议会期约为两个月。理事会下设财务、技术合作、非法干扰、航行、新航行系统、运输、联营导航、爱德华奖八个委员会。每次理事会开会前，各委员会先分别开会，以便将文件、报告或问题提交理事会。

理事会的主要职责包括：执行大会授予程序并向大会报告本组织及各国执行公约的情况；管理本组织财务；领导属下各机构工作；通过公约附件；向缔约各国通报有关情况，以及设立运输委员会，研究、参与国际航空运输发展和经营有关的问题并通报成员国，对争端和违反《芝加哥公约》的行为进行裁决等。

(3)秘书处。秘书处是国际民航组织的常设行政机构，由秘书长负责保证国际民航组织各项工作的顺利进行。秘书长由理事会任命，现任秘书长为胡安·卡洛斯·萨拉萨尔。秘书处下设空中航行局、航空运输局、法律事务局、能力发展和实施局、行政服务局五个局以及财务处、内部监督办公室等。此外，秘书处有七个地区办事处，分设在曼谷、开罗、达喀尔、利马、墨西哥城、内罗毕和巴黎。地区办事处直接由秘书长领导，主要任务是建立和帮助缔约各国实行国际民航组织制定的国际标准和建设措施以及地区规划。

5. 我国加入情况

我国是国际民航组织的创始成员国之一，旧中国政府于 1944 年 11 月 9 日签署了《芝加哥公约》，并于 1946 年 2 月 20 日交存了批准书，成为国际民航组织的创始成员国。1950 年 5 月，我国政府致电联合国秘书长和国际民用航空组织，要求驱逐台湾当局的代表。1971 年 11 月 19 日，国际民航组织秘书长通知我国政府，国际民航组织第 74 届理事会通过决议，承认中华人民共和国政府的代表为中国驻国际民航组织的唯一合法代表。1974 年 2 月 15 日，我国政府致函国际民航组织，承认《芝加哥公约》并即日起恢复参加国际民航组织的活动。1974 年 9 月 24 日至 10 月 15 日，中国代表团出席了国际民航组织第 21 届会议并当选为理事国。同年 12 月，中国政府派出了驻国际民航组织理事会的代表。在 2004 年 9 月举行的第 35 届国际民航组织大会上，我国积极竞选一类理事国。目前，在蒙特利尔设有中国驻国际民航组织理事会代表处，现任(2024 年)代表是杨胜军。

2.3.2　美国联邦航空管理局

美国是全球航空运输量最大的国家，是航空大国和强国，其航空安全水平也较高。美国联邦航空管理局(Federal Aviation Administration，FAA)是美国监督和管理民用航空业的政府机构，其组织机构如图 2－5 所示。FAA 的主要任务是保障民用航空飞行的安全，促进民航事业的发展，但不直接经营民航企业。FAA 实行三级管理模式，机构设置分为总部、地区机构和地方机构三级。FAA 总部设在华盛顿，是国家的行政立法机构，负责制定民用航空政策、规划和颁布航空规章制度、处理国际民用航空事务、领导本系统各地区和地方机构的工作。地区机构是管理本地区民用航空业务的工作机构，负责审查、颁发本地区民用航空领域内各种合格证件和技术业务人员执照，对所辖地方机构实行技术指导和管理。在北美大陆的美国境内共划分为 9 个地区，并各设地区办事处。地方机构则是各种民航基层的管理部门，如空中交通管制中心、飞行服务站、各种质量检查和标准审定办公室、航空安保机构等。它们直接担负空中交通管制任务，为飞行提供导航服务，接受各种合格证的申请，监督和检查安全质量，参与调查飞行事故和违章事件，进行飞行现场的安保管理等。

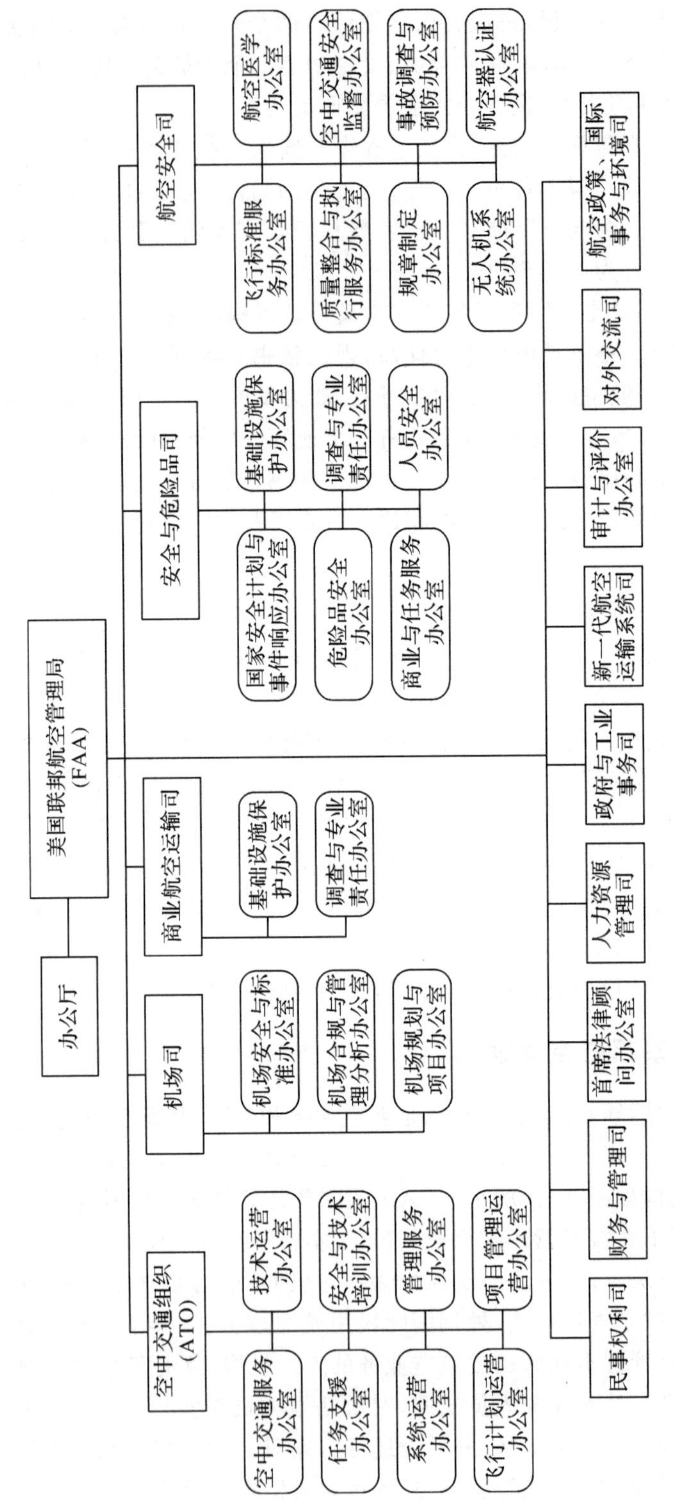

图2-5 美国联邦航空管理局(FAA)机构图

空中交通组织(Air Traffic Organization,ATO)隶属于 FAA,属于政府部门,负责具体执行和实施 FAA 制定的相关政策、规章和指令等。FAA 负责监督和管理 ATO 实施空中交通管理的具体效果。

航空安全司隶属于 FAA,负责:飞机的认证、生产批准和持续适航的认证,以及对飞行员、机械师和其他安全相关职位的认证,美国国内民航所有运行、维修企业认证,对约 7 300 家美国商业航空公司和航空运营商进行认证和安全监督,民用飞行运营,制定法规。航空安全司下设 8 个办公室:空中交通安全监督办公室、事故调查与预防办公室、飞行标准服务办公室、航空医学办公室、质量整合与执行服务办公室、规章制定办公室、无人机系统办公室、航空器认证办公室。

空中交通安全监督办公室负责制定安全标准并对空中交通组织(ATO)进行独立监督。该办公室通过审计、监视、调查和检查等方式完成安全监督。

事故调查和预防办公室负责:飞机事故调查、与国家运输安全委员会(National Transportation Safety Board,NTSB)相关的所有活动。该办公室通过调查、数据收集、风险分析和信息共享等措施促进航空安全。

飞行标准服务办公室通过制定飞行员、航空运营商、航空机构和指定人员的认证和监督标准来促进航空运输的安全。

机场司隶属于 FAA,负责机场安全和检查。机场司下设 3 个办公室:机场安全与标准办公室、机场规划与项目办公室、机场合规与管理分析办公室。机场安全与标准办公室负责:机场的安全和认证,机场运营和安全实践,促进民用机场的应急行动、应急管理规划和损害控制,联邦政府在机场的活动,袭击或自然灾害后的恢复。

安全与危险品司隶属于 FAA,下设 6 个办公室:国家安全计划与事件响应办公室、危险品安全办公室、基础设施保护办公室、调查和专业责任办公室、商业和任务服务办公室、人员安全办公室。国家安全计划和事件响应办公室通过应急准备、危机管理、情报威胁识别和分析等措施确保航空领域的安全。危险品安全办公室通过对旅客携带的或飞机运输的危险品进行监管等手段,确保危险品的安全运输。

2.3.3　欧洲航空安全局

第二次大战以后,世界航空业有了长足的发展,尤其是美国,几乎一度垄断了社会主义阵营国家之外的全部大型商用客、货机市场。到了 20 世纪 70 年代初,欧洲国家也不甘示弱,决定通过整合欧洲的技术和资源,联合设计、制造大型商用飞机,同美国分享庞大的世界航空业市场。随后欧洲成立了"联合适航局",最初成立的目的仅仅是为了建立对大型飞机和发动机的通用型号代码,以满足欧洲航空业的需要,尤其是几个国家间相互协作制造飞机(Airbus)的需要。到 1987 年,该机构的工作已经扩展到飞机的运营、维修、人员执照和设计认证等领域,覆盖生产、设计、维修机构的认证和通用程序。

1990 年,在塞布鲁斯会议上,"联合航空局(Joint Aerospace Applications,JAA)"正式成立,签署《联合航空局协议》的国家成为 JAA 的成员。他的主要职责就是制定和完善联合航空规则(Joint Aviation Regulations,JAR)。其内容涉及飞机的设计和制造、飞机的运营和维修,及民用航空领域的人员执照等,并进行相关管理和技术程序的制定。JAA 的成立,保证了成员国之间的合作,使各成员国之间的航空安全水平达到一个较高的水准。同时JAA的另一项职责是:同世界上在民用航空领域有影响力的区域或国家航空当局进行交流与合作,并通过缔结国际协议,促使世界范围内的民用航空安全标准和要求达到JAA的安全水平。但是JAR的所有要求对其成员国都不具有法律效力,各国的航空当局还会根据自己国家的情况制定自己的航空法规,欧洲各国间的航空规则标准不能完全统一,这不利于欧洲区域一体化的进一步发展,也不能满足欧洲航空业未来的需要。因此,客观上就需要一个拥有更大权利的、对成员国具有约束力的组织来统一管理欧洲的航空领域,这就是欧洲联盟领导下的"欧洲航空安全局"(European Aviation Safety Agency,EASA)。

2002年6月,欧盟(EU)十五国在布鲁塞尔的会议上决定成立"欧洲航空安全局"(EASA),目标是最大限度地保护公民的安全,促进欧盟航空业的发展。EASA将接替所有JAA的职能和活动,同时允许非欧盟的JAA成员国和其他非欧盟的国家加入。

EASA的任务包括以下几个。

(1)与EASA使命相关的所有领域的实施规则草案;

(2)在EASA拥有专有能力的领域(例如适航性)认证和批准产品和组织;

(3)在EASA拥有共同能力的领域(例如空中运营、空中交通管理)向成员国提供监督和支持;

(4)促进欧洲和全球标准的使用;

(5)与国际参与者合作,为全球欧盟公民实现最高安全水平(例如欧盟安全名单、第三国运营商授权)。

20多年来,EASA一直是维护欧洲航空安全的核心部门。作为一个独立和中立的机构,欧洲航空安全局的任务包括:提出和制定规则、标准和指南;飞机、零件和设备的适航认证;批准和监督所有航空领域的组织。随着时间的推移,EASA的职责不断扩大。2008年和2009年,EASA的工作领域开始包括:空中运营、机组人员执照、第三国运营商授权、机场和空中交通管理/空中导航服务。2018年,EASA"基本法规"的更新扩大了该机构的职责,将无人机、城市空中交通和网络安全纳入其中。这一更新还加强了该机构在环境保护、国际合作和研究与开发方面的作用。

2.4 中国航空安全管理

我国民用航空从组织体系上可分为三种,即政府部门、机场系统、航空器使用部门。

我国民用航空的政府部门是中国民用航空局(Civil Aviation Administration of China,CAAC),它代表政府制定民航业的各项法规,对民航各方面的工作进行总的规划管理,对驾驶员进行资格认证和考核,协调和指挥空中交通,负责重大国际民航业的外事活动,监督处理重大航空安全事务,等等。

2.4.1 中国民用航空局

1.中国民用航空局的发展历程

1949年11月2日,中共中央政治局会议决定,在人民革命军事委员会下设民用航空局，受空军指导。11 月 9 日，中国航空公司、中央航空公司总经理刘敬宜、陈卓林率两公司在香港员工光荣起义，并率领 12 架飞机回到北京、天津，为新中国民航建设提供了一定的物质和技术力量。1950 年，新中国民航初创时，仅有 30 多架小型飞机，年旅客运输量仅 1 万人次，运输总周转量仅 157 万吨·公里。

1958 年，国务院发出通知，中国民用航空局划归交通部领导。

1960 年 11 月 17 日，中国民用航空局改称“交通部民用航空总局”，为部属一级管理全国民用航空事业的综合性总局，负责经营管理运输航空和专业航空，直接领导地区民用航空管理局的工作。

1962 年 4 月 15 日，中央决定将民用航空总局由交通部属改为国务院直属局，其业务工作、党政工作、干部人事工作等均直接归空军负责管理。

1980 年，中国政府决定民航脱离军队建制，把中国民航局从隶属于空军改为国务院直属机构，实行企业化管理。中国民航局下设北京、上海、广州、成都、兰州(后迁至西安)、沈阳 6 个地区管理局。

根据中央 1984 年《关于改革经济体制的决定》，从 1987 年开始，民航实施了以政企分开，管理局、航空公司、机场分设为主要内容的体制改革。主要改革内容如下：

(1)构造行业行政管理体制框架。在北京、上海、广州、成都、西安、沈阳设立民航华北、华东、中南、西南、西北、东北六个地区管理局，形成民航总局—地区管理局—省(区、市)局三级行政管理体制。

(2)组建航空运输企业和通用航空企业。组建中国国际、东方、南方、北方、西南和西北六大骨干航空公司。各航空运输和通用航空企业实行自主经营、自负盈亏、平等竞争。

(3)成立北京首都、上海虹桥、广州白云、成都双流、西安咸阳和沈阳桃仙等机场管理机构。

1993 年 4 月 19 日，中国民用航空局改称中国民用航空总局，属国务院直属机构。12 月 20 日，中国民用航空总局的机构规格由副部级调整为正部级。

2002 年 3 月 3 日，国务院印发《关于民航体制改革方案的通知》，民航开始实施以政企分开、政资分离、机场属地化管理、改革民航行政和公安管理体制为主要内容的新一轮改革。该轮改革主要内容有：

(1)组建成立中国航空集团公司、中国东方航空集团公司、中国南方航空集团公司三大航空集团公司(2018 年分别更名为中国航空集团有限公司、中国东方航空集团有限公司、中国南方航空集团有限公司)；组建中国民航信息集团公司、中国航空油料集团公司、中国航空器材进出口集团公司(2008 年更名为中国航空器材集团公司)三大服务保障集团公司，并与民航总局脱钩，划归国资委管理。

(2)机场实行属地化管理，除首都机场和西藏机场外，其余机场全部移交地方政府，实行属地化管理。

(3)改革行政管理体制，形成民航总局—地区管理局两级行政管理。撤销 24 个省(区、市)管理局。组建 26 个民用航空安全监督管理办公室。

2008 年 3 月 11 日，第十一届全国人民代表大会第一次会议批准国务院机构改革方案，为有利于构建综合交通运输体系，组建交通运输部，推行大部制管理，根据《国务院关于部委管理的国家局设置的通知》，设立中国民用航空局（副部级），为交通运输部管理的国家局。

2009年3月，国务院办公厅《关于印发中国民用航空局主要职责、内设机构和人员编制的通知》，将原中国民用航空总局规范管理航空运输业、实施航空安全和空中交通管理、组织协调重大紧急航空运输任务等职责划入中国民用航空局。民航局设12个职能机构，机关行政编制301名。

2009年，各省、区、市航空安全监管办公室更名为民用航空安全监督管理局，自3月24日民航天津安全监督管理局揭牌成立起，年内更名完毕。

【拓展阅读】

“两航”起义

1949年1月1日，毛泽东发表了《将革命进行到底》的新年献词，中国人民解放军相继取得了三大战役决定性的胜利，并先后解放南京、上海。为了挽回败局，蒋介石飞抵重庆、成都召开紧急军事会议，妄图占据西南，负隅顽抗，待机反扑。但由于年初他已将国民党空军驻扎在大陆的330余架飞机、4.5万人搬迁台湾，造成大陆空运力量不足，只有依靠中国航空公司和中央航空公司（以下简称“两航”）99架飞机的运输力量，作为沟通西南各省和台湾的桥梁。为了切断国民党的西南空中运输线，1949年6月，香港中共地下党组织遵照中共中央的指示，着手策动“两航”起义。中共上海市委和军管会推荐吕明和查镇湖到香港策动“两航”起义，因为吕明原是国民党空军中的中共地下党员，他在美国接受飞行训练时就认识刘敬宜（“中航”总经理），而查镇湖在大革命时期就是中共党员，曾任“央航”副总经理，与“央航”中、上层关系密切。

1949年8月下旬，中共中央军委副主席周恩来和社会部部长李克农在中南海接见了准备派往香港的吕明和查镇湖。周恩来指示，一要把“两航”基地拖在香港，拒迁台湾；二要争取人，这是主要的，有了人就可以办起新中国的民航事业。吕明和查镇湖于8月24日乘船抵达香港后，迅速取得了与港澳工委张铁生、黄作梅、吴荻舟和香港中共地下党张唯一、朱汉明等方面的联系。吕明与中国航空公司香港办事处的何凤元、陆元斌、陈耀寰取得联系后，向他们传达了中共中央和周恩来对策动“两航”集体起义的指示，并决定由吕明、查镇湖着重做上层人物和北飞飞行员的工作；何凤元、陆元斌侧重做“中航”中层骨干和飞行员的工作；陈耀寰通过港九民航工会做“两航”基层及中层骨干的工作。

1949年10月1日，中华人民共和国宣告成立，极大地推动了“两航”起义的进程。10月10日，广州解放，使起义条件日趋成熟。11月7日，“两航”起义开始进入紧张的实施阶段，“中航”部分员工在《香港中国航空公司全体员工起义宣言》上签名。当晚，吕明、何凤元给“中航”总经理刘敬宜作了长时间艰苦细致的思想工作，他们殷切希望“两航”抛弃对台湾当局的幻想。直至深夜，刘敬宜才下定决心，同意“两航”起义，并对起义准备工作做了充分肯定。翌日，刘敬宜签发《通告》，指派王新章代理总经理职务，指定艾礼逊（美方派驻“中航”副总经理）、李振先、王新章、周自安、凌士芬5人组成公司事务顾问委员会，协助代理总经理处理重要事务。

经过周密的策划和准备，在国内有关部门的配合下，“两航”的12架飞机(其中，中航10架，央航2架)于1949年11月9日正式北飞起义。清晨6时10分，按照计划，潘国定驾驶的CV－240型XT610号飞机第一个起飞，飞机上载有“中航”总经理刘敬宜、“央航”总经理陈卓林，另有“两航”起义发起人吕明、查镇湖，组织者之一吴景岩等由香港直飞北京西郊机场。其余11架飞机由陈达礼、边任耕、卢开周、徐作诰、邓重煌、秦永棠、张镒、蔡觉沧、黄雄畏、杨积、林雨水驾驶，从香港依次起飞直飞天津机场，这就是震惊中外的“两航”起义。

当日，“两航”起义的两名总经理联名致电中央人民政府主席毛泽东和政务院总理周恩来。毛泽东于11月12日致电刘敬宜、陈卓林总经理及“两航”起义的全体员工，对他们的起义举动表示欢迎和慰问，并指出“这是一个有重大意义的爱国举动”。同日，周恩来总理也致函勉励“两航”员工“坚持爱国立场，努力进步，为建设新中国的人民航空事业而奋斗”，同时宣布“两航”受中央人民政府管辖，并任命刘敬宜为“中航”总经理，陈卓林为“央航”总经理。

“两航”起义回归的两千名员工加上回归的12架飞机，以及从1950年7月至1951年“两航”机务人员修复的国民党遗留在大陆上的17架飞机，构成了新中国民航事业初创时期飞行空运的主体。“两航”起义的员工对创建和发展新中国的民航事业作出了不可磨灭的贡献。

2. 中国民用航空局组织机构

目前，中国民用航空局内设机构包括综合司、航空安全办公室、政策法规司、发展计划司、财务司、人事科教司、国际司(港澳台办公室)、运输司、飞行标准司、航空器适航审定司、机场司、空管行业管理办公室、公安局、直属机关党委(思想政治工作办公室)、党组纪检组、全国民航工会、离退休干部局等部门(见图2－6)。

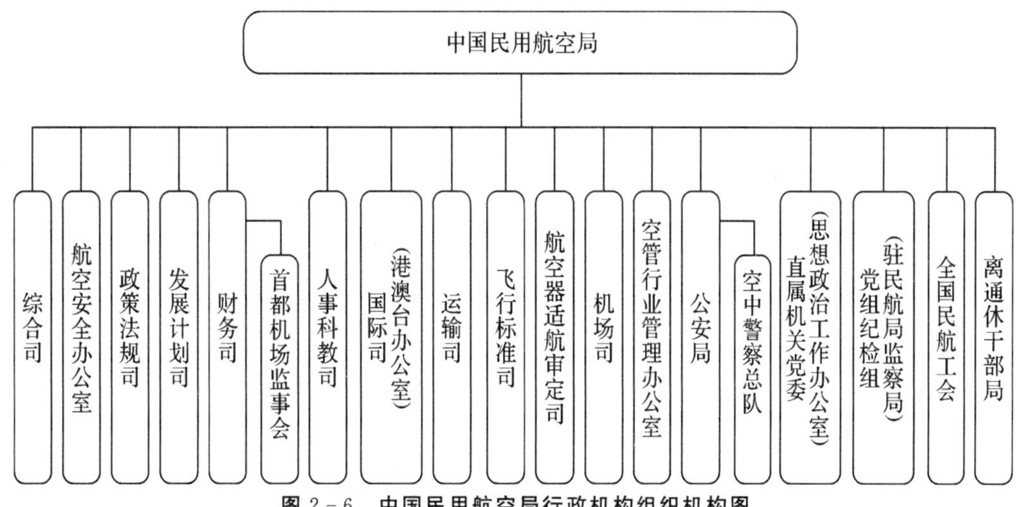

图2－6　中国民用航空局行政机构组织机构图

目前，中国民用航空局下设7个地区管理局，负责对辖区内民用航空事务实施行业管理和监督。7个民航地区管理局根据安全管理和民用航空不同业务量的需要，共派出39个中国民用航空安全监督管理局、1个运行办，以及实行政企合一的民航西藏区局，负责辖区内民用航空安全监督和市场管理(见图 2-7)。

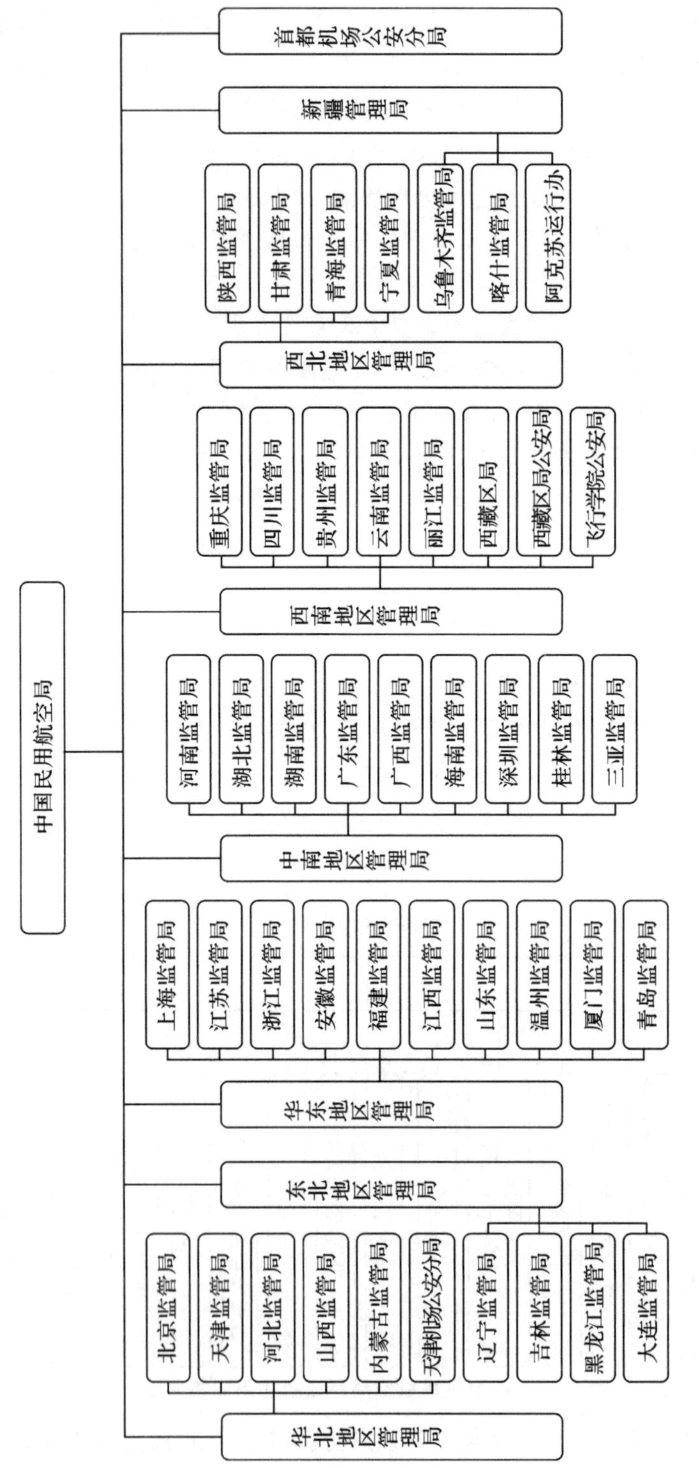

图2-7 中国民用航空地区管理局行政机构组织机构图

3. 中国民用航空局的职责

根据国务院办公厅文件《中国民用航空局主要职责内设机构和人员编制规定》(国办发〔2009〕20 号),中国民用航空局的职责如下:

(1)提出民航行业发展战略和中长期规划、与综合运输体系相关的专项规划建议,按规定拟订民航有关规划和年度计划并组织实施和监督检查。起草相关法律法规草案、规章草案、政策和标准,推进民航行业体制改革工作。

(2)承担民航飞行安全和地面安全监管责任。负责民用航空器运营人、航空人员训练机构、民用航空产品及维修单位的审定和监督检查,负责危险品航空运输监管,民用航空器国籍登记和运行评审工作、民用航空器型号合格审定和生产许可审定,负责机场飞行程序和运行最低标准监督管理工作,承担民航航空人员资格和民用航空卫生监督管理工作。

(3)负责民航空中交通管理工作。编制民航空域规划,负责民航航路的建设和管理,负责民航通信导航监视、航行情报、航空气象的监督管理。

(4)承担民航空防安全监管责任。负责民航安全保卫的监督管理,承担处置劫机、炸机及其他非法干扰民航事件相关工作,负责民航安全检查、机场公安及消防救援的监督管理。

(5)拟订民用航空器事故及事故征候标准,按规定调查处理民用航空器事故。组织协调民航突发事件应急处置,组织协调重大航空运输和通用航空任务,承担国防动员有关工作。

(6)负责民航机场建设和安全运行的监督管理。负责民用机场的场址、总体规划、工程设计审批和使用许可管理工作,承担民用机场的环境保护、土地使用、净空保护有关管理工作,负责民航专业工程质量的监督管理。

(7)承担航空运输和通用航空市场监管责任。监督检查民航运输服务标准及质量,维护航空消费者权益,负责航空运输和通用航空活动有关许可管理工作。

(8)拟订民航行业价格、收费政策并监督实施,提出民航行业财税等政策建议。按规定权限负责民航建设项目的投资和管理,审核(审批)购租民用航空器的申请。监测民航行业经济效益和运行情况,负责民航行业统计工作。

(9)组织民航重大科技项目开发与应用,推进信息化建设。指导民航行业人力资源开发、科技、教育培训和节能减排工作。

(10)负责民航国际合作与外事工作,维护国家航空权益,开展与香港、澳门和台湾地区的交流与合作。

(11)管理民航地区行政机构、直属公安机构和空中警察队伍。

(12)承办国务院及交通运输部交办的其他事项。

2.4.2　中国民航安全法规体系

中国民航安全法规体系由法律、行政法规和规章组成。为了落实安全法律、法规和规章,中国民用航空局各职能部门还颁布了配套的规范性文件。

1. 基础立法

中国民航的基本法是自 1996 年 3 月 1 日起施行的《中华人民共和国民用航空法》。根据《中华人民共和国立法法》第 7 条,全国人民代表大会常务委员会可对民航法进行修订。

2.行政法规

中国民航行政法规由国务院颁布。

民航行政法规包括《中华人民共和国飞行基本规则》《中华人民共和国民用航空器适航管理条例》《中华人民共和国民用航空安全保卫条例》《中华人民共和国搜寻援救民用航空器规定》《民用机场管理条例》等。

除上述行业法律、法规外,中国民航还必须遵守《中华人民共和国安全生产法》、《生产安全事故报告和调查处理条例》等法律、法规。

3.运行规章

中国民用航空规章分为15编,具体见表2-1。

表2-1 中国民用航空规章

编号	规章号	内容
第一编	CCAR-1～CCAR-20	行政程序规则
第二编	CCAR-21～CCAR-59	航空器
第三编	CCAR-60～CCAR-70	航空人员
第四编	CCAR-71～CCAR-120、CCAR-171～CCAR-182	空中交通规则与一般运行规则、导航设施
第五编	CCAR-121～CCAR-139	民航企业合格审定
第六编	CCAR-140～CCAR-149	学校及其他单位的合格审定及运行
第七编	CCAR-150～CCAR-170	机场
第八编	CCAR-183～CCAR-197	管理规则
第九编	CCAR-198～CCAR-200	航空保险
第十编	CCAR-201～CCAR-250	备用
第十一编	CCAR-251～CCAR-270	航空基金
第十二编	CCAR-271～CCAR-325	航空市场管理
第十三编	CCAR-326～CCAR-355	航空安保
第十四编	CCAR-356～CCAR-390	科技和计量标准
第十五编	CCAR-391～CCAR-400	航空器搜寻救援和事故调查

中国民用航空主要的规章包括以下21部分。

(1)《民用航空产品和零部件合格审定规定》(CCAR-21);

(2)《运输类飞机适航标准》(CCAR-25);

(3)《航空器型号和适航合格审定噪声规定》(CCAR-36);

(4)《民用航空器驾驶员合格审定规则(CCAR-61);

(5)《民用航空人员体检合格证管理规则》(CCAR-67FS);

(6)《民用航空空中交通管理运行单位安全管理规则》(CCAR-83);

(7)《一般运行和飞行规则》(CCAR-91);

(8)《中国民用航空空中交通管理规则》(CCAR－93TM)；
(9)《航空器机场运行最低标准的制定与实施规定》(CCAR－97FS)；
(10)《大型飞机公共航空运输承运人运行合格审定规则》(CCAR－121)；
(11)《外国公共航空运输承运人运行合格审定规则》(CCAR－129)；
(12)《小型航空器商业运输运营人运行合格审定规则》(CCAR－135)；
(13)《运输机场使用许可规定》(CCAR－139CA)；
(14)《运输机场运行安全管理规定》(CCAR－140)；
(15)《民用航空器维修单位合格审定规定》(CCAR－145)；
(16)《民用航空危险品运输管理规定》(CCAR－276)；
(17)《民用航空运输机场航空安全保卫规则》(CCAR－329)；
(18)《公共航空运输企业航空安全保卫规则》(CCAR－343)；
(19)《民用航空器事件调查规定》(CCAR－395)；
(20)《民用航空安全信息管理规定》(CCAR－396)；
(21)《中国民用航空应急管理规定》(CCAR－397)。

4. 行业指导材料

民航规范性文件由中国民用航空局各职能部门颁布，包括管理程序(Administration Procedure，AP)、咨询通告(Advisory Circular，AC)、管理文件(Management Document，MD)、工作手册(Working Manual，WM)和信息通告(Information Bulletin，IB)。

(1)管理程序(AP)，是各职能部门下发的有关民用航空规章的实施办法或具体管理程序，是民航行政机关工作人员从事管理工作和法人、其他经济组织或者个人从事民用航空活动应当遵守的行为规则。

例如：AP－39－AA－2023－01R2，适航指令的颁发和管理程序。

(2)咨询通告(AC)，是各职能部门下发的对民用航空规章条文所作的具体阐述。

例如：AC－27－AA－2023－01，正常类旋翼航空器审定。

(3)管理文件(MD)，是各职能部门下发的就民用航空管理工作的重要事项做出的通知、决定或政策说明。

例如：MD－91－FS－001，一般运行航空器的维修管理。

(4)工作手册(WM)，是各职能部门下发的规范和指导民航行政机关工作人员具体行为的文件。

例如：WM－FS－2016－004，大型飞机公共航空运输承运人停机坪检查单和工作指南(运行)。

(5)信息通告(IB)，是各职能部门下发的反映民用航空活动中出现的新情况以及国内外有关民航技术上存在的问题进行通报的文件。

例如：IB－FS－OPS－004，航空器代管人和私用大型航空器运营人国际运行指南。

2.4.3　中国民航适航管理

1. 中国民航适航管理的主要内容

适航管理按照工作性质的不同可分为三种类型。

(1)立法、定标。国家责成适航主管部门根据《中华人民共和国民用航空法》和《中华人民共和国民用航空器适航管理条例》统一制定和颁布各种与安全有关的技术类和管理类适航标准、规章和规范性文件等,它是安全性的要求。

(2)颁发适航证件。在民用航空器的设计、生产、使用和维修过程中,通过依法的审定和颁发各种适航证件的手段来检验执行程度或标准要求的符合性,它是合法资格的凭证。

(3)监督检查。适航主管部门通过颁发适航证件前的合格审定以及颁证后的监督检查等手段,促使从事民用航空产品设计、制造、使用和维修的单位或者个人始终自觉地满足适航标准、规定的要求,它是符合性的要求。

具体地讲,适航管理工作的主要内容有:

1)制定各类适航标准和审定监督规则;

2)民用航空器设计和型号合格审定;

3)民用航空器制造的生产许可审定;

4)民用航空器的适航检查;

5)民用航空器的持续适航管理。

2. 中国民航航空器适航管理规章

(1)涉及适航审定的规章。

1)CCAR-21 部,名称为《民用航空产品和零部件合格审定规定》。制定本规章的目的是:为保障民用航空产品和零部件的适航性。该规章适用于民用航空产品和零部件的型号合格审定、生产许可审定和适航合格审定,包括下列证件的申请、颁发和管理。

①型号合格证;

②补充型号合格证;

③改装设计批准书;

④型号认可证;

⑤补充型号认可证;

⑥零部件设计批准认可证;

⑦生产许可证;

⑧零部件制造人批准书;

⑨技术标准规定项目批准书;

⑩适航证;

⑪出口适航证;

⑫外国适航证认可书;

⑬特许飞行证;

⑭适航批准标签。

2)CCAR-23 部,名称为《正常类飞机适航规定》。本规章规定了颁发和更改正常类飞机型号合格证的适航要求。

3)CCAR-25 部,名称为《运输类飞机适航标准》。本规章适用于颁发和更改运输类飞机型号合格证的适航标准。它是各类飞机适航规定中要求最严格的一类适航标准。

4)CCAR-27 部,名称为《正常类旋翼航空器适航规定》。本规章规定颁发和更改最大重量等于或小于 3 180 公斤(7 000 磅)且其乘客座位数不大于 9 座的正常类旋翼航空器型号合格证使用的适航标准。

5)CCAR－29 部,名称为《运输类旋翼航空器适航规定》。本规章规定颁发和更改运输类旋翼航空器型号合格证的适航标准。

6)CCAR－31 部,名称为《载人自由气球适航规定》。本规章规定了颁发和更改载人自由气球型号合格证的适航要求。

7)CCAR－33 部,名称为《航空发动机适航规定》。本规章规定颁发和更改航空发动机型号合格证的适航标准。

8)CCAR－34 部,名称为《涡轮发动机飞机燃油排泄和排气排出物规定》。本规章适用于 2002 年 4 月 19 日及其后制造的航空燃气涡轮发动机。本规章同时适用于在用航空燃气涡轮发动机。

9)CCAR－35 部,名称为《螺旋桨适航标准》。本规章规定颁发和更改螺旋桨型号合格证的适航标准。

10)CCAR－36 部,名称为《航空器型号和适航合格审定噪声规定》。本规章为各类证书的颁发和更改设定了噪声标准。

11)CCAR－37 部,名称为《民用航空材料、零部件和机载设备技术标准规定》。本规章为制定每个项目的技术标准规定提供统一的格式和标准。

12)CCAR－53 部,名称为《民用航空用化学产品适航规定》。本规章适用于民用航空用化学产品的适航管理。

13)CCAR－55 部,名称为《民用航空油料适航规定》。本规章适用于民用航空油料及其供应企业、民用航空油料检测单位和民用航空油料试验委任单位代表的适航审定和管理。

14)CCAR－39 部,名称为《民用航空器适航指令规定》。本规章适用于民用航空器、航空发动机、螺旋桨及机载设备。当民用航空产品处于下述情况之一时,颁发适航指令:

①某一民用航空产品存在不安全的状态,并且这种状态很可能存在于或发生于同型号设计的其他民用航空产品之中;

②民用航空产品没有按照该产品型号合格证批准的设计标准生产;

③外国适航当局颁发的适航指令涉及在中国登记注册的民用航空产品。

15)CCAR－45 部,名称为《民用航空器国籍登记规定》。本规章规定:在中华人民共和国领域内飞行的民用航空器,应当具有规定的国籍标志和登记标志或临时登记标志,并携带国籍登记证书或临时登记证书。

16)CCAR－183 部,名称为《民用航空器适航委任代表和委任单位代表的规定》。本规章适用于民航局委任航空器适航委任代表和航空器适航委任单位代表的管理。

(2)涉及适航维修的规章。

1)CCAR－43 部,名称为《维修和改装一般规则》。本规章适用于持有中国民用航空局颁发的下述适航证件的航空器的维修和改装工作:

①持有标准适航证和特殊适航证的航空器;

②除湿租以外的,持有外国航空器适航证认可证书的航空器;

③除验证飞行为目的的第Ⅰ类特许飞行证以外的,持有特许飞行证的航空器。

2)CCAR－66部，名称为《民用航空器维修人员执照管理规则》。本规章适用于民用航空器维修人员执照的申请、颁发与管理活动。本规章规定：中国民用航空局负责统一颁发航空器维修人员执照，并依法对航空器维修人员实施监督管理；中国民用航空地区管理局负责航空器维修人员执照的相关管理工作。

3)CCAR－145部，名称为《民用航空器维修单位合格审定规则》。制定本规章的目的是：为了规范民用航空器维修许可证的颁发和管理，保障民用航空器持续适航和飞行安全。本规章适用于为取得民用航空器维修许可证的单位的合格审定及监督管理。

4)CCAR－147部，名称为《民用航空器维修培训机构合格审定规则》。制定本规章的目的是：为了规范民用航空器维修培训机构合格证的颁发和管理，保障民用航空器的持续适航和飞行安全。本规章适用于为取得民用航空器维修人员执照或者其机型签署提供培训的机构的合格审定及监督管理。

(3)涉及运行管理的规章。

1)CCAR－91部，名称为《一般运行和飞行规则》。制定本规章的目的：为了规范民用航空器的运行，保证飞行的正常与安全。在中华人民共和国境内实施运行的所有民用航空器(不包括系留气球、风筝、无人火箭、无人自由气球和民用无人驾驶航空器)应当遵守本规则中相应的飞行和运行规定。

2)CCAR－135部，名称为《小型商业运输和空中游览运营人运行合格审定规则》。本规章适用于在中华人民共和国境内依法登记的运营人所实施的以取酬为目的的四种商业飞行活动。

3)CCAR－121部，名称为《大型飞机公共航空运输承运人运行合格审定规则》。制定本规章的目的：为了对大型飞机公共航空运输承运人进行运行合格审定和持续监督检查，保证其达到并保持规定的运行安全水平。本规章适用于在中华人民共和国境内依法设立的航空运营人实施的公共航空运输运行。

习　题

一、填空题

1.航空安全包含__________、__________、__________、__________、__________、__________六大方面的内容。

2.目前，普遍把定期飞行的__________、__________、__________、__________作为指标，衡量一个国家、一个航空公司的飞行安全水平。

3.危险品是指对________、________、________、________构成危险，并在技术细则的危险品清单中列举的物品或物质。

4.危险品分为(填3个即可)__________、__________、__________等9类。

5.航空安全的发展过程可以分成四个阶段：__________、__________、__________、__________。

6.适航是指：__________、__________、__________、__________符合设计标准

并处于安全运行状态。

7. 民用航空器的适航管理分为两类：________________、________________。

8. 国际民航组织由__________、__________、__________三级框架组成。

9. 中国民航的基本法是________________________________。

10. 民航规范性文件由中国民用航空局各职能部门颁布，包括：__________、__________、__________、__________、__________。

二、选择题

1. 空客公司发布的 2022 年度《商用航空事故统计分析报告》和国际航空运输协会《2023 年全球商用航空安全报告》中的数据都表明，航空飞行是(　　)运输方式。

A. 安全的　　B. 不安全的

2. 从 20 世纪 80 年代到 2022 年，全球范围内民用运输飞行事故率(　　)。

A. 稳步上升　　B. 稳步下降　　C. 稳定不变　　D. 急剧上升

3. ICAO 的中文全称是(　　)。

A. 国际民用航空组织　　B. 美国联邦航空管理局

C. 欧洲航空安全局　　D. 中国民用航空局

4. EASA 的中文全称是(　　)。

A. 国际民用航空组织　　B. 美国联邦航空管理局

C. 欧洲航空安全局　　D. 中国民用航空局

5. FAA 的中文全称是(　　)。

A. 国际民用航空组织　　B. 美国联邦航空管理局

C. 欧洲航空安全局　　D. 中国民用航空局

6. 中国民用航空局的英文缩写是(　　)。

A. ICAO　　B. EASA　　C. CAAC　　D. FAA

7. 航空安全是(　　)。

A. 相对的、动态的　　B. 绝对的、动态的　　C. 相对的、静态的　　D. 绝对的、静态的

8. 航空安全的发展过程中，在关注总系统的阶段，总系统是把(　　)视为一个系统。

A. 员工个人　　B. 工作小组　　C. 整个航空公司　　D. 全国的航空业

9. 适航管理是对(　　)进行控制。

A. 航空公司　　B. 飞行人员　　C. 航空器适航性　　D. 维修人员

10. 国际民航组织的理事会是向大会负责的常设机构，由大会选出的(　　)个缔约国组成。

A. 20　　B. 25　　C. 30　　D. 36

三、问答题

1. 国际民航组织如何定义航空安全？

2. 简述航空器客舱安全的目标。

3. 简述搜寻与援救的定义。

4. 简述初始适航管理的情况。

5. 简述持续适航管理的情况。

第3章 飞机构造基础

▶内容提示

飞机一种庞大复杂的飞行器，其构造涉及飞机的机体、功能系统及它们之间连接与集成。学习和掌握飞机构造基础是深入学习航空知识、提升专业素养的基础。本章将主要从功能和结构两方面阐述典型飞机和直升机的基本构造，以帮助读者更好地了解和掌握典型航空器构造方面的知识。

▶教学要求

(1)了解飞机的基本构造。

(2)了解飞机的受载与变形。

(3)掌握机翼功能构造与基本结构。

(4)掌握机身功能构造与基本结构。

(5)掌握尾翼功能构造与基本结构。

(6)掌握起落架功能构造与基本结构。

(7)了解单旋翼直升机基本构造。

▶内容框架

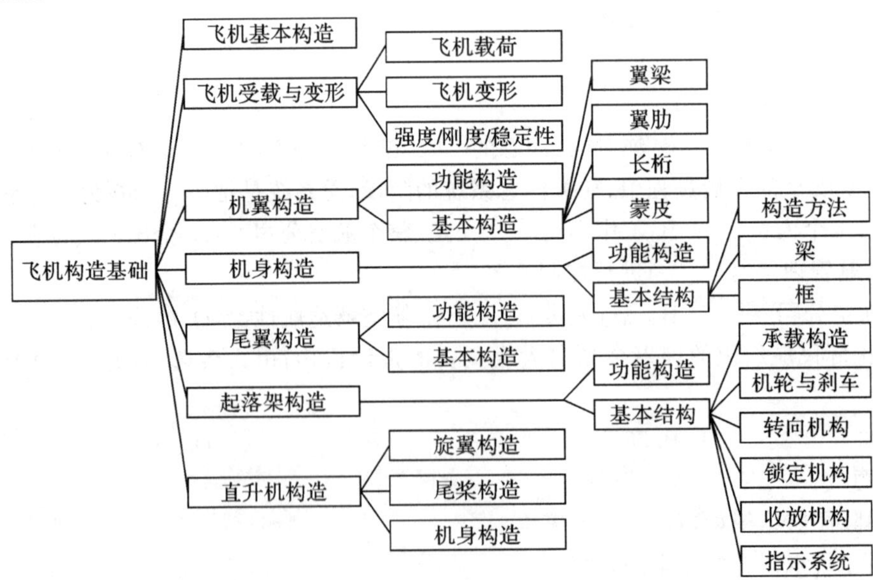

航空器是一种庞大复杂的飞行器，其构造涉及航空器的机体、功能系统及它们之间连接与集成。本章将主要从功能和结构两方面阐述典型飞机和直升机的构造基础，以更好地了解和掌握典型航空器构造方面的知识。

3.1　飞机基本构造

自从 1903 年莱特兄弟成功制造首架飞机——“飞行者一号(Flyer I)”以来，飞机的类型在不断增多，结构形式在不断改进，但迄今为止，除了少数特殊的飞机之外，典型的飞机都是由五大部分组成：机翼、机身、尾翼、起落装置和动力装置，如图 3-1 所示。

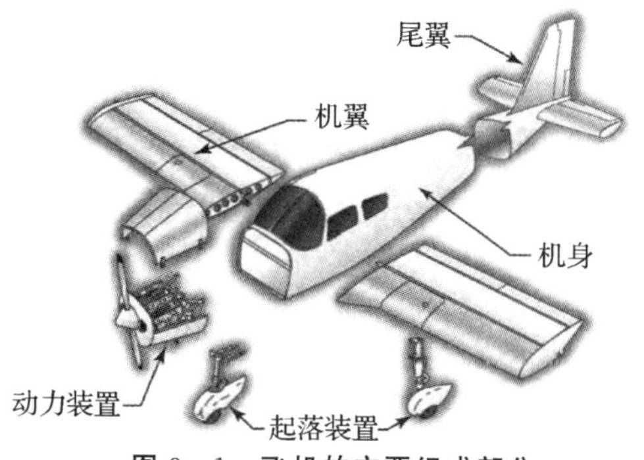

图 3-1　飞机的主要组成部分

【拓展阅读】

莱特兄弟与飞行者一号

威尔伯·莱特(Wilbur Wright，1867.4.16—1912.5.12)、奥维尔·莱特(Orville Wright，1871.8.19—1948.1.30)，莱特兄弟(Wright Brothers)是美国著名的发明家，发明制造了世界第一架动力飞机“飞行者一号(Flyer I)”，于 1903 年 12 月 17 日在美国北卡罗来纳州成功试飞了这架飞机，标志着人类进入了可控的动力飞行时代，这一天也成了飞机诞生之日。飞机是历史上最伟大的发明之一，改变了人类的交通、经济、生产和日常生活，也改变了军事。

威尔伯·莱特(1867—1912)　奥维尔·莱特(1871—1948)

莱特兄弟从小就有一个梦想——让人像小鸟一样飞上天空。他们为了实现这个梦想，一边经营自行车修理，一边进行飞行器研制。哥哥威尔伯勤勤恳恳，扎扎实实，拥有工程师的细致和谨慎；弟弟奥维尔则富有艺术家的想象力，敢于不断创新。他们互相支持，互相帮助，不断尝试，共同克服了一个又一个困难，经历了无数次失败，但都不曾放弃。

莱特兄弟通过观察老鹰的飞翔，研究鸟类的飞行，深入钻研了大量航空理论。他们先后进行了 1 000 多次滑翔试飞，自制了 200 多个不同的机翼，进行了上千次风洞实验，修正了前人一些错误的飞行数据。经过不断钻研，不断改进，莱特兄弟不仅迅速掌握了当时的飞行器制造技术，而且在许多方面取得了重大突破，于 1903 年 10 月设计制造出了著名的“飞行者一号”。在试飞过程中，他们不仅面临巨大的风险，还要承受失败的痛苦和社会的压力，但他们从未退缩,始终坚持自己的信念。虽然"飞行者一号"的首飞只艰难地飞行了 12 s、120 ft[①] 距离,但在人类航空史上具有划时代意义。

"飞行者一号"是以木材和布为主要材料制造的双翼机,用一台活塞式发动机驱动反向旋转的双螺旋桨作为推进装置,采用前置双升降舵("鸭式"构型)控制俯仰,通过扭转机翼控制滚转(无副翼),通过尾部安装与滚转耦合的双方向舵控制偏航。"飞行者一号"的长度 6.43 m、翼展 12.3 m、高度 2.3 m,机翼面积 47.4 m^2,起飞重量 360 kg,飞行速度 3.05 m/s(首次飞行)。

3.2 飞机受载与变形

飞机在空中飞行时主要受到重力、空气动力(升力、阻力等)、发动机推力(拉力)的作用,如图 3-2 所示。这些作用力会对飞机的结构强度和性能产生影响。

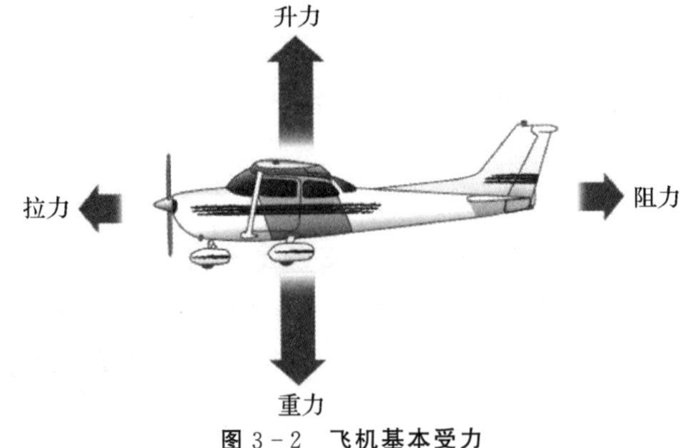

图 3-2 飞机基本受力

3.2.1 飞机载荷

飞机载荷(load),又称外载荷,是指飞机在飞行或地面操作过程中,作用于飞机结构上的除本身重力之外所有外力的总和,常用 R 表示。飞机载荷包括空气动力(升力、阻力、侧向力)、发动机推力、惯性力、地面作用力等。

为了给飞机的设计、制造和使用制定的相关法规和标准,飞机载荷常用载荷因数进行衡量。

载荷因数(load factor),又称过载,是指飞机载荷 R 与重量 W 的比值,常用 n 表示。载荷因数具有方向,其方向为外载荷方向,通常分为法向载荷因数、纵向载荷因数和侧向载荷因数。

$$n=\frac{R}{W} \tag{3-1}$$

对一般飞机而言,竖直方向的过载(升力)是最重要的过载,因此常用竖直方向过载(法向过载)来表征飞机的载荷因数。

① 1 ft=0.304 8 m。

法向载荷因数 n_z 是指飞机升力 L 与重力 W 的之比，即

$$n_z=\frac{L}{W} \tag{3-2}$$

飞机在平稳直线水平飞行时，升力与重力相平衡，因此载荷因数为 1。当飞机上升、下降、转弯或进行其他机动飞行时，升力可能大于或小于重力，此时载荷因数会大于 1(转弯)或小于 1(上升、下降)。

不同类型的飞机因其设计用途和性能要求而有不同的最大允许载荷因数。例如，运输机最大正向载荷因数一般限制在 2～2.5，以保证舒适性和结构安全性；而高性能战斗机在执行特技飞行时，其载荷因数可达 8 以上。飞机超过结构所能承受的最大载荷因数将可能导致飞机结构损坏甚至解体。

按作用方式，载荷还可分为分布载荷和集中载荷。分布载荷是按某种规律分布在一定的线、面或整个体积上的力；集中载荷指作用在某个特定点或非常小的面积上的力。在理论分析或工程计算中，为了方便分析，可以将分布载荷等效为集中载荷。例如，机翼的升力、重力都是一种分布载荷，在分析计算时可看作集中载荷，如图 3-3 所示。

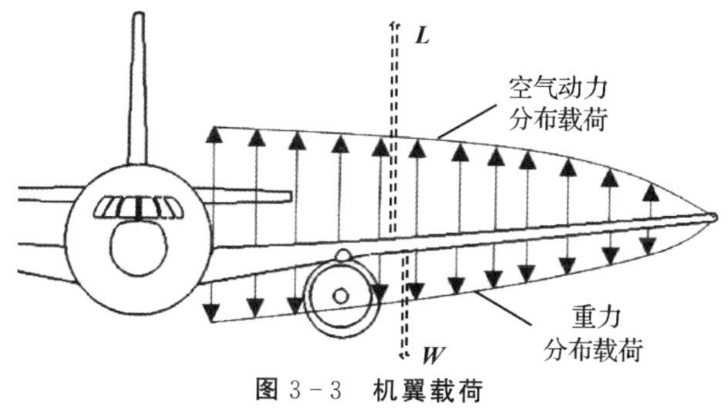

图 3-3　机翼载荷

3.2.2　飞机变形

构件在载荷作用下，其尺寸和形状会发生不同程度的改变，这种尺寸和形状的变化称为形变。构件承受的载荷不同，所产生的形变形式也不同，基本形变为拉伸、压缩、剪切、扭转和弯曲，如图 3-4 所示。飞机结构的实际受力比较复杂，各构件的形变也比较复杂，常常是几种形变的组合，称为复合形变，甚至同一个构件在不同的状态时，其形变也可能不一样。例如，飞机在飞行时，由于升力的作用，机翼会向上翘曲，上表面将产生压缩形变，而下表面将产生拉伸形变；而在地面停放时，由于重量的作用，机翼会下垂，其形变情况则相反。

构件在载荷作用下产生的形变，在外力撤除后，若物体能够完全恢复到原来形状和尺寸，称为弹性形变；若物体不能完全恢复到原来的形状和尺寸，称为塑性形变。

当构件受到外力作用而变形时，物体内部会产生自平衡力系以抵抗这些外力，这种力称为内力。内力是维持物体整体稳定性和保持其形状不变的关键因素，在结构设计和强度校核中起着决定性的作用。构件受载后的变形情况，仅知道内力大小情况是不够的，还与构件的形状大小相关。在物理学和工程中，把单位横截面面积上产生的内力称为应力，常用单位是帕斯卡(Pa)。应力的大小和分布对于预测材料的性能、优化结构设计以及确保工程安全

至关重要。

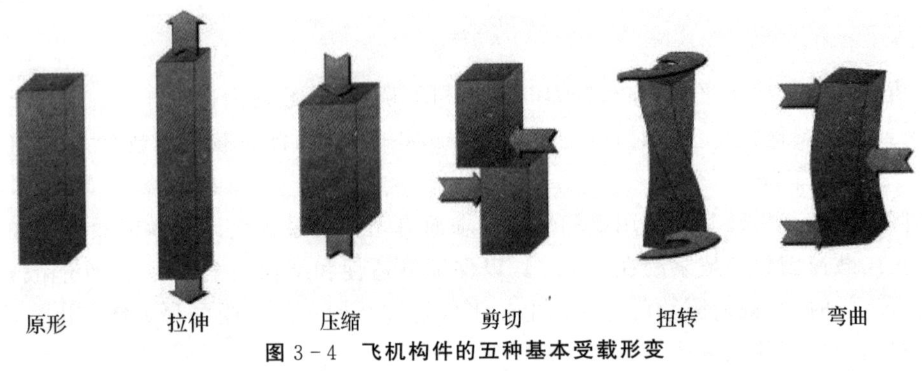

图 3-4　飞机构件的五种基本受载形变

3.2.3　飞机强度、刚度与稳定性

构件在受载过程中，截面上的应力会随载荷增加而增大。对于一定材料制成的构件而言，当截面上的应力增大到一定程度后，构件就会产生塑性形变或者断裂，构件被破坏，有些构件还会出现失稳的现象。

构件抵抗破坏的能力称为强度。为了使构件在规定的载荷作用下可靠工作，应确保具有足够的强度。

构件即使强度足够，在载荷作用下还可能产生过大的变形量而影响工作。因此，构件还应具有足够的抵抗变形的能力。构件抵抗变形的能力称为刚度。

细长杆和薄壁件受压后容易从原来的稳定平衡状态转变为不稳定状态，可能突然出现大变形或者倒塌。构件在载荷作用下保持其形态和功能不发生破坏的能力称为稳定性。构件失去原有的稳定性，简称为失稳。

构件的强度、刚度和稳定性与材料性质、截面尺寸和形状、连接方式、约束条件、结构形式、荷载类型和大小等因素密切相关，甚至与使用、维护相关。在设计和实践中，需要综合考虑这些因素，采取合理的措施来保证构件的性能和安全性。为了保证飞机能正常可靠工作，其构件必须具有足够的强度、刚度和稳定性，常通过使用性能更优的材料或增大截面等方法获得，但要考虑到成本和重量影响。

复合材料(composite)是指由两种或两种以上化学、物理性质不同的材料组分，通过先进的材料制备技术优化组合而成的新材料，具有轻质、高强度、高刚度以及良好的抗疲劳性能。随着复合材料的不断发展，在飞机构造中，复合材料能够显著降低飞机重量，提高飞行效率，并增强飞机的结构安全性，获得越来越广泛的应用。

3.3　机 翼 构 造

机翼(wing)是飞机的最重要部件之一，一般有左、右两副机翼对称安装在机身上。机翼的主要功用是产生升力，以支撑飞机在空中飞行。升力产生效率是机翼设计制造的首要考虑因素。机翼还可以用于吊装发动机、布置武器挂点、安装起落架及起落架轮舱，机翼的内部空间可用作飞机燃油箱，安装附件等。机翼在飞机的稳定性和操作性中也扮演着重要的角色。

3.3.1　机翼功能构造

不同功能和用途的飞机，其机翼亦可有较大的差别。机翼在数量、安装位置、剖面形状(翼型)和平面形状上存在一定的差别。

机翼按数量可分为单翼机(monoplane)、双翼机(biplane)和多翼机(multiplane)，如图 3-5 所示。单翼机是指仅有一副主机翼的飞机，具有结构简单、飞行阻力小等特点，是现代飞机的主要形式。双翼机是指有上下并列配置的两副机翼的飞机。在飞机发展初期，因飞机发动机功率低、重量大、飞行速度慢，为了提供足够的升力，故采用了双翼设计。随着技术发展和飞行速度不断提升，双翼因结构复杂、阻力过大等缺点，现代的飞机中，双翼机已不多见。多翼机是指有三副机翼以上的飞机，多翼机的特点与双翼机相似，目前多翼机应用很少。

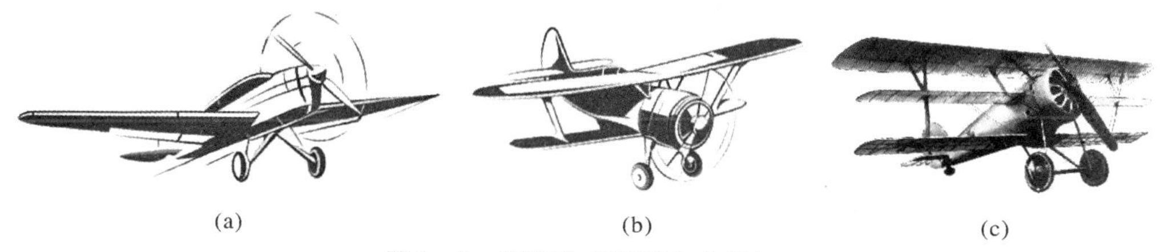

(a)　　(b)　　(c)

图 3-5　单翼机、双翼机和多翼机

(a)单翼机；(b)双翼机；(c)多翼机

现代飞机常为单翼机，按机翼安装相对于机身上下位置的不同，机翼又可分为上单翼、中单翼和下单翼三种类型，如图 3-6 所示。上单翼是指机翼安装在机身中上部(顶部)的布局形式，这种设计可以使机翼离地更高，可吊装更大的发动机，受外物损伤(FOD)的影响较小，军用运输机多采用上单翼。中单翼是指机翼安装在机身中部的布局形式，这种设计结构受力形式好，便于采用翼身融合结构，现代战斗机多采用中单翼。下单翼是指机翼安装在机身中下部(腹部)的布局形式，这种设计便于维护和检修、有利于起落架的收放等，但安装在机翼下方的发动机离地较近，受外物损伤的影响较大，民用运输机多采用下单翼。

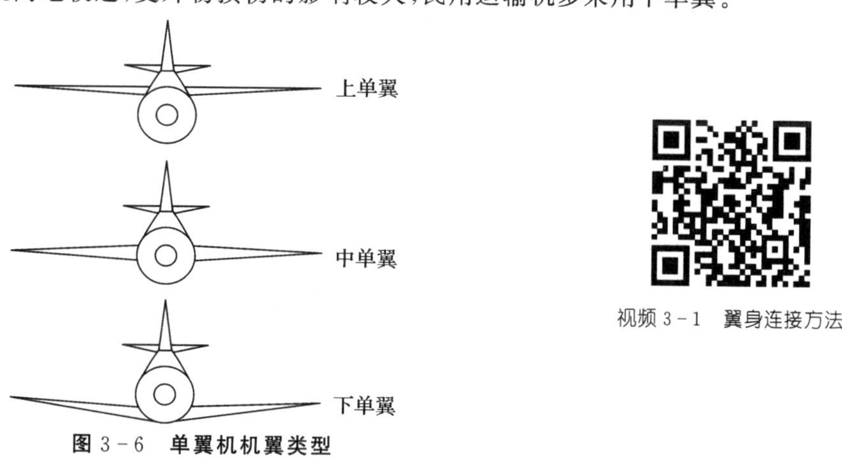

视频 3-1　翼身连接方法

图 3-6　单翼机机翼类型

在不同的机翼构型中，机翼形状是关键因素，不同的机翼形状会对飞机的性能产生不同的影响。机翼形状又可分为剖面形状和平面形状。在选择机翼形状时，需要综合考虑飞机的用途、性能要求、制造成本等多个因素。

翼型(airfoil)是指平行于机身纵轴假想将机翼剖切开所得到的剖面形状。翼型对飞机的空气动力特性有重要的影响,这是空气动力学研究的一个重要部分。飞机发展到今天,已出现了很多不同的翼型,图 3-7 为一些典型飞机的翼型。现代低速或亚声速飞机广泛采用凹凸翼型、平凸翼型、双凸翼型等,超声速飞机多采用对称翼型和菱形翼型。

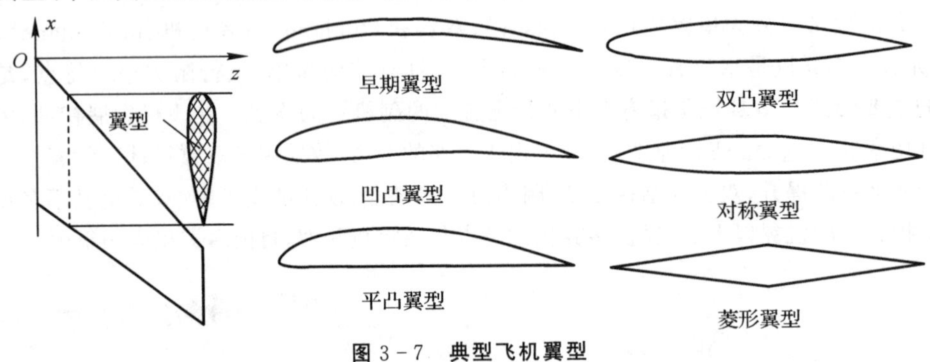

图 3-7　典型飞机翼型

不同翼型形状各异,但都包含这些相同部分:上表面、下表面、前缘、后缘、翼弦、中弧线等,如图 3-8 所示。前缘是指机翼的前部边缘,为上、下表面的前交汇处。后缘是指机翼的后部边缘,为上、下表面的后交汇处。翼弦为翼型前、后缘之间的连线,其长度称为弦长,常用 b 表示。中弧线为上、下表面一系列内切圆圆心的连线。翼弦与中弧线之间的距离可以反映机翼的弯曲程度。

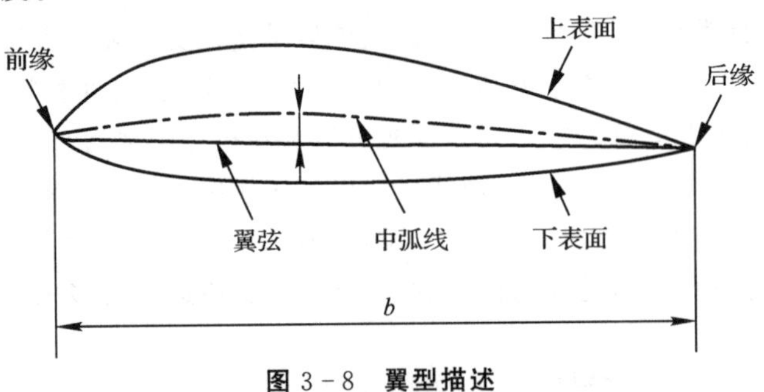

图 3-8　翼型描述

机翼的平面形状(wing planform)是指机翼在水平面上的投影,它对飞机的空气动力特性也有重要的影响。常见的机翼平面形状有矩形、椭圆形、梯形、后掠翼、三角翼等,其中前三者归类为平直形机翼,如图 3-9 所示。平直形机翼具有较好的低速飞行特性,常用在低速飞机上,而后掠翼、三角翼有较好的高速飞行特性,多用在高速飞机上。

图 3-9　典型翼机平面形状

各种不同平面形状的机翼，其气动性能有较大差异，与机翼平面形状的各种参数有关。常用的机翼平面形状参数包括(见图 3-10)：①机翼面积，是指机翼在水平基准面上投影的面积，常用 S 表示；②翼展，是指机翼两翼尖之间的距离，又称展长，常用 l 表示。③后掠角，是指机翼 1/4 弦线与机体纵轴的垂直线之间的夹角，又称 1/4 弦线后掠角，常用 χ 表示。

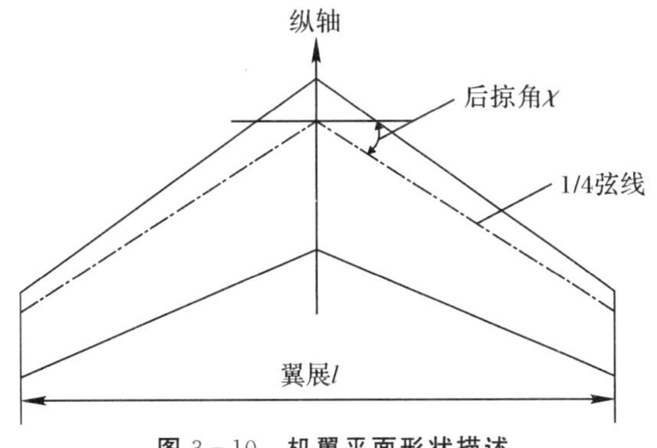

图 3-10　机翼平面形状描述

机翼在飞机的稳定性和操作性中也扮演着重要的角色。机翼上装有许多可操纵翼面(又称舵面)能对飞机进行相应操纵。机翼上的可操纵翼面主要有副翼、襟翼、缝翼和扰流板等，如图 3-11 所示。

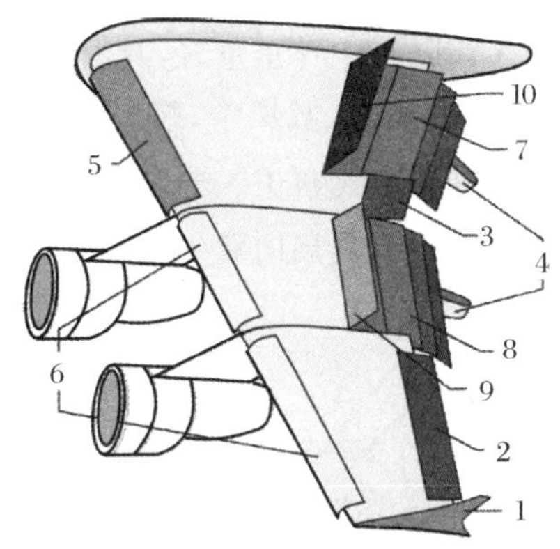

图 3-11　机翼外部结构

1—翼梢小翼；2—低速副翼；3—高速副翼；4—襟翼滑轨整流罩；5—前缘襟翼；
6—前缘缝翼；7—内襟翼；8—外襟翼；9，10—扰流板

副翼(aileron)为飞机的主操纵舵面，一般在机翼的后缘外侧，两边副翼偏转方向相反，当它偏转时引起两侧机翼产生的升力不等，从而使飞机滚转。

襟翼(flap)为飞机的辅助操纵舵面，一般在机翼后缘内侧，两侧襟翼偏转同步，放下襟翼能起到增加升力的作用，襟翼通常在飞机起降时速度较低情况下使用。

较大型的复杂机翼还可能包含前缘襟翼(leading edge flap)、前缘缝翼(slat)，以改善飞机的低速气动特性。大型飞机机翼还普遍使用减速板或扰流板(spoiler)，用于飞机的空中机动或地面滑跑减速。在翼尖处还可安装翼梢小翼(wingtip)，用于减小诱导阻力。此外，大型复杂的机翼还可将这些可操纵翼面进一步细分，如副翼可分为高速副翼和低速副翼，襟翼可以分为内襟翼和外襟翼。

3.3.2 机翼基本结构

机翼通常由蒙皮、翼梁、翼肋、桁条等构件组成，如图 3-12 所示。机翼构件的作用主要有两方面：一是形成和保持机翼的外形；二是承受作用于机翼上的外载荷。

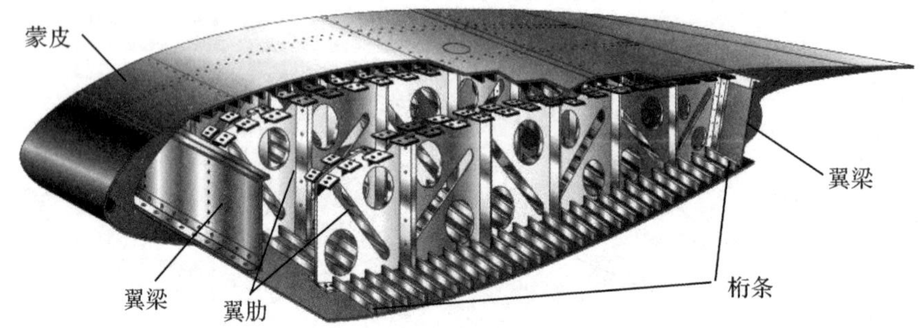

图 3-12 典型机翼结构

翼梁(spar)是机翼的主要承力纵向构件，主要承受弯曲和剪切应力。翼梁的基本构造有三种形式：腹板式、整体式和桁架式，如图 3-13 所示。现代飞机机翼多用腹板式或整体式金属翼梁。腹板式翼梁由上下缘条、腹板和加强件等组成。整体式翼梁实际上是一种用高强度的合金钢锻制成的钣金式翼梁，其构件少、重量轻，具有较高强度和刚度，但设计和制造难度较大。在桁架式翼梁中，腹板被直支柱和斜支柱取代，多用于翼型较厚的低速重型飞机上。为了减轻重量和合理利用材料，缘条、腹板等构件常采用非均等横截面，一般沿着翼展向翼尖方向逐步变小。

视频 3-2 机翼内部结构

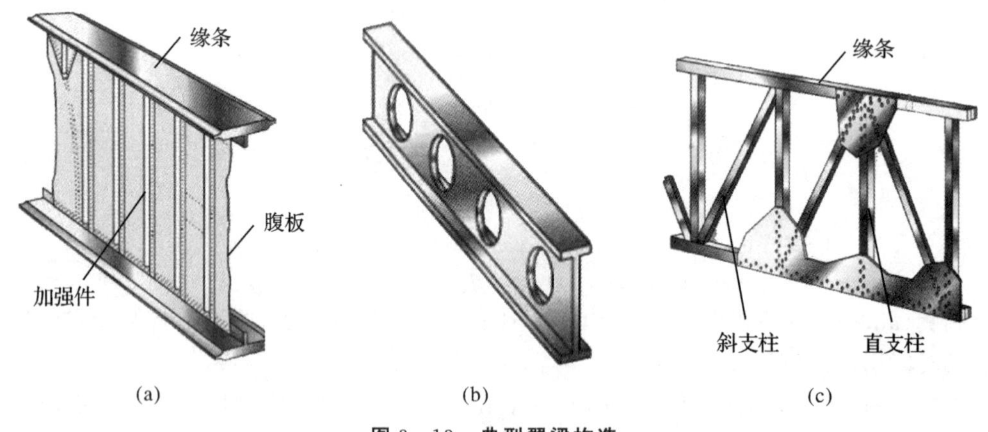

图 3-13 典型翼梁构造

(a)腹板式；(b)整体式；(c)桁架式

翼肋(rib)是机翼的主要承力横向构件，可把蒙皮和桁条传递过来的载荷传递给翼梁，主要承受弯曲和剪切应力。翼肋形状一般与翼型保持一致，形成机翼的剖面形状，主要用于支持蒙皮、桁条、翼梁腹板，以提高它们的稳定性。翼肋从功用上可分为普通翼肋和加强翼肋两种；从构造形式上可分为腹板式、桁架式、围框式和整体肋等，典型翼肋构造如图 3-14

所示。加强翼肋除了上述作用外，还可承受和传递较大的集中载荷。翼肋由缘条、腹板、支柱和加强件等构成，为了减轻结构重量并满足机翼的受力要求，翼肋(缘条)的厚度都远小于其长度和宽度，还可以在腹板中间设计几个减重孔。

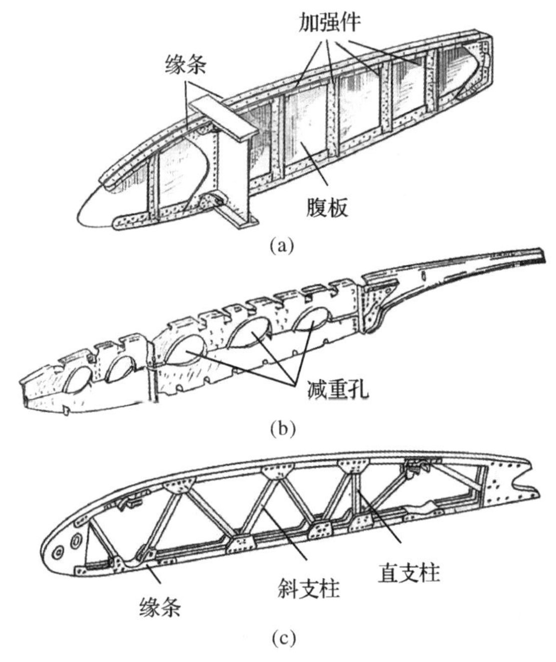

图 3-14　典型翼肋构造

(a)腹板式，加强翼肋；(b)腹板式，普通翼肋；(c)桁架式，翼肋

桁条(stringer)是机翼结构中沿纵向(翼展方向)布置的细长构件，主要作用是支持蒙皮，防止蒙皮在承受局部空气动力时产生过大的局部变形，提高蒙皮的抗剪和抗压稳定性，并与蒙皮一起承受由弯矩引起的轴向力，把局部空气动力传给翼肋、翼梁等构件。桁条按截面形状可以分为开式桁条和闭式桁条，按制造方法可以分为板弯型材桁条和挤压型材桁条，如图 3-15 所示。

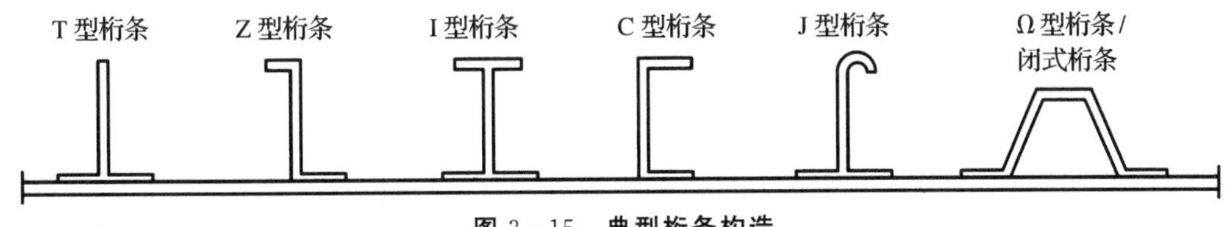

图 3-15　典型桁条构造

蒙皮(skin)是机翼结构的外部覆盖层，形成机翼气动力外形的维形构件。蒙皮与骨架所构成的蒙皮壁板结构具有较大的承载力及刚度，而自重却很轻，起到承受和传递气动载荷、维持外形稳定、保护内部结构等作用。蒙皮按构造可以分为单层蒙皮、夹层蒙皮和变厚度蒙皮；按受载情况可以分为受力蒙皮和非受力蒙皮；按壁板形成方式可以分为组合式蒙皮和整体式蒙皮，如图 3-16 所示。常用的蒙皮材料有铝、镁、钛合金或复合材料等，早期飞机还使用布(如麻、棉)作为蒙皮材料。随着复合材料的发展，现代飞机蒙皮大量使用复合材

料。因承受载荷情况不同,机翼前缘和根部的蒙皮较厚,而后缘和翼尖处的蒙皮较薄。蒙皮通常需要与桁条等铆接组成壁板,还可以将蒙皮与桁条一体化加工成整体壁板,其具有构件少、重量轻、强度高等特点。

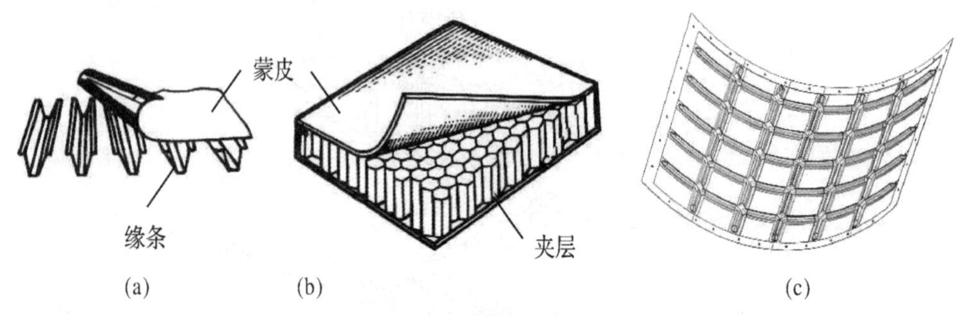

图 3-16　典型蒙皮壁板构造

(a)蒙皮壁板;(b)夹层蒙皮;(c)整体壁板

机翼是飞机中一种比较复杂的结构,其构造也有较大的差异,除了用到翼梁、翼肋、桁条和蒙皮之外,有些机翼还用到纵墙。纵墙是指位于机翼内部、沿纵向布置的墙体结构,其构造形式与翼梁相似,但缘条较弱,因此它主要承受剪力,而不是弯矩。

在机翼构造中,各种构件的类型、数目、布局存在一定差异,详情可参考具体机型。早期的飞机多采用桁架式机翼,由骨架结构来承受载荷,蒙皮多由布料或其他轻质材料制成,仅作为保持气动外形的覆盖层,不参与受力。随后采用蒙皮与骨架共同受力的梁式机翼,弯矩主要由翼梁承担,剪力由腹板承受,扭矩则由蒙皮和腹板形成的翼盒结构承受,根据翼梁数量的不同,又可分为单梁式、双梁式或多梁式机翼。而后采用无明显翼梁的单块式机翼和整体壁板式机翼,单块式机翼采用了加厚的蒙皮和更多的桁条,维形构件和受力构件合为一体,使得壁板本身能够承受大部分弯矩;整体壁板式机翼则更进一步将装配式壁板加工形成一个整体构件,从而减轻重量,提高结构强度、刚度以及抗疲劳性能。

3.4　机身构造

机身(fuselage)是飞机的一个重要部件,其主要功用:一是将机翼、尾翼、起落架等部件连成一个整体,起连接与承载功能;另一是用来装载人员(机组人员、乘客)、货物、武器弹药、燃料及各种设备,起装载作用。机身还为乘员、货物和设备提供安全、舒适的环境,免受外部环境的影响。机身的阻力占飞行阻力的较大部分,因此要求机身具有合理的截面形状、良好的流线型和光洁的表面,以减少飞行阻力,提高飞行效率。

3.4.1　机身功能构造

机身一般由多个不同功能舱段或结构舱段组成,从功能上可以分为雷达舱、驾驶舱、客舱/货舱、燃料舱、设备舱、地板和舱门等,从结构上可分为机头、前机身、中机身、后机身和机尾等,如图 3-17 所示。

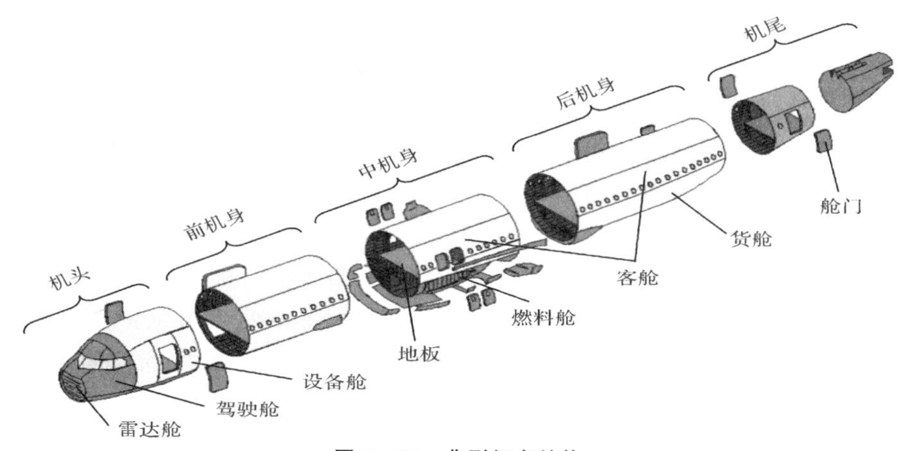

图 3-17　**典型机身结构**

机头是飞机前端的部分，是飞机雷达舱、驾驶舱、前起落架舱和(前)设备舱所在的位置，常采用流线型设计以减小飞行阻力。

雷达舱(radar compartment)是飞机上一个非常重要的部分，用于安装雷达天线及其相关电子设备，负责发射和接收雷达波，以实现飞机的导航、探测和目标跟踪等功能，如图 3-18 所示。雷达舱是飞机的一个强散射源，其设计和性能对于飞机的雷达隐身性能和飞行安全都具有重要影响。这个区域通常被设计成一个整流罩，即雷达罩。雷达罩由特殊材料制成，既能对雷达设备起到保护作用，又要尽可能减少对雷达波束的影响。

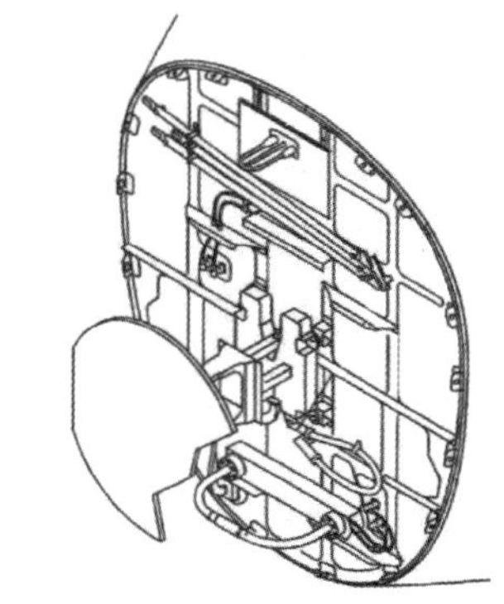

图 3-18　**典型雷达舱**

驾驶舱(flight compartment)是飞行员操纵飞机的核心区域，是一个高度专业化和技术密集的空间，集合了多种先进的控制系统、飞行仪表和通信设备，以确保飞行员能够安全、准确地控制飞机并监控其运行状态完成飞行任务，如图 3-19 所示。飞行员通过控制台上的手柄、开关和按钮来控制飞机的各项飞行参数，包括推力、襟翼设置、方向舵等；通过先进的显示系统和警告系统直观、准确地监控飞行数据；通过无线电通信设备、内话系统以及各种警告和提示装置及时获取重要信息并与地面或其他飞机保持联系。驾驶舱内设有空调和增压系统以维持适宜的温度和气压，保证飞行员的工作环境舒适。

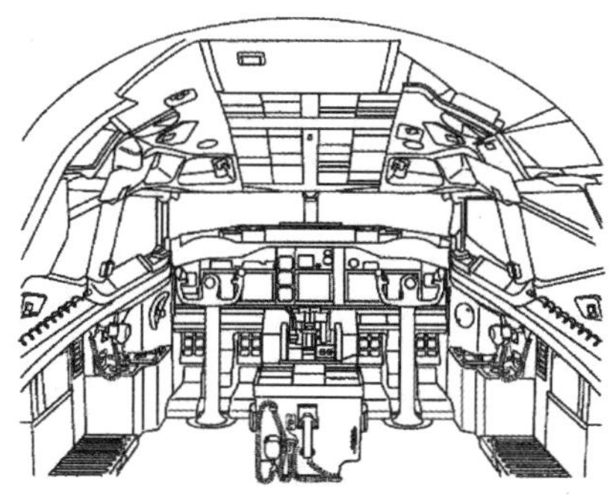

图 3-19　**典型驾驶舱**

视频 3-3　飞机驾驶舱

前起落架舱是飞机起落架系统中的一个重要组成部分，通常位于飞机机头下方或前机身的下部。它主要承载着前起落架及其相关部件，如轮胎、减震装置和收放机构等，并在飞机起飞和着陆时起到支撑和缓冲的作用。

设备舱是飞机机体内部专门用来安装和容纳各类电子、电气、机械设备以及相关控制系统的关键区域。这些舱室通常分布于飞机的不同部位，以适应不同设备对空间、重量平衡和功能隔离的需求。

机身中部是乘客和货物的主要装载区域。一般民航客机的机身被地板分为上下两部分。上部为客舱(cabin)，内部设有座位、行李架、厨房、盥洗室等，下部为货舱、行李舱、设备舱和燃料舱等，如图 3-20 所示。军用运输机的机身需要具备较大的内部空间，通常设计为宽敞、高大的结构，以容纳大量的军事人员、武器装备和其他军用物资，以便于货物的快速装卸和运输，如图 3-21 所示。战斗机的机身承载着飞机的各个系统和设备，为飞行员和武器系统提供了必要的支持和保护。

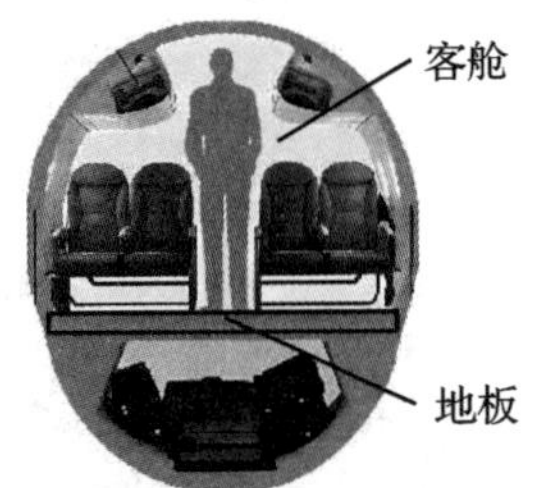

图 3-20 典型客机机身

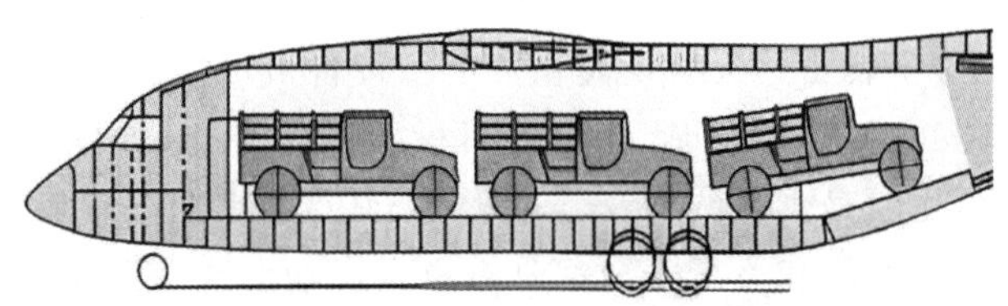

图 3-21 典型军用运输机机身

在机身中部还有中央翼，又称中央翼盒(Center Wing Box, CWB)，是一个盒状结构件，主要起到连接左、右机翼的作用，使其成为一个完整的机翼，也是机翼与机身的连接部分，如图 3-22 所示。中央翼内部通常包含有复杂的加强筋、梁等结构，以确保其具有足够的强度和刚度来承受飞行过程中的各种气动载荷以及飞机自身重力载荷等。中央翼区域还能用作燃料箱，布置电缆线束、液压系统管路等设备。

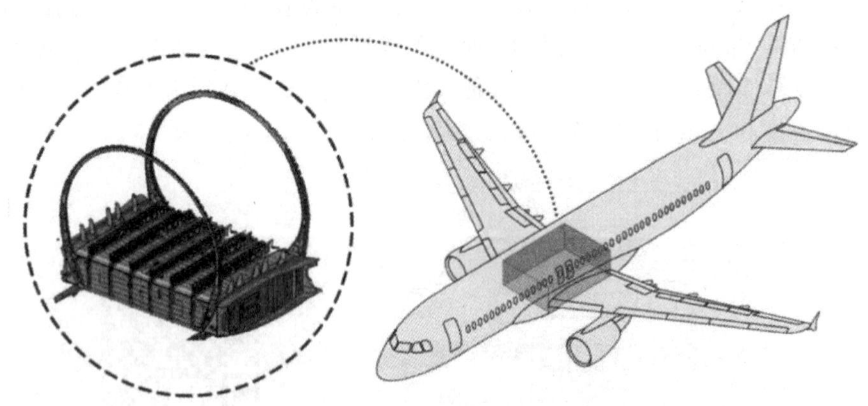

图 3-22 典型中央翼盒

机尾是飞机的后端部分，尾翼是飞机尾部的重要组成部分，具体内容可参考“尾翼构造”。机尾外部可以用来安装发动机，内部还可以安装辅助动力装置(Auxiliary Power

Unit，APU)和尾翼的操纵部件。APU可以向飞机独立地提供电力和压缩空气，也有少量的APU还可以提供附加推力，是大型航空器的重要组成部分。

在机身上还有大量的门、窗、接近面板、口盖等。现代飞机有不同类型的门，按功能可分为登机门、勤务门、货舱门和应急门。飞机左侧的门一般用作登机门，而右侧的门主要用作勤务门。登机门主要用于快速、安全、高效地让乘员和设备通过。勤务门主要用于厨房勤务。它便于机组人员在需要时进行餐食和饮料的准备和其他客舱服务相关的工作。在紧急情况下，勤务门也可以作为乘客和机组人员的疏散出口之一。应急门，也被称为飞机安全门或紧急出口，是飞机上用于在紧急情况下迅速疏散乘客和机组人员的门。应急门通常位于机身两侧的机翼上方，也有的位于顶部，通常设有逃生滑梯，以便乘客在需要时能够迅速撤离飞机。货舱门主要用于货物的装卸，一般较大，以适应大型货物的装卸。货舱门的大小、形状、位置和承载方式会因飞机型号和用途的不同而有所差异。一般旅客机的货舱门位于飞机右侧，货运飞机可以把货舱门开在左侧、机尾，甚至翻起机头作为货舱门。图3-23为典型飞机的舱门。

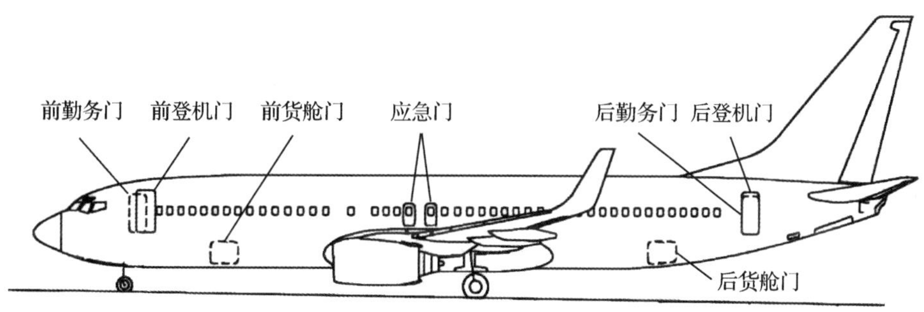

图3-23　典型飞机舱门

飞机上的窗户给机组及旅客观察外部情况提供了便利条件，同时也保证了客舱压力的稳定，包括驾驶舱窗户、客舱窗户、观察窗等。驾驶舱窗户位于飞机的前部，现代飞机上通常有4个、6个或8个驾驶舱窗口，有些窗口还可以滑动打开，用作机组人员紧急出口或在飞机上观察地面情况。驾驶舱窗户的风挡都是由几层不同的铺层材料构成的，通常是3层材料，具有较好的防撞功能。客舱窗户是为了让乘客观察外部，同时承受舱内外压差，能保护乘客免受外部环境的影响。这些窗户通常有2层玻璃被固定在窗框中。观察窗一般是指有特定功能或用途的窗户，比如机翼观察窗、起落架观察窗、货舱观察窗等。观察窗对于飞行安全非常重要。

机身上还有大量的勤务面板或接近口盖，通过它们可以接近飞机内部的各种设备、系统和管线，以便进行勤务、维护、检查和修理工作。

现代飞机大都要在空气稀薄的高空飞行，为了保证乘员在高空正常的生理需求和仪器设备可靠工作，需要对座舱进行增压。飞机增压座舱，又被称为气密座舱，是指能在高空保持舱内一定压力，一般高于环境气压，以保障乘员在高空飞行时安全、舒适地生活和工作的机舱。增压座舱内的大气压力由飞机环境控制系统控制，可以根据飞行高度自动调节。增压座舱是飞机机身的一部分，并非所有区域都需要增压，飞机上的主要增压区包括驾驶舱、客舱、货舱和一些设备舱,图 3-24 为典型的增压座舱。

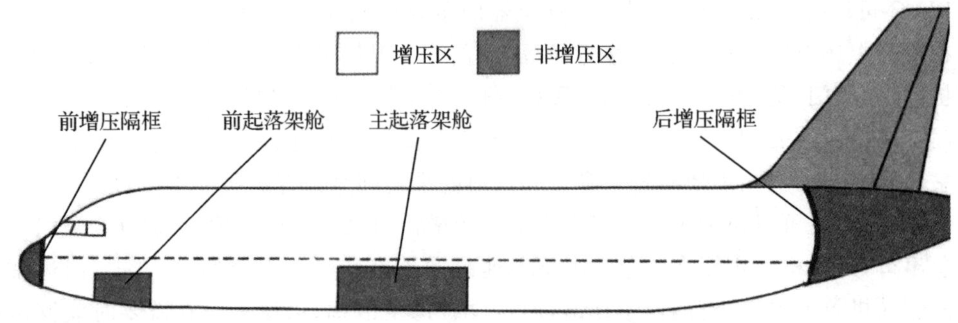

图 3-24　典型飞机增压座舱

3.4.2　机身基本结构

机身的主要构件包括纵向元件、横向元件和蒙皮。纵向元件是指沿机身纵轴方向分布的构件,主要包括长桁和桁梁。长桁(stringer)是用来支撑蒙皮的细长构件,主要用来承受机身弯曲引起的轴向力;桁梁(longeron)是强度较大的长形构件,主要作用是承受并传递飞机在飞行和地面操作过程中产生的纵向载荷,如弯矩、剪力以及局部集中载荷等,起到连接和支撑的作用。横向元件是指垂直于机身纵轴分布的构件,主要是隔框。隔框分为普通框和加强框,普通框(former)主要用于维持机身的截面形状,承受蒙皮的局部载荷,并对蒙皮和长桁起支持作用;加强框(frame)除了具有普通框的功能,还用于增强机身的结构强度。蒙皮(skin)是覆盖在机身表面的薄板,它起到保护机身结构的作用,同时也能承受一定的压力和剪力。图 3-25 为典型飞机机身结构。

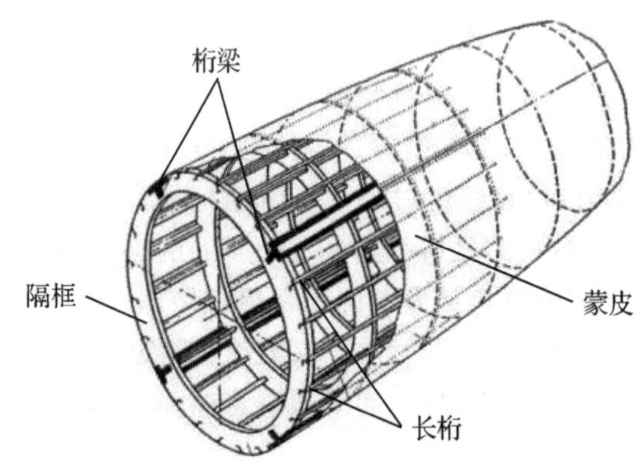

图 3-25　典型飞机机身结构

现代飞机的机身结构形式主要有构架式、硬壳式和半硬壳式。其中,半硬壳式机身又分为桁梁式和桁条式。

(1)构架式(truss)机身是早期飞机设计中常见的一种构造形式,类似于建筑中的框架结构,主要由缘条、长桁、支柱、隔框和非受力蒙皮组成,如图 3-26 所示。机身的剪力、弯矩和扭矩,由缘条和支柱组成的构架承受。承力构架外有维形隔框、长桁和布质蒙皮,只承受局部空气动力，不参与整个结构受力。构架式机身构造比较简单，但重量较大且抗扭刚度差，空气动力性能不好，其内部空间也得不到充分利用，只有一些小型低速飞机采用构架式机身。

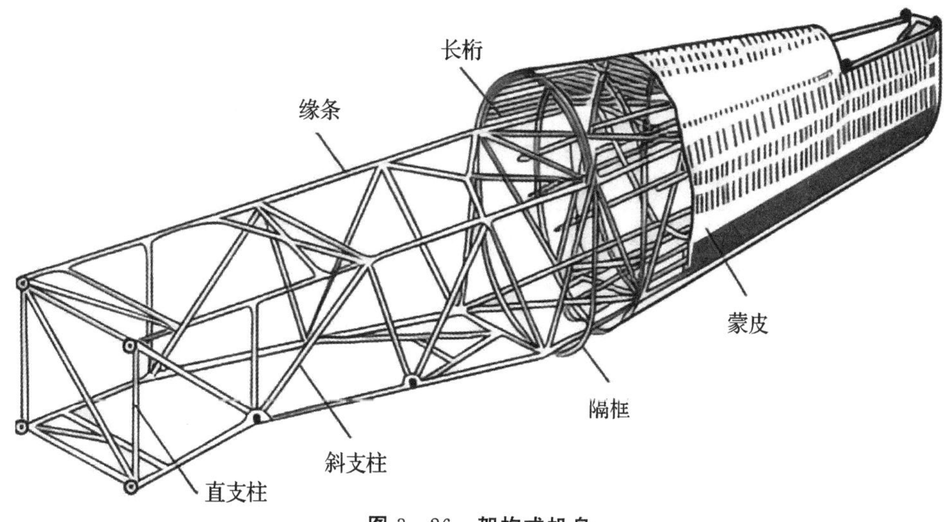

图 3-26　**架构式机身**

(2)硬壳式(monocoque)机身由隔框和蒙皮组成，没有使用纵向加强件，如图 3-27 所示。硬壳式机身有较密集的普通框，而且蒙皮比较厚，它不仅提供空气动力学外形，而且还直接承受并传递大部分载荷，有足够的强度维持机身的刚性。硬壳式机身的最大问题是重量较重，现代飞机较少采用这种结构。

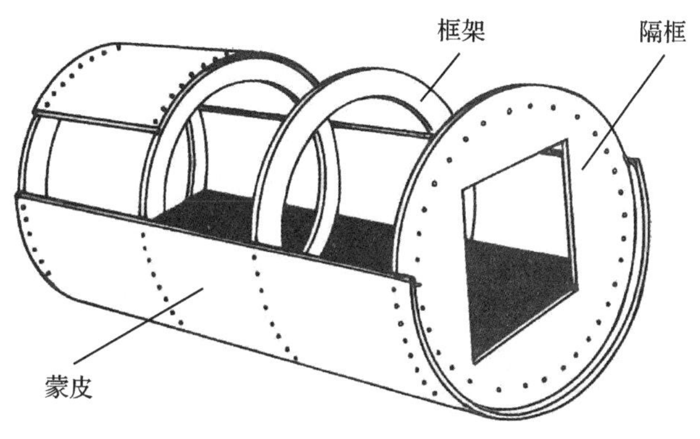

图 3-27　**硬壳式机身**

(3)半硬壳式(semi-monocoque)机身是现代飞机广泛采用的一种机身结构形式。这种机身结构的主要特点是蒙皮与隔框、桁梁、桁条等构件连接成一个受力整体，参与整个结构的受力。在半硬壳式机身中，桁梁和桁条主要用来承受弯矩引起的轴向力；蒙皮也要承受一部分轴向力和大量的剪力和扭矩；隔框用来维持机身外形和承受局部空气动力，还要承受其他部件传来的集中载荷，并将这些载荷分散给蒙皮。半硬壳式机身有两种主要结构形式：桁梁式机身和桁条式机身。

桁梁式机身由几根较强的大梁、较弱的桁条、较薄的蒙皮和隔框组成，如图 3-28 所示。

在这种结构中，机身弯曲引起的轴向力主要由大梁承受，蒙皮和桁条组成的壁板只承受一小部分弯矩引起的轴向力。由于采用了较强的大梁，桁梁式机身可以开设大的舱口而不会显著降低结构的强度和刚度。

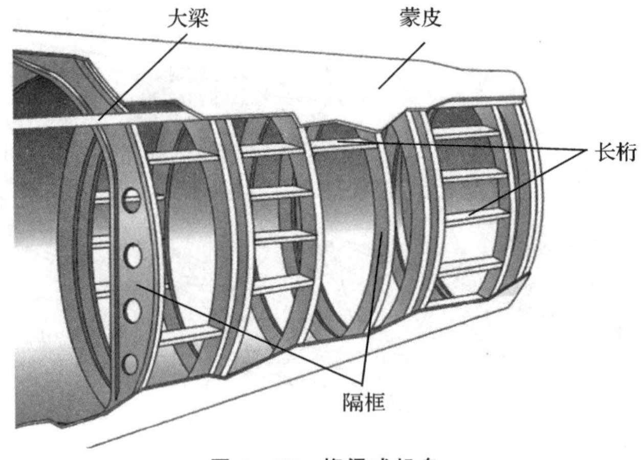

图 3-28　桁梁式机身

桁条式机身主要由桁条、蒙皮和隔框组成，如图 3-29 所示。桁条式机身的桁条和蒙皮都较强，受压稳定性好。在桁条式机身中，弯矩引起的轴向力由蒙皮和桁条组成的壁板承受，蒙皮和桁条在结构受力中得到了充分利用，各构件受力比较均匀。由于蒙皮较厚，桁条式机身的机身结构抗扭刚度大，空气动力性能较好，更适用于较高速飞机。然而，由于没有强有力的大梁，桁条式机身不宜开设大的舱口，如果需要在机身开设舱口，必须在开口部位用专门构件加强。

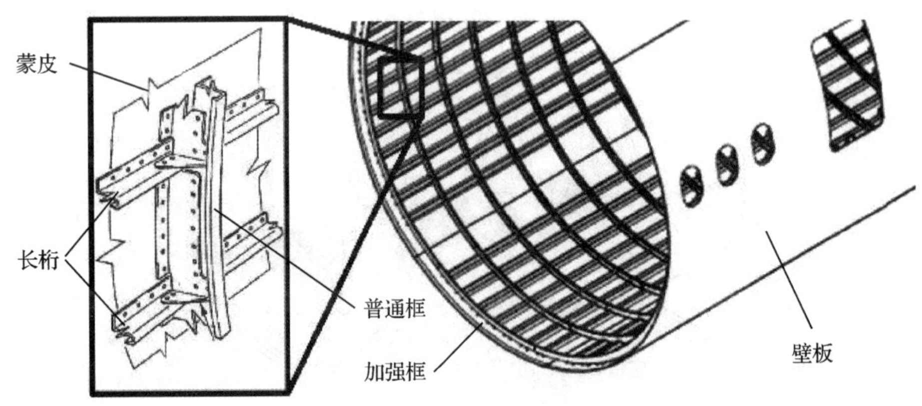

图 3-29　桁条式机身

不同机身构造方法的特点见表 3-1。在机身的构造过程中，这些结构形式的选择主要取决于飞机的设计要求和性能需求。如高速飞机需要机身结构具有较高的强度和刚度以抵抗气动载荷和热效应，要求蒙皮比较厚，通常倾向于采用硬壳式或半硬壳式结构；民用客机则需要更高的经济性和舒适性，可能更适合采用半硬壳式。同一型号飞机，不同的舱段也可以采用不同的构造形式，而使用复合式机身构造方法，如在开较大口的舱段可以局部采用桁梁式，或在开口部位采用一些加强构件，而在其他舱段采用桁条式。新材料和技术的发展也会引导机身结构的选择。例如，随着复合材料技术的发展，因其高的比强度和比模量，使得采用半硬壳或硬壳结构的机身能在保持足够强度的同时大幅降低重量，越来越多的飞机开始采用全复合材料机身结构。

表 3－1　不同机身构造方法的特点

形　式	指标						
	梁	桁条	隔框	蒙皮	刚度	重量	空间
构架式	强	少，弱	有	最薄	差	重	受限
硬壳式	无	少，弱	有	最厚	好	重	不受限
桁梁式	强	少，弱	有	薄	较好	较轻	不受限
桁条式	无	多，强	较多	较厚	好	较轻	不受限

不同机身构造方法用到的主要构件包括梁、隔框、长桁和蒙皮，其作用与机翼结构中的翼梁、翼肋、桁条和蒙皮的作用基本相同，但也有其构造特点。

梁是机身的纵向构件，承受机身弯曲产生的应力，相当于翼梁的缘条，它的构造比较简单，一般采用铝合金或高强度合金钢轧制成的型材。在大飞机上，除了桁梁，还有龙骨梁和地板梁。龙骨梁(keel beam)是穿过机身中央翼盒下方的机身纵轴线上的纵梁，是一个大型的、承载能力极强的盒形结构或者框架结构。由于龙骨梁的使用，可以在机身下部开大口，形成主起落架收放或其他系统(设备)安装的空间。地板梁(floor beam)是飞机地板结构的重要组成部分，主要负责支撑飞机客舱或货舱地板，并将地板所承受的各种载荷传递到机身的主结构上。地板梁通常包括纵梁(longeron)和横梁(cross beam)，它们共同构成一个立体框架结构，确保地板具有足够的强度和刚度。

隔框通常由框缘、加强筋和腹板等部分组成，典型机身隔框如图 3－30 所示。其中框缘和加强筋是隔框的主要受力部位，能够承受机身的拉伸、压缩和弯曲等载荷；腹板则用于连接框缘和加强筋，并承受机身的剪切载荷。为了降低飞机的重量和其他部件的安装，隔框上可以进行合理开孔和增加安装接头。普通框承受的载荷不大，一般都用硬铝轧制的型材做成圆环形状。框缘的截面形状有闭合的和非闭合的两种。桁条式的普通框通常做成完整的圆环状；桁梁式的机身上的开口比较多，开口部位的普通框通常是不完整的。加强隔框则具有更大的尺寸、重量和更多的加强件，主要用于承受和分散机身的主要载荷。现代飞机的隔框多采用分段加工后装配而成，一些高性能飞机的隔框也可以整体加工而成。

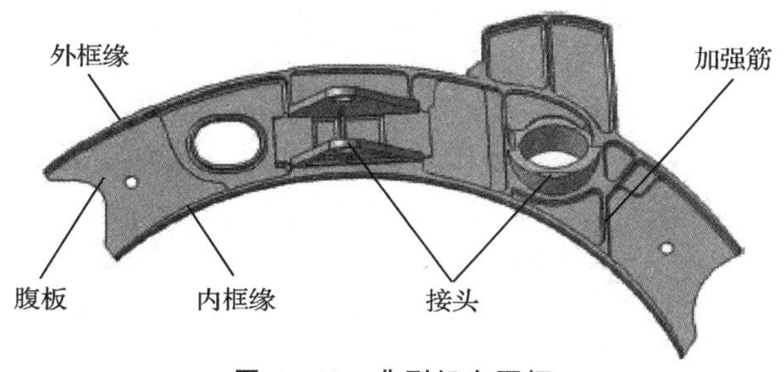

图 3－30　典型机身隔框

机身上的长桁和蒙皮与机翼上的基本相同，可参考机翼构造的相关内容。

3.5 尾翼构造

尾翼(empennage)是安装在飞机尾部、对飞机起稳定和操纵作用的重要装置。尾翼一般由水平尾翼和垂直尾翼组成。水平尾翼主要负责提供飞机的纵向稳定性,并控制飞机的俯仰;垂直尾翼则主要负责提供飞机的横向稳定性,并控制飞机的转向。

3.5.1 尾翼功能构造

现代飞机可以采用不同的尾翼构型,常用的尾翼主要有常规尾翼、T形尾翼、V形尾翼,一些飞机还采用全动平尾或鸭翼,分别如图3-31、图3-32和图3-33所示。

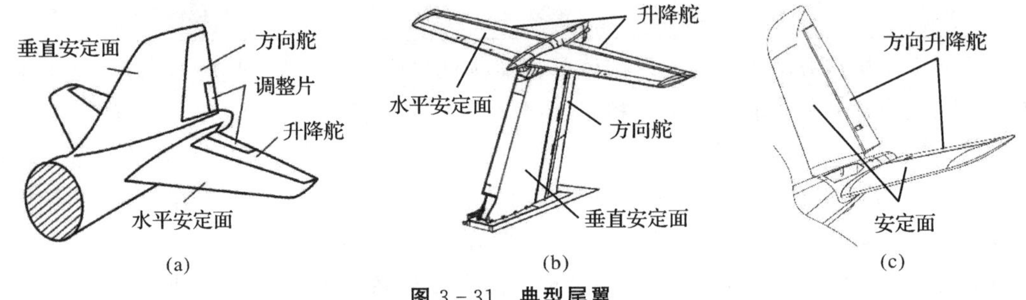

图3-31 典型尾翼

(a)常规尾翼;(b)T形尾翼;(c)V形尾翼

(1)常规尾翼(conventional tail)是飞机上最常见的尾翼配置方式,包括一个水平尾翼和一个垂直尾翼,都直接安装在机尾上,常用于下单翼飞机,如图3-31(a)所示。水平尾翼,简称平尾,位于机身尾部,与机身轴线基本平行,主要由两部分组成:水平安定面(horizontal stabilizer),一般固定安装在飞机尾部,提供飞机飞行时的纵向稳定性;升降舵(elevator),是水平安定面上可动的部分,飞行员通过操纵升降舵来控制飞机的俯仰运动,实现飞机上升、下降或者调整飞行姿态。垂直尾翼,简称垂尾,位于机身尾部,与机身轴线垂直,主要由两部分组成:垂直安定面(vertical stabilizer),固定安装在飞机尾部,提供飞机飞行时的横向稳定性;方向舵(rudder),是垂直安定面上可动的部分,飞行员通过操纵方向舵偏转,使飞机左转或右转,以改变航向或纠正偏航。

(2)T形尾翼(T-tail)也包括一个水平尾翼和一个垂直尾翼,其特点是水平尾翼位于垂直尾翼的顶部,形成一个像字母"T"的布局,因此而得名,又称为高置水平尾翼,常用于上单翼飞机或者发动机安装在尾部的飞机,如图3-31(b)所示。T形尾翼由于水平尾翼位于垂直尾翼上方,可以避免受到主机翼下洗气流的影响,平尾能保持较好的稳定性和操纵性。然而,T形尾翼由于垂尾需要支撑平尾,所以垂尾需要加强以承受额外的载荷,造成机尾较重;另外,由于平尾位置较高,增加了操纵机构的复杂性和维护难度。

(3)V形尾翼(V-tail)是飞机尾翼的一种特殊形式,由左右两个翼面组成,形成一个像字母"V"的布局,因此而得名,又称为蝶形尾翼(butterfly tail),常用于战斗机和小型飞机,如图3-31(c)所示。V形尾翼的翼面可分为固定的安定面和可动的舵面两部分,也可做成全动型式。它在水平和竖直方向都具有一定的投影面积,能共同承担传统

视频3-4 V形尾翼

水平尾翼和垂直尾翼的功能,其可动舵面称为方向升降舵(ruddevator)。方向升降舵同向偏转起到升降舵的作用,异向偏转起到方向舵的作用。V 形尾翼通过减少部件从而减轻了整体结构重量,也可减小飞行阻力。V 形尾翼的设计有助于降低雷达反射截面,提高飞机的隐身性能。然而,V 形尾翼的气动弹性问题较为复杂,稳定性较差,控制系统比较复杂,且操作性也较差。

(4)全动平尾(Stabilator)是指将飞机的水平安定面和升降舵合而为一的部件,整个平尾可以绕某一轴线偏转,用作操纵面,常用于战斗机或小型飞机,如图 3 - 32 所示。飞行员可以控制整个平尾偏转,从而大大提高飞机的操纵性能。为了产生较好的操纵感觉,全动平尾还可配备反伺服调整片。全动平尾还可设计具有差动操作功能,从而使其具有多功能舵面的作用。然而,由于翼面上的扭矩和弯矩绝大部分都要集中到转轴上,且该支承点是个可转动的轴承,导致全动平尾结构比较复杂,重量也比较大。

(5)鸭翼(canard)又称前置翼或前翼,是将全动平翼放在主机翼的前面,常用于战斗机,如图 3 - 33 所示。鸭翼可以产生正升力,增加飞机的总体升力。鸭翼产生的涡流对主机翼有帮助作用,可改善飞机的失速特性和操纵性。

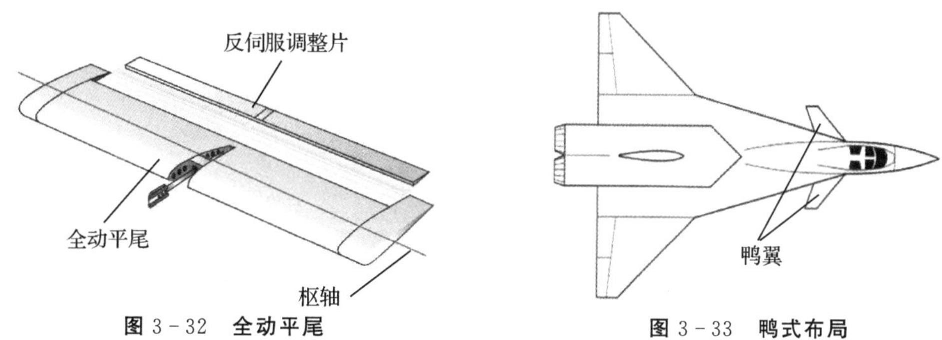

图 3 - 32　全动平尾　　　图 3 - 33　鸭式布局

3.5.2　尾翼基本结构

典型的尾翼可看作是一个小型机翼,一般也是由梁、肋、桁条和蒙皮组成,如图 3 - 34 所示。其构造方法与机翼相似,可以参考机翼构造的相关内容。

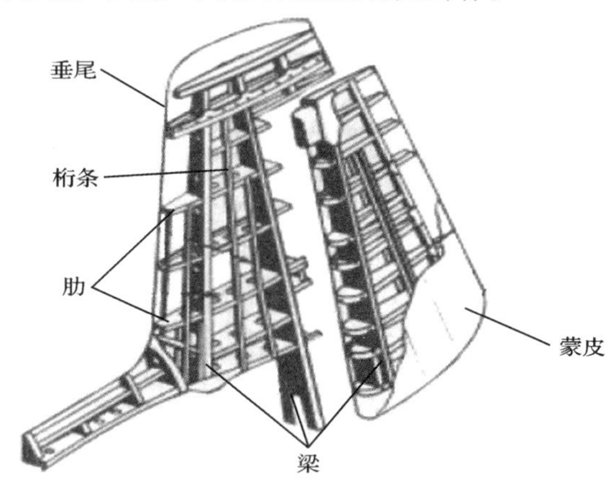

图 3 - 34　典型尾翼结构

3.6 起落架构造

起落架(landing gear),又称起落装置,位于飞机下部,是用于飞机起降、地面停放或地面滑行时支撑飞机的重要装置。起落架能提供减震、刹车和转向等功能,使飞机在地面运动灵活。起落架是飞机的重要组成部分,对飞机的安全飞行和正常运行起着至关重要的作用。

3.6.1 起落架功能构造

起落架根据适应场地可分为轮式起落架、浮筒式起落架和滑橇式起落架等,如图 3-35 所示。轮式起落架(wheeled landing gear)使用轮子作为与地面接触部分,是最常见的起落架,适用于多种跑道。浮筒式起落架(float landing gear)在飞机底部安装了浮筒,可以在水面上起到支撑和稳定作用,使飞机能够在水面上起降和滑行,主要用于水上飞机、水陆两栖飞机。滑橇式起落架(skid landing gear)使用滑橇板或滑橇管作为与地面接触部分,用于雪地或者冰面起降的飞机,提供更好的抓地力,主要用于小型飞机。此外,一些轻型直升机也使用滑橇式起落架。

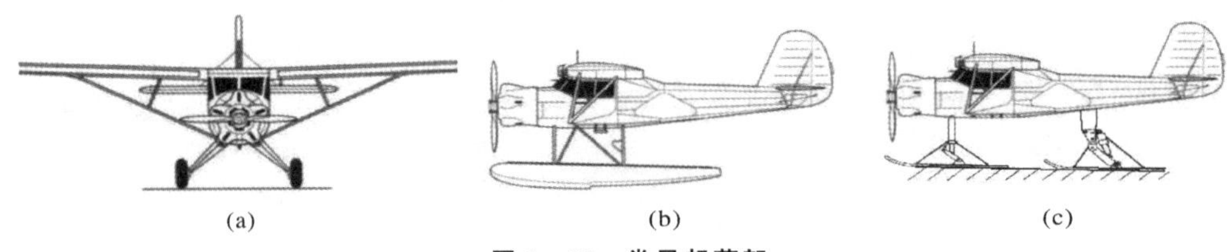

图 3-35 常见起落架

(a)轮式起落架;(b)浮筒式起落架;(c)滑橇式起落架

起落架根据不同的支撑点布局可分为前三点式、后三点式、自行车式和多支点式,其结构简图如图 3-36 所示。其中前三点式和后三点式是常见的起落架形式。

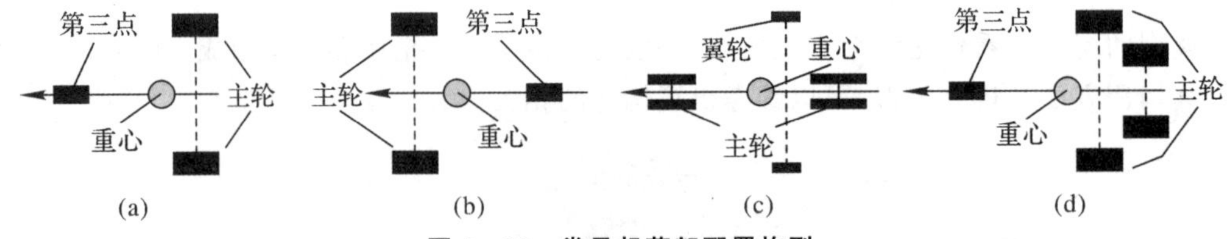

图 3-36 常见起落架配置构型

(a)前三点式;(b)后三点式;(c)自行车式;(d)多支点式

前三点式起落架(nose-wheel landing gear)的两个主支点(主轮)对称地安置在飞机重心后面,第三支点(前轮)置于飞机前部。后三点式起落架(tail-wheel landing gear)的两个主支点(主轮)对称地安置在飞机重心前面,第三支点(尾轮)置于飞机后部。自行车式起落架(bicycle landing gear)的两个主支点(主轮)分别安置在机身下部、重心前后,另有两个辅助支点(翼轮)对称地安置在左右机翼下面。多支点式起落架(multi-point landing gear)是前三点式的衍生型,其特点与前三点式的相同。它有三个以上主支点分别安置在机身、机翼下面,另有一个支点置于飞机前部,可将飞机的重量分散在一

视频 3-5 起落架构型

个较大的面积上，常用于一些重型飞机，如 B747、A380 等飞机。

前三点式起落架具有地面运动稳定性好、着陆性能好、机轮刹车性能好、视野好等特点，目前已经成为飞机最常用的起落架形式。后三点式起落架由于主承重点在前面，且尾轮较矮小，存在较多缺点和不足，主要用在一些老式的小飞机上，现代飞机很少用。表 3-2 是前三点式起落架与后三点式起落架优缺点的比较。

表 3-2　两种起落架的特点比较

起落架形式	优　点	缺　点
前三点式	地面运动稳定性好，不易打转； 着陆性能好，两点接地，易操纵； 机轮刹车性能好，刹车用量大； 驾驶员视野好，平行视野； 发动机尾喷气对地伤害小	前起落架承载较大，结构较复杂； 前轮容易产生摆振
后三点式	发动机前端离地较高； 方便发动机布置在机头； 容易获得较大迎角； 可较好利用气动阻力刹车	地面运动稳定性差，易打转； 着陆性能差，易弹跳，难操纵； 机轮刹车性能差，易向前翻滚； 驾驶员视野差，上仰视野； 发动机尾喷气对地伤害大

起落架根据不同的结构形式还可分为构架式、支柱式和摇臂式，如图 3-37 所示。构架式起落架的承力构架将机轮与机翼或机身相连。承力构架中的减震支柱和其他连杆相互铰接，构造较简单、重量较轻，但难以收放，主要用于过去的轻型低速飞机。支柱式起落架的减震器与承力支柱合而为一，机轮直接固定在减震器的活塞杆上。减震器不但要承受轴向载荷，而且要承受较大的弯矩，容易漏油。这种形式的起落架构造简单紧凑，易于收放，重量较小，是现代飞机广泛采用的形式之一。摇臂式起落架的机轮通过可转动的摇臂与减震器的活塞杆相连，减震器亦可以兼作承力支柱。减震器只承受轴向载荷，不易漏油。这种形式的起落架构造比较复杂，重量较重，也是现代飞机广泛采用的形式之一。

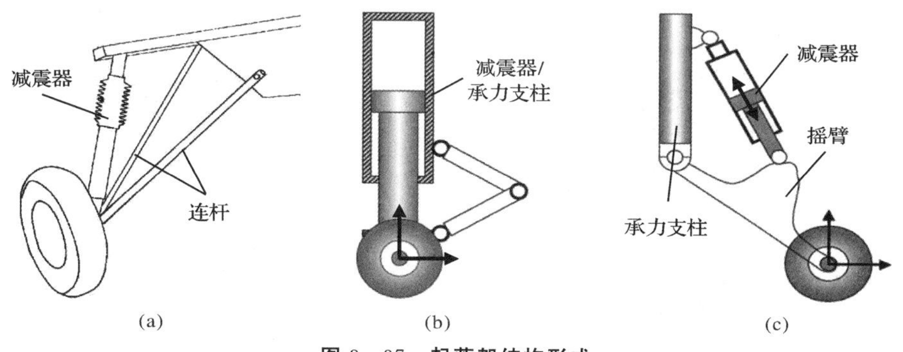

图 3-37　起落架结构形式

(a)构架式；(b)支柱式；(c)摇臂式

轮式起落架是最常见的起落架，机轮配置也有多种形式。小型飞机每个支点通常配置一个机轮；大中型飞机每个支点可配置两个以上机轮，一些大型客机和运输机的主起落架普遍采用 4 个甚至更多的机轮。采用多个机轮的起落架被称为小车式或车架式起落架，多机轮布置可把飞机重量分散到一个较大的面积上，如图 3－38 所示。它采用多个尺寸较小的机轮来取代较大的机轮，可优化收放空间；当其中一个轮胎损坏时，飞机的安全仍然可以得到保障；还可以通过倾斜车架或增加辅助缓冲器进一步提高着陆时的减震效果。小车式起落架提高飞机的安全性、稳定性和着陆性能，但结构复杂，重量增加，主轮转向也更加困难，甚至要增加辅助转向机构。

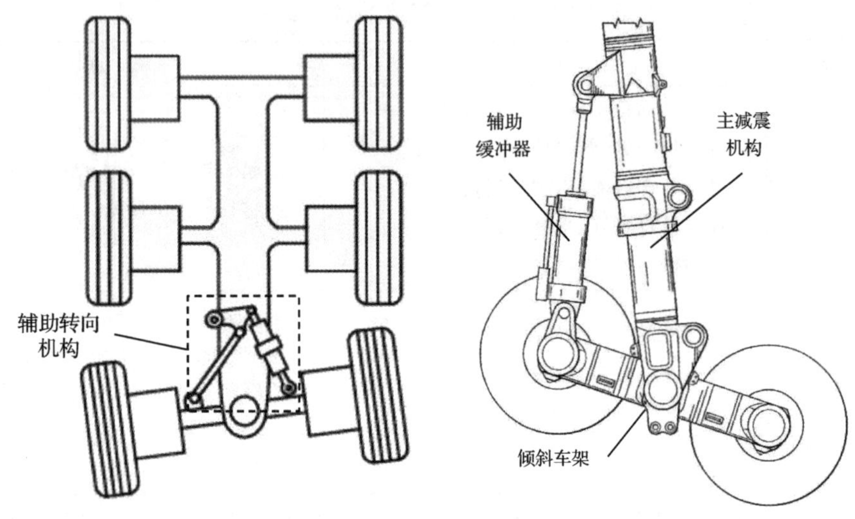

图 3－38　小车式起落架

3.6.2　起落架基本结构

虽然不同机型的起落架的结构有较大的差别，根据其结构和功能，起落架通常由承力支柱、减震机构、机轮和轮胎、机轮刹车系统、舱门、地面转向机构、锁定装置、收放系统、指示系统等关键部分组成。图 3－39 为典型飞机起落架的基本结构。

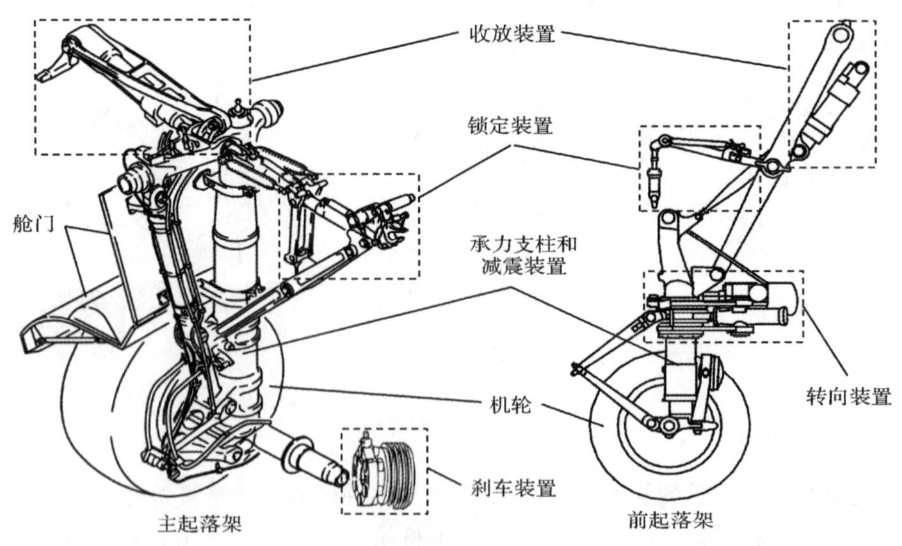

图 3－39　典型飞机起落架基本结构

承力支柱(landing gear strut),也称为支柱或机腿,是连接飞机主体与机轮的主要刚性部件,需承受飞机在起飞、着陆和滑行过程中的各种载荷,为飞机提供稳定的支撑。承力支柱在结构上往往设计为三角形或与其他构件形成三角形关系,以保证其稳定性。承力支柱通常由高强度材料制成,如钢或钛合金,以确保其能够承受极端的机械应力。

减震器(shock absorber /oleo strut)主要用于吸收飞机在起飞和着陆时产生的冲击和振动,以保护飞机结构和乘客的舒适度。现代飞机的承力支柱与减震器合而为一,被称为减震支柱,多为油气式减震支柱。减震支柱通常由内筒和外筒组成,中间充满减震液压油和压缩氮气,如图 3 - 40 所示。当飞机轮子接触地面时,减震支柱开始工作,外部载荷和内部压力使内、外筒作轴向相对运动,通过气体的压缩变形和液压油高速通过限流孔产生的摩擦热量来吸收能量,从而减弱飞机着陆时的撞击和跳动。减震支柱的内部结构和工作原理相对复杂,需要合理设计内部结构、有效封严、运动速度和行程,并进行合理灌充,才能确保其正常运行并满足功能需求。

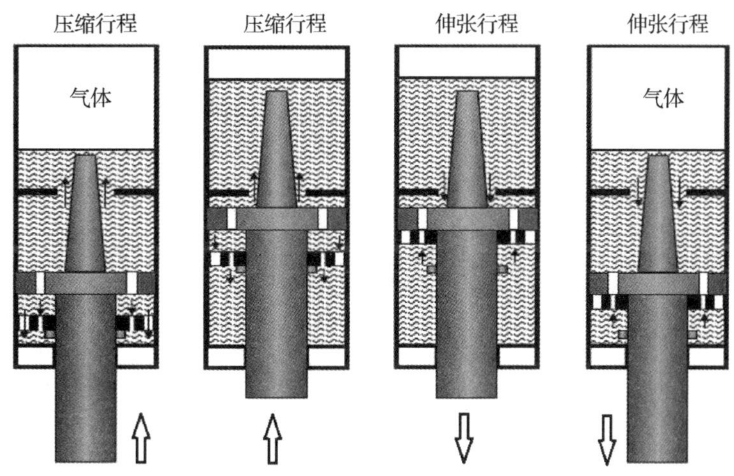

图 3 - 40　典型减震支柱的结构和工作原理

机轮和轮胎(wheel and tyre)是飞机与地面的接触部件。机轮是连接飞机和轮胎的部件,通常由轮毂和轮辐等组成,如图 3 - 41 所示。轮毂主要用于固定轮胎,轮辐则起到支撑轮毂和分散载荷的作用。轮胎则是机轮与地面接触的部分,通常由橡胶和其他复合材料制成,需要承受高温、高压和高速摩擦等极端条件,它的质量和性能直接影响到飞机的起飞、着陆和滑行安全,如图 3 - 42 所示。在飞机起飞和着陆时,机轮和轮胎承受着巨大的冲击力和摩擦力,因此需要具备足够的强度和耐久性。同时,为了保持飞机的稳定性和安全性,机轮和轮胎还需要具备良好的操控性和防滑性能。

机轮刹车系统(wheel brake system)是飞机刹车系统的重要组成部分,用于飞机着陆和滑行过程中减速和停止飞机,通常布置在主起落架机轮内。机轮刹车系统主要包括刹车控制系统和刹车组件,如图 3 - 43 所示。在机轮刹车过程中,刹车控制系统根据刹车输入量、飞机速度和机轮转速等参数,计算出需要的刹车作动力,刹车作动器通过液压、气压或电动将作动力传递到刹车组件。当刹车启动时，刹车作动力使刹车组件的运动盘/片（与机轮连接部分）与静止盘/片（与轮轴连接部分）接触并产生摩擦，将飞机滑行时的动能转化为热能，使飞机减速。现代飞机使用多种刹车方法，除了机轮刹车，还可以使用气动阻力刹车、发动机反推力刹车或减速伞刹车等。

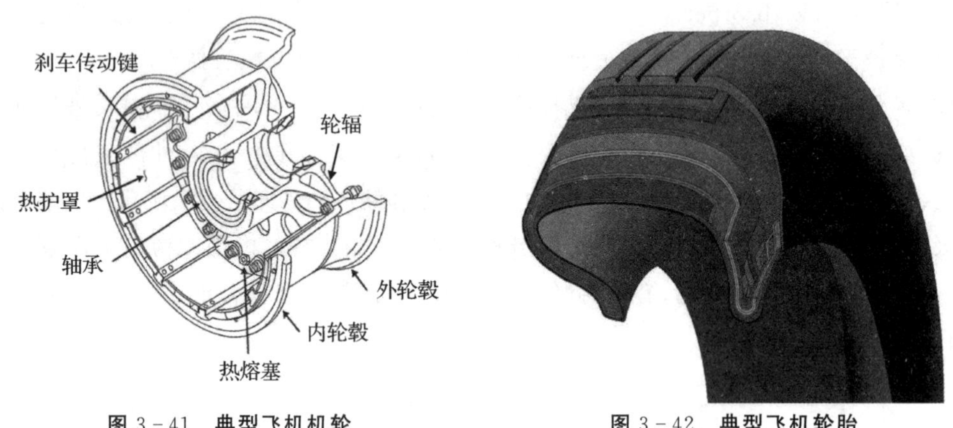

图 3-41 典型飞机机轮

图 3-42 典型飞机轮胎

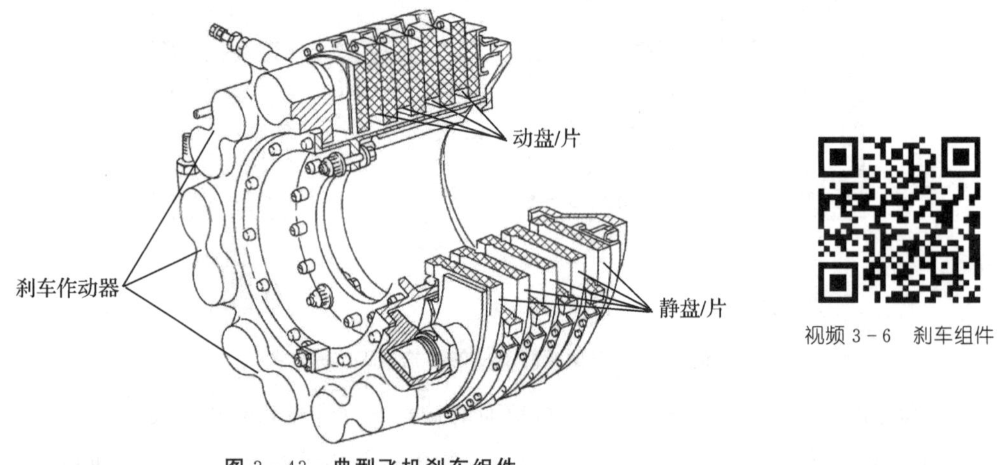

图 3-43 典型飞机刹车组件

视频 3-6 刹车组件

转向机构（nose wheel steering）主要指的是飞机的前轮转向系统，它允许飞行员在地面操作时控制飞机的前轮方向，以便进行滑行转向。前轮转弯系统通常由机轮、扭力臂、转弯作动器、控制机构和其他构件组成。转弯作动器是转弯系统的核心部件，通常由液压力驱动，实现机轮的左右偏转，如图 3-44 所示。在转弯过程中，飞行员通过踩踏脚蹬或转动转弯手轮发出转弯信号，控制机构根据转弯输入量和转弯角度反馈信号，给出控制信号，从而控制电液伺服阀，进一步驱动转弯作动器运动，再通过扭力臂使减震支柱的内筒相对外筒偏转一定角度，从而驱动前轮转向。现代飞机一般通过脚蹬实现小角度转向，大角度转向则需要用转弯手轮实现，而且最大转向角度受速度限制，会随速度的增大而减小。一些大型飞机还需要主轮辅助转向机构协助转向。

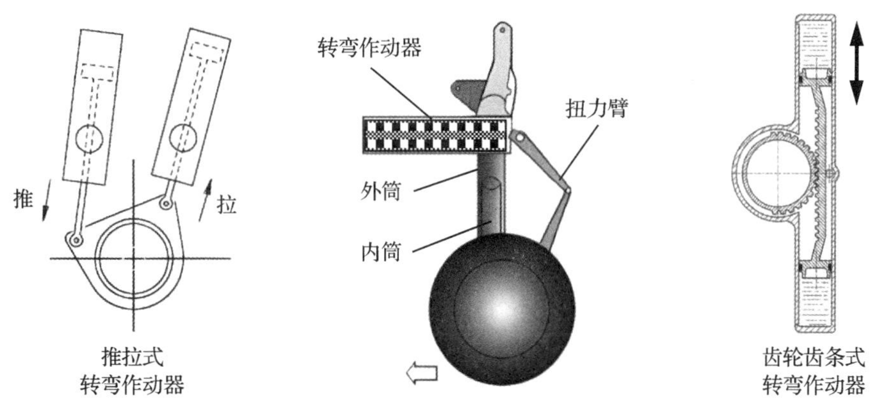

图 3-44　典型飞机转向机构

锁定装置(locking device)用于确保起落架在特定位置上的稳固性和安全性,尤其要确保起落架在放下位置时能够稳固锁定,防止意外收回。锁定装置包括放下位锁定装置、收上位锁定装置、位置传感器和对应的解锁机构,如图 3-45 所示。放下位锁定往往通过形成三角形结构来确保稳定性,收上位锁定可以通过三角形稳定或挂钩来实现。起落架收放结束后,传感器收集位置信息发送至指示系统。起落架收放之前,需要通过解锁机构先解除锁定状态,才能实现起落架收放。起落架解锁是通过解锁作动器产生作用力破坏原三角形稳定结构或使锁钩转向的过程。

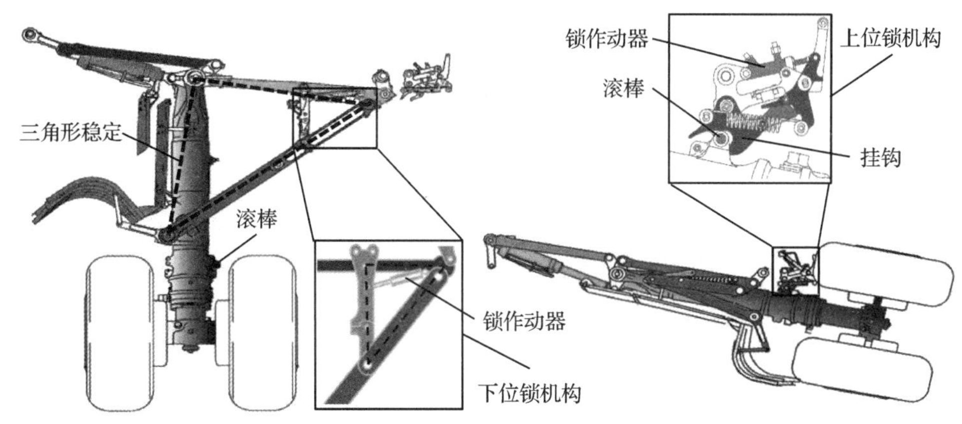

图 3-45　典型起落架锁定装置

舱门(landing gear door)主要是保护起落架和相关机构免受气流、水和杂物的影响,同时保持飞机的气动外形。起落架舱门通常由内舱门、中舱门和外舱门组成。起落架舱门的开启和关闭通常由起落架收放系统控制。

收放系统(extending-retracting system)主要用于控制起落架的解锁与上锁、收上与放下,以及控制起落架舱门的打开与关闭。它可通过液压、电动或机械装置驱动,使得起落架在飞行阶段可以收入机身或机翼内,减少空气阻力;在地面阶段则放下以支撑飞机。它主要组成部分包括收放操纵机构、收放作动器、位置锁、位置信号和警告系统、地面安全装置和应急放出系统等。在收放过程中,收放系统协调起落架各收放子系统工作。例如,典型的起落架放下的过程为:收放操纵机构发出放下信号→开起落架舱门→解上位锁→起落架放下→上下位锁→关起落架舱门。

指示系统(indicating system)向机组人员提供关于起落架状态的信息。这些信息包括起落架的位置、锁定状态、收放过程等,帮助机组人员了解起落架的工作情况,确保飞机的安全和正常操作。指示系统通常会收集收放操纵机构的信号和位置传感器的信息,综合处理后向机组发出指示和警告信息。在驾驶舱可通过不同的颜色指示起落架不同的状态,典型的指示信号为:绿色表示放下锁好,白色(灯灭)表示收上锁好,红色表示非正常状态,闪烁表示处于收放过程中。除了电气信号指示外,某些老式飞机或现代飞机作为备份,还会设置机械指示器。

3.7 直升机构造

直升机的种类、型号众多,但最常见的还是单旋翼带尾桨直升机(简称为单旋翼直升机)。单旋翼直升机由旋翼、尾桨、机身、起落装置、动力装置和其他系统组成,如图 3-46 所示。

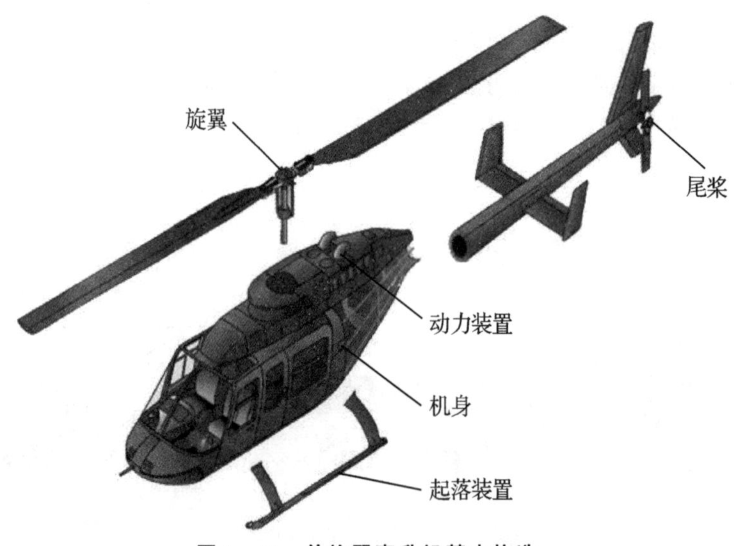

图 3-46 单旋翼直升机基本构造

3.7.1 旋翼功用与构造

旋翼为直升机提供升力和推进力,由桨毂和数片桨叶构成,安装在旋翼轴上。一副旋翼由一套桨毂和若干片桨叶组成。

桨毂(rotor hub)是旋翼的中心,它通过多种铰链与桨叶连接,将发动机或传动装置提供的动力传递给各个桨叶,并允许桨叶相对于桨毂进行变距(改变桨叶的迎角),从而调节升力大小。还可以通过倾斜器改变旋翼的倾斜角度,从而改变旋翼总空气动力的方向,产生不同方向的推进力,如图 3-47 所示。

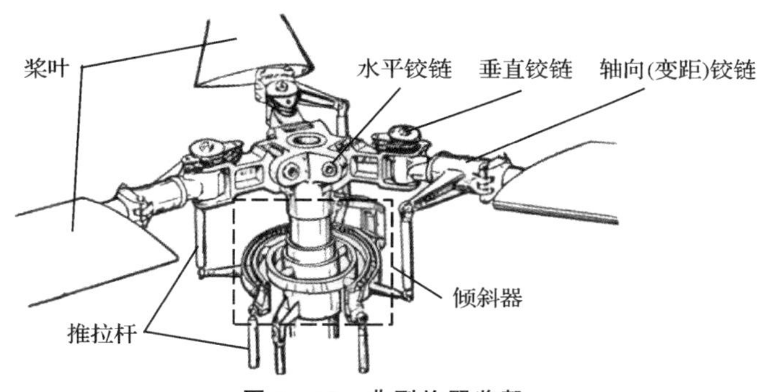

图 3-47　典型旋翼桨毂

桨叶(rotor blade)是旋翼的主要工作面,通过它与空气的相对运动产生空气动力支撑直升机升空飞行。桨叶可看作是一种细长的机翼,桨叶的剖面形状与翼型相似,如图 3-48 所示。桨叶的剖面形状包括上表面、下表面、前缘和后缘等部分;平面形状包括桨根、桨尖等。桨叶由根部到尖端会逐渐变薄,并且具有一定的锥度和扭转角度。

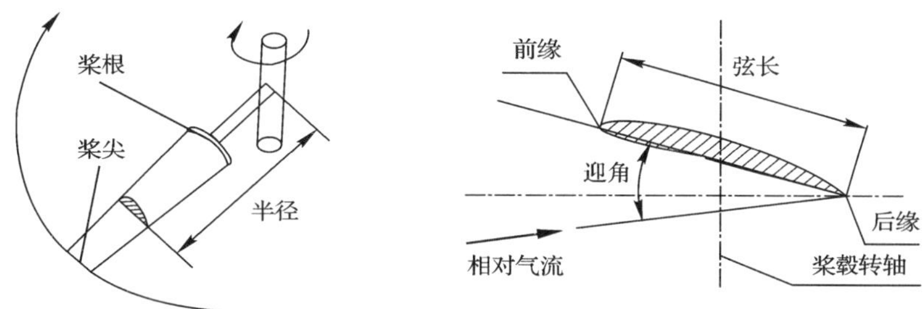

图 3-48　桨叶形状及参数

按桨叶与桨毂连接方式的不同,旋翼可分为铰接式、半铰式(跷板式)、无铰式和无轴承式。铰接式旋翼的桨叶通过水平铰链、垂直铰链和轴向(变距)铰链与桨毂相连,也称为全铰链式旋翼,如图 3-47 所示。这种连接方式的旋翼,桨叶除旋转运动外,还有绕水平铰链的上下挥舞运动、绕垂直铰链的前后摆动(摆振运动)及绕轴向铰链的变距运动,旋翼结构较复杂,多用于早期或大型直升机。半铰式旋翼则是指只有两片桨叶,彼此连成整体,共用一个中心水平铰链,没有垂直铰链,仍有轴向铰链的旋翼。无铰式旋翼是指取消了水平铰链和垂直铰链,只保留轴向铰链的旋翼。无轴承式旋翼没有水平铰链、垂直铰链和轴向铰链,而是依靠桨叶根部的扭转变形来实现桨叶的变距运动,也称为无铰链式旋翼。这种设计使得旋翼结构简单、紧凑,具有更高的操纵功效和敏捷性,但对材料强度、韧性和疲劳寿命要求极高,已成为先进直升机技术的一个重要发展方向,许多无人机采用这种旋翼。

桨叶构造包括配重、大梁、蒙皮、加强件、填充物、后缘条、前缘保护层等组成部分,如图 3-49 所示。大梁从根部延伸至尖部,是桨叶的主要承力部件,需要承受由旋翼旋转产生的离心力和气动载荷,要有足够的刚度和强度。后缘条位于桨叶的后缘,用于增加桨叶的刚度和稳定性。蒙皮用于承受气动压力和提供桨叶的外形。前缘保护层可以保护桨叶前缘免受外物损伤和提高桨叶耐久性。配重用于调节桨叶的重心。填充物位于桨叶的内部,用于增加桨叶的结构强度和稳定性,可以是泡沫、蜂窝结构或其他轻质材料。早期的直升机桨叶采用木质或钢木混合结构,现代高性能直升机桨叶多使用复合材料制造,这种材料强度高、重量轻、耐腐蚀且疲劳寿命长。

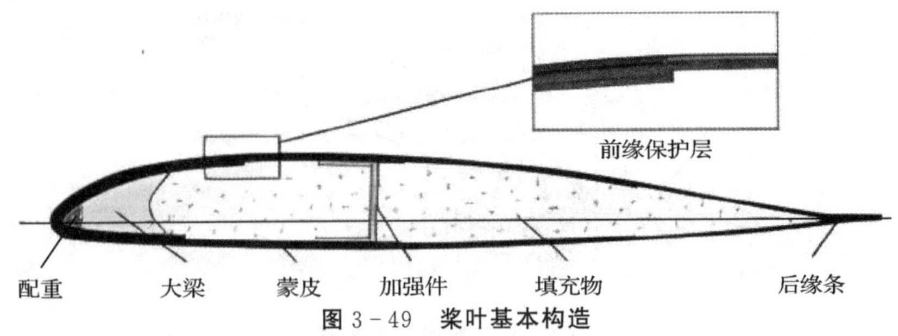

图 3-49 桨叶基本构造

旋翼参数主要包括桨叶参数、旋翼半径和桨叶数目。桨叶主要参数如图 3-48 所示，桨叶前缘到后缘的连线称为桨叶弦线，其长度称为桨叶弦长，用 b 表示；相对气流与桨叶弦线之间的夹角称为桨叶迎角，用 α 表示。旋翼半径是指从旋翼旋转轴心到旋翼桨尖端的距离，是衡量旋翼大小的一个重要参数，用 R 表示。桨叶数目是一个设计上的关键因素，可以直接影响到飞行性能、操控性、稳定性和噪声等多个方面，用 K 表示。桨叶数量增加，桨叶间的相互干扰加大，会增加振动和阻力，一副旋翼最少有 2 片桨叶，可多达 8 片。

3.7.2 尾桨功用与构造

尾桨是安装在直升机尾端的小旋翼，一般由 2～4 片桨叶和桨毂组成。它产生侧向力对直升机重心形成力矩，用以平衡旋翼旋转时给直升机的反作用扭矩，以保持机身稳定；改变尾桨侧向力的大小，可实现航向操纵；它也可起飞机安定面的作用，保证飞行过程中的航向稳定性。尾桨的结构形式有多种：跷跷板式、万向接头式、铰接式、无轴承式和涵道式尾桨等，如图 3-50 所示。动力装置通过传动系统给尾桨传递动力。涵道尾桨将传统的裸露在外的尾桨叶片置于一个环形涵道内，能够提高安全性，减小噪声，并且有可能改善气动效率，但会导致尾部重量增加。

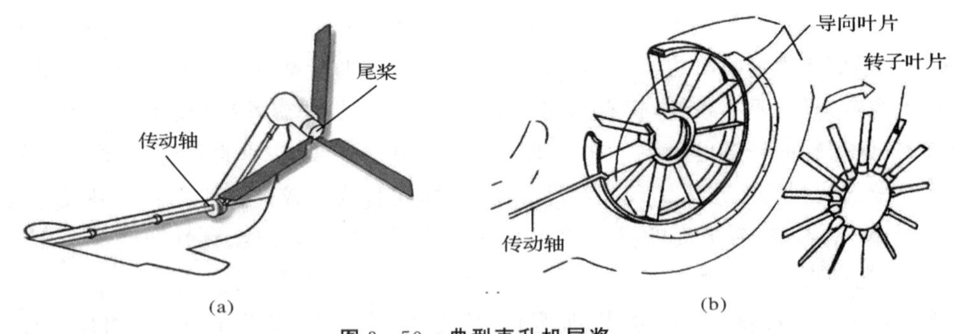

图 3-50 典型直升机尾桨

(a)普通尾桨；(b)涵道尾桨

普通尾桨的结构与旋翼相似，但比较简单，相关内容可参考旋翼构造。

3.7.3 机身功用与构造

直升机机身是直升机的重要部件，用于支持和固定直升机的各种部件和系统，把它们连接成一个整体，起连接作用；并用来装载人员、物资和设备，起装载作用。机身的外形对直升机的飞行性能、操纵性和稳定性有重要影响。直升机机身由不同部分组成，从结构上可分为机头、中机身、后机身、尾梁、尾桨架、发动机整流罩等，如图 3－51 所示。

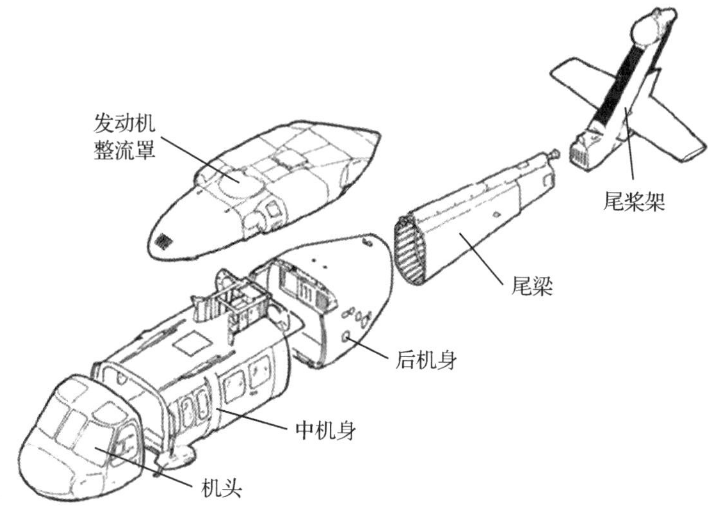

图 3－51　**典型直升机机身结构**

机头是指直升机机身的前部，通常包括驾驶舱、雷达和导航设备等部分。它为驾驶员提供了良好的视野和操作空间。驾驶员可以通过座舱内的控制装置来操纵直升机，各种仪表监视直升机的飞行状态。直升机的主要控制装置包括：周期变距杆、脚蹬和总距/油门杆，如图 3－52 所示。周期变距杆通过倾斜器控制旋翼的倾斜方向，产生不同方向的推进力，从而使直升机前后左右飞行；脚蹬通过控制尾桨来改变直升机航向；总距/油门杆可同时操纵旋翼总距和发动机油门，通过控制桨叶的迎角来改变旋翼空气动力。

视频 3－8　直升机操纵

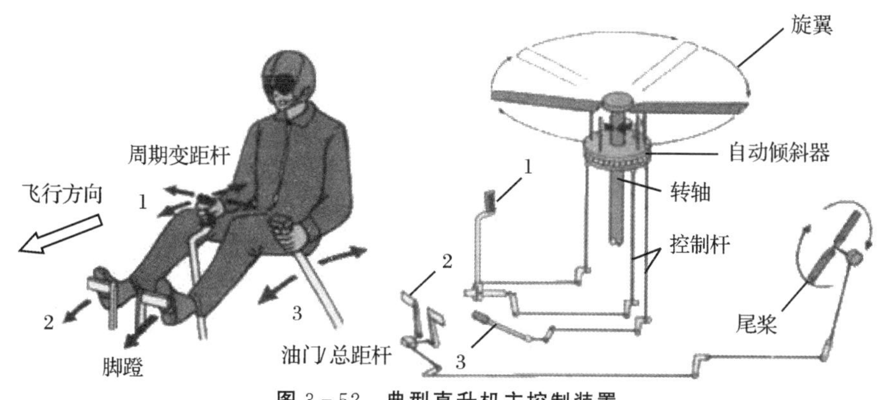

图 3－52　**典型直升机主控制装置**

中机身是连接直升机前部驾驶舱区域与后部动力、传动系统及尾梁的关键部分，可包含客舱或货舱空间，用于搭载乘客、货物或任务专用设备。后机身通常是安装发动机的位置，还可能容纳一些辅助设备。

尾梁(tail boom)位于直升机后机身，是单旋翼直升机机身结构的重要组成部分，主要用于支撑尾桨和传递相关载荷。尾梁通常呈细长形状，末端装有尾翼、尾桨及尾橇。某些机型尾梁的内部还可以提供额外的空间用于装载设备或燃料等。

直升机机身构造方法与飞机相似，相关内容可参考机身构造部分。

此外，直升机的起落架也与飞机的相似，且比飞机起落架构造简单，相关内容可参考飞机起落架构造部分。直升机动力装置可以参考飞机动力装置部分。

【拓展阅读】

航空航天领域的大国工匠及工匠精神

航空航天是自20世纪以来人类在认识自然和改造自然的过程中最活跃、发展最迅速、对人类社会生活影响最为深刻的科学技术领域之一，也是表征一个国家科学技术、制造工艺先进性的重要标志。航空航天领域人才辈出，在新中国航空航天事业高速发展过程中，涌现出了一大批科学家和能工巧匠，在2020年评选出的35位大国工匠中，大部分来自航空航天领域，他们不但为我国航空航天事业发展作出了突出贡献、为国家发展建立了功勋，而且生动诠释了“工匠精神”。

工匠精神，目前尚无严格的定义，多数人认为它是一种职业精神，是职业道德、职业能力、职业品质的体现，是从业者的一种职业价值取向和行为表现。工匠精神的基本内涵包括敬业、专注、精益、传承和创新等方面的内容。

敬业。敬业是从业者对职业的敬畏和热爱而产生的一种的职业精神状态，干一行爱一行，全身心投入，对工作始终持认真、负责的态度。

专注。专注体现了耐心、执着、坚持的精神，要求从业者具备良好的心理素质和平和的心态，兢兢业业、一丝不苟、持之以恒地保持对品质、服务的高标准、严要求。

精益。精益就是精益求精，是从业者对每件产品、每道工序都凝心聚力、反复改进、不断完善、追求极致的职业品质。“没有最好，只有更好”是工匠所追求的一种境界。

传承。传承是一种尊师重教、不断进取的学习精神，要求从业者尊重技艺、恭敬师傅、尊重同行，保持强烈的求知欲和不断进取精神，加强自身修养并保持恭敬谦逊的态度。

创新。创新是追求突破、追求革新的创造精神，要求从业者敢于打破常规，别出心裁，大胆实践，勇于突破，在专业领域里不懈努力、不断进步，推陈出新。

习　　题

一、填空题

1. 典型的飞机都是由五大部分组成：__________、__________、__________、__________和__________。

2. 飞机的载荷因数是指__________与__________的比值。

3. 飞机构件承载，可能会产生__________、__________、__________、__________和__________不同形式的变形。

4. 构件抵抗破坏的能力称为__________；抵抗变形的能力称为__________。

5. __________是指平行于__________假想将机翼剖切开所得到的剖面

形状。

6. 翼弦为翼型____________与____________之间的连线。

7. 机翼通常由____________、____________、____________、____________等构件组成。

8. 机身的两大功用为____________与____________。

9. 现代飞机机身构造主要采用________________。

10. 现代飞机主要采用________________起落架。

11. ________________主要用于吸收飞机在起飞和着陆时产生的冲击和振动。

12. ________________指示灯亮表示起落架放下锁好。

13. 单旋翼直升机由____________、____________、____________起落装置、动力装置和其他系统组成。

14. 全铰链式旋翼包括______________、______________和________________。

15. ____________________通过倾斜器控制旋翼的倾斜方向。

二、选择题

1. 莱特兄弟在(　　)成功制造“飞行者一号(Flyer I)”。

A. 1769 年　B. 1903 年　C. 1909 年　D. 1939 年

2. 载荷因素大于 1 的飞行过程是(　　)。

A. 上升　B. 巡航　C. 下降　D. 转弯

3. 复合材料具有(　　)特性。(多项选择)

A. 重量轻　B. 强度高　C. 刚度好　D. 抗疲劳

4. 平直形机翼包括(　　)。(多项选择)

A. 矩形机翼　B. 梯形机翼　C. 椭圆形机翼　D. 后掠翼

5. 安装在机翼上的可操纵翼面包括(　　)。(多项选择)

A. 副翼　B. 方向舵　C. 后缘襟翼　D. 翼梢小翼

6. 机翼上的横向构件是(　　)。

A. 翼梁　B. 翼肋　C. 桁条　D. 蒙皮

7. 一般民航旅客机的登机门位于飞机(　　),货舱门位于飞机(　　)。

A. 左侧,左侧　B. 左侧,右侧　C. 右侧,左侧　D. 右侧,右侧

8. 机身上的横向构件是(　　)。

A. 桁梁　B. 桁条　C. 隔框　D. 龙骨梁

9. 以下舵面,位于机翼前面的是(　　)。

A. 升降舵　B. 方向舵　C. 全动平尾　D. 鸭翼

10. 现代飞机起落架通过(　　)吸收和耗散着陆产生的冲击载荷。(多项选择)

A. 承力支柱　B. 轮胎变形　C. 气体压缩　D. 流动摩擦

11. 现代飞机可使用的刹车方法包括(　　)。(多项选择)

A. 机轮刹车　B. 扰流板刹车　C. 反推力刹车　D. 减速伞刹车

12. 起落架前轮转弯可以由(　　)操纵。(多项选择)

A. 驾驶杆　B. 驾驶盘　C. 脚蹬　D. 转弯手轮

13. 起落架的收放系统需要控制起落架(　　)。(多项选择)

A. 锁定机构　　B. 起落架收放　　C. 机轮刹车　　D. 舱门开合

14. (　　)可改变旋翼总空气动力的方向。

A. 桨叶　　B. 桨叶迎角　　C. 桨毂　　D. 尾桨

15. 直升机旋翼桨叶迎角由(　　)控制。

A. 周期变距杆　　B. 脚蹬　　C. 油门杆　　D. 总距杆

三、简答题

1. 简述不同构造形式单翼机的特点。
2. 简述不同机身构造形式的特点。
3. 简述不同尾翼构造形式的特点。
4. 简述前三点式起落架与后三点式起落架的特点。
5. 简述不同桨叶与桨毂连接形式旋翼的特点。

第4章 航空动力装置基础

▶内容提示

本章阐述了航空发动机的分类情况，重点介绍了活塞式发动机、涡轮喷气发动机、涡轮风扇发动机、涡轮螺旋桨发动机、涡轮轴发动机的结构和工作原理。本章还对辅助动力装置(Auxiliary Power Unit，APU)的工作原理、螺旋桨构造与工作原理、发动机安装位置、发动机危险区和航空燃料等内容进行了介绍。

▶教学要求

(1)了解航空发动机的分类。

(2)掌握活塞式发动机、涡轮喷气发动机、涡轮风扇发动机、涡轮螺旋桨发动机、涡轮轴发动机的结构和工作原理。

(3)了解辅助动力装置(APU)的结构与工作原理。

(4)了解螺旋桨的构造和工作原理。

(5)了解发动机的安装。

(6)了解发动机危险区和进出安全通道。

(7)了解航空燃料的使用情况。

▶内容框架

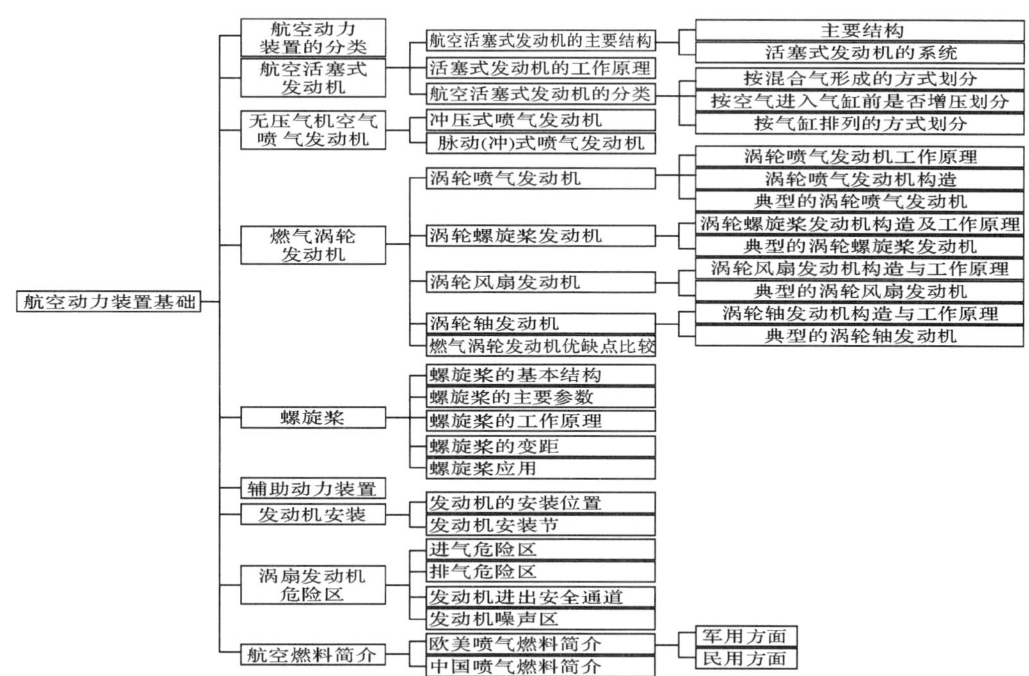

航空动力装置也称为航空推进系统，其主要功能是为航空器提供动力，推动航空器前进。现代的航空动力装置还为航空器提供引气和电力。航空动力装置的结构主要包括航空发动机以及为保证其正常工作所必需的系统和附件，如进排气系统、燃油系统、滑油系统、点火系统、起动系统和防火系统等。

4.1 航空动力装置的分类

航空器所使用的主要航空动力装置可分为两类：活塞式发动机与空气喷气式发动机（见图 4-1）。

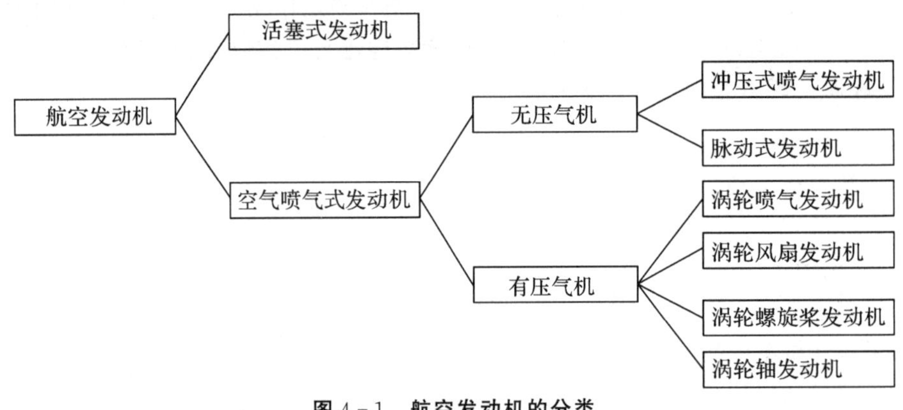

图 4-1 航空发动机的分类

活塞式发动机利用活塞的往复运动，吸入并压缩油气混合气，点火后，油气混合气燃烧形成高温高压燃气，燃气推动活塞、连杆和曲轴运动，曲轴带动螺旋桨旋转产生拉力，拉动飞机往前飞行。

空气喷气式发动机吸入新鲜空气，对空气进行压缩，喷入燃油与压缩空气进行掺混，点燃燃油后，燃油燃烧产生的高温、高压燃气在发动机尾喷管膨胀，高速喷出，产生推力。空气喷气式发动机可分为无压气机和有压气机两类。

无压气机的空气喷气发动机包括：冲压式喷气发动机和脉动（冲）式喷气发动机。

有压气机的空气喷气发动机安装有压气机。压气机依靠燃烧室后面的燃气涡轮驱动，因此这类发动机又称为燃气涡轮发动机。燃气涡轮发动机主要包括：涡轮喷气发动机（涡喷）、涡轮风扇发动机（涡扇）、涡轮螺旋桨发动机（涡桨）和涡轮轴发动机（涡轴）。

4.2 航空活塞式发动机

航空活塞式发动机是依靠活塞在气缸中的往复运动使气体工质完成热力循环，将燃油的化学能转化为机械能的热力机械。

4.2.1 航空活塞式发动机的主要结构及系统组成

1. 活塞式发动机的主要结构

活塞式发动机（piston engine）主要结构包括：气缸（cylinder）、活塞（piston）、连杆

(connecting rod)、机匣(crankcase)、曲轴(crankshaft)和气门机构(valve mechanism)和等(见图 4-2)。

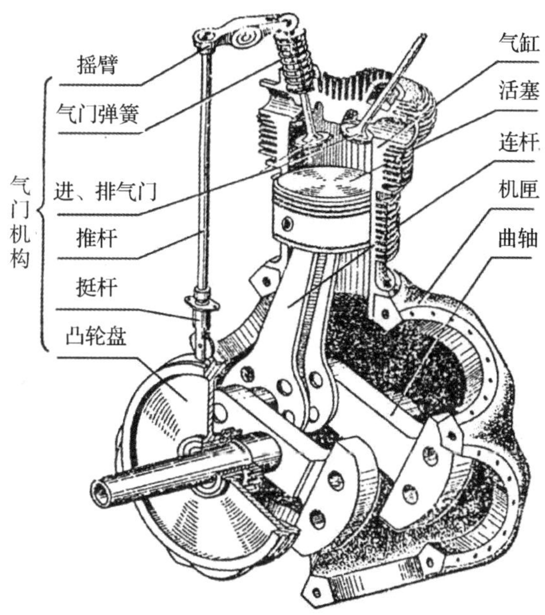

图 4-2　活塞式发动机结构

气缸呈圆筒形,安装在机匣上,为油气混合气提供燃烧的空间。气缸上装有进气门、排气门和火花塞。气缸上有散热片,这些散热片可帮助气缸和活塞进行散热。活塞安装在气缸内,可在气缸内往复运动。活塞与连杆的一端相连。连杆的另外一端与曲轴相连。曲轴旋转时可以带动螺旋桨旋转。气门机构可以控制进气门和排气门的打开和关闭,控制油气混合气在恰当的时候进入气缸,并把燃烧做功后的废气排出气缸。机匣是发动机的外壳,为曲轴和气缸提供支撑,并将所有的机件连接成完整的发动机。

发动机工作时,油气混合气进入气缸,经活塞压缩和火花塞点火后,燃油燃烧,形成高温高压的燃气,高压燃气推动活塞做直线运动,活塞通过连杆驱动曲轴旋转,进而驱动螺旋桨旋转,产生拉力。

2. 活塞式发动机的系统组成

活塞式发动机还装有燃油、点火、滑油、冷却和启动等系统。这些系统辅助发动机完成正常的工作。

(1)燃油系统(engine fuel)的作用是根据发动机的工况,提供与之相匹配的计量燃油,并将雾化的燃油与空气掺混,形成均匀的可燃混合气以供燃烧。燃油系统主要有汽化器式和直接喷射式两种。

(2)点火系统(ignition)的作用是在适当的时刻产生电火花,点燃气缸内的混合气。

(3)滑油系统(oil)最主要的作用是不断地将滑油送到机件的摩擦面,提供润滑,以减小摩擦阻力,减轻磨损。滑油还会带走活塞、气缸等机件的热量,冷却机件。

(4)冷却系统(cooling)的作用是把气缸的一部分热量散走,以保证气缸正常的工作温度。目前的航空发动机广泛采用气冷式冷却系统。

(5)启动系统(starting)的作用是通过外部动力(如启动机)带动发动机,使其从静止状态进入正常工作状态。

4.2.2 航空活塞式发动机的工作原理

在学习活塞式发动机工作原理之前,先介绍一些常见名词。

(1)上死点:活塞离曲轴旋转中心最远的位置。

(2)下死点:活塞离曲轴旋转中心最近的位置。

(3)活塞行程:上死点到下死点之间的距离,如图 4-3 所示。

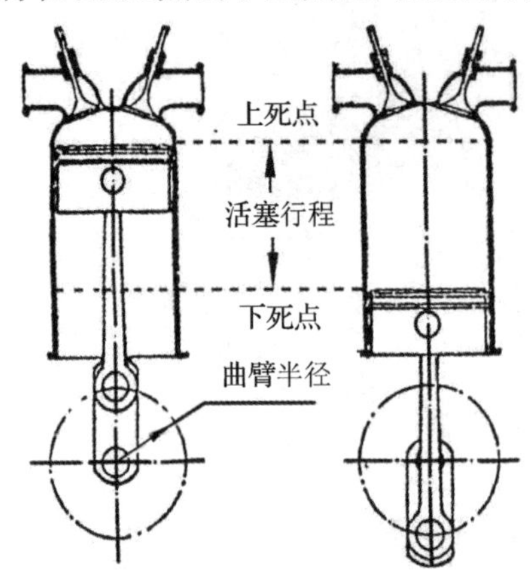

图 4-3 上死点、下死点、活塞行程

视频 4-1 活塞发动机工作原理

航空活塞式发动机大多是四行程(冲程)发动机,每完成一次循环,活塞在气缸内往返两次,移动了四个行程:进气行程、压缩行程、膨胀行程、排气行程(见图 4-4)。

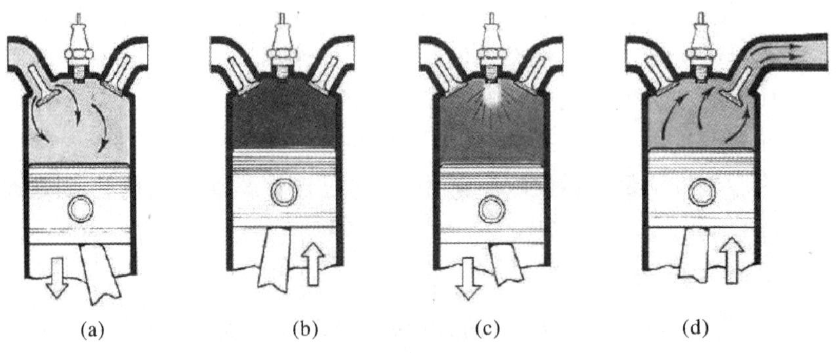

图 4-4 活塞发动机工作循环

(a)进气;(b)压缩;(c)膨胀;(d)排气

1. 进气行程

进气门开启,排气门关闭。活塞从上死点向下死点移动,将新鲜混合气吸入气缸。活塞到达下死点时,进气行程结束。

2. 压缩行程

进气门和排气门都关闭。活塞从下死点向上死点移动,压缩气缸内的混合气,提高混合气的压力和温度,为燃烧做准备。活塞到达上死点时,压缩行程结束。

3. 膨胀行程

进气门和排气门仍处于关闭状态，活塞到达上死点时，火花塞点火，混合气燃烧，燃烧所产生的高温高压燃气推动活塞向下死点移动。活塞在此过程中对外做功，通过连杆驱动曲轴旋转，进而驱动螺旋桨旋转。活塞再次到达下死点时，膨胀行程结束。

4. 排气行程

进气门关闭，排气门开启。活塞从下死点向上死点移动，将完成做功的废气从排气门排出。活塞到达上死点时，排气行程结束。

排气行程结束后，发动机又重复进行进气行程、压缩行程、膨胀行程和排气行程，不断地进行工作。

4.2.3　航空活塞式发动机的分类

1. 按混合气形成的方式划分

根据混合气方式的不同，可分为汽化器式发动机和直接喷射式发动机。汽化器式发动机装有汽化器，燃油与空气在汽化器内混合后，再进入气缸燃烧。直接喷射式发动机装有直接喷射装置，燃油由直接喷射装置直接喷入各气缸或气缸头部进气门腔室，与适量的空气在气缸内形成混合气。

2. 按空气进入气缸前是否增压划分

根据空气在进入气缸前是否增压，航空活塞发动机分为吸气式发动机和增压式发动机。吸气式发动机一般用于飞行高度较低的飞机上，外界的空气被直接吸入发动机气缸。增压式发动机一般用在飞行高度较高的飞机上，外界的空气先经过增压器提高压力后，再进入发动机气缸。

3. 按气缸排列的方式划分

根据气缸排列的方式不同，可以分为直列型发动机和星型发动机。直列型发动机的气缸呈前后排列，又可分为单排直列型（见图 4－5）、水平对置型（见图 4－6）、H 形或 V 形（见图 4－7）等形式，最常见的为水平对置型。水平对置型发动机的气缸在机匣的左右两侧各排成一行，彼此相对，有四缸、六缸和八缸等。星型发动机的气缸排列呈辐射状，又可分为单排星型和双排星型两种。

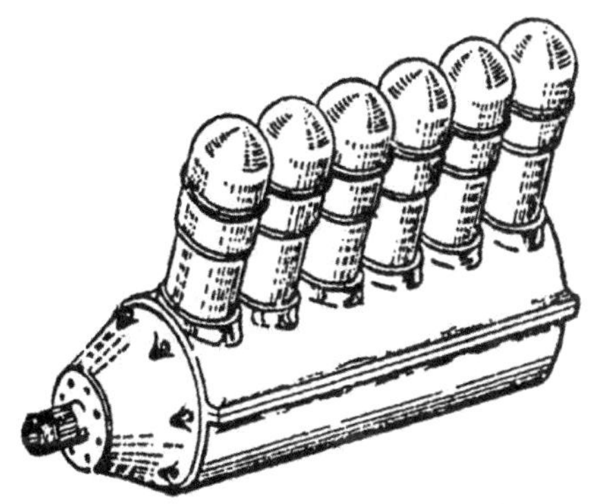

图 4－5　单排直列型航空活塞发动机

图 4－6　水平对置型航空活塞发动机

图 4-7 V形航空活塞发动机

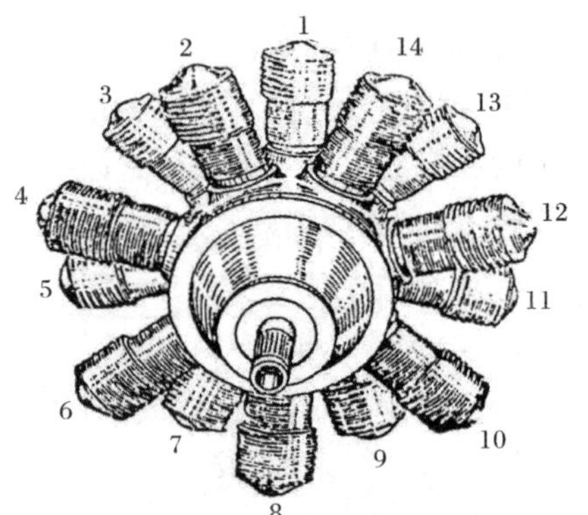

图 4-8 星形航空活塞发动机

【拓展阅读】

中国第一台航空活塞式发动机的诞生

自从美国莱特兄弟驾驶第一架动力飞机成功试飞后，航空发动机带着人类的飞行梦想一飞冲天。

在两次世界大战的推动下，航空业开始在欧洲蓬勃发展，此时，活塞式发动机是飞行器主要的动力装置。直到第二次世界大战结束，活塞式发动机的地位才被涡轮喷气发动机逐步取代。

不过，在世界航空业不断前行的时候，中国的航空发动机制造却还是一片空白。新中国成立后，为了增强国防实力，发展航空工业，我国开始引进苏联发动机制造技术。

1951 年 4 月 17 日，中央人民政府人民革命军事委员会和政务院颁发《关于航空工业建设的决定》，成立了军委领导下的以聂荣臻、李富春为正、副主任的航空工业管理委员会。同时决定，5 年内拨出相当于 50～60 亿斤小米的资金，试制两种飞机的航空发动机。同年 10 月 1 日，在株洲成立株洲航空发动机修理厂(331 厂)，承担活塞式发动机修理任务。该厂边修理边积累生产制造经验，在一张白纸上构建了中国航空的蓝图。

1954 年 1 月，仿制苏联 M11 活塞式发动机(国内型号 50 号发动机)的任务下达。M11 活塞式航空发动机是苏联在 1925 年到 1926 年研制的，也是苏联第一台国产航空发动机，苏联几十个型号的轻型飞机都采用 M11 作为动力装置。

在苏联专家的指导下，根据生产需要，厂里设立了设计、工艺、冶金、检验四大总师。当时，修理厂技术落后，三千多种工具、夹具、刀具、量具都要重新设计制造。修理厂工人靠着徒手锉、油石磨，完成钢模制造；通过技术革新解决圆弧零件的加工难题；在制造零件的同时完成土建工程，建成新的工具车间；用痰盂、大缸、开水保温，用土得掉渣的方法为发动机零件镀铜……。

1954 年 7 月 26 日，中国首台航空活塞式发动机最后一批零部件加工完毕，3 个昼夜后总装完毕。8 月 16 日，200 h 长期运行试车结束，M11 航空发动机通过国家鉴定，批准生产。这标志着，我国完全掌握了航空活塞式发动机的制造技术。

4.3　无压气机空气喷气发动机

4.3.1　冲压式喷气发动机

冲压式喷气发动机(ram jet engine,见图 4-9)的主要结构包括燃油喷嘴、进气道、燃烧室和尾喷管。飞行器高速飞行时,进入发动机的高速气流在进气道减速增压,在燃烧室与燃油掺混,燃油燃烧后产生的高温高压燃气经尾喷管加速后,高速喷出,产生向前的推力。这种发动机的优势在于结构简单、成本低、重量轻以及热效率高,缺点是在静止或低速状态下无法起动,需要依赖其他助推器将航空器加速到一定速度后,才能起动。

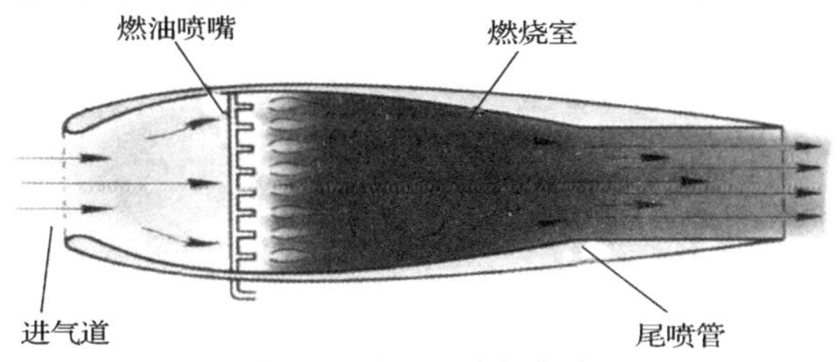

图 4-9　冲压式喷气发动机

4.3.2　脉动(冲)式喷气发动机

脉动式喷气发动机(pulse jet engine,见图 4-10)的主要结构包括进气道、燃烧室和尾喷管(见图 4-10)。进气道配备了多个进气活门,这些活门在弹簧力的作用下保持开启状态。空气通过开启的活门进入燃烧室,与喷入燃烧室的燃油混合,燃油燃烧后形成的高温高压燃气迫使活门关闭,燃气从尾喷管高速喷出,产生推力,排气造成压力降低,节气活门再次开启,空气再次进入发动机燃烧室。这一过程持续循环进行。脉动式发动机的优点是可以自身起动、结构简单、重量轻,成本低,缺点是只适用于低速飞行、飞行高度有限、节气活门寿命短、振动大、耗油率高。

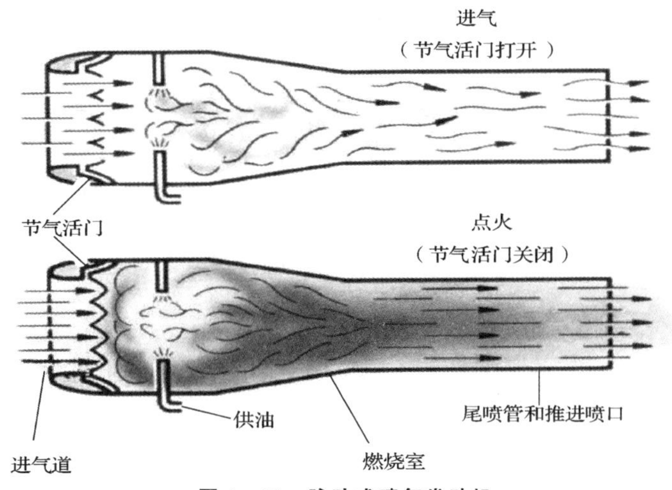

图 4-10　脉动式喷气发动机

4.4 燃气涡轮发动机

燃气涡轮发动机主要包括涡轮喷气发动机(涡喷)、涡轮风扇发动机(涡扇)、涡轮螺旋桨发动机(涡桨)和涡轮轴发动机(涡轴)。

4.4.1 涡轮喷气发动机

1.涡轮喷气发动机工作原理

涡轮喷气发动机(turbo-jet engine,见图4-11)一般由进气道、压气机、燃烧室、燃气涡轮和尾喷管五部分组成。

涡轮喷气发动机工作时,将前方空气吸入,这股空气经过压缩、燃烧和膨胀过程后高速喷出。根据牛顿第三运动定律可知,发动机对气体施加了作用力,因而气体对发动机产生了一个大小相等、方向相反的反作用力,反作用力合力的轴向分量就是推力。

涡轮喷气发动机工作时,空气由进气道进入压气机,经压缩后压力增大。高压空气进入燃烧室,与喷嘴喷出的燃油掺混。火花塞点火后,燃油燃烧,释放出大量热能,形成高温高压的燃气。燃气进入涡轮,在涡轮内膨胀,燃气的部分热能转变为机械能,驱动涡轮高速旋转。涡轮带动压气机旋转,继续压缩空气。涡轮还会带动附件齿轮箱上的附件(如燃油泵、滑油泵等)工作。最后,燃气在尾喷管继续膨胀,燃气的部分热能转变成动能,燃气速度大大提高,从尾喷管高速喷出,产生推力。

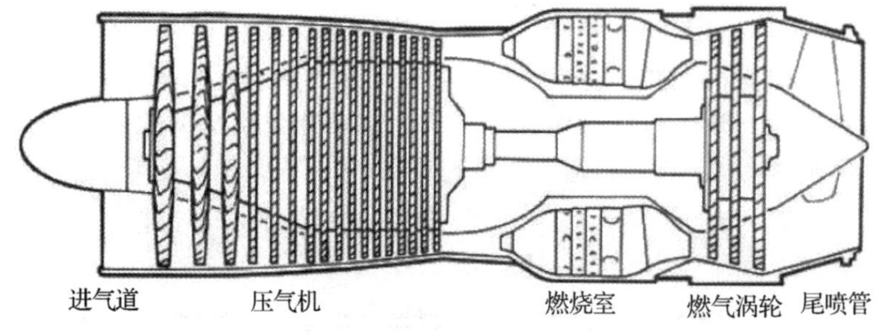

视频4-1 涡喷发动机工作原理

图4-11 涡轮喷气发动机

2.涡轮喷气发动机构造

(1)进气道。进气道(air intake)是发动机进口到压气机进口的一段管道,其作用是以尽可能小的总压损失把空气送入压气机,通过降低气流的速度,提高气流压力。进气道按来流马赫数范围可分为亚声速、超声速和高超声速进气道。

(2)压气机。压气机(compressor)安装在进气道的后面,由涡轮带动。其主要作用是:用旋转的叶片对空气做功,压缩空气,提高空气压力,以提高发动机热力循环的效率。

根据气流在压气机中的流动方向可将压气机分为离心式压气机和轴流式压气机。

1)离心式压气机。离心式压气机(centrifugal-flow compressor)内的气流是沿着叶轮半径方向流动的。离心式压气机一般由进气装置、叶轮、扩压器和集气管等组成(见图4-12)。

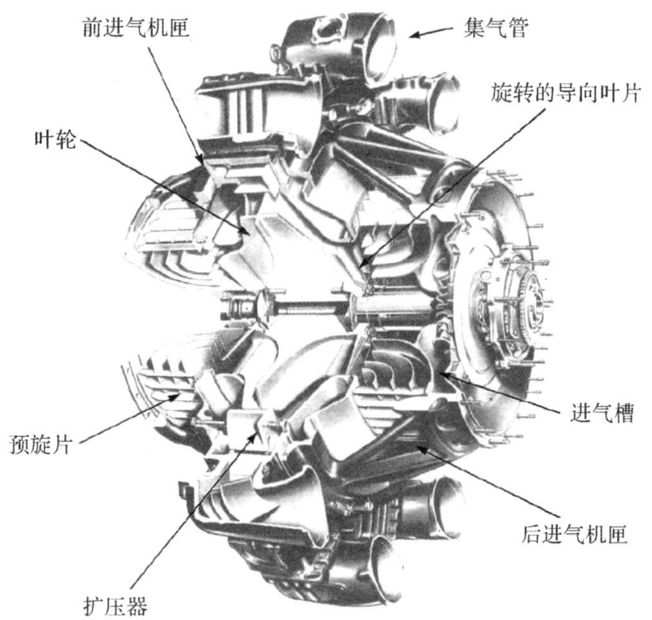

图 4-12　离心式压气机结构

离心式压气机工作时，叶轮由涡轮带动，高速旋转，吸入空气并对空气做功，提高空气的速度和压力。在离心力的作用下，空气经过叶轮叶片之间的扩张通道向外流动，压力继续上升。空气从叶轮流出后，进入扩压器。扩压器位于叶轮的出口，是个环形室，装有一定数量的整流叶片，相邻叶片之间的通道是扩张通道(见图 4-13)。空气流过扩压器时，速度下降，压力进一步上升(见图 4-14)。

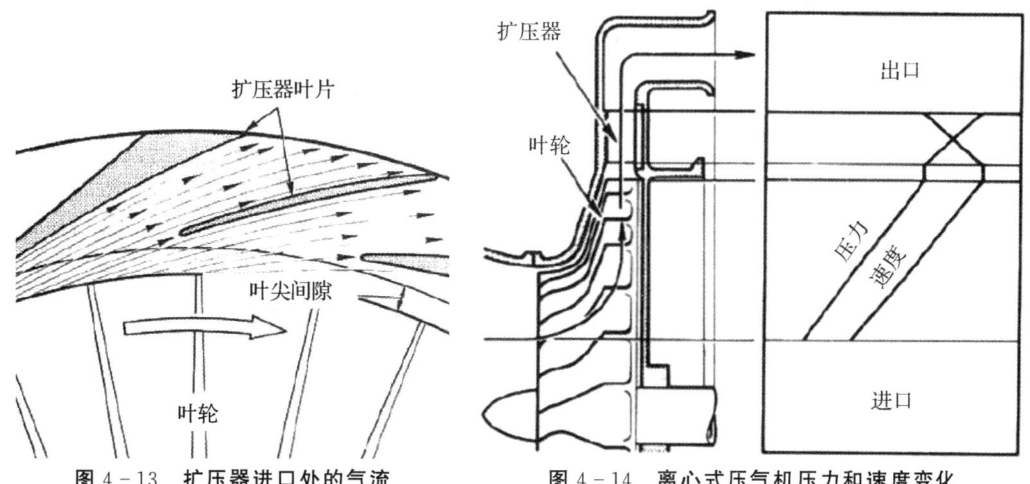

图 4-13　扩压器进口处的气流　　**图 4-14　离心式压气机压力和速度变化**

离心式压气机的主要优点是结构简单，成本低，单级增压比高，工作可靠，性能比较稳定。但离心式压气机迎风面积较大，流动损失大，级间损失更大，工作时效率较低，因此一般最多只使用两级，不适用于多级。自 20 世纪 50 年代以后，除小型涡轴、涡桨发动机及辅助动力装置(APU)以外，不再使用离心式压气机。但是，它与轴流式压气机配合作为压气机的最后一级，在小型动力装置上得到了广泛应用。

2)轴流式压气机。轴流式压气机(axial flow compressor)内的气流基本上沿轴向流动。如图 4－15 所示，轴流式压气机主要由转子和静子组成，转子在工作时随涡轮高速旋转，静子固定在机匣上。轴流式压气机是多级装置，每一级由一级转子叶片和随后的一级静子叶片组成。

轴流式压气机工作时，转子叶片由涡轮带动，高速旋转，吸入空气并对空气做功，提高空气的速度和压力。空气随后进入静子叶片，在静子叶片之间的扩张通道减速，把动能转化为势能，空气的压力继续上升。空气流入下一级转子叶片，压力进一步上升。

与离心式压气机相比，轴流式压气机单位面积的流通能力强，迎风面积小，阻力小，级间流动损失小，可以通过增加级数来提高压气机的总增压比，从而获得更大的推力。现在，大型燃气涡轮发动机一般采用轴流式压气机。

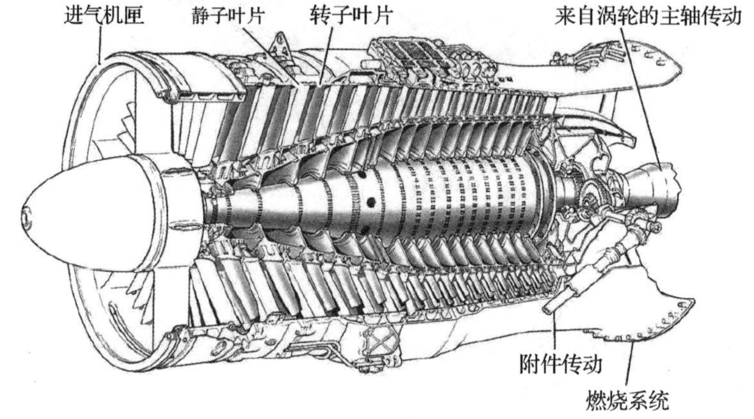

图 4－15　单转子轴流式压气机结构

(3)燃烧室。燃烧室(combustor)的作用是将空气和燃油混合，让燃油燃烧，把燃油的化学能转变为热能。

燃烧室主要由燃烧室外套、火焰筒、燃油喷嘴、涡流器等组成，如图 4－16 所示。

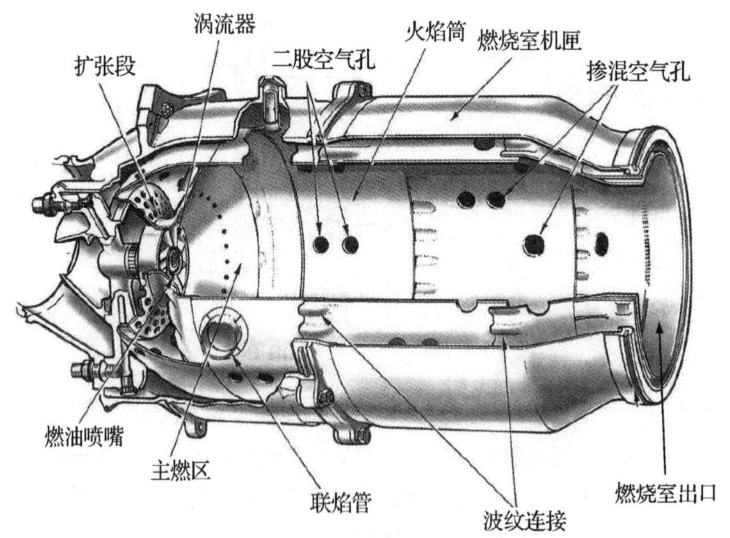

图 4－16　燃烧室主要组成

发动机工作时，由压气机出来的高压空气分成两股进入燃烧室，第一股空气约占总空气量的 25%，第二股空气约占总空气量的 75%。第一股空气直接进入火焰筒，与燃油混合，参与燃烧。第二股空气进入燃烧室机匣与火焰筒之间的环形通道，先对火焰筒进行冷却，再通过火焰筒上的小孔和缝隙进入火焰筒，与火焰筒内的高温燃气掺混，降低燃气温度，保护涡轮。

燃烧室按其结构特点可分为多个单管燃烧室、环管形燃烧室和环形燃烧室，如图 4-17、图 4-18 和图 4-19 所示。

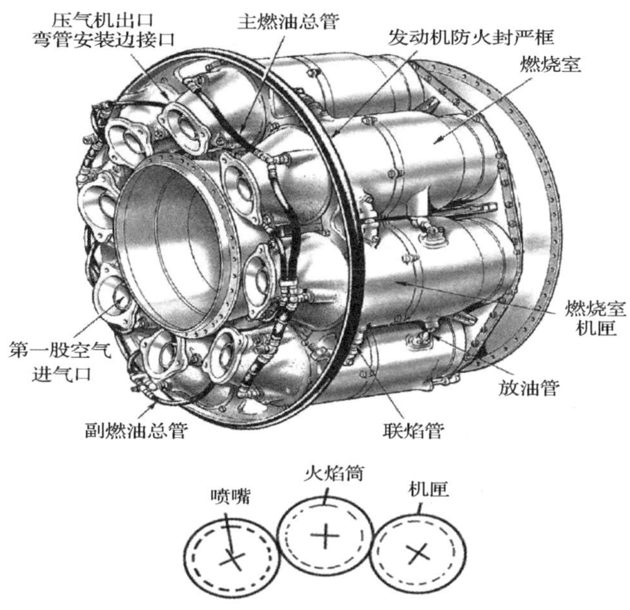

图 4-17　**多个单管燃烧室**

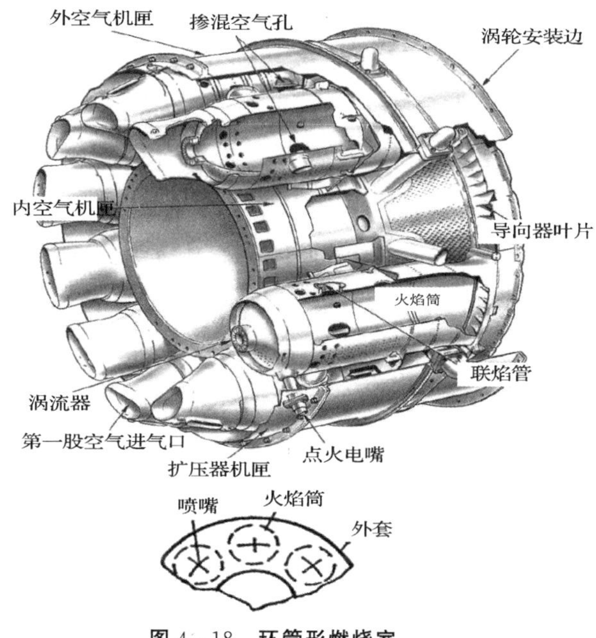

图 4-18　**环管形燃烧室**

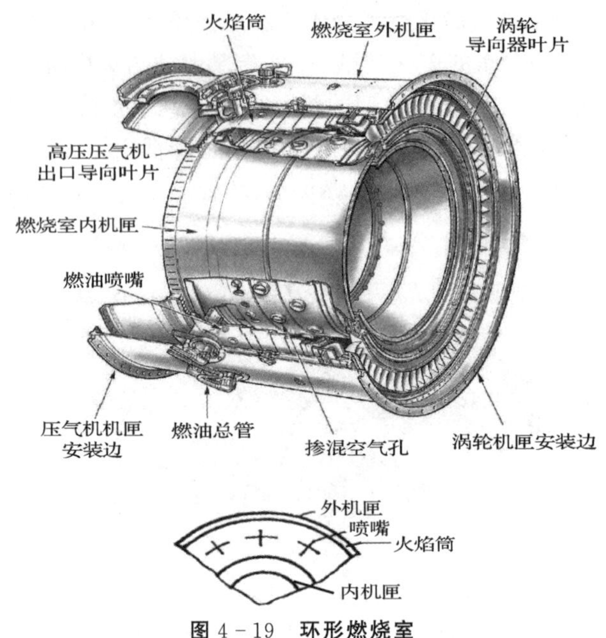

图 4-19 环形燃烧室

(4)涡轮。发动机工作时,从燃烧室流出的高温高压燃气进入涡轮,在涡轮内进行膨胀,燃气的压力和温度下降。涡轮(turbine)在燃气的冲击下高速旋转,将燃气中的部分热能和势能转化成机械能,驱动风扇、压气机、螺旋桨、桨扇、直升机的旋翼等旋转。

涡轮分为径向式涡轮和轴流式涡轮。径向式涡轮中的燃气由外围流向中心,其功率大、可靠性好,广泛应用于小型燃气轮机。轴流式涡轮中的燃气沿轴向流动,其尺寸小、效率高,适用于大功率的动力装置,航空涡轮多采用轴流式涡轮。

轴流式涡轮由固定不动的静子(也称为导向器)和转动的转子(也称为工作叶轮)组成(见图 4-20)。每一级涡轮由一级导向器叶片和随后的一级叶轮叶片组成。导向器叶片和叶轮叶片之间的通道通常都做成收敛形。发动机工作时,从燃烧室流出的燃气先进入导向器叶片,膨胀加速后以高速和适当的角度冲击叶轮叶片,驱动叶轮叶片高速旋转。

为了获得大功率,要求涡轮进口的燃气温度尽可能高,涡轮通常工作在高温、高压、高转速的环境,因此,必须对涡轮进行冷却。

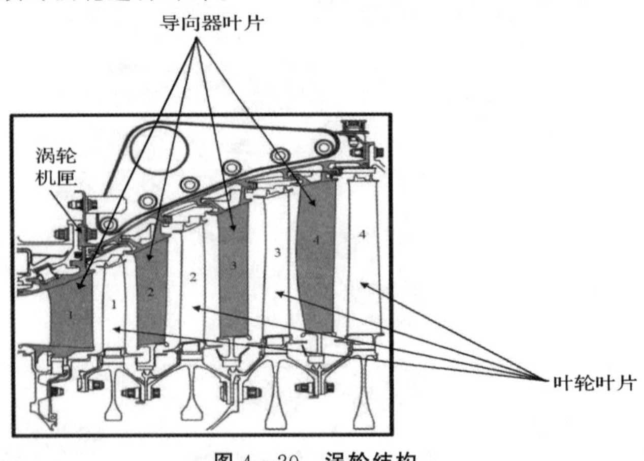

图 4-20 涡轮结构

(5)尾喷管。尾喷管(nozzle)又叫排气喷管,简称喷管,安装在涡轮的后面。尾喷管的主要作用是对涡轮排出的燃气加速,使其以较大的速度和要求的方向排出发动机,产生推力。

尾喷管按其流道型面可分为收敛型喷管(见图 4－21)和收敛-扩散型喷管(见图 4－22)。

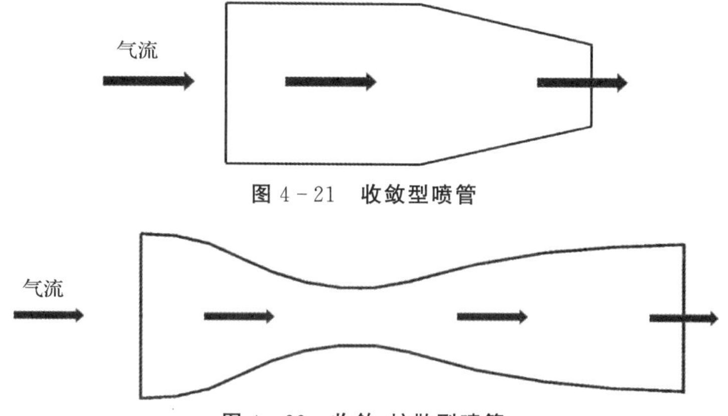

图 4－21　收敛型喷管

图 4－22　收敛-扩散型喷管

由压气机、燃烧室和带动压气机工作的涡轮组成的结构称为燃气发生器(gas generator)。燃气发生器是发动机的核心,也称为核心机(core engine)。燃气发生器所获得的机械能按照分配方式不同,形成了不同类型的燃气涡轮发动机,如涡喷、涡扇等,但它们核心机的构造形式与工作原理基本相同。

要保证涡轮喷气发动机正常地工作,仅有上述主要部件还不够,还需要燃油、滑油、启动等系统配合。

3. 典型的涡轮喷气发动机

德国容克尤莫 004 (Junkers Jumo 004)是世界上第一款量产的涡轮喷气发动机。美国通用电气公司生产的 J85 涡喷发动机(见图 4－23)是历史上最成功、使用时间最长的军用喷气发动机之一。J85 是从 1954 年开始研制的一种小型单转子涡喷发动机,1960 年投入使用,曾一直持续到 1988 年,交付该发动机超过 13 600 台,装备在 33 种型号的飞机和导弹上。

涡喷－5 是中国仿制苏联 BK－1Φ 发动机自行生产的第一款喷气式发动机,标志着中国进入了喷气式发动机时代。涡喷－14(代号“昆仑”) 是我国第一台自行设计、试制、试验、试飞的航空发动机,是中国航空发动机历史上的一座重要里程碑。

图 4－23　J85 涡喷发动机

【拓展阅读】

贵州黎阳发动机厂

贵州黎阳发动机厂位于贵州省安顺市平坝区，创建于1965年，是国家军工三线建设的典型代表，现更名为贵州黎阳航空发动机有限公司。该厂是中国航空发动机制造业的骨干企业之一，专注于航空发动机的设计、研发、制造、修理以及相关服务，为中国航空事业的发展作出了突出贡献。

该厂旧址主要包括菜花洞（涡轮盘轴车间）、牛洞（机匣车间）、齿轮车间、总装车间、1号试车台等，其中天然与人工山洞车间3处、各类建筑厂房149幢。旧址作为三线建设的产物和三线文化的直接见证者，不仅见证了中国航空工业特别是发动机制造领域的发展历程，还集中展示了“航空报国”的军工情怀和三线精神，对于研究中国近现代工业史、国防科技发展以及三线建设文化具有重要意义。

2019年，中国航发黎阳“三线贵州航空发动机厂旧址”被中华人民共和国国务院核定并公布为第八批全国重点文物保护单位。

4.4.2 涡轮螺旋桨发动机

1. 涡轮螺旋桨发动机构造及工作原理

涡轮螺旋桨发动机（turboprop engine）由燃气涡轮发动机和螺旋桨组成，发动机转子和螺旋桨之间安装有减速器。减速器可将涡轮的高转速降低至螺旋桨所需的转速，驱动螺旋桨转动。涡桨发动机的主要结构包括螺旋桨、进气道、减速器、压气机、燃烧室、涡轮（燃气涡轮、动力涡轮）和尾喷管。

涡桨发动机运转时，空气经进气道进入压气机，增压后进入燃烧室，与燃油掺混。混合气在点火燃烧后形成高温高压燃气。高压燃气驱动燃气涡轮高速旋转，带动压气机转动，同时也通过动力涡轮、减速器带动螺旋桨转动，使其产生拉力。燃气最后从尾喷管排出，产生向前的推力。由于排气的温度和速度低，排气所产生的推力比较少。

涡轮螺旋桨发动机按结构形式可分为自由涡轮式和定轴涡轮式。前者的输出轴和螺旋桨由自由涡轮（与燃气发生器没有机械连接的涡轮）驱动，如图4-24所示；后者的输出轴和螺旋桨由燃气发生器涡轮驱动，如图4-25所示。

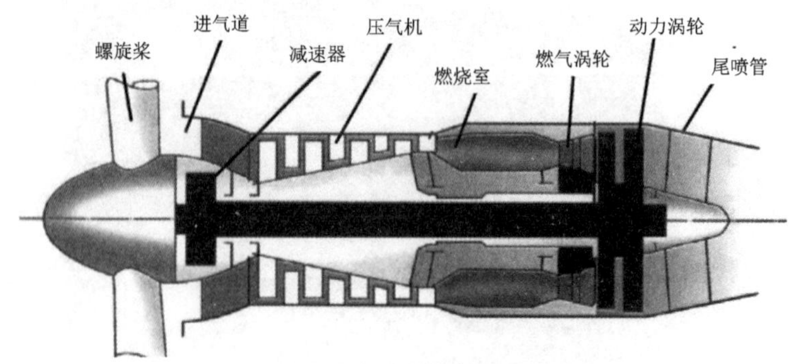

图4-24 自由涡轮式涡轮螺旋桨发动机

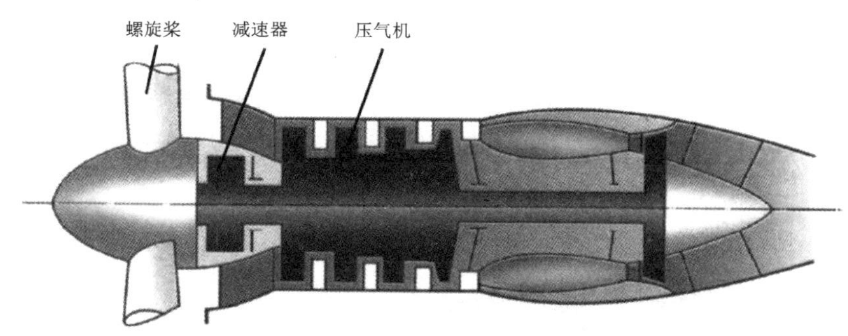

图 4-25　定轴涡轮式涡轮螺旋桨发动机

2. 典型的涡轮螺旋桨发动机

“De Havilland Ghost”是世界上第一台成功商用的涡轮螺旋桨发动机。普·惠加拿大公司生产的 PW100 系列涡桨发动机(见图 4-26)是最知名的涡桨发动机系列之一,自 1958 年推出以来,已被应用于超过 130 种不同类型的飞机,包括通用航空飞机、支线客机和多种特殊任务飞机。PW100 系列涡桨发动机于 1979 年正式开始研制,当时编号为 PT7A。1980 年 PT7A 燃气发生器开始试验,1981 年改编号为 PW100。1981 年 3 月 PW100 的第一个型别 PW115 首次运转,1982 年 2 月 PW115 首次试飞,1983 年 12 月 PW100 的两个型别 PW115 和 PW120 取得合格证,1984 年投入使用。

涡桨-5 是中国仿制苏联 АИ-24 发动机自行生产的第一台涡轮螺旋桨发动机,填补了中国在这一领域的空白,对中国的航空工业发展具有里程碑意义。AEP500 是中国自主研发的新一代大功率涡桨发动机,功率达到 5 000 kW。

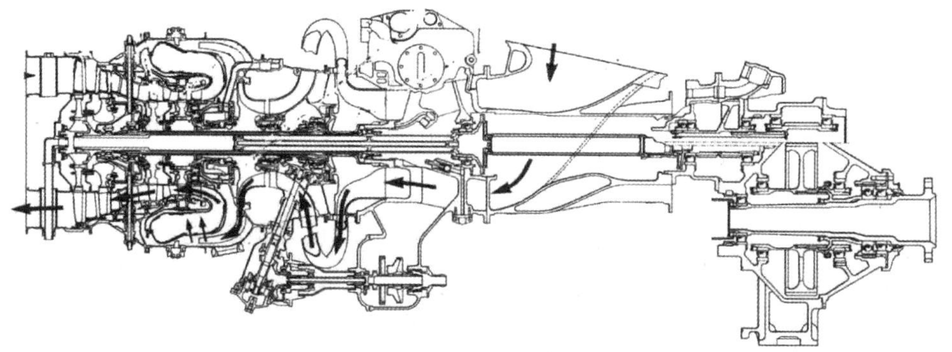

图 4-26　PW100 系列涡桨发动机结构

4.4.3　涡轮风扇发动机

1. 涡轮风扇发动机构造与工作原理

涡轮螺旋桨发动机有功率大、耗油率低的好处,可是当速度提高到约 800 km/h 时,螺旋桨桨尖的速度将超过声速而导致螺旋桨的效率大大降低。而涡轮喷气发动机的耗油率很大。为了解决这些矛盾,在 20 世纪 60 年代初期出现了涡轮风扇发动机。

视频 4-3　涡扇发动机工作原理

涡轮风扇发动机(turbofan engine)是在涡桨发动机的基础上发展起来的。缩短螺旋桨的直径,将桨叶变成风扇叶片,增加风扇叶片的数量,用机匣将风扇叶片包裹起来,舍弃减速器(有些涡扇发动机仍保留减速器),涡轮风扇发动机就这样诞生了。涡轮风扇发动机主要结构包括进气道、风扇、压气机、燃烧室、涡轮、尾喷管(见图 4-27)。风扇实际上是直径较大、叶片较长的轴流式压气机。

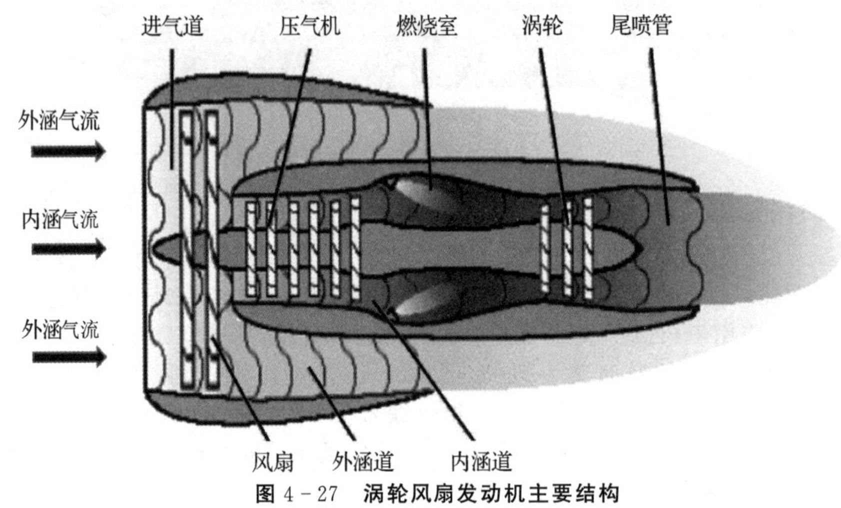

图 4-27 **涡轮风扇发动机主要结构**

涡扇发动机工作时,气流由进气道进入发动机,经过风扇叶片加速后分成两股气流。一股流入核心机,最后由尾喷管排出,产生一部分推力,这股气流称为内涵气流。另一股从核心机匣与风扇机匣之间的环形通道排出,产生另一部分推力,这股气流称为外涵气流。

外涵空气质量流量与内涵空气质量流量之比称为涵道比(bypass ratio),它是影响涡轮风扇发动机性能好坏的一个重要参数。高涵道比涡扇发动机适宜作高亚声速大中型民航机、运输机的动力装置;低涵道比涡扇发动机适宜作超声速战斗机的动力装置。

2. 典型的涡轮风扇发动机

涡轮风扇发动机因其高效、经济和环保的特点,在现代航空领域得到了广泛应用。在军用飞机方面,典型的涡轮风扇发动机包括:美国普·惠公司制造的 F135 发动机,是目前世界上推力最大的军用涡扇发动机,用在 F-35 等飞机上;俄罗斯 Saturn-Lyulka 设计制造的 AL-31F 系列发动机,用于 Su-27 等飞机上。中国最早制造的涡轮风扇发动机是涡扇-5(WS-5)发动机;涡扇-10(WS-10,太行)是中国首款具有完全自主知识产权的大推力、高性能涡扇发动机,该发动机结束了中国依赖进口先进涡扇发动机的局面,具有里程碑意义,用于歼-10 等飞机上;涡扇-15(WS-15,峨眉)是为了适应第五代战斗机的高性能需求而研制的发动机,旨在提供超声速巡航和高度机动能力;涡扇-20(WS-20)是高涵道比涡扇发动机,主要用于运-20 等大型运输机上。

美国通用电气公司的 F414-GE-400(见图 4-28)是带加力燃烧室的涡轮风扇发动机,具有较大的推力、更高的燃油效率,加力燃烧室能够在需要时(比如在起飞和战斗机动)提供额外的推力,主要用于 F/A-18E/F"超级大黄蜂"舰载战斗机上。

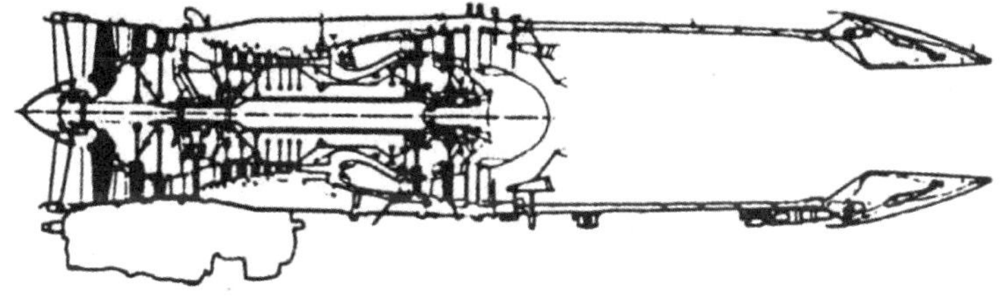

图 4-28　F414-GE-400 加力涡轮风扇发动机

在民用航空领域，以下是几种著名的民用涡轮风扇发动机。

(1)CFM56 系列：CFM56 是民用航空销量最大的发动机之一，广泛用于空客 A320 系列、波音 737 系列等飞机，以其可靠性、经济性和低噪声水平著称。它由美国通用电气(General Electric Co，GE)公司和赛峰飞机发动机公司(原法国斯奈克玛)合作生产。

(2)V2500 涡轮风扇发动机结构(见图 4-29)：由国际航空发动机公司(International Aero Engines AG，IAE)生产，主要为空客 A320 系列飞机提供动力，以经济性、低噪声和环保性能见长。它是由普·惠、罗尔斯·罗伊斯、日本航空发动机公司和 MTU 航空发动机共同组建的合资公司 IAE 合作生产。

(3)PW1000G 系列：普·惠公司为新一代窄体飞机如空客 A320neo 系列和 Embraer E-Jets E2 系列提供动力，以其显著降低的燃油消耗和噪声减少而闻名。

(4)GE90/GE9X 系列：是美国通用电气生产的、世界上最大的涡扇发动机之一，专门为波音 777 系列设计，拥有极高的推力和优秀的燃油效率。它引入了许多技术创新，如复合材料风扇叶片和三维气动设计。

(5)Trent(遄达)系列：是英国罗尔斯·罗伊斯公司生产的高效、大推力发动机，广泛装备于空客 A330、A340、A350、波音 777 和 787 等机型。该系列通过三转子设计实现更高的效率和更低的噪声。

(6)PW4000 系列：是普·惠公司为多种宽体飞机生产的高效、大推力发动机，包括波音 747、767、空客 A300 和 A310 等。它以其可靠性、维护简便和较长的服役周期而受到欢迎。

(7)中国在民用涡扇发动机发展相对较晚，但近年来取得了显著进展。CJ-1000AX(长江-1000A)是中国航发为 C919 单通道窄体客机设计的国产发动机，旨在减少对外国发动机的依赖，提高国产化率。

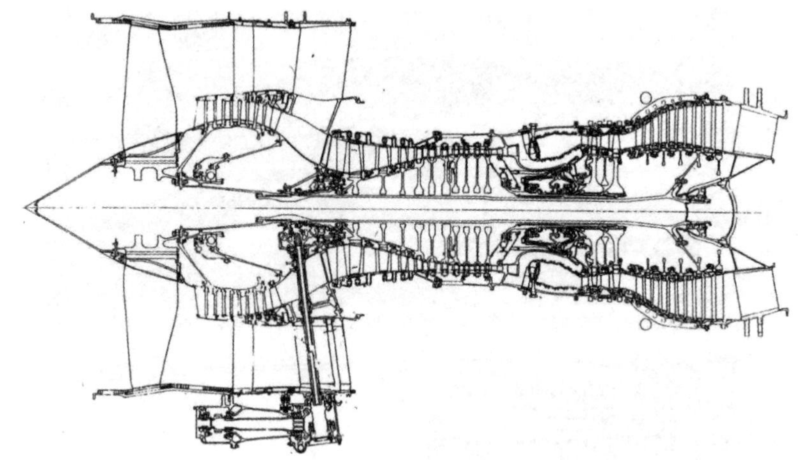

图 4-29　V2500 涡轮风扇发动机结构

4.4.4　涡轮轴发动机

1. 涡轮轴发动机构造与工作原理

涡轮轴发动机(turboshaft engine)的工作原理和构造与涡轮螺旋桨发动机基本相同，只是燃气所含可用能量几乎全部被涡轮吸收，从喷管排出的燃气只产生很小的推力或根本不产生推力。其主要用途是驱动直升机的旋翼，也可用作地面动力。

涡轮轴发动机分为定轴式涡轮轴发动机和自由涡轮式涡轮轴发动机。目前，大部分涡轮轴发动机为自由涡轮式涡轮轴发动机。自由涡轮式涡轮轴发动机的输出动力来自独立的自由涡轮，由进气道、压气机、燃烧室、燃气发生器涡轮、自由涡轮（动力涡轮）、尾喷管及体内减速器、附件传动装置等部件构成(见图 4-30)。

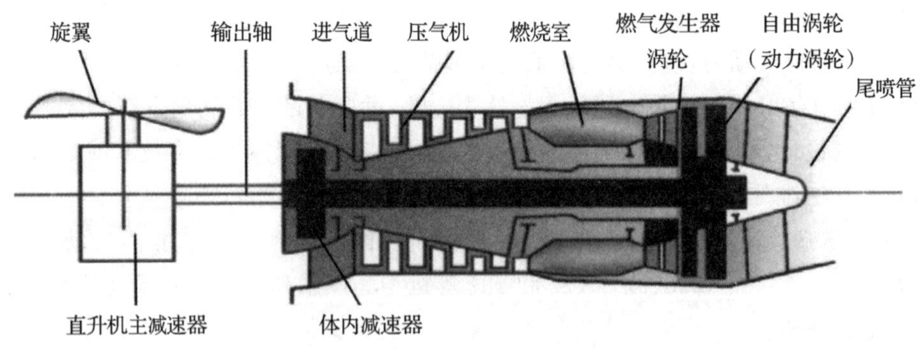

图 4-30　涡轮轴发动机结构

涡轴发动机工作时，空气经进气道进入压气机，增压后进入燃烧室，与喷出的燃油掺混。混合气燃烧后，形成高温高压的燃气。燃气先通过燃气发生器涡轮，驱动燃气发生器涡轮高速旋转。燃气发生器涡轮通过轴带动压气机旋转，压缩空气。燃气继续向后流动，驱动动力涡轮旋转。动力涡轮带动体内减速器旋转，通过输出轴将功率输出。燃气最后经过尾喷管排出，燃气并不产生推力。

2. 典型的涡轮轴发动机

涡轮轴发动机作为直升机和其他旋翼飞行器的主要动力来源，在航空工业中占据重要位置。以下是几款著名的涡轮轴发动机：

(1)PT6 系列：由普・惠加拿大公司生产的系列发动机，是世界上最广泛使用的涡轮轴发动机之一，自 1957 年推出以来，已应用于超过 130 种不同类型的飞机上，包括轻型飞机、农用飞机、商务机和多种直升机，以其可靠性和经济性著称。

(2)T700 系列：由通用电气生产的系列发动机，自 1970 年代末开始服役，广泛应用于多种军用和民用直升机，包括 UH-60“黑鹰”、AH-64“阿帕奇”、SH-60“海鹰”以及西科斯基 S-70 系列直升机。其可靠性、维护性和出色的热管理系统使其成为业界的标杆。

(3)中国在涡轮轴发动机领域也取得了一定的发展，先后生产了涡轴-8(WZ-8)发动机、涡轴-16(WZ-16)发动机、AES100 涡轮轴发动机等。

4.4.5　燃气涡轮发动机优缺点比较

表 4-1 给出了各种类燃气涡轮发动机的优缺点和主要应用的情况。

表 4-1　燃气涡轮发动机优缺点及应用

种　类	核心机	其他重要部件	优　点	缺　点	主要应用
涡喷	压气机 燃烧室 涡轮	加力燃烧室	迎风面积小，具有较好的速度性能	经济性差，使用加力燃烧室时，经济性更差	适宜作超声速战斗机的动力装置
涡桨		减速器 螺旋桨	推进效率高，发动机中、低速经济性好；起飞推进力大，飞机起飞性能好；对起飞、着陆机场的要求不高	飞行速度过高时，螺旋桨承受较大的激波阻力；噪声大，影响飞机舒适性	适宜做中、低速支线民航机、运输机和轰炸机的动力装置
涡扇		风扇	热效率高、推进效率较高，经济性好；推力大；低速飞行时推力更大，满足起飞、复飞时高推力的要求；噪声低	结构比较复杂；随着涵道比的增加，发动机的迎面阻力也相应增加	广泛用于民航机和军用机
涡轴		体内减速器	推进效率高，经济性好；目前大功率的涡轴发动机的经济性已与航空活塞发动机相当；用途广泛	制造成本较高；小功率的发动机经济性还不高	占直升机动力装置的统治地位；在非航空领域也得到广泛应用，如可作为舰船、坦克、发电设备等的动力设备。

4.5 螺 旋 桨

螺旋桨安装在活塞发动机或者燃气涡轮发动机上，是将发动机转动的机械能转化为推进力的装置，可产生拉力，拉动飞行器向前飞行。

4.5.1 螺旋桨的基本结构

螺旋桨主要由桨叶、桨毂组成(见图 4-31)。桨叶安装在桨毂上，最接近桨毂的部分称为叶柄，而离桨毂最远的部分称为叶尖，一般定义为最外侧 6 in[①] 桨叶。桨毂是螺旋桨的中央部分，可将螺旋桨安装到发动机的输出轴上。

桨叶旋转迎风面叫做前缘，旋转背风面叫做后缘。桨叶任一剖面前缘和后缘之间的连线称为弦线。桨叶突起弧度较大的一面称为叶背，类似于机翼的上表面；突起弧度较小的一面称为叶面，类似于机翼的下表面，如图 4-32 所示。

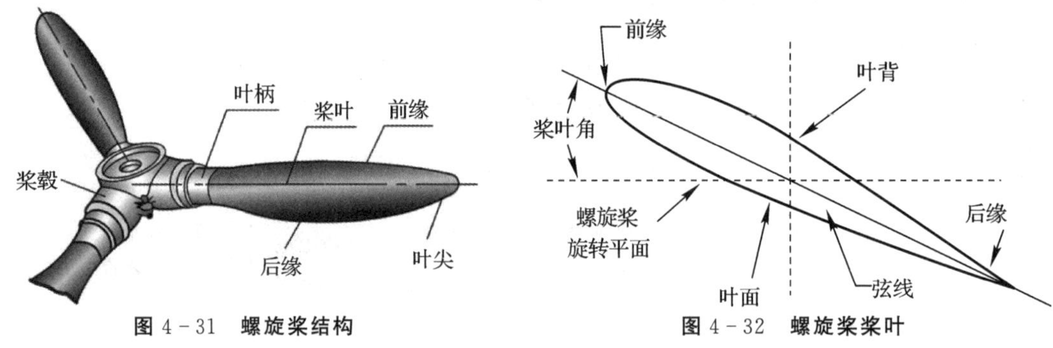

图 4-31 螺旋桨结构　　图 4-32 螺旋桨桨叶

4.5.2 螺旋桨的主要参数

桨叶迎角 α(也称攻角，见图 4-33)是桨叶弦线和相对气流速度的夹角。相对气流的方向由飞机通过空气运动的速度和螺旋桨的旋转运动决定。

桨叶弦线与螺旋桨旋转平面的夹角称为桨叶角 φ(见图 4-33)。

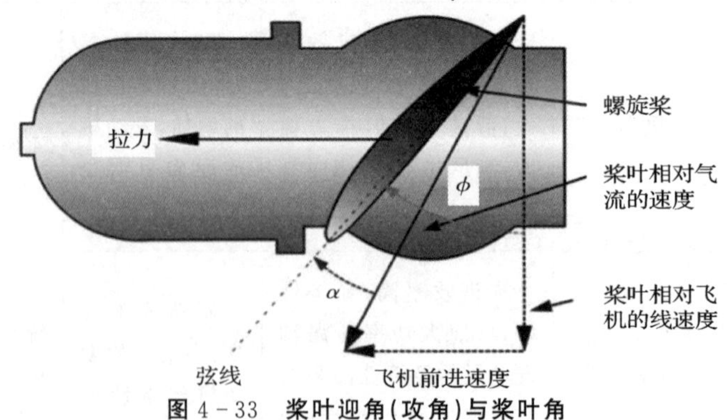

图 4-33 桨叶迎角(攻角)与桨叶角

螺旋桨的桨距是指螺旋桨旋转一周，螺旋桨上的点向前移动的距离(见图 4-34)。桨

① 1 in=2.14 cm。

距和桨叶角的大小密切相关。一般而言，桨叶角增大，则桨距增大。

图 4-34　桨距

4.5.3　螺旋桨的工作原理

螺旋桨产生拉力或者推力的原理类似于机翼产生升力的原理，主要是气动拉力和叶型拉力。气动拉力是当空气以相对速度流过桨叶时，将空气压缩，使发动机一侧叶面的气动压力大于叶背压力产生拉力。叶型拉力是空气流过桨叶的叶背时，流速增大，压力降低；空气流过桨叶的叶面时，流速降低，压力升高，在桨叶的前后桨面形成压力差。综上所述，螺旋桨旋转时，在桨叶的叶背(螺旋桨桨叶前面)将会产生低压区，在桨叶的叶面(螺旋桨桨叶后面)将会产生高压区。低压区与高压区之间的压力差使螺旋桨产生了气动合力，气动合力轴线分量为拉力或者推力(见图 4-35)。

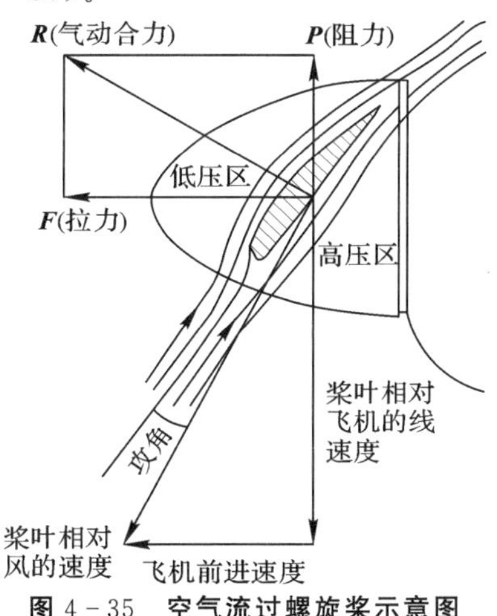

图 4-35　空气流过螺旋桨示意图

4.5.4　螺旋桨的变距

随着飞机前进速度的提高，螺旋桨翼面的相对气流速度向桨叶弦线靠拢，使桨叶迎角变小，这样拉力就会减小。这时如果能使桨叶角变大，则桨叶迎角就会增大到原来的有利状态，因而就产生了变距螺旋桨。所谓变距螺旋桨，就是桨叶角可改变的螺旋桨(见图 4-36)。对于飞行速度较低的小型飞机，由于速度变化范围不大，一般采用定距螺旋桨，桨叶角不变，虽然有些拉力损失，但结构简单。而对于速度较高的大中型螺旋桨飞机，采用变距螺旋桨能够使飞机的效率大为提高。变距螺旋桨要加装一套变距机构，驾驶员控制螺旋桨的桨距随着飞行的状况而改变。飞行速度高时，可以增大桨距，使桨叶角变大；飞行速度低时，减小桨距，使桨叶角变小。

顺桨是指将螺旋桨变大距到最大桨叶角位置[见图 4-36(a)]。如果发动机发生故障,驾驶员选择顺桨位置,或者发动机在自动顺桨系统的控制下顺桨。顺桨时,桨叶角接近 90°,该位置可消除螺旋桨大部分阻力。

在装有可反桨螺旋桨的飞机上,螺旋桨的桨叶角能转为负值,产生负拉力[见图 4-36(d)]。这可缩短着陆滑跑距离和改善地面机动能力。

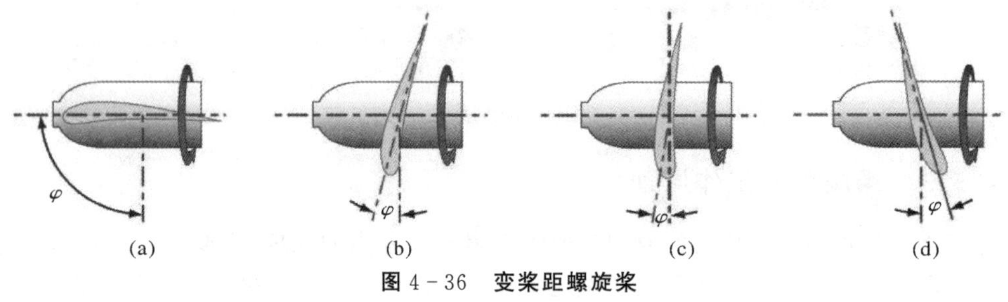

图 4-36　变桨距螺旋桨

(a)顺桨;(b)大桨距;(c)小桨距;(d)反桨

4.5.5　螺旋桨应用

由于螺旋桨上任一点的速度都是由飞行速度和旋转速度合成的,因而桨上各点的运动速度都要大于飞行速度,特别是叶尖的速度最高。因此,飞行速度低于声速时,叶尖速度就可能接近声速,在叶尖上产生激波,使阻力大增,所以,装有螺旋桨的飞机最高速度都在 800 km/h 以下。一般在 20～700 km/h 的范围内,螺旋桨推进的效率很高,产生的推力也较喷气推进的飞机大,因而在支线运输飞机上,涡轮螺旋桨飞机得到了广泛应用。

4.6　辅助动力装置

为了降低对外界供电、供气设备的依赖,在大中型飞机上配备了一台独立的动力装置,这就是辅助动力装置(Auxiliary Power Unit, APU)。APU 的核心部分是一台小型燃气涡轮发动机,一般位于机身最后段的尾椎之内,如图 4-37 所示。它的作用是:在地面提供气源和电源,在空中提供应急气源和电源。

图 4-37　APU 安装位置

航空器在地面时，为了节省燃油、降低噪声和确保地面工作人员的安全，主发动机关闭，由 APU 提供气源和电源，为飞机客舱和驾驶舱提供空调和照明。主发动机启动时，APU 提供的气源和电源可用于主发动机启动，从而可以不依靠地面气源车和电源车。起飞时，APU 提供的气源和电源可以保证客舱和驾驶舱的空调和照明，主发动机的功率可全部用于地面加速和爬升，改善起飞性能。飞机爬升到一定高度后，APU 关闭。现代的大、中型客机上，APU 是保证发动机空中关车后再启动的主要设备，直接影响飞机的飞行安全。

图 4－38 为某型典型 APU 结构和工作原理。该 APU 的主要结构有：进气装置、单级压气机、燃烧室、两级涡轮（包括一级压气机涡轮、一级动力涡轮）、排气装置、负载压气机、附件齿轮箱。APU 工作时，气流经进气装置进入压气机，增压后进入燃烧室，与燃油掺混，混合气燃烧产生高温高压燃气。燃气经过涡轮后从尾喷管排出。燃气经过涡轮的时候会驱动压气机涡轮高速旋转，压气机涡轮带动压气机旋转，继续压缩空气。燃气还会驱动动力涡轮旋转，动力涡轮带动负载压气机旋转，为飞机系统提供压缩空气，动力涡轮还会带动附件齿轮箱上的发电机工作，为飞机提供电源。

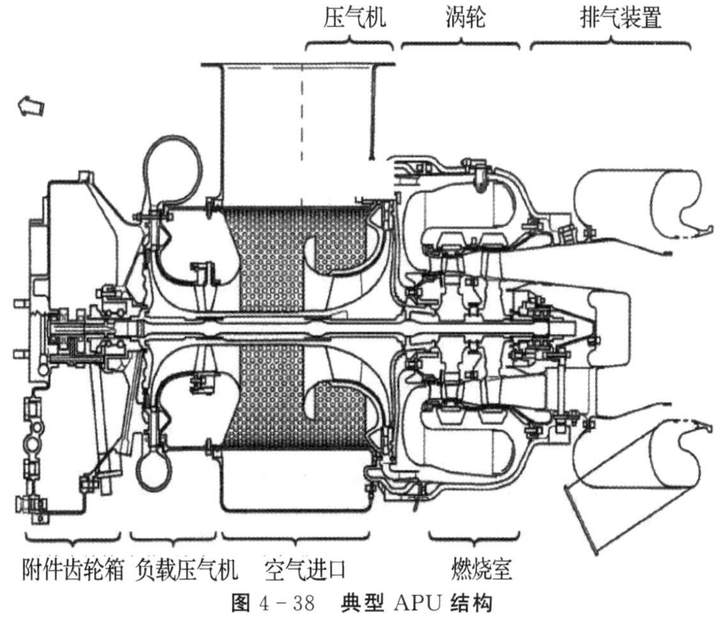

图 4－38　典型 APU 结构

4.7　发动机安装

4.7.1　发动机的安装位置

活塞式发动机和涡轮螺旋桨发动机一般安装在飞机机头或机翼前缘，分别如图 4－39 和图 4－40 所示。

涡轮喷气发动机和涡轮风扇发动机在飞机上的安装位置相似，下面以涡扇发动机为例进行介绍。

图 4-39 安装一台活塞式发动机的飞机

图 4-40 安装两台涡桨发动机的飞机

一台涡扇发动机(单发)多安装在机身后段或机身下部,如图 4-41 所示。

图 4-41 安装一台涡扇发动机的飞机

两台涡扇发动机(双发)常见的安装形式有两种:

(1)翼吊布局:发动机安装在机翼下的发动机吊舱,如图 4-42 所示。翼吊布局是现在最通行的布置方式,具有发动机进气不受干扰、维护方便、客舱内噪声影响小等优点。但这种布局也有其缺点:发动机离地近,容易吸入异物;其中一台发动机失效后,会产生较大的拉力不对称问题。

(2)尾吊布局:发动机安装在机身尾部外侧的发动机舱,如图 4-43 所示。尾吊布局具有客舱内的噪声小、发动机不会影响机翼工作等优点。缺点则是:飞机尾部结构较复杂,维护不便,飞机重心靠后、不易配平等。

三台涡扇发动机(多发)主要有两种安装方式:

(1)两台发动机安装在机翼下的发动机吊舱,第三台装在垂直尾翼内,如图 4-44 所示。

(2)两台发动机安装在机身尾部两侧的发动机舱,第三台装在垂直尾翼内,如图 4 - 45 所示。

图 4 - 42　安装两台涡扇发动机的飞机(翼吊布局)

图 4 - 43　安装两台涡扇发动机的飞机(尾吊布局)

图 4 - 44　安装三台涡扇发动机的飞机(两台在机翼下,一台在垂尾)

图 4 - 45　安装三台涡扇发动机的飞机(两台在机尾两侧,一台在垂尾)

4.7.2 发动机安装节

发动机安装节把发动机连接和固定到吊架上，最终连接到飞机结构上。安装节还把发动机推力、垂直的和侧向的载荷及扭矩传到飞机结构。

安装在机翼下的发动机通常采用吊挂式安装，安装节位于发动机的上部[见图 4-46(a)]，前安装节通常连接至风扇框架，后安装节通常连接至涡轮框架。安装在机身尾部两侧的发动机通常采用侧向安装，安装节位于发动机左右两侧[见图 4-46(b)]。

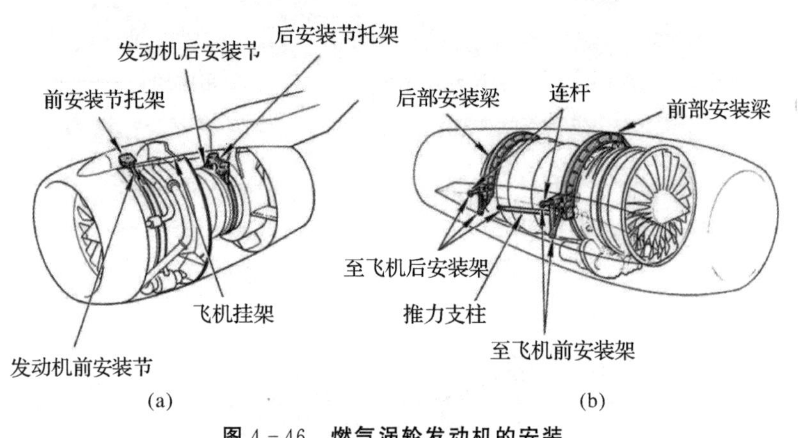

图 4-46 燃气涡轮发动机的安装

(a)吊挂式安装；(b)侧向安装

4.8 涡扇发动机危险区

发动机工作时，高速旋转，吸入大量空气，高速排出高温燃气，产生巨大的噪声。因此，运转着的发动机能把进气道前面的人或物体吸入发动机，把尾喷管后面的人或物体吹翻、吹跑。发动机的噪声还会对人的听力造成损伤。可见，运转着的发动机是危险的，本节讲述涡扇发动机的危险区。

涡扇发动机运转的危险区域有进气危险区和排气危险区，还包括噪声区。

4.8.1 进气危险区

进气危险区是指发动机进气道前部和侧部的区域。发动机运转时，压气机高速旋转，大量吸入这个区域的空气，可将这个区域的人或物体吸入发动机，造成人员伤亡或发动机损毁。在发动机启动前，必须清除所有松散物品和工具，所有人员必须待在危险区域之外。

不同工作状态，发动机的功率不同，进气危险区的范围也有区别。在慢车功率时，进气危险区的范围相对较小；在起飞状态下，进气危险区的范围较大。

图 4-47 和图 4-48 分别为某发动机慢车功率和起飞状态时的进气危险区。在慢车功率下，该发动机进气危险区域是发动机进口中心周围 10 ft(3.1 m)半径的区域。如果风速超过 25 kn，则将进口危险区域增加 20%。在起飞状态下，进气危险区扩大为发动机进口周围 14 ft(4.2 m)半径的区域。

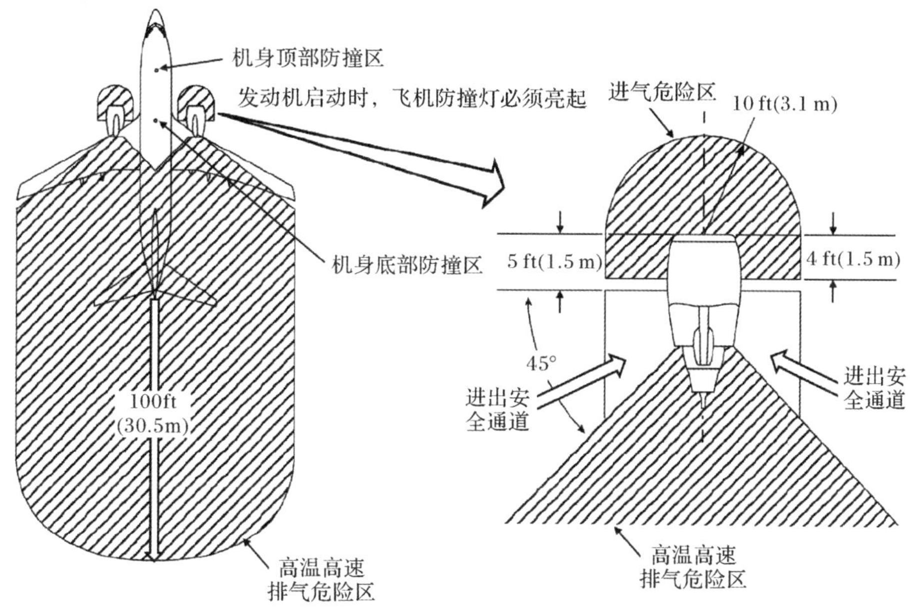

图 4-47　某发动机慢车功率进气危险区

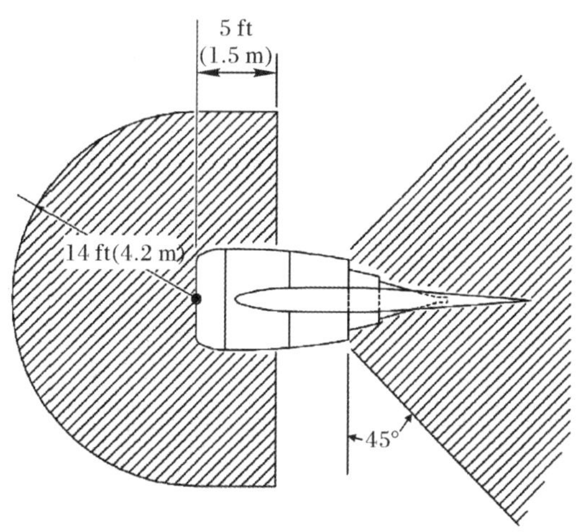

图 4-48　某发动机起飞功率进气危险区

4.8.2　排气危险区

排气危险区是指发动机风扇和尾喷管排气区域。发动机运转时，高速排出高温气流以获得大的推力。高速排气会把排气危险区的人或物体吹翻、吹跑，造成损伤。

不同工作状态，发动机的功率不同，排气危险区的范围也有区别。在慢车功率时，排气危险区的范围相对较小；在起飞状态下，排气危险区的范围较大。

慢车功率时，某发动机排气危险区从飞机尾部向后延伸至 100 ft(30.5 m)，如图 4-47 所示。在起飞状态下，某发动机排气危险区从飞机尾部向后延伸至 1 900 ft(579 m)，如图 4-49 所示。

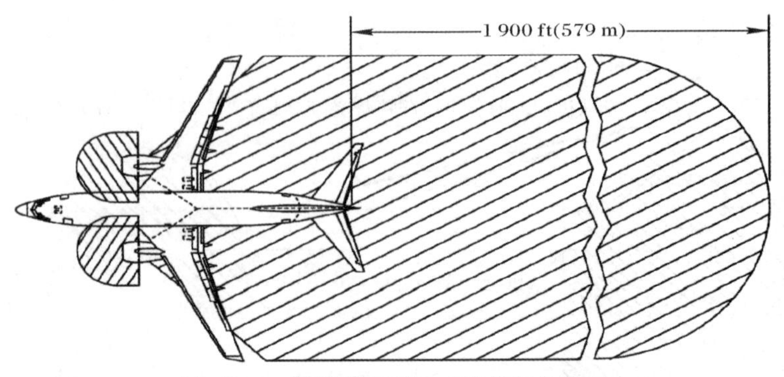

图 4-49　某发动机起飞功率排气危险区

4.8.3　发动机进出安全通道

发动机的进出安全通道是指在飞机发动机地面试车或需要维护操作时，为确保人员安全接近或离开发动机而设定的特定通道区域。这些通道通常位于进气危险区域和排气危险区域以外(见图 4-48)，允许维修人员在保证安全的前提下接近发动机进行必要的检查、维修或监测工作(见图 4-50)。

接近发动机时，人员必须遵循严格的操作程序和安全指南，佩戴适当的个人防护装备，如耳塞或耳罩以防护噪声，以及遵守所有相关的警示和指示标志。必须确认：

(1)发动机处于慢车转速，如果发动机转速超过最小慢车转速，不得接近发动机；

(2)能与驾驶舱内人员进行通话。

发动机运转期间，如有必要接近发动机，必须系上安全索，通过安全通道接近发动机。接近发动机后，要将安全索连接到风扇机匣正确的连接点上，确保安全。

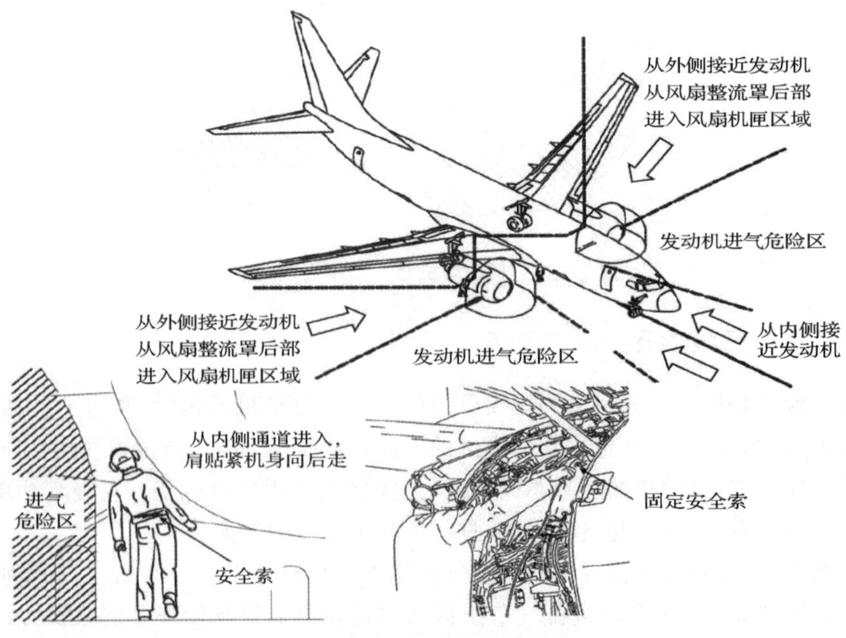

图 4-50　发动机安全进出操作

4.8.4 发动机噪声区

发动机工作时产生的噪声会损害人的听力，工作人员应佩戴安全护耳设备。

图 4-51 给出了某发动机的噪声区。慢车功率时，该发动机的噪声区半径为 60 ft(20 m)。起飞功率时，该发动机的噪声区半径扩大为 150 ft(50 m)。工作人员进入以上噪声区，应佩戴安全护耳设备。起飞功率时，在发动机进口中心 30 ft(10 m)范围内停留超过 6 min，即使佩戴了护耳设备，也会对听觉器官造成伤害。

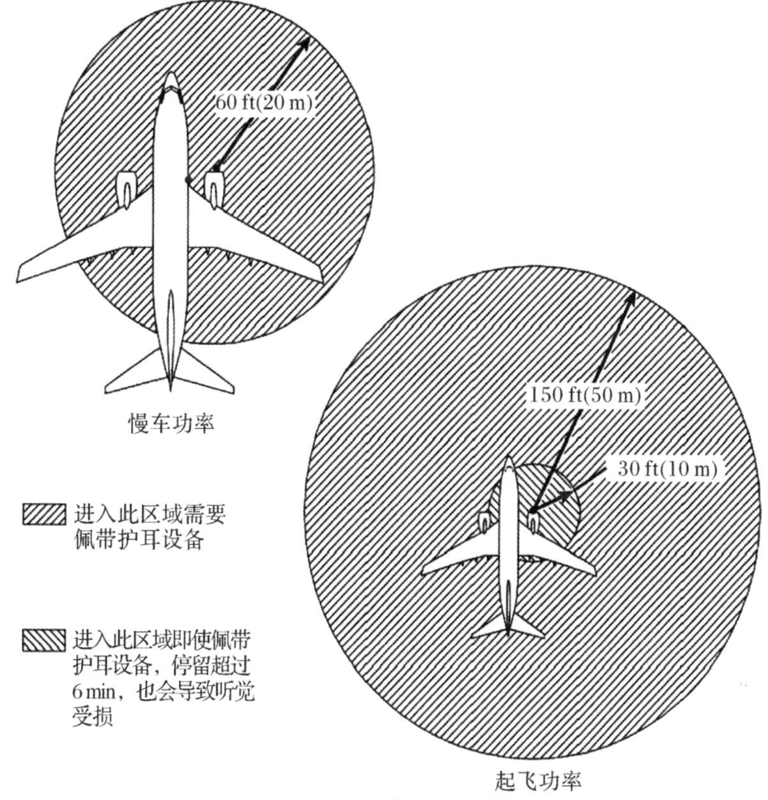

图 4-51　某发动机噪声区

4.9 航空燃料简介*

航空燃料主要有两大类。

(1)第一类是航空汽油，用于航空活塞式发动机，作为小型、低速飞机的燃料，用量较少。

(2)第二类是喷气燃料(jet fuel，也称航空涡轮燃料)，用于燃气涡轮发动机，广泛用于大、中型运输机。全球生产和使用的喷气燃料多属于煤油型燃料，因此通常称之为航空煤油，简称航煤。

鉴于航空业普遍采用喷气燃料作为主要燃料，本节重点介绍喷气燃料的相关情况。

4.9.1 欧美喷气燃料简介

1. 军用方面

20 世纪 40 年代以来，美国公布了多个喷气燃料的规格，如 JP－1(喷气推进燃料 1 号)、JP－2、JP－3、JP－4、JP－5、JP－6、JP－7、JP－8 等。

目前，美军主要使用 3 种喷气燃料：JP－4、JP－8、JP－5。

JP－4 喷气燃料是美国 1951 年公布的。20 世纪 50 年代～90 年代，JP－4 喷气燃料是美军主要的喷气燃料。JP－4 喷气燃料属宽馏分型喷气燃料，是汽油和煤油混合型燃料，汽油约占 50%～60%。其冰点和黏度低，挥发性高，适合空军低温操作条件的要求。

JP－8 喷气燃料是美国 1979 年公布的。JP－8 喷气燃料是为了增加燃料操作安全性而研制的，使用该燃料可减少飞机出事后火灾的发生，并可减少地面操作事故的发生。从 1979 年开始，美国驻英空军把 JP－8 作为主要燃料使用。美国空军在 20 世纪 90 年代以后，逐步采用 JP－8 喷气燃料代替 JP－4。上世纪 80 年代末，北大西洋公约组织用 JP－8 替代 JP－4 作为主要的喷气燃料。1992 年，JP－8 完全替代 JP－4。

由于 JP－4 的蒸发性较高，美国海军担心其在航空母舰上会发生火灾，所以采用 JP－5 作为舰载飞机的喷气燃料。JP－5 喷气燃料是高闪点的煤油型燃料，其闪点不低于 60°C。

2. 民用方面

从 20 世纪 50 年代起，民用航空业广泛采用喷气燃料作为飞机发动机的燃料。常用的民用喷气燃料有 Jet A、Jet A－1 和 Jet B。Jet A 和 Jet A－1 的规格很类似，主要区别在于冰点不同：Jet A 的冰点为－40 ℃，Jet A－1 的冰点为－47 ℃。Jet A 用在美国国内，Jet A－1 在世界其他地区使用。Jet B 冰点较低，适合低温下使用，目前只在加拿大部分地区和美国阿拉斯加州使用。

4.9.2 中国喷气燃料简介

新中国成立以后，我国航空业逐步发展，我国喷气燃料的规格指标完全延续了苏联的喷气燃料标准。与欧美国家和苏联不同，我国喷气燃料采用的是军、民通用的原则。我国民航飞机和军用飞机广泛采用 3 号喷气燃料。我国喷气燃料品种牌号和用途列于表 4－2。

表 4－2 我国喷气燃料牌号和用途

牌 号	代 号	类 型	主要用途	生产使用情况
1 号喷气燃料	RP－1	煤油型	民航机、军用飞机通用	20 世纪 90 年代末完全停产
2 号喷气燃料	RP－2	煤油型	民航机、军用飞机通用	20 世纪 90 年代基本停产
3 号喷气燃料	RP－3	煤油型	民航机、军用飞机通用	国内基本全面供应，2010 年消费量突破 1 600 万 t
4 号喷气燃料	RP－4	宽馏分型	备用燃料	平时不生产
5 号喷气燃料	RP－5	重煤油型	舰载飞机用	利用现有喷气燃料生产工艺可以大量生产
6 号喷气燃料	RP－6	重煤油型	军用特种喷气燃料	产量较低，只能作为特殊喷气燃料使用

习　　题

一、填空题

1. 航空器所使用的主要航空动力装置可分为两类：__________与__________。

2. 无压气机的空气喷气发动机包括：__________和__________。

3. 燃气涡轮发动机主要包括：__________、__________、__________和__________。

4. 活塞式发动机主要结构包括：________、________、________、________、________、和________等。

5. 活塞式发动机的四个行程是指：________、________、________和________。

6. 涡轮喷气发动机一般由________、________、________、________和________五部分组成。

7. 根据气流在压气机中的流动方向可将压气机分为：________和________。

8. 燃烧室按其结构特点可分为________、________和________。

9. 涵道比是指________与________之比。

10. 螺旋桨主要由________和________组成。

二、选择题

1. 活塞式发动机气门机构的作用是(　　)。

A. 形成燃烧的腔体　　B. 控制进气门和排气门的打开和关闭

C. 点火　　D. 带动螺旋桨转动

2. 活塞式发动机点火系统的作用是(　　)。

A. 对燃油加温　　B. 润滑　　C. 喷油

D. 在适当的时刻产生电火花，点燃气缸内的混合气

3. 进气道是指(　　)的一段管道。

A. 发动机进口到压气机进口　　B. 压气机进口到燃烧室进口

C. 燃烧室进口到涡轮进口　　D. 涡轮进口到尾喷管进口

4. 压气机由(　　)带动。

A. 进气道　　B. 燃烧室　　C. 尾喷管　　D. 涡轮

5. 一级轴流式压气机由(　　)组成。

A. 一级静子叶片和随后的一级转子叶片　　B. 两级静子叶片

C. 一级转子叶片和随后的一级静子叶片　　D. 两级转子叶片

6. 涡轮工作温度(　　)，需要(　　)。

A. 低，加热　　B. 低，冷却　　C. 高，加热　　D. 高，冷却

7. APU 的中文全称是(　　)。

A. 辅助动力装置　　B. 活塞式发动机

C. 冲压式喷气发动机　　D. 压气机

8. APU 的核心部分是一台(　　)。

A. 活塞式发动机　　B. 燃气涡轮发动机

C. 冲压式喷气发动机　　D. 脉冲式喷气发动机

9. 涡轮螺旋桨发动机一般安装在(　　)。

A. 飞机机尾　　B. 飞机腹部

C. 飞机机头或机翼前缘　　D. 飞机顶部

10. 涡扇发动机的进气危险区是指(　　)。

A. 发动机的排气口　　B. 发动机进气道前部和侧部的区域

C. 飞机腹部　　D. 飞机顶部

三、问答题

1. 航空活塞式发动机的滑油系统有何作用?
2. 简述活塞式发动机的工作过程。
3. 简述涡喷发动机的工作过程。
4. 涡喷发动机压气机有何作用?
5. 简述涡扇发动机的工作过程。

第5章 空气动力学基础

▶内容提示

多数航空器都主要依靠空气动力飞行，本章围绕空气动力阐述了与之相关的大气与气流的相关概念、特性；空气动力产生的原理、变化规律和应对措施；相关特殊的空气动力装置；高速飞行和高速飞机的特点。

▶教学要求

(1)掌握大气环境与特性。

(2)了解流体模型、流线谱相关概念，掌握空气流动的基本规律。

(3)掌握升力产生的原理与变化规律。

(4)掌握阻力的分类、产生原理、变化规律和减小措施。

(5)掌握飞机的低速空气动力特性。

(6)掌握增升装置的分类与特点，了解增升原理。

(7)了解高速空气动力特性与高速飞机的特点。

▶内容框架

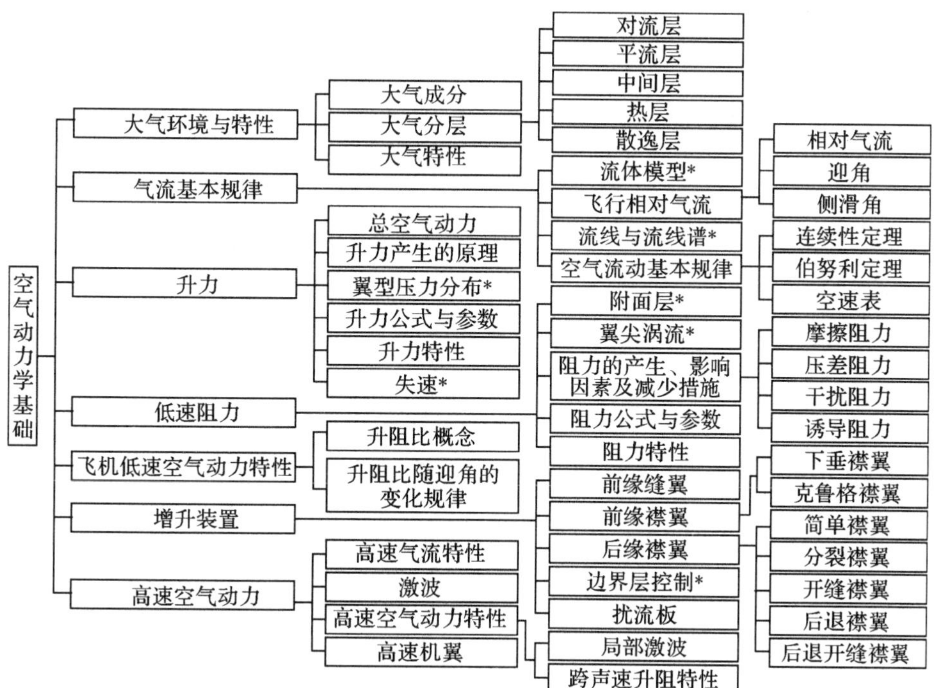

当前，多数航空器都是空气动力航空器，需要通过航空器与空气之间的相对运动产生作

用力才能升空飞行。本章将阐述空气动力方面的内容，主要包括大气特性、气流的基本规律、升力产生的原理与作用规律、阻力产生的原理与作用规律、增升装置的原理与应用、高速空气动力等，以更好地了解和掌握空气动力的基础知识。

5.1 大气环境与特性

空气动力的产生与作用规律不但与航空器的设计、制造和使用相关，还与大气特性相关。要学习和研究空气动力，首先要了解大气与气流方面的知识。

5.1.1 大气成分

地球周围的大气(atmosphere)是由不同成分的分子组成的，其成分相当复杂，主要有三种成分：由多种气体成分混合而成的纯干空气、水蒸气以及悬浮颗粒。纯干空气是由大约78%的氮气(nitrogen)、21%的氧气(oxygen)和余下的1%的其他气体(如二氧化碳、氢、氩、氖、氦等)组成，其占比不随高度变化。水蒸气/水汽(vapour)是水分子(H_2O)以气态方式存在的一种表现，在大气的气象变化中扮演了重要的作用，它在大气中的含量会随着时间、地点发生变化，大气中水蒸气的含量决定了云、雨、雾、雪等的形成及其规模，而这些天气现象会影响到飞机的飞行。悬浮颗粒是指悬浮在空气中的固体颗粒或液滴，大部分来自地球表面，如地表的沙尘、海水中的盐粒、植物的花粉、工业生产粉尘、汽车尾气等。气体分子不停地、无规则地运动着，具有的能量以热能、动能和压力的形式表现出来。大气特性的变化是气体热运动变化的体现。

5.1.2 大气分层

地球被厚厚的大气包裹着，根据不同的气象条件和气温变化等特性，可以把大气分成若干层。以温度变化为基准，可将大气分为对流层、平流层、中间层、电离层和散逸层五层，如图5-1所示(图中1 hPa=100 Pa)。

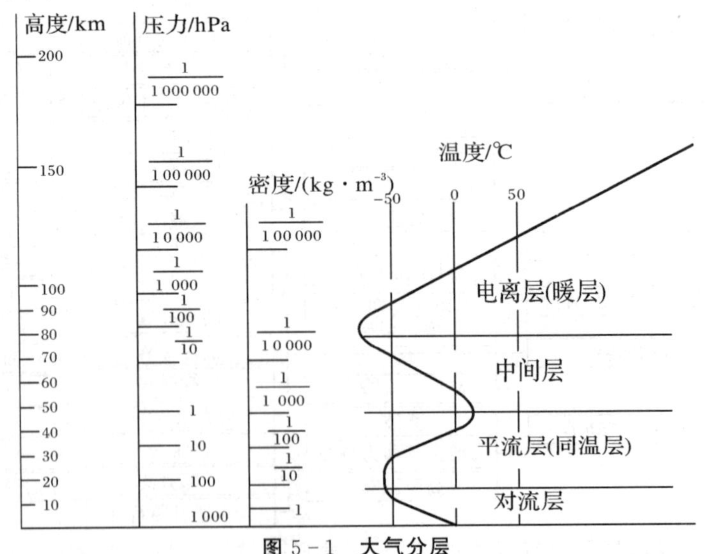

图5-1 大气分层

绝大多数航空器的飞行空间都在对流层或平流层，下面着重介绍这两个大气层的特点。

1. 对流层

对流层(troposphere)位于大气的最底层，邻接地球表面，集中了约 75%的大气和 90%以上的水蒸气质量。其下界与地面相接，上界高度随地理纬度和季节而变化。它的上界高度因纬度而不同，低纬度(近赤道)地区的平均高度为 17～18 km，中纬度地区的平均高度为 10～12 km，极地的平均高度为 8～9 km；上界高度还因季节不同，同一地区，夏季高于冬季。

对流层有以下特点。

(1)气温随高度升高而降低。对流层中，气温随高度升高而降低，平均每上升 1 000 m，气温约降低 6.5 ℃。究其原因是对流层大气的主要热源不是直接来自太阳光，而是地球表面的长波辐射，离地面越高，辐射作用越弱，受热越少，气温就越低。

视频 5－1　对流层特点

(2)有强烈的水平、垂直对流现象。由于太阳对地面照射情况不一，加之地形地貌不同，因而各地大气的气温、密度、气压不同。即使同一地区，大气特性也会发生变化，气压变化使大气产生水平对流现象，形成风，且风向、大小也会经常变化。温度变化，使下部空气受热膨胀上升，上部空气冷却下降，从而形成了空气的垂直对流现象。

(3)有云、雾、雨、雪等天气现象。由于 90%以上的水蒸气都集中在对流层中，随着大气特性发生变化和悬浮颗粒的共同作用，水蒸气会凝结为液态或凝华为固态，所以会出现云、雾、雨、雪等众多天气现象。

由于对流层具有上述特点，会给飞行造成很大影响，甚至对飞行安全造成威胁。例如，在高空飞行时，气温低，容易引起飞机结冰，导致阻力增加，甚至失速；气温变化还会引起飞机构件的热胀冷缩，改变机件间隙和应力，甚至影响机件的正常工作；垂直对流会使飞机发生颠簸，不利于飞机操纵，又使飞机受力发生变化；雷暴天气、低空风切变，会直接威胁到飞行安全，甚至可能造成机毁人亡的严重后果。

2. 平流层

平流层(stratosphere)，又称同温层，位于对流层之上，其顶界延伸距地面约 50 km。它是大气层里上热下冷的一层，在平流层的下半部分气温几乎保持不变，大约为－56.5 ℃，故又称同温层，上半部分的气温又开始增加至 0 ℃左右。究其原因是因为平流层下半部分远离地球表面，受地表反射作用非常弱；而上半部分有大量的臭氧吸收了大量来自太阳的紫外线而被加热升温。在这层大气中，水蒸气、悬浮颗粒物、杂质等极少，天气晴朗，没有云、雾、雨、雪等天气现象；空气比较稀薄，气动阻力小，大气不会上下对流，以平流(水平)运动为主，飞机在其中受力比较稳定，有利于飞机飞行。平流层的底部是民用飞机理想的飞行空间。

5.1.3　大气特性

空气是具有特殊性质的物质，无色、无味、看不见、摸不着，没有固定形状、占据一定空间、可自由运动、可以压缩，其特性改变将对飞行性能产生影响。下面将介绍空气的物理量和空气的特性。

1. 空气密度

空气密度(density)是在一定的温度和压力下,单位体积空气所具有的质量。通常采用的空气密度是指在0 ℃、标准大气压下的密度为1.293 kg/m^3。空气密度的大小与气温、海拔等因素有关,温度越高,海拔越高密度越低。在标准海平面、压力1 013 hPa、温度15 ℃时的空气密度为1.225 kg/m^3;在6 500 m的高空,空气密度将降为标准海平面的一半。空气密度变化对飞行性能有直接的影响。

2. 空气压力

空气压力(pressure)是指空气的压强,简称气压,即单位面积上所承受的空中垂直作用力,等于单位面积上向上延伸到大气上界的垂直空气柱的重量。气压的国际制单位是帕斯卡(牛顿/平方米,N/m^2),简称帕,符号是Pa,常用的单位还有百帕(hPa)、毫米汞柱(mmHg①)、毫巴(mbar②)等;在欧美一些国家,还常用PSI(pounds per square inch,磅每平方英寸)来计量压力的大小。航空领域常用hPa或psi(③)来计量大气压力,一个标准大气压为1 013.25 hPa或14.7 psi。气压的大小与海拔高度、大气温度、大气密度等有关,一般随高度升高按指数律递减。气压变化与风、天气的好坏等关系密切,是重要气象因子,一般而言,气压降低预示坏天气的到来,气压增高预示天气会变得晴好。

气压对人体生理有较大的影响,主要是通过影响人体内氧气的供应体现出来。随着高度的升高,气压下降,氧气在血液中的溶解量减少,导致供氧不足,人体将发生一系列生理反应,比如出现头晕、头痛、恶心、呕吐和无力等症状,甚至出现意识的丧失。因此,在高空飞行时,必须使用供氧设备或增压座舱,以使气压和氧气维持在正常水平。

3. 空气温度

空气温度(temperature)是指空气的冷热程度,简称为气温。气温的高低,实质上表明空气分子做不规则运动的快慢程度,表示空气分子运动的平均动能的大小。气温会随着地区、时间、高度发生变化。在一天中,最高气温是午后1~2点左右,最低气温是日出前后。在11 000 m以下的空间,随着高度增加,气温降低,近似为线性变化,平均每上升1 000 m,气温约降低6.5 ℃。

我国和大多数国家一样,气温常用摄氏温度 T_C(℃)计量。摄氏温度将标准大气压下水的三相点(固、液、气并存)温度规定为0 ℃,沸水的温度规定为100 ℃,在0 ℃到100 ℃之间分成100等分,每一等分为1 ℃。在欧美一些国家,气温常用华氏温度 T_F(℉)计量。华氏温度将标准大气压下水的三相点温度规定为32 ℉,沸水的温度规定为212 ℉,在32~212 ℉之间分成180等分,每一等分为1 ℉。两种单位的换算公式为:

$$T_F=\frac{9}{5}T_C+32 \text{ 或 } T_C=\frac{5}{9}(T_F-32) \tag{5-1}$$

温度的国际单位为开氏温度 T_K(K,开尔文),又称为热力学温度或绝对温度。开氏温度的计算起点是绝对零度,即0 K,相当于摄氏温度的−273.15 ℃,规定水的三相点温度为273.15 K,每变化1 K相当于变化1 ℃。开氏温度与摄氏温度的换算用以下公式:

---

① 1 mmHg=133.3 Pa。

② 1 mbar=100 Pa。

③ 1 psi=6 895 Pa。

$$T_K = T_C + 273.15 \tag{5-2}$$

4. 空气湿度

空气湿度(humidity)是指空气的干湿程度,表示空气中水汽含量或湿润程度。在一定的温度、一定体积的空气里含有的水汽越少,则空气越干燥;水汽越多,则空气越潮湿。在一定的温度下,如果水汽增大到某一个极限值,空气中水汽就达到饱和,如果超过这个极限值,将会有一部分水汽凝结,这一极限值称为该温度下的饱和水汽压。湿度表示有三种基本形式:水汽压、相对湿度、露点温度。水汽压,又称绝对湿度,表示空气中水汽部分的压力,常以百帕(hPa)为计量单位。相对湿度(Relative Humidity, RH)用空气中实际水汽压与当时气温下的饱和水汽压之比的百分数表示,取整数。在水汽含量不变的情况下,由于温度的降低,能够使空气中的水汽由未达饱和状态变为饱和状态,将会有一部分水汽凝结为露水或凝华为冰粒。露点(dew point),又称露点温度,是指在空气中水汽含量和气压不变的条件下,温度下降,空气中水汽开始凝结或凝华时对应的温度。测得露点温度,就可以从水蒸气的饱和含量表中查得其水蒸气含量。露点温度越低,表示空气中的水分含量越少。当气温降至露点温度以下时,大气中的水汽开始凝结或凝华,形成看得见的云、雨、雾、雪等天气现象,露点温度可以作为判断大气是否稳定的依据之一。

视频 5－2　湿度对飞行性能的影响

空气湿度增加将使飞行性能变差。由于水汽的密度小于纯干空气的密度(约为纯干空气密度的 62%),空气中的水汽增加,将会使得大气密度降低,导致升力减小;另外还使得发动机吸入的氧气量减小,导致发动机性能变差。因此,在潮湿天气环境下,飞机起飞将需要更长的滑跑距离,飞行中也需要增大迎角或速度。

5. 空气黏性

空气黏性(viscosity)是指空气分子之间相互作用的一种物理现象。当空气流动时,空气分子之间会发生碰撞,这种碰撞会导致空气分子之间产生相互的吸引力和阻力,是不同运动速度的空气微团之间的剪切作用。空气黏性在沿着物体表面流动的附面层作用尤为明显。黏性可以影响气体流动的速度、方向和稳定性,并导致能量损耗,从而产生气动阻力。研究和实验表明,空气黏性的大小与流体的种类、速度梯度、温度等关系密切。速度梯度(速度随空间的变化率)越大,黏性作用越强;随着温度升高,空气分子运动加剧,导致其内部阻力增大,黏性作用会随温度上升而增大。

6. 空气压缩性

空气压缩性(compressibility)是指当外界压力或温度改变时,空气体积和密度发生变化的特性。

当空气流过不平物体表面(凸起)时,气流速度和压力都会发生变化,从而引起密度发生变化。在低速气流中(一般指气流速度小于 0.3 倍声速),因速度变化导致压力变化所引起空气密度变化量很小,其影响可以忽略不计,认为空气是不可压缩的(incompressible);但在高速气流中(接近或超过声速),因速度变化导致压力变化所引起空气密度变化量较大,就不能忽略其影响,认为空气是可压缩的(compressible)。在大速度情况下,空气密度的显著变化就会引起空气动力发生额外的变化,甚至引起空气流动规律的改变,这是高速空气动力与低速空气动力的本质区别。

7. 国际标准大气

飞行器的飞行性能除了与设计、制造性能相关，还与大气状态的主要参数——气温、压力和密度等有密切关系。但是，这些参数会随着地理位置、时间、高度和气象条件的不同而变化。随着大气状态的改变，飞机的空气动力和飞行性能也要改变。因此，会出现同一架飞机在不同时间、地点、高度飞行时，所得出的飞行性能也会有所不同。为了更好比较飞行器的飞行性能，就必须制定统一的大气标准作为衡量的标准。为此，制订了国际标准大气。

所谓国际标准大气(International Standard Atmosphere，ISA)，为全球范围内的飞行器设计、性能计算、仪表校准以及相关科学研究提供一个统一的大气参数参考框架。国际标准大气以北半球中纬度地区(北纬 35°～60°)大气物理特性的平均值为依据，加以适当修订而建立。国际标准大气还包括了大气温度、密度、气压等随高度变化的关系，得出统一的数据，作为计算和试验飞机的统一标准。国际标准大气规定如下：

海平面高度为 0 m，这一海平面称为 ISA 标准海平面；

海平面气压为 1 013.2 hPa/29.92 inHg(英寸汞柱)，即标准海平面压力(标准海压)；

海平面气温为 15 ℃/59 ℉；

空气密度为 1.225 kg/m^3；

声音传播速度为 340.3 m/s；

对流层高度为 11 km，高度每升高 1 000 m，气温下降 6.5 ℃。

中国国家标准局于 1980 年颁布了“中华人民共和国标准大气(30 公里以下部分，GB1920－1980)”。

5.2 气流基本规律

5.2.1 流体模型*

空气分子运动是复杂、无规律的，要想建立一个与空气分子运动完全一致的流体模型是很困难的，也没有必要。所谓流体模型化，就是在研究流体运动规律时，根据所要研究问题的性质，抓住问题的主要方面，忽略次要方面的影响，建立相对简单的流体模型，便于讨论研究。常用的流体模型有以下两种。

1. 理想流体模型

理想流体，又称为无黏流体，是忽略流体黏性作用的流体，不考虑黏性、热传导、质量扩散等扩散特性。空气流过飞机时，一般只在贴近飞机表面的地方(附面层)才考虑空气黏性的影响，其他地方则按理想流体处理。在研究飞机表面压力分布及升力产生时，理想流体模型与实验结果符合得很好。在研究飞机的阻力问题时，则必须考虑流体的黏性。需要考虑流体黏性作用的流体称为黏性流体。

2. 不可压缩流体模型

不可压缩流体是指忽略流体密度的变化，认为其密度为常量的流体。任何流体都是可压缩的，只不过是可压缩的程度不同而已，液体的压缩性很小，气体的压缩性较大。空气流过飞机时，速度变化都要引起密度变化，其变化量的大小取决于 Ma（马赫数）的大小，当 $Ma \leqslant 0.3$ 时，可以忽略空气密度的变化，而把它视为不可压缩流体。当 $Ma > 0.3$ 时，就必须考虑空气密度的变化对流动参数的影响。需要考虑密度变化作用的流体称为可压缩流体。

5.2.2 飞行相对气流

1. 相对气流

物体的运动都是相对的。空气与参照物体之间有相对运动时会产生气流，空气与地面有相对运动时所产生的气流，常被称为风，空气与地面无相对运动，称为静止大气（无风）。当飞机在静止的大气中以 v_∞ 的速度飞行时，将在飞机上产生空气动力。如果前方空气以相同的速度 v_∞ 吹向相对静止的飞机，同样将在飞机上产生空气动力。即不论是飞机运动，还是空气运动都可以产生空气动力，并且只要飞机与空气产生的相对气流速度相等，所产生的空气动力也是相等的，这便是飞行相对运动。

相对气流（relative wind）是空气相对物体的运动，相对气流方向与物体运动方向相反。飞机在飞行中产生的相对气流方向与飞行速度方向相反，飞机由南向北飞行时，相对气流方向由北向南。飞机上升飞行时，相对气流方向斜向下；飞机下降飞行时，相对气流方向斜向上。

空气、物体（飞机）还存在两者都在运动产生相对气流的情况，即空气相对地面运动（有风），物体也相对地面运动，空气与物体间也存在相对运动，可分为以下3种形式，如图5-2所示。

（1）顺风（tail wind）：指风向与物体运动方向一致，顺风使相对气流速度减小。

（2）逆风（headwind）：指风向与物体运动方向相反，逆风使相对气流速度增大。

（3）侧风（cross wind）：指风向与物体运动方向成一定角度，存在正交分量的风，可分解为与物体运动方向垂直和平行的两个分量。前者称为横风，后者称为纵风（顺风、逆风）。侧风会使飞机偏离预定航迹，危及飞行安全。

图5-2 飞行相对气流

2. 迎角

迎角（Angle of Attack，AOA），又称为攻角，是相对气流方向与翼弦之间的夹角，用 α 表示，如图5-3所示。迎角与飞机空气动力密切相关，既影响飞机升力，又影响飞机阻力，是最重要的飞行参数之一。相对气流方向处于翼弦下方为正迎角，相对气流方向处于翼弦上方为负迎角，相对气流方与翼弦平行为零迎角。飞机必须在一定迎角范围内飞行，飞行员可以通过操纵驾驶杆偏转升降舵来改变飞机的迎角。

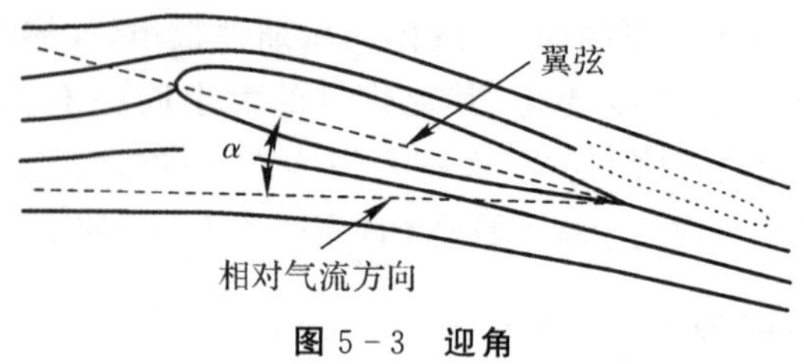

图 5-3 迎角

飞行状态不同，迎角大小一般不同。在正常飞行过程中，飞行速度高；迎角就小，飞行速度低，迎角就大。在水平飞行时，可以根据机头的高低来判断迎角的大小。机头高，迎角大；机头低，迎角小。其他飞行状态，单凭机头的高低就很难判断迎角的大小，如飞机下降时，虽然机头很低，但迎角仍是正迎角（相对气流斜向上）。所以，有的飞机上安装有迎角仪，又称迎角传感器，用来测量飞机迎角的大小，如图 5-4 所示。

3. 侧滑角

侧滑（sideslip）是指飞机对称面与相对气流方向不一致的飞行状态。侧滑可能由多种因素引起，包括飞行员的操纵、气流的变化以及飞机自身的设计特点等。当气流从飞机的左前方吹来，称为左侧滑；当气流从飞机的右前方吹来，称为右侧滑。

侧滑角（angle of sideslip）是指飞机对称面与相对气流方向之间的夹角，用 β 表示，如图 5-5 所示。侧滑角是飞行器飞行姿态的重要参数，反映了飞行器在飞行过程中的非对称流动状态。

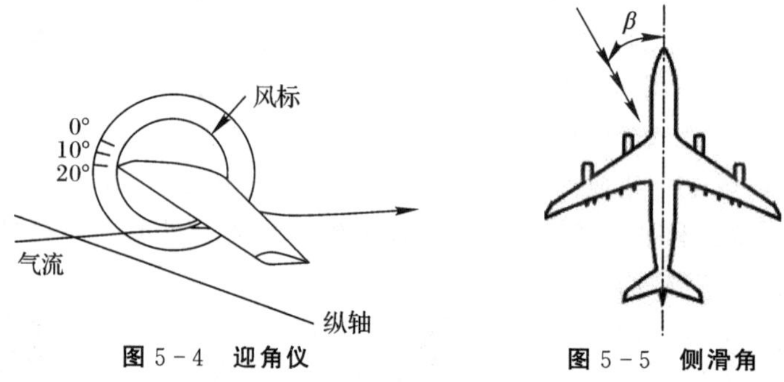

图 5-4 迎角仪　　图 5-5 侧滑角

5.2.3 流线和流线谱*

空气流过不同物体表面的流动情形是不同的。为了更直观、更形象地表达空气流动的情形，一般可用流线和流线谱来描述。

1. 流线

流线（streamline）是为了描述流体运动而引入的一条假想曲线，反映了流体微元在流动过程中的轨迹或趋势。该曲线上每点的流体微元的速度与曲线在该点的切线重合，如图 5-6 所示。流线通常是一条连续光滑的曲线，它不会相交，也不会折转。在定常流（流动

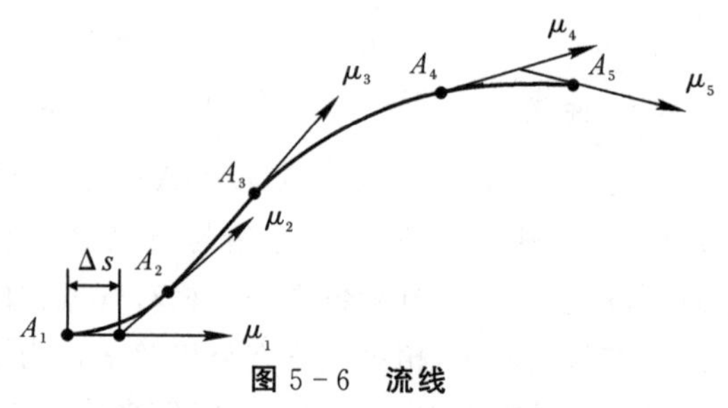

图 5-6 流线

参数如速度、压力、温度、密度等不随时间变化)中,流体微元的运动轨迹与流线重合。由于空气具有不可见性,正常情况下,肉眼是看不到流线的,为了更好地观察空气流动的流态,可以使用丝线法、烟流法、油流法及全息照相等方法来显示流线的形状,烟风洞就是常用的方法。

2.流线谱

流线谱(flow pattern)是流线的集合,是将同一时刻流场内不同空间点上的流线绘制在一起所形成的图形,通常包括了一系列连续的流线和可能存在的涡旋结构。流线谱的形状主要由物体的外形特征及物体与流体的相对位置决定,图5-7为几种典型物体的空气流线谱。通过流线谱可以直观地反映流体微元在流场中的运动情况,为人们提供了一种直观、有效的工具来分析和理解流体流动的特征和行为。

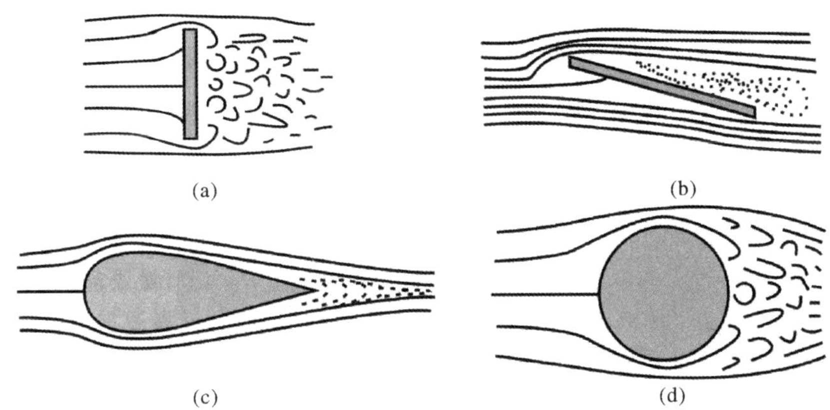

图5-7 几种典型的流线谱

(a)直立平板流线谱;(b)斜立平板流线谱;(c)流线体流线谱;(d)圆柱体流线谱

经分析比较,空气流线谱具有以下几个方面的特点:

(1)物体的形状不同,流线谱不同;并且物体与空气的相对位置(迎角)不同,流线谱也不同。

(2)气流受阻,流线间的间距增大,流线变稀疏;气流流过物体外凸处或受挤压,流线间的间距减小,流线变密集。

(3)气流流过物体时,在物体的后部都要形成涡流区。

(4)流线谱的形状与流速无关。

5.2.4 空气流动的基本规律

空气流动极其复杂,但也有其内在规律,这些规律是自然科学中通过大量的实验归纳总结出来的。在空气流动过程中应遵循质量守恒和能量守恒的基本规律,即连续性定理和伯努利定理。

1.连续性定理

连续性定理是描述流体速度与截面(过流断面)之间关系的定理。具体可表述为:流体连续不断、稳定地流过一个粗细不等的流管,在同一时间内,流过流管任意截面的流体质量相等。

连续性定理可以通过文丘里管(Venturi tube)实验进行验证,如图 5-8 所示。假设流体流过截面Ⅰ—Ⅰ的密度为 ρ_1、速度为 v_1、截面积为 A_1,流过截面Ⅱ-Ⅱ的密度为 ρ_2、速度为 v_2、截面积为 A_2。根据连续性定理,同一时间流过任意截面的流体质量相等,则有

$$\rho_1 v_1 t A_1 = \rho_2 v_2 t A_2 \rightarrow \rho_1 v_1 A_1 = \rho_2 v_2 A_2 \tag{5-3}$$

式(5-3)为连续性定理的数学表达式——连续性方程。对于低速不可压缩流体,可以认为其密度不变,即 $\rho_1 = \rho_2$,则式(5-3)可变为

$$v_1 \cdot A_1 = v_2 \cdot A_2 \tag{5-4}$$

由式(5-4)可以得出,低速流体在连续稳定的流管流动时,流速大小与流管截面积成反比。即:流管收缩(截面积小),流速增大;流管扩张(截面积大),流速减慢。这就是流体低速流动时,流速与流管截面积之间的关系。

利用连续性定理可以解析许多现象,如深水静流、山谷里的风比平原大等。

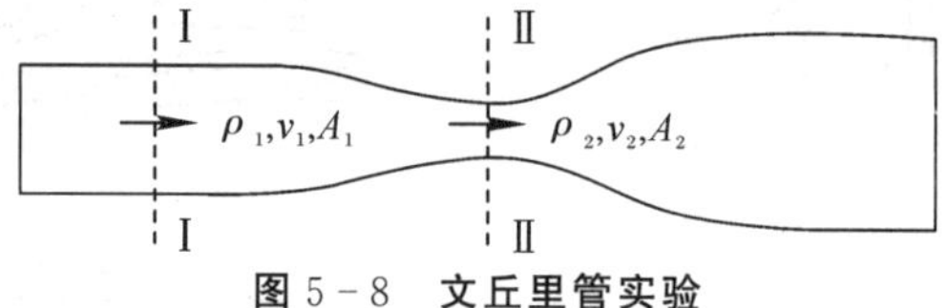

图 5-8 文丘里管实验

2. 伯努利定理

流体在运动时,除了遵循质量守恒定律外,还应遵循能量守恒定律。流体的能量守恒定律被称为伯努利定理,它是由瑞士物理学家丹尼尔·伯努利(Daniel Bernoulli)于 1738 年首先提出来的。它具体可表述为:不可压缩理想流体作稳恒流动时,流体中任何点处的压强、单位体积的势能及动能之和守恒。

【拓展阅读】

人物——丹尼尔·伯努利

17—18 世纪瑞士的伯努利家族(德语 Bernoulli,又译作贝努力)是一个非常著名的家族,人才辈出,一个家族 3 代人中产生了 8 位科学家,他们在数学、科学、技术、工程乃至法律、管理、文学、艺术等方面享有名望,有 3 位(雅各布·伯努利、约翰·伯努利、丹尼尔·伯努利)更是出类拔萃、声名显赫。

丹尼尔·伯努利(Daniel Bernoulli, 1700.2.8 —1782.3.17),瑞士物理学家、数学家、医学家,是著名伯努利家族中最杰出的一位。他涉及众多科学领域,1713 年开始学习哲学和逻辑学,1715 年获得学士学位,1716 年获得艺术硕士学位,1721 年获得医学博士学位,曾担任多个学科的教授。其主要成就集中在数学和物理领域。在数学领域,他的工作涉及到代数、微积分、级数理论、微分方程、概率论等方面,但他最出色的工作是将微积分、微分方程应用到物理学,研究流体问题、物体振动和摆动问题,被推崇为数学物理方法的奠基人。丹尼尔·伯努利的学术著作非常丰富,1738 年出版的《流体动力学》是他最重要的著作,书中用能量守恒定律解决流体的流动问题,给出了流体动力学的基本方程,后人称之为“伯努利方程”,提出了“流速增加、压强降低”的伯努利原理,其被誉为“流体力学之父”。

空气稳定流动时，主要有四种能量：动能、热能、压力能、重力势能，这四种能量之间相互转换，其总和为常数。当空气低速流动时，可以认为没有额外热量产生，与外界也没有热能的交换，热能为常量。当流管高度变化很小时，可以认为重力势能为常量。因此，不可以压缩理想气体作稳恒流动时参与交换能量只有压力能和动能，此时，能量变换的关系可以表示为：动能 ＋ 压力能 ＝ 常量，可用公式表示为

$$\frac{1}{2}\rho v^2 + P = P_0 \tag{5-5}$$

式中：$\frac{1}{2}\rho v^2$ 称为动压，指单位体积空气所具有的动能；P 为静压，指单位体积空气所具有的压力能，P_0 为总压（全压），指动压和静压之和。在静止的空气中，动压为零，静压等于总压（$P=P_0$），此时，静压等于当地的大气压；具有相对运动的空气，则动压大于零，其静压要小于当地的大气压。

伯努利定理可以用如图 5－9 所示的实验装置进行验证。由图中可得出：截面积间的关系为 $A_1=A_3>A_2$，流速间的关系为 $v_1=v_3<v_2$，压力间的关系为 $P_1=P_3>P_2$。

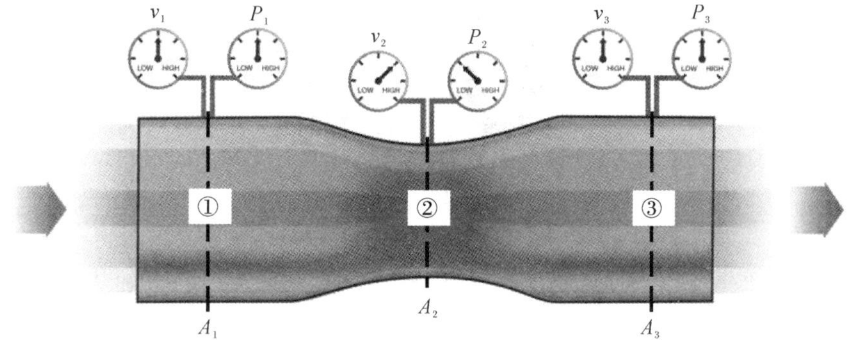

图 5－9　伯努利定理实验

式(5－5)是伯努利定理的数学表达式——伯努利方程。因此，伯努利定理可以表述为：不可压缩理想气体作稳恒流动时，在同一流管的任意截面上，其动压和静压之和保持不变。由此可见同一流管内，流速大，动压大，则静压小；流速小，动压小，则静压大。

利用伯努利定理可以解析许多现象，如往两张间隔较近的纸张吹气，会使纸张紧贴在一起；足球运动中的弧线球；机翼升力的产生等。

将连续性定理与伯努利定理结合起来，空气在连续稳定流管低速流动时，有这样的规律：截面积小，流速大，动压大，静压小；或截面积大，流速小，动压小，静压大。

3. 空速表

空速表(airspeed indicator)是测量和显示航空器相对周围空气的运动速度的仪表，它基于伯努利定理来测量空速，其原理图如图 5－10 所示。图 5－10(a)中的空速管（又称为皮托管，Pitot tube）的头部有一小孔 O 正对主来流（速度为 v_∞，压力为 P_∞），由于气流在此处完全滞止，速度为零，此处静压为总压，孔 O 所受到的是总压 P_0，称为总压孔；再在管壁处开另一小孔 B，其开口方向垂直于管壁（即垂直主来流），主来流速度 v_∞ 在该方向的分量为 0，它所受到的就只有气流的静压 P_∞，孔 B 称为静压孔。将总压孔和静压孔分别与压力测量

器相连接，则可以测出总压与静压的差值（P_0-P_∞），其大小等于主来流的动压$\left(\frac{1}{2}\rho v_\infty^2\right)$。

根据伯努利方程，可得：

$$\frac{1}{2}\rho v_\infty^2=P_0-P_\infty\rightarrow v_\infty=\sqrt{\frac{2(P_0-P_\infty)}{\rho}} \tag{5-6}$$

只要测得总压与静压的差值，就可以根据式（5-6）计算出对应的空速。若用导管将总压孔与空速表鼓膜的内腔连接，静压孔与鼓膜的外部相接，空速表的鼓膜在总压与静压之差的作用下膨胀或收缩，将鼓膜膨胀或收缩所产生的位移量通过某种运动传递机构传给空速表的指针，变为指针的偏转量，就可以通过指针的偏转情况直接读取航空器与气流的相对运动速度，即空速，如图5-10(b)所示。

视频5-3　空速管测速

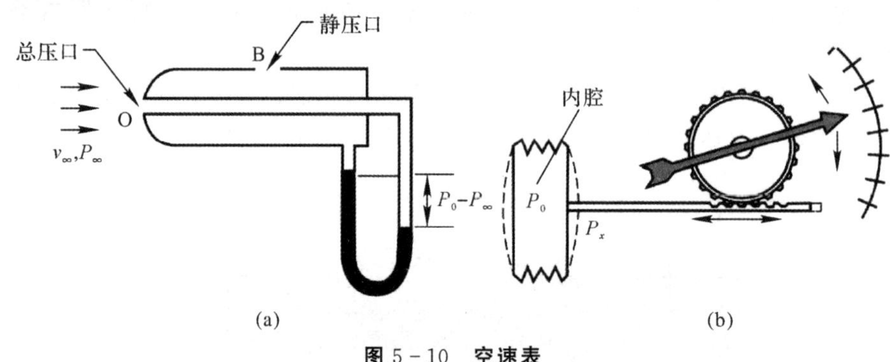

图5-10　空速表

(a)空速表原理图；(b)空速表

空速表是非常重要的飞行仪表，由于空速表故障而导致的飞行事故，在人类航空史上屡见不鲜。

【拓展阅读】

小昆虫和小胶布导致的空难

(1)伯根航空301航班事故。

事故经过：1996年2月6日，土耳其伯根航空的一架B757飞机执飞从多米尼加国际机场至德国法兰克福国际机场的301航班，起飞后5 min突然左倾落海，事故导致机上189人全部遇难。

事故原因：由于飞机长时间没使用，机长一侧的空速管被昆虫（胡蜂）筑巢堵塞，导致空速表失灵，再加上机长操作不当，从而酿成了此次惨重的事故。

(2)秘鲁航空603航班事故。

事故经过：1996年10月2日，秘鲁航空的一架B757飞机执飞从美国迈阿密国际机场至智利贝尼特斯准将国际机场的603航班，由于严重的机械故障导致飞机失速，飞机最终坠毁在太平洋上，事故导致飞机上70人全部遇难。

事故原因：空勤人员在清洁飞机时，给静压孔贴了胶布，事后忘记取下，起飞前的绕机检查不仔细没有发现相关问题（静压孔堵塞），起飞后导致飞机多个系统故障，产生大量的错误数据信息，再加上地面空管没能正确导航，从而酿成了此次惨重的事故。

(3)启示：航空安全无小事。

虽然这2次事故的起因看上去为偶发事件或微小事物，但最终却导致了机毁人亡的惨重事故。这2次事故给我们的启示是："航空安全无小事"。飞机的设计、制造、维护、使用任何环节都不能麻痹大意，要树立全面安全观，坚持安全第一、质量第一。在飞机设计中，使用更多的"防差错"设计，提高飞机安全裕度；在飞机生产制造中，严格控制生产过程，保证产品质量；在飞机维护使用中，要牢记"三个敬畏：敬畏生命，敬畏职责，敬畏规章"，全面贯彻落实"安全第一，预防为主"的方针。

2018年9月30日，习近平总书记在会见四川航空"中国民航英雄机组"时强调，安全是民航业的生命线，任何时候任何环节都不能麻痹大意。民航主管部门和有关地方、企业、从业者要牢固树立以人民为中心的发展思想，正确处理安全与发展、安全与效益的关系，始终把安全作为头等大事来抓，切实把安全责任落实到岗位、落实到人头。

5.3 升 力

5.3.1 总空气动力

当飞机(桨叶)与空气有相对运动时，就会产生作用于飞机(桨叶)上的空气动力。它们产生空气动力的原理是相同的，为了叙述方便，以下用飞机来代替常见的空气动力航空器，并且以机翼为对象，阐述的空气动力方面相关知识。

飞机各部分所产生的空气动力的总和就称为飞机的总空气动力(resultant)，通常用 $\boldsymbol{R}$ 表示，如图5-11所示。一般情况下，飞机的总空气动力是向上并向后倾斜的，根据它所起的作用，可将空气总动力分解为垂直于飞行速度(相对气流)、方向向上和平行于飞行速度(相对气流)、与飞行方向相反的两个分力。前者称为升力，用 $\boldsymbol{L}$ 表示，它用于克服飞机的重力，使飞机能驶离地面；后者称为阻力，用 $\boldsymbol{D}$ 表示，它阻碍飞机前行。

研究飞机空气动力，主要是研究飞机升力、阻力的产生原理及其变化规律。

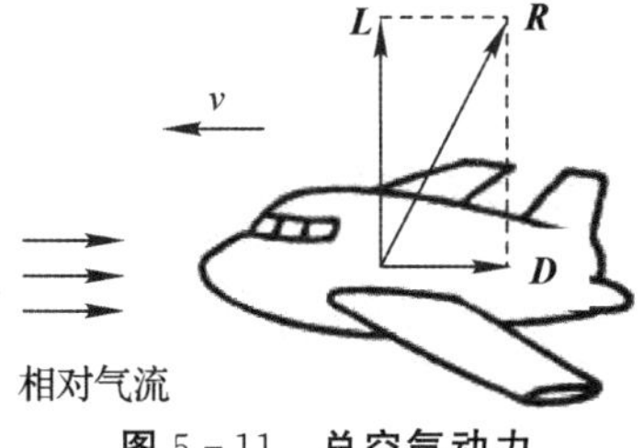

图5-11 总空气动力

5.3.2 升力产生的原理

视频5-3 升力产生原理

升力(lift)是用于克服飞机重量，使飞机驶离地面的作用力。飞机绝大部分升力都是由机翼产生，其他部分产生的升力很小，为了维持飞机的平衡，像水平尾翼通常产生向下的负升力。下面以机翼(平凸机翼)为对象研究飞机升力产生的原理及变化规律。

人们常用连续性定理和伯努利定理来解释机翼升力的产生，如图 5－12 所示。当气流从机翼流过时，其运动情况为：空气遇到前缘的作用，被分成上、下两股，分别沿机翼的上表面、下表面流过，并在机翼后缘汇合向后流走。由于机翼表面有向上的弯度，在机翼的上表面，受翼型外凸和正迎角的影响，流线变密，流速增大；而在机翼的下表面，气流受阻，流线变疏，流速减小。当气流从机翼流过时，上表面的气流速度 $v_{上}$ 大于下表面的气流速度 $v_{下}$，即有：

$$v_{上} > v_{下}$$

根据伯努利方程有：

$$\frac{1}{2}\rho v_{上}{}^{2} + P_{上} = \frac{1}{2}\rho v_{下}{}^{2} + P_{下}$$

又因为

$$v_{上} > v_{下}$$

可以得出：

$$P_{上} < P_{下}$$

这样，机翼的上、下表面就出现了压力(强)差，压力差作用于机翼(面积为 S)上就产生了向上的作用力，这便是机翼的升力 L。

$$L = \Delta P \cdot S = (P_{下} - P_{上}) \cdot S \tag{5-7}$$

升力的产生分布作用在整个机翼上，为了方便起见，可把机翼产生的升力看成作用于某一点上，称为机翼升力的着力点，又叫压力中心，用 CP(center of pressure)表示。

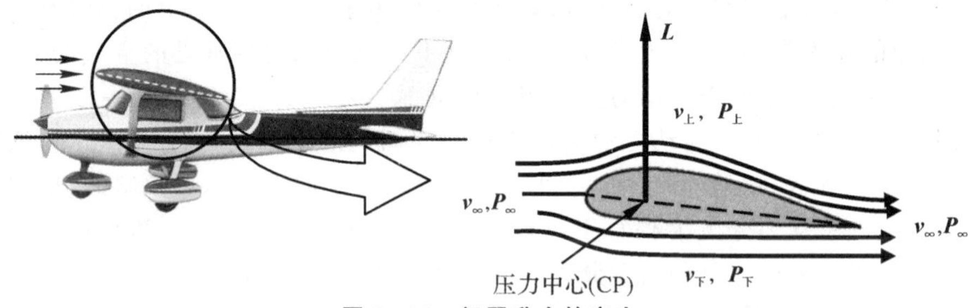

图 5－12　机翼升力的产生

5.3.3　翼型压力分布*

机翼的升力由上、下翼面的压力差产生，分布作用于整个翼面上。翼面上所产生的压力差并不是均等的，不同部位的压力差对机翼升力的贡献不同。翼型不同部位的升力可用矢量进行描述，如图 5－13 所示。

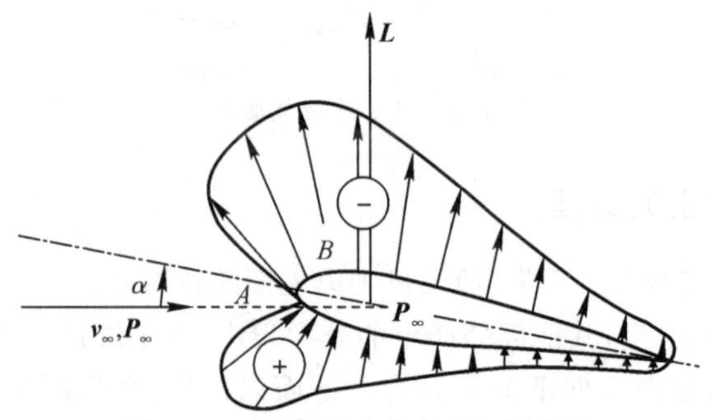

图 5－13　机翼压力分布的矢量表示

在用描述机翼压力分布时，通常将机翼上各处的静压(P)与来流的静压(P_{∞})进行比较，其差值 ΔP($\Delta P=P-P_{\infty}$)称为压力差。如果压力差为正值，称为压力(正压力)，用箭头由外指向翼面的矢量表示；如果压力差为负值，称为吸力(负压力)，用箭头由翼面指向外的矢量表示。

气流从(平凸)机翼上表面流过时，流速从 v_{∞}(来流速度)先增大，在最外凸处(B 点附近)达最大值，然后再减速，在后缘处流速减小为 v_{∞}，是一个"先加速后减速"的过程，整个过程的速度都大于来流速度。根据伯努利定理，机翼上表面的压力(强)会随流速发生变化，其规律为先减小后增大，但都小于来流的静压力(P_{∞})，上表面的空气动力通过吸力的形式产生作用。气流从机翼下表面流过时，流速从 v_{∞} 先减小，在 A 点附近达最小值，然后再增大，在后缘处流速增大为 v_{∞}，是一个"先减速后加速"的过程，机翼下表面的压力(强)会随流速发生变化，其规律为先增大后减小，但都大于来流的静压力(P_{∞})，下表面的空气动力通过吸力的形式产生作用。

这里需要指出，机翼的压力分布并不是一成不变的。翼型不同或迎角改变，流线谱会不同，压力分布情况将会发生变化。

5.3.4　升力公式与参数

升力公式的推导过程比较复杂，最终可以将飞机(机翼)的升力公式表示为

$$L=C_L\cdot\frac{1}{2}\rho v^2\cdot S \tag{5-8}$$

式中：C_L 为飞机的升力系数；$\frac{1}{2}\rho v^2$ 为来流动压；S 为机翼的作用面积。

由式(5-8)可知，飞机的升力与升力系数(C_L)、来流动压$\left(\frac{1}{2}\rho v^2\right)$和机翼面积($S$)成正比。升力的大小由 C_L、ρ、v 和 S 四个参量决定。这四个参量中，ρ(空气密度)和 S(机翼面积)是相对不易变的参量。ρ(空气密度)会随大气特性发生变化，人为因素较难以使其发生变化。空气密度会随高度发生变化，但飞机在水平飞行时，高度不变，可以认为空气密度大小基本不变。S(机翼面积)除了使用某些增升装置，机翼面积在正常飞行过程中也基本保持不变。而 C_L(升力系数)和 v(气流速度)是相对易变的参量，它们会随飞行条件随时发生变化，对升力的影响最明显。

升力系数与机翼的压力分布有关，主要随机翼形状(翼型参数)和迎角发生变化。对于同一架次飞机来说，机翼形状一般是固定不变的，也就是说，飞行过程中升力系数主要是随迎角发生变化。因此可以得出，飞机升力的大小主要随迎角和速度发生变化。

5.3.5　升力特性

飞机的升力特性是指飞机升力系数的变化规律，研究它随机翼形状(翼型参数)和迎角的变化规律。需要指出：升力系数只是影响升力的一个因素，它本身并不是升力，是一个无量纲参数。

升力系数的变化规律主要研究其随迎角的变化规律，称为升力系数曲线。图 5-14 为某型飞机的升力系数曲线。从升力系数曲线可以看出，升力系数(C_L)随迎角(α)的变化规

律可分为三段:①在中小迎角范围内,升力系数呈线性变化,即升力系数随迎角的增大线性增大;②当迎角较大时,升力系数随迎角还在增大,但增长势头渐渐减缓,已呈非线性变化;③当迎角达到某个角度时,升力系数达最大值,超过这个角度后,升力系数随迎角增大而降低。

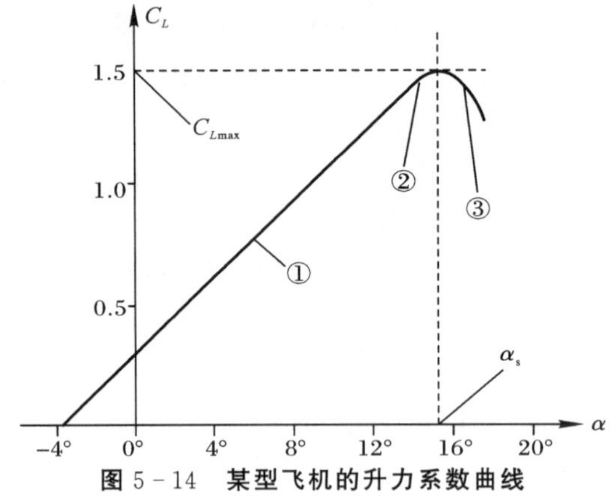

图 5-14 某型飞机的升力系数曲线

在一定迎角范围内,飞机升力系数随迎角增大而增大。飞机在正常飞行中,需要维持升力的稳定。当飞行速度变小时,需要增大升力系数,增大迎角;反之,飞行速度增大时,需要减小升力系数,减小迎角。即飞机在正常飞行中,小速度对应大迎角,大速度对应小迎角,如图 5-15 所示。

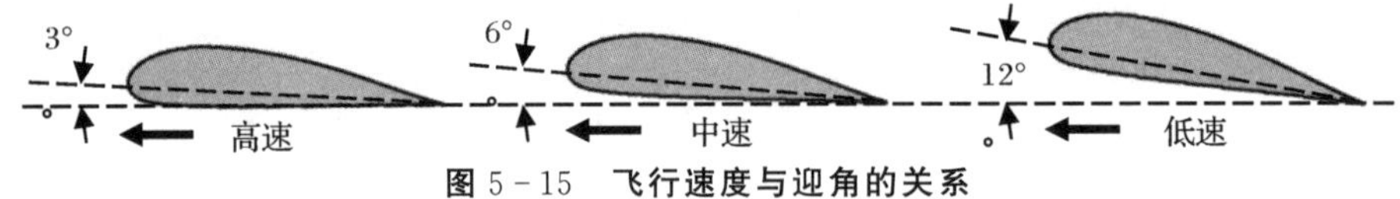

图 5-15 飞行速度与迎角的关系

5.3.6 失速*

失速(stalling)是指飞行中,当飞机的迎角超过某个临界值时,机翼上表面气流开始出现严重的分离现象,产生大量涡流,如图 5-16 所示,导致升力急剧下降、阻力急剧增大,升力不足以支撑飞机重量、飞行速度迅速降低的飞行状态。失速不但会导致飞机升力不足,而且会使操纵变得困难或效果不佳,危害非常大,严重时可能导致飞机急剧下降,甚至坠毁。

视频 5-5 失速气流

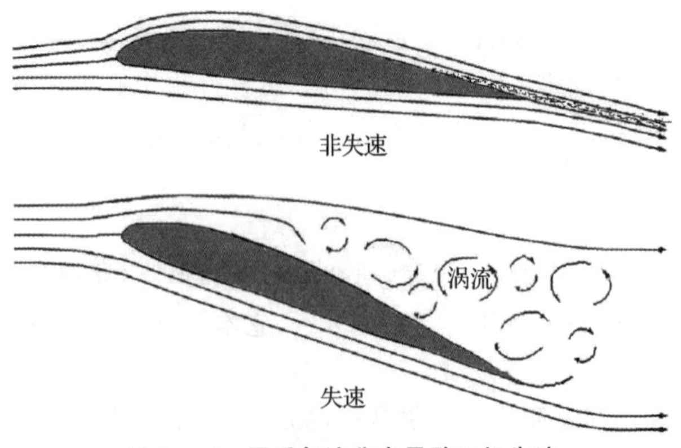

图 5-16 严重气流分离导致飞机失速

失速迎角(stalling angle of attack),又称为临界迎角,是飞机失速时迎角的临界值,用 α_s 表示。当机翼的迎角等于临界迎角时,升力系数达最大值($C_{L\max}$)。如果机翼的迎角超过临界迎角,飞机的升力系数就会下降,进入失速状态,如图 5－14 所示。因此,飞行员在飞行过程中需要时刻注意控制飞机的迎角,避免超过临界迎角,以保证飞行安全。现代飞机往往会采用失速警告系统,在飞机接近失速时,即刻向飞行员发出警告,以便飞行员能够紧急采取措施,有些系统甚至还可以自动实施一些补救措施。

一旦发生失速,飞行员应立即采取措施减小攻角,如柔和地向前推杆以减小迎角,同时适当加大油门提高空速,使飞机重新获得足够的升力并恢复正常飞行姿态。

5.4　低速阻力

阻力(drag)是与飞行运动方向相反,阻碍飞机前进的空气动力,同时阻力对飞机的稳定具有帮助作用。飞机的任何部位与空气作用都可以产生阻力,为了叙述方便,本文以机翼为对象阐述阻力的相关知识。

飞机以任何速度飞行都存在阻力,在低速飞行时,根据阻力的形成原因,可分为摩擦阻力、压差阻力、干扰阻力和诱导阻力。其中摩擦阻力、压差阻力、干扰阻力的形成是由于空气的内摩擦力作用,与空气的黏性有关,把它们称为废阻力,或寄生阻力(parasite drag);而诱导阻力是由升力诱导出来的,把它称为诱导阻力(induced drag)。在高速飞行时,伴随着激波的出现,还会额外产生激波阻力,使飞机阻力明显增加。

飞机的低速阻力与空气黏性、翼尖涡流有关。在讨论飞机阻力前,需要先了解一个与空气黏性联系非常紧密的概念——附面层,另一个与空气黏性无关的概念——翼尖涡流。

5.4.1　附面层*

1. 附面层的形成

水、空气或其他低黏滞性流体沿固体表面流动或固体在流体中运动时,附着于物体表面的一层流体称为附面层,又称边界层(boundary layer)。空气流过物体时,由于物体表面不是绝对光滑的,加之空气具有黏性,紧贴物体表面的一层空气会受到阻滞和吸附,流速减小为零。这层流速为零的空气又通过黏性(分子间的牵扯)作用影响与其相邻的一层空气的流动,使相邻层空气流速减小。如此一层影响一层,在紧贴物体表面的地方,就出现了流速沿物面的法线方向逐渐增大的薄层空气。从物体表面向外,流速由零逐渐增大,距物面一定距离后,流速才与主来流的气流速度一样。我们把物体表面这一层气流流速从零逐渐增加到主来流速度 99%的很薄的流动空气层称为附面层,如图 5－17(a)所示。

视频 5－6　附面层流动

2. 附面层的分类与特点

流体流动时存在两种基本流态:层流和紊流,附面层又可分为层流附面层和紊流附面层。层流附面层(laminar boundary layer)的流体微元沿着与物面平行的方向作平滑的分层流动。在这种流态中,流体微元(可看作质点)的轨迹没有明显的不规则脉动,互不混淆(流体微元内部还是无规则的运动)。紊流附面层(turbulent boundary layer)的流体微元除了沿物面的流动外,还有明显沿物面法线方向的上下乱动的现象,流体微元相互混掺,运动无序。流体在这种流态中,除了黏性耗能外,还有更主要的由于紊动产生附加切应力引起的耗能。

层流附面层本身并不稳定,缺失一种自动恢复平衡的能力,受外界的影响会逐步转变为紊流附面层。气流沿物面流动时,在流动前进路径的前段一般是层流流体,后面逐步转化为紊流流态,层流与紊流之间的过渡区称为转捩区,又称为转捩点,如图 5-17(b)所示。层流附面层的厚度较薄,紊流附面层的厚度较厚。

附面层存在黏性耗能,加上物面的阻滞和吸附作用,底部的流体微元的速度会逐步减缓。若存在与流体流动方向相反的逆向作用,会使流体微元速度降低为零,甚至出现倒流(逆流)的现象。附面层底部的逆流与顶部顺流共同作用,会使附面层气流拱起脱离物体表面,并被主流卷走,产生了旋涡。大量旋涡的不断产生,就会在物体表面形成涡流区。涡流区的旋涡运动是一种强烈的摩擦形式,会引起飞机机翼、尾翼和其他部分产生颤动,消耗气流的能量,严重的涡流还会导致飞机失速。

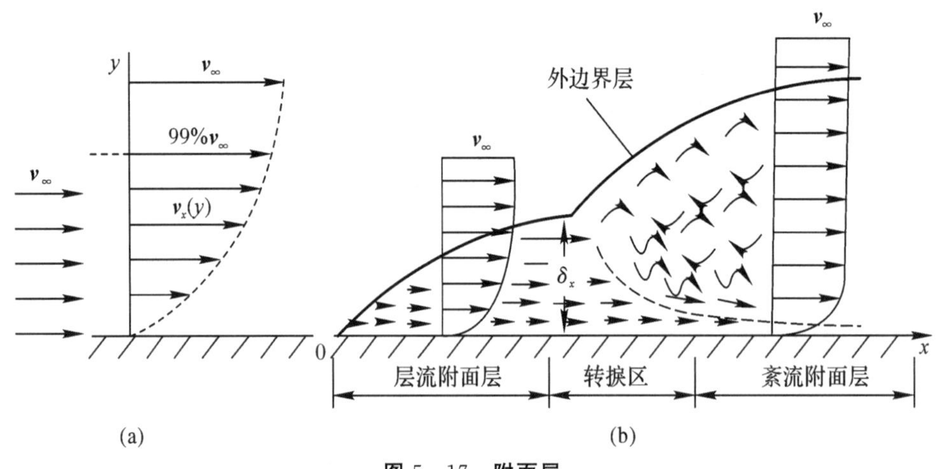

图 5-17 附面层

(a)附面层形成;(b)附面层分类

5.4.2 翼尖涡流*

1. 翼尖涡流的形成

当机翼产生正升力时,下翼面的压力(强)比上翼面的高。如果机翼不是无限长,在上、下翼面压力差的作用下,下翼面的气流就会绕过翼尖流向上翼面,左右两侧机翼的旋向刚好相反,如图 5-18 所示。这样就使得下翼面的流线由翼根向翼尖倾斜;而上翼面的流线由翼尖偏向翼根,在翼尖处形成了涡流,称为翼尖涡流(wing-tip vortex)。机翼上、下翼面的压力差越大,产生的升力越大,翼尖涡流的作用也就越强。

视频 5-7 翼尖涡流

翼尖涡流的旋转是有规律的,靠近翼尖内侧,气流向下;靠近翼尖外侧,气流上升。日常生活中所见到的两种现象与翼尖涡流有关。一种是有时在飞机飞过的空间会产生涡旋状的云。另一种是大雁的长途迁徙，常排成“人”字或斜“一”字形的队伍，领头的大雁排在中间，幼弱的小雁常排在队伍的外侧，这样使得后雁处于前雁翅梢所产生的翼尖涡流的上升气流之中，可节省体力，有利于长途飞行。

图 5-18　翼尖涡流

【拓展阅读】

大雁飞行与团队精神

大雁为了最终到达梦想的彼岸，它们结伴飞行，可大大提高飞行距离；在飞行中不停地叫喊，给同伴以鼓舞、信心和力量；轮流领飞，每一只大雁都有可能成为领头雁；有大雁掉队了，会有另外大雁留下来陪伴；中途休息时，会有一些大雁主动站岗放哨……。大雁在长途迁徙过程中的结伴飞行很好地利用了空气动力中的“翼尖涡”外围的“上洗流”，更是生动地诠释了伟大的团队精神。

随着社会的发展和社会分工的细化，人与人之间的密切配合与分工协作显得益发重要。现代社会对人才需求的标准越来越高，不仅要有丰富的知识、精湛的技艺、敬业的精神，更要具有团队协作精神，具备良好的团队精神才有可能在未来的竞争中立于不败之地。

所谓团队精神，是为了共同的目标，有机地集成团队中的每一个个体，将个体的潜能和个性充分发挥出来，让所有成员为了统一目标奋斗，协同合作，自觉地认同必须担负的责任，愿意为此共同奉献，是大局意识、协作精神和服务精神的集中体现。团队精神的核心是协同合作，反映的是个体利益和整体利益的统一，是组织文化的一部分。

2. 下洗流

在飞行过程中，翼尖涡流在旋转的同时向后流动，在机翼后缘会形成一种向下作用的气流，称为下洗流（downwash），如图 5-19(a)所示。下洗流可作用在整个机翼展长范围内，形成一个向下作用的平均速度 ω，可改变原来的气流，使其向下偏转一个角度 ε，速度从 v 变为 v'，且使机翼迎角从 α 变为 α'，如图 5-19(b)所示。

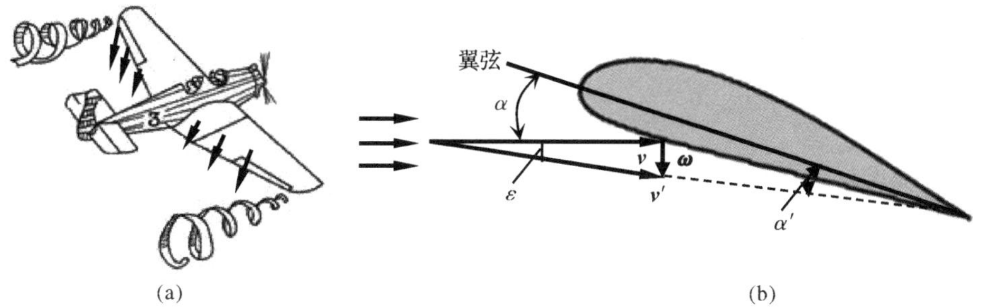

图 5-19　翼尖涡流与下洗作用

(a)下洗流；(b)下洗作用

5.4.3 阻力的产生、影响因素及减少措施

1. 摩擦阻力

由附面层的理论可知，空气流过机翼时，紧贴机翼表面的一层空气，其速度减小为零，就像粘贴在机翼表面一样。这是由于气流受到了机翼表面给它的作用力的结果，此作用力的方向与气流运动方向相反（与飞机运动方向相同）。根据牛顿第三定律可知，机翼表面也必然会受到气流给它大小相等、方向相反的反作用力。这个反作用力的方向与飞行方向相反，成为阻碍飞机前进的作用力，就是摩擦阻力（frictional drag）。

真实的气流都是要考虑黏性的非理想流体，飞机上只要与相对气流之间存在相互作用的地方都可以产生摩擦阻力。

摩擦阻力的大小与摩擦因数、速度梯度和接触面积相关。摩擦因数与气体的类型、气体特性及物体表面粗糙度等因素有关。速度梯度与附面层的类型密切相关，紊流附面层底层的速度梯度比层流附面层的大，紊流附面层产生的摩擦阻力比层流附面层的大。接触面积越大，摩擦阻力也就越大。

减小摩擦阻力，可以采用以下几个方面的措施：①降低摩擦因数，在飞行中气体特性人为因素很难控制，降低摩擦因数主要可以通过控制物体表面粗糙度的方法来实现。可以减小飞机表面（蒙皮）的不正常凹陷或凸起，如在飞机外表面使用埋头铆钉取代普通铆钉，如图5－20所示；及时去除飞机表面积冰等，如图5－21所示。尤其是机翼的表面粗糙度，它不但影响阻力，而且还会影响升力。②控制气流的流场，尽量减少或延缓紊流附面层的产生，从而减小机翼表面的速度梯度。③在保持升力足够或机身空间的前提条件下，尽可能减少飞机与气流的接触面积，但这要取决于飞机的构型。

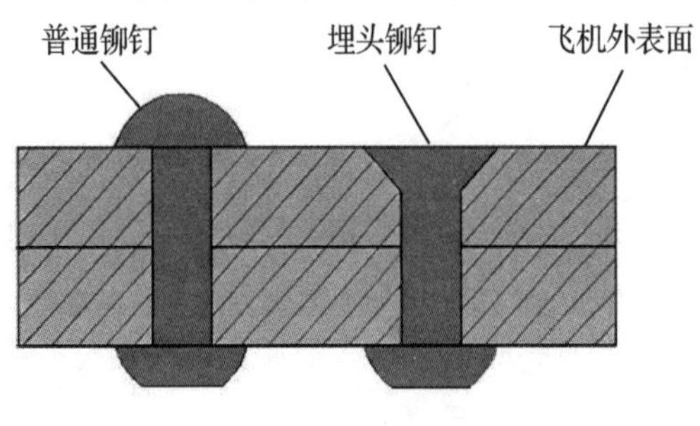

图5－20 飞机表面连接件

图5－21 飞机表面结冰

2. 压差阻力

由附面层的理论可知，气流流过机翼后，黏性和逆压梯度的作用使得在机翼后缘部分会产生附面层分离形成涡流区，如图5－22所示。涡流需要消耗额外的能量，导致该区域的压强降低。这样使得机翼前缘的压强（$P_{前}$）大于机翼后缘的压强（$P_{后}$），作用在机翼的迎风面积上，机翼的前后缘就会产生压力差，方向由前缘指向后缘，与飞机的运动方向相反，这就是机翼产生的压差阻力（form drag）。飞机其他部分产生压差阻力的原理与此相同。

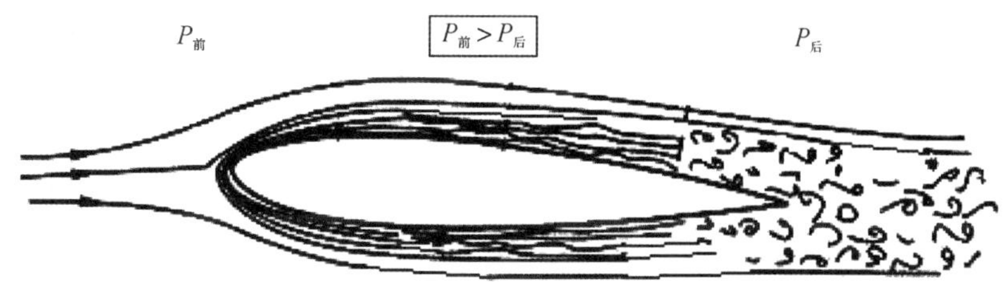

图 5-22　机翼气流流场图

根据压差阻力的成因可知，压差阻力的大小取决于机翼前、后缘的压力差的大小。压力差的大小又取决于气体的黏性和涡流区气流分离所消耗的能耗。涡流区越大、作用越强烈，压差阻力就越大；反之，压差阻力就越小。总的来说，飞机的压差阻力与迎风面积、形状和迎角有关。

减小压差阻力的最有效措施就是减小或延缓气流分离，尽量控制涡流区的大小。具体可以采用以下几个方面的措施：①减小飞机的迎风面积。迎风面积越小，压差阻力就越小。②改善物体（机翼）的构型。使物体更具流线型，流线型佳的物体，涡流区域比较小，压差阻力小。③控制迎角。迎角越大，分离点越靠近机翼前缘，涡流区面积越大，压差阻力就会增大；反之，压差阻力就会减小。④采用边界层控制技术（参考边界层控制技术），改善气流的流场，减小或延缓气流分离，从而减小压差阻力。

3. 干扰阻力

飞机的各个部件，如机翼、机身、尾翼等，单独与气流发生作用所产生的阻力的总和小于把它们组合成一个整体时所产生的阻力，即出现了“1+1>2”的现象。我们把这种飞机各部分之间由于气流的相互干扰而产生的额外阻力，称为干扰阻力（interference drag）。它产生于飞机上各个部件的结合部。

如图 5-23 所示，假设机翼与气流单独作用产生的阻力为 9 800 N；机身与气流单独作用产生的阻力为 9 800 N；把它们装配在一起，产生的总阻力为 23 000 N；多出的 2 400 N 就为干扰阻力。究其原因为，气流流过机翼和机身结合部，在结合部中段，由于机翼表面和机身表面都向外凸起，流线变密，流速加快，压强降低；而在后段，由于机翼和机身表面都向内弯曲，流线变稀，流速减小，压强增大。这样使得在机翼和机身的结合部的逆压梯度增大，促使气流分离点前移，使得结合部的涡流区扩大。涡流区域的扩大，可产生更大的摩擦阻力与压差阻力，从而产生额外的阻力。

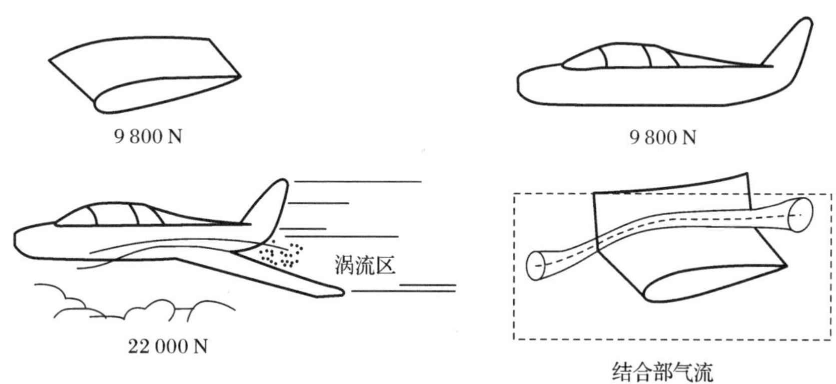

图 5-23　干扰阻力的产生

干扰阻力是由于飞机各部分相互结合、相互干扰，影响气体的流场，出现了更多的涡流区域，而额外产生的阻力。不但机翼和机身结合部会产生干扰阻力，机身与尾翼、机翼和发动机短舱等也会产生干扰阻力。

减小干扰阻力的措施就是要减小飞机各部分之间对气流的相互干扰，具体可采取以下几个方面的措施：①设计合适的部件外形和安装位置。如有实验表明，在其他条件不变情况下，中单翼的干扰阻力会比较小；而下单翼的干扰阻力会比较大。②在飞机的各个部件结合部位安装整流包皮(蒙皮)，使结合部较为圆滑，更具流线型，减小气流的过分扩张或收缩，减少气流分离。这种减小干扰阻力的措施在飞机中被大量使用。

4. 诱导阻力

由于翼尖涡流的作用在机翼后缘形成了一个下洗速度场，使原来气流速度方向向下偏斜，使得机翼升力/总空气动力方向更加向后倾斜，从而在飞机的阻力方向产生更大的阻力。这个阻力增量是升力的分量，是由升力诱导产生的，称为诱导阻力(induced drag)。

机翼升力方向与相对气流方向垂直。如果没有下洗作用，机翼上的原升力 $\boldsymbol{L}$ 垂直于相对气流 $\boldsymbol{v}$；受下洗作用影响后，实际升力 $\boldsymbol{L}'$ 应垂直于受下洗影响的气流 $\boldsymbol{v}'$，实际升力 $\boldsymbol{L}'$ 的方向较原升力 $\boldsymbol{L}$ 向后倾斜了一个角度，如图 5-24 所示。相对于飞机运动，实际升力 $\boldsymbol{L}'$ 可作两个方向的分解，竖直方向的分量用于克服飞机的重量；水平方向的分量 $\boldsymbol{D}'$，与飞机运动方向相反，阻碍飞机前进，这个阻力就是诱导阻力。

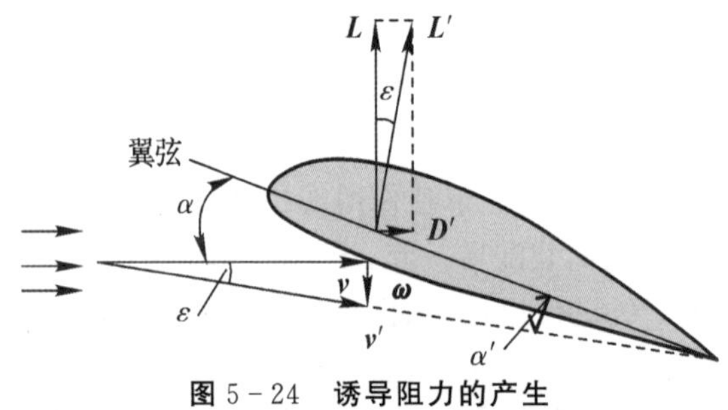

图 5-24 诱导阻力的产生

诱导阻力的大小取决于下洗流的作用的大小。下洗流的作用受到升力大小、机翼形状(特别是机翼的平面形状)、展弦比和飞行速度等因素的影响。升力越大，下洗作用越强，诱导阻力越大。不同平面形状的机翼，椭圆机翼的诱导阻力最小，梯形机翼次之，矩形机翼的诱导阻力最大。展弦比越大(翼展长)，下洗作用越弱，诱导阻力越小。在平直飞行中，飞行速度越快，下洗作用越弱，诱导阻力越小，诱导阻力与飞行速度平方成反比。

减小诱导阻力，可以采用以下几个方面的措施：①使用椭圆机翼或梯形机翼取代矩形机翼。②使用大展弦比的机翼。③提高飞行速度。这三种措施在实际使用时，要受到其他因素的制约，并不是减小诱导阻力的最有效的措施，减小诱导阻力的最有效措施是在机翼上装翼梢小翼。

翼梢小翼(winglet)，又称为翼尖小翼，是安装在飞机翼尖的端板，能有效削弱翼尖涡流的作用，从而减小诱导阻力，如图 5-25 所示。翼梢小翼被视为一种提高飞行经济性、节省燃油的先进空气动力设计措施，在现代飞机上被广泛使用。

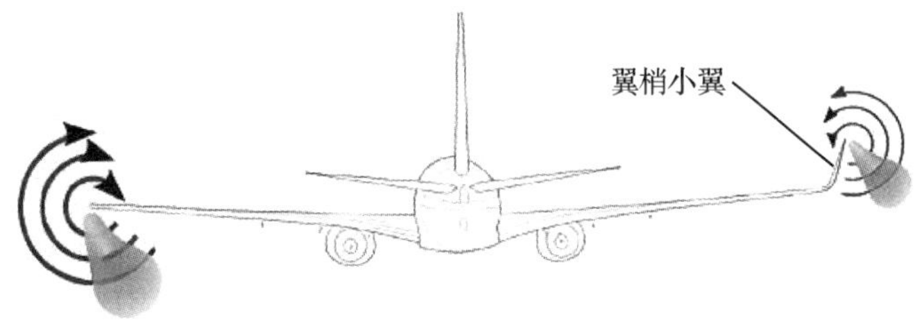

图 5－25　翼梢小翼

5.4.4　阻力公式与参数

与升力相比较，阻力的种类更多，产生过程更复杂，受多种因素的影响，严格推导阻力的产生(公式)将是一个复杂的过程，在此不进行详细阐述，最终可以将飞机(机翼)的阻力公式表示为

$$D = C_D \cdot \frac{1}{2}\rho v^2 \cdot S \tag{5-9}$$

式中：C_D 为飞机的阻力系数；$\frac{1}{2}\rho v^2$ 为来流动压；S 为机翼的作用面积。

由式(5－9)可知，飞机的阻力与阻力系数(C_D)、来流动压$\left(\frac{1}{2}\rho v^2\right)$和机翼面积($S$)成正比。阻力的大小由 C_L、ρ、v 和 S 四个参量决定。

阻力系数综合反映了机翼形状、飞机迎角及表面质量对飞机阻力的影响。对于同一架次飞机来说，机翼形状一般是固定不变的，也就是说，飞行过程中阻力系数主要是随迎角发生变化。因此可以得出，飞机阻力的大小主要随迎角和速度发生变化。

飞机蒙皮如有不正常的凹凸变形，飞机表面不够光洁，就会破坏空气的平顺流动，容易产生气流分离，导致阻力增加。飞机密封不良，气流将从压力大的地方穿过缝隙流向压力小的地方，会绕过本来不必要经过的部件，发生摩擦，并产生涡流，产生额外的阻力。

5.4.5　阻力特性

飞机的阻力特性是指飞机阻力系数的变化规律，研究它随飞机迎角、机翼形状及表面质量的变化规律。在此我们重点讨论飞机迎角变化对阻力系数的影响。阻力系数只是影响阻力的一个因素，它本身并不是阻力，是一个无量纲参数。

阻力系数随迎角变化的曲线，称为阻力系数曲线。图 5－26 为某型飞机的阻力系数曲线。从图 5－26 中可以看出，阻力系数随迎角的增大而增大，近似于开口向上的抛物线规律。阻力系数(C_D)随迎角(α)的变化规律可分为三段：①在中小迎角范围内，随迎角增大，阻力系数增加缓慢。这是因为，此时，机翼后缘气流分离较小，压差阻力小；并且此时飞行速度会较大，诱导阻力也小；此时，起主导作用的是摩擦阻力，迎角变化对其影响较小。②当迎角较大时，随迎角增大，阻力系数增加较快。这是因为，此时，机翼后缘气流分离较严重，压差阻力增大，并且此时飞升速度会较小，诱导阻力也增大；此时，起主导作用的是压差阻力和诱导阻力，迎角变化对它们影响较大。③在接近或超过临界迎角时，阻力系数会急剧增大。

这是因为，此时气流分离严重，涡流区急剧扩大，压差阻力急剧增大，从而使阻力系数急剧增大。

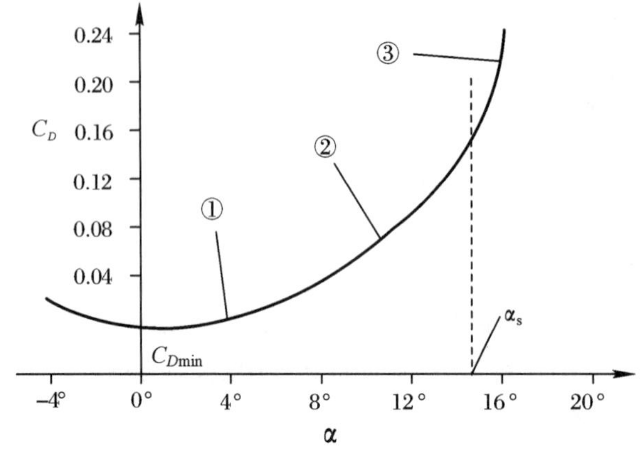

图 5-26　某型飞机的阻力系数曲线

飞机飞行过程中不可能不存在阻力，阻力系数永远都大于零，但它存在一个最小值，称为最小阻力系数，用$C_{D\min}$ 表示。最小阻力系数对应于某一个迎角，但不一定为零。

5.5　飞机低速空气动力特性

从升力公式(5-8)及阻力公式(5-9)中可知，某个因素(参数)改变时，既影响到升力，又影响到阻力，如迎角、动压、作用面积增大，使升力和阻力都增大。一般地认为，升力增大对飞行是有益的，而阻力增大对飞行是无益的。也就是说，在飞机设计或使用中，改变某一参数会带来相互矛盾的结果。为了更全面判断飞机空气动力特性的好坏，通常采用升阻比作为判断标准。

1. 升阻比概念

升阻比(lift-to-drag ratio)是在同一迎角下，升力与阻力之比，用 K 表示。即：

$$K=\frac{L}{D}=\frac{C_L\cdot\frac{1}{2}\rho v^2\cdot S}{C_D\cdot\frac{1}{2}\rho v^2\cdot S}=\frac{C_L}{C_D} \tag{5-10}$$

由式(5-10)可知，飞机的升阻比的大小就是飞机升力系数(C_L)与阻力系数(C_D)之比，与空气密度、飞行速度、作用面积的大小无关。

升阻比是衡量飞机空气动力性能优劣的一个关键参数，其大小主要与机翼形状、迎角等参数有关。升阻比越大，飞机的空气动力性能越好，对飞行越有利。

2. 升阻比随迎角的变化规律

由于升力系数和阻力系数的大小主要随迎角及翼型参数变化，所以升阻比也主要会随迎角及翼型参数变化。在这里我们主要讨论升阻比随迎角的变化规律。

图 5-27 是某机型的升阻比曲线，它表达了升阻比随迎角的变化规律。从曲线可看出，

升阻比存在一个最大值，用 K_{max} 表示，此时对应的迎角称为有利迎角（optimum angle of attack），用 α_{op} 表示，亦称最小阻力迎角。

从升阻比曲线可以看出，升阻比（K）随迎角（α）的变化规律可分为三段：①从零升迎角（α_0）到有利迎角（α_{op}），升阻比随迎角增大而快速增大，当迎角等于有利迎角时，达最大值（K_{max}）。这是因为，此时升力系数随迎角线性增加，而阻力系数缓慢增加，升阻比增大（分子增加快，分母增加慢），致使升阻比增大；达到有利迎角时，升阻比增至最大值。②超过有利迎角（α_{op}）到临界迎角（α_s），升阻比随迎角增大而减小。这是因为，此时阻力系数随迎角的增加量超过升力系数的增加量（分子增加慢，分母增加快），致使升阻比减小。③ 超过临界迎角，升阻比随迎角增大而急剧减小。这是因为，升力系数随迎角不增反降，而阻力系数随迎角急剧增大（分子减小，分母急剧增加），致使升阻比急剧下降。

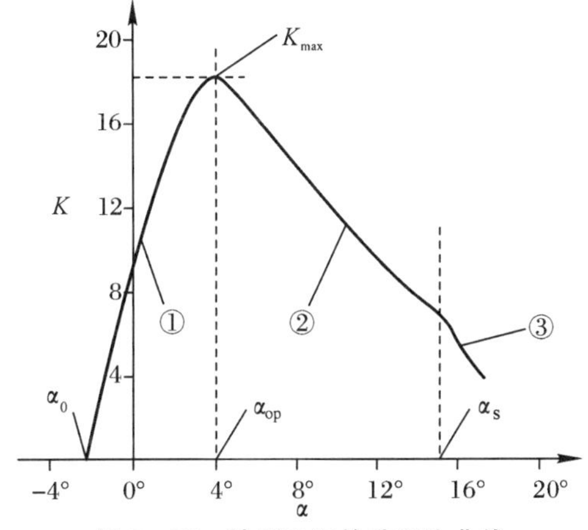

图 5 - 27　某型飞机的升阻比曲线

升阻比越高，意味着飞机在产生相同升力的情况下所承受的阻力越小，从而能够更有效地飞行，减少能耗；或者在相同耗能情况下，飞机能飞得更远。升阻比达最大值时，并不对应升力系数达最大值，也不对应阻力系数达最小值。

5.6　增升装置

通过对升力公式（5 - 8）的影响因素分析结果可知，飞机升力的大小主要随迎角和速度发生变化。如果飞机以小速度飞行，则要求较大的升力系数和迎角，机翼才能产生足够的升力来维持飞机飞行。

飞机在起飞或着陆时，为了缩短在地面的滑跑距离，要求较小的离地速度或接地速度，这就对应要求较大的升力系数。通过增大迎角来增大升力系数，会受到临界迎角的限制。理论上，飞机的迎角最大只能增大到临界迎角，实际上飞机在起飞或着陆时，受到安全裕度和擦尾角等因素的限制，迎角是不可能增大到临界迎角的。

为了提高飞机的起降性能，保证飞机以较小速度起飞或着陆时仍能够产生足够的升力，有必要在机翼上装设增升装置。所谓的增升装置（high lift device），就是用来增大机翼升力系数（最大升力系数）或/和机翼面积的装置，从而使得飞机以小速度、有限迎角飞行时仍能产生足够的升力。增升装置通过改变机翼的几何形状或/和气流特性来增加升力系数或/和机翼面积，目前使用较为广泛的增升装置有前缘缝翼、前缘襟翼、后缘襟翼等。

5.6.1 前缘缝翼

前缘缝翼(leading edge slat)是安装在机翼前缘的一段或几段狭长的、可操纵的翼面，其主要作用是延缓机翼(上翼面)的气流分离，提高(最大)升力系数和临界迎角，如图 5－28 所示。

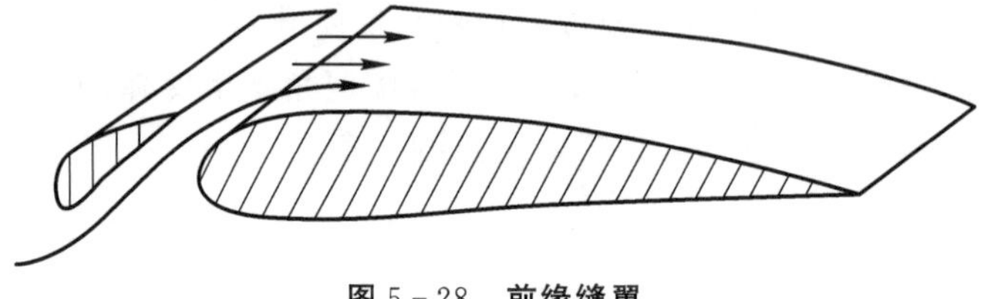

图 5－28 前缘缝翼

视频 5－8 缝翼改善气流

前缘缝翼关闭时，它就作为机翼前缘。当前缘缝翼打开时，可以增加机翼的弯度，它与基本机翼前缘表面形成一道缝隙，下翼面压强较高的气流通过这道缝隙加速而流向上翼面。一方面，下翼面的高压气流流过缝隙后，贴近上翼面流动，能够增大上翼面附面层中的空气动能，降低了逆压梯度，延缓气流分离，减小涡流区，从而达到增大升力系数和临界迎角的目的；另一方面，气流从压强较高的下翼面通过缝隙流向压强较小的上翼面，减小了上下翼面的压力差，又具有减小升力系数的副作用。打开前缘缝翼延缓气流分离，如图 5－29 所示。

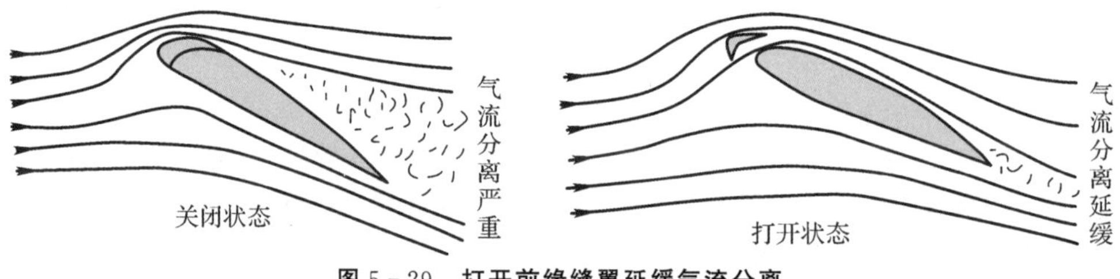

图 5－29 打开前缘缝翼延缓气流分离

在大迎角(接近临界迎角)时，上翼面的气流分离是升力系数降低的主要原因，使用前缘缝翼可以延缓气流分离，从而提高升力系数和临界迎角。但是，在中小迎角时，上翼面的气流分离本身就很弱，打开前缘缝翼不仅不能提高升力系数，反而会使上、下翼面的压力差减小而降低升力系数。可见，只有当飞机迎角较大，即上翼面气流分离严重时，打开前缘缝翼才能起到增大升力系数的作用。

5.6.2 前缘襟翼

前缘襟翼(leading edge flap)也是安装在机翼前缘的一段或几段狭长的、可操纵的翼面，可增加机翼的弯度或延缓上表面的气流分离。与前缘缝翼不同，它与基本机翼前缘之间没有缝隙，并不是通过引入下表面的高压气流来延缓上表面气流分离，而是通过改变前缘与气流之间的相对位置来延缓上表面气流的分离。前缘襟翼广泛用于高亚声速飞机或超声速飞机上。它的主要类型包括：下垂式前缘襟翼和克鲁格襟翼。

下垂式前缘襟翼(drooping leading edge flap)可向下偏转一定角度,增加机翼的弯度,延缓上表面气流分离,如图 5－30(a)所示。

视频 5－9　前缘襟翼改善气流

克鲁格襟翼(Krueger flap)安装在机翼前缘的下部,可向前下方翻转,如图 5－30(b)所示。当襟翼展开时,增加机翼的弯度,延缓上表面气流分离,还可以增加机翼面积,增升效果显著,且结构简单。在波音公司的飞机中,克鲁格襟翼得到了广泛应用。

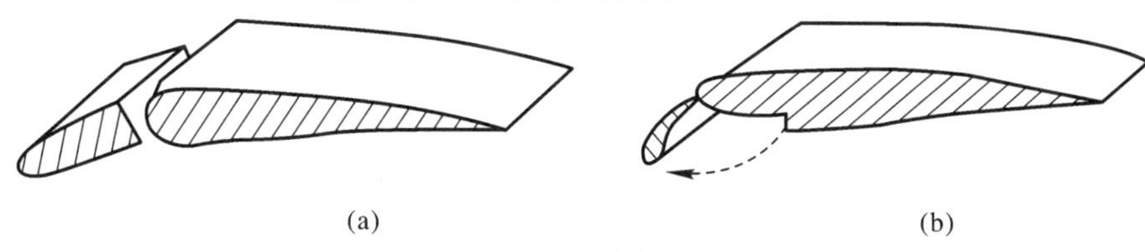

图 5－30　前缘襟翼

(a)下垂式前缘襟翼;(b)克鲁格襟翼

高速飞机一般采用前缘尖削,相对厚度小的薄机翼。在大迎角飞行,机翼上表面从前缘就开始产生气流分离,如图 5－31(a)所示,导致最大升力系数大大降低。大迎角飞行时,放下前缘襟翼,一方面可减小前缘与相对气流之间的角度,使气流能够平顺地沿上翼面流过,延缓气流分离,如图 5－31(b)所示;另一方面也增大了机翼的弯度。这样使得最大升力系数和临界迎角都得到增大。

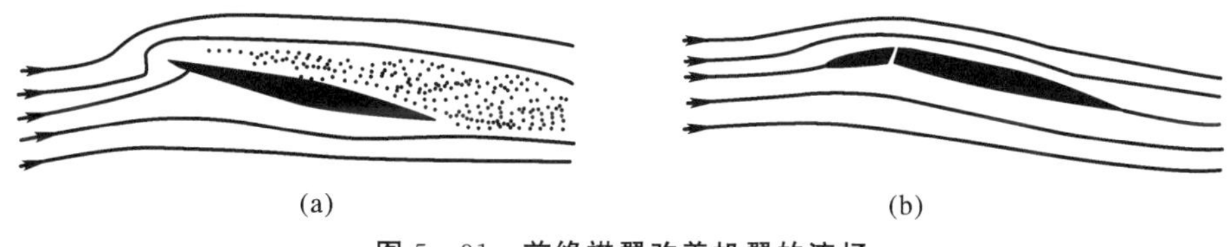

图 5－31　前缘襟翼改善机翼的流场

(a)关闭状态;(b)打开状态

5.6.3　后缘襟翼

后缘襟翼(trailing edge flap)是位于机翼后缘的可操纵翼面。它的种类较多,常见的有简单襟翼、分裂襟翼、开缝襟翼、后退襟翼、后退开缝襟翼等。

1. 简单襟翼

简单襟翼(plain flap),又称平板襟翼,与副翼的形状相似,可以向下偏转,放下简单襟翼,相当于改变了机翼的剖面形状,使机翼更加弯曲,如图 5－32 所示。放下简单襟翼,流经上翼面的气流流速加快,压强降低;而流经下翼面的气流流速减慢,压强提高。因此,上、下翼面的压力差增大,升力系数增大。可是,襟翼放下之后,机翼后缘涡流区扩大,机翼前后的压力差增大,机翼的压差阻力增大。同时,由于机翼后部的弯度增加,导致气流下洗作用增强,诱导阻力也增大,总阻力增大。

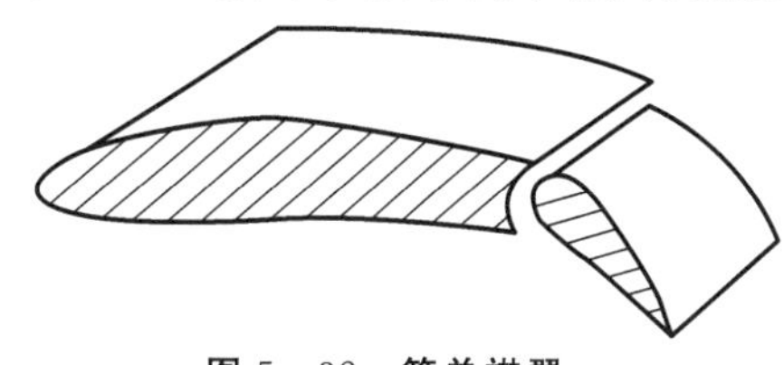

图 5－32　简单襟翼

放下简单襟翼,升力和阻力同时增大,但一般情况下阻力增大的百分比要比升力增大的百分比大些，所以升阻比反而降低。

简单襟翼的结构和控制机构比较简单，且与副翼相似，有些飞机还使得该翼面具有多种功能，称为襟副翼(flaperon)。它是一种兼备襟翼和副翼功能的多功能翼面，当被操纵同时向下偏转时，起到襟翼的增升作用；一上一下差动偏转时，起到副翼的操纵作用。

2. 分裂襟翼

分裂襟翼(split flap)是一种从机翼后段下表面向下偏转而分裂出的翼面，如图 5-33 所示。放下分裂襟翼，一方面，翼型的弯度增大使上、下翼面的压力差增大，升力系数增大。另一方面，在机翼后缘下部和襟翼之间的楔形区形成涡流，使机翼后部的压强进一步降低，对机翼上表面的气流有吸引作用，使其流速进一步增大，上下翼面的压力差增大，既增大了升力系数，同时又延缓了气流分离(利用涡流来实现增升)。由于以上两方面的原因，放下分裂襟翼的增升效果相当好，一般最大升力系数可增大 75%～85%。但在大迎角下放下襟翼，气流易提前分离，而且分离很严重，故临界迎角有所减小，超过临界迎角后，升力系数急剧下降。

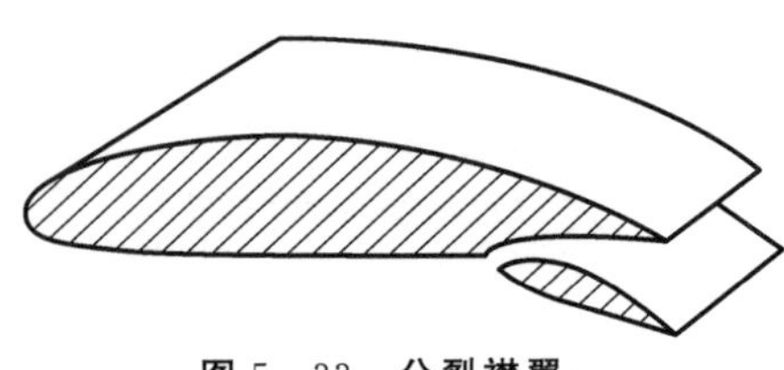
图 5-33 分裂襟翼

3. 开缝襟翼

开缝襟翼(slotted flap)是在简单襟翼的基础上改进而成的，这种襟翼在下偏的同时开缝，如图 5-34 所示。放下开缝襟翼，一方面，具有简单襟翼的增升作用与效果；另一方面，襟翼前缘与机翼后缘之间形成缝隙，下翼面的高压气流通过缝隙高速流向上翼面后缘，增大上翼面附面层中的空气动能，降低了后缘部分的逆压梯度，使上翼面附面层中气流加速，延缓气流分离，减少涡流区，提高升力系数，如图 5-35 所示。所以，开缝襟翼的增升效果比较好，最大升力系数一般可以增大 85%～95%，而临界迎角却减小不多。开缝襟翼一般开 1～3 条缝，具有 2 条以上缝隙的襟翼称为多开缝襟翼，多开缝襟翼可以克服单开缝襟翼偏转角度较大时，机翼后缘气流分离较严重的缺点。

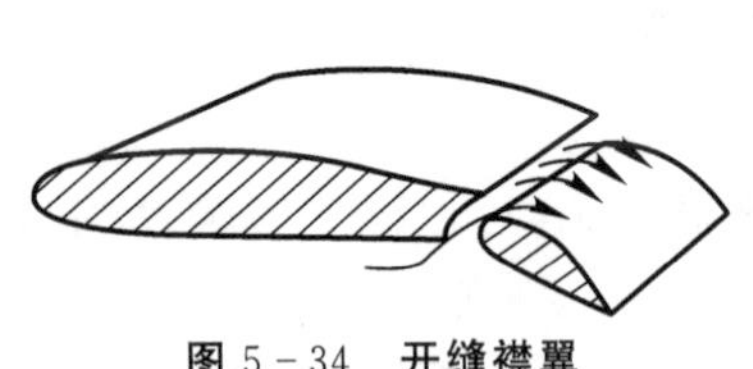
图 5-34 开缝襟翼

图 5-35 开缝襟翼改善机翼流场

4. 后退襟翼

后退襟翼(backward flap)也是在简单襟翼的基础上改进而成的，这种襟翼在下偏的同时还向后滑动，如图 5-36 所示。放下后退襟翼，不仅能增大机翼的弯度，使升力系数增大，而且还增大了机翼面积，增升效果好，且临界迎角减小得少。

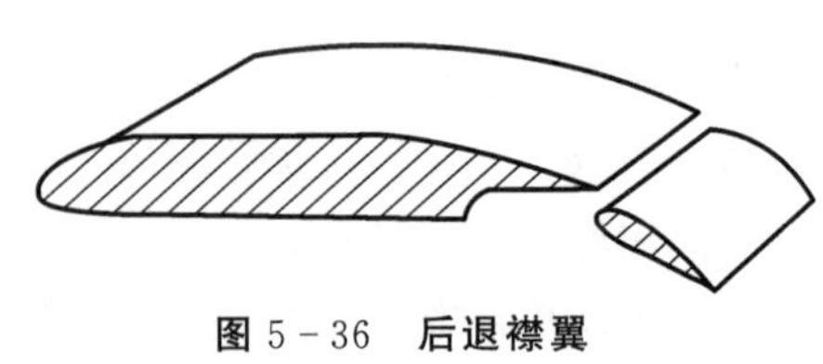
图 5-36 后退襟翼

5. 后退开缝襟翼

后退开缝襟翼(backward slotted flap)就是将后退襟翼与开缝襟翼结合起来。当襟翼下偏和后退时，它的前缘和机翼的后缘形成一条缝隙，如图 5－37 所示。它兼有后退襟翼和开缝襟翼的优点，既增加了机翼的弯曲度，又增加了机翼面积，还能延缓机翼后部的气流分离。这种襟翼结构复杂，增升效果很好，现代大型飞机上广泛采用，使用得较多的是后退双开缝襟翼和后退三开缝襟翼

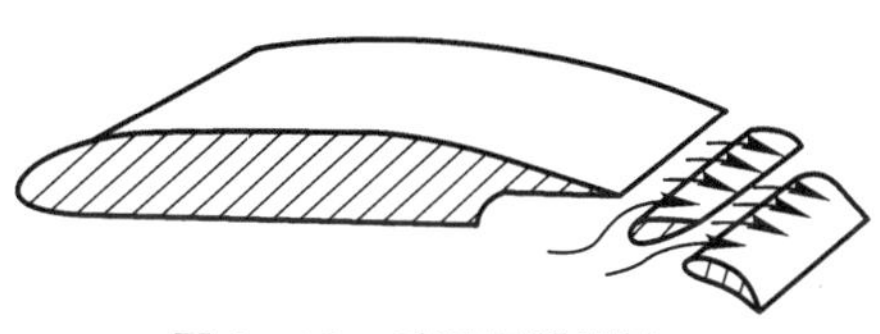

图 5－37　后退开缝襟翼

后退开缝襟翼有两种常用的类型：一种叫查格襟翼(Zagat flap)，另一种叫富勒襟翼(Fowler flap)。查格襟翼后退量不多，机翼面积增加较少，最大升力系数可增大 110%～115%。富勒襟翼的后退量和机翼面积增加量都比查格襟翼的多，增升效果更好，其最大升力系数可增大 110%～140%，但其结构和操纵机构也更复杂。

5.6.4　边界层控制*

以上几种增升装置，使飞机的最大升力系数得到了提高，从而使飞机的起飞、着陆性能有较大的改进，但这几种增升装置在使用时也会带来一定的副作用，使临界迎角或升阻比减小。所以，现代高速飞机往往采用更先进的边界层控制技术来实现增升。边界层控制主要有如下几种类型：

1. 涡流发生器

涡流发生器(vortex generator)是(成对)垂直安装在机体表面上的小展弦比小机翼，如图 5－38 所示。当气流流过涡流发生器时，由于其展弦比较小，在其翼尖端会产生较强的涡流。这种高能量的翼尖涡流能把能量传递给边界层，与其下游的低能量边界层流动混合后，使处于逆压梯度中的边界层流场获得附加能量后能够继续贴附在机体表面流动而不致过早分离。涡流发生器是利用涡流来实现增升的，其结构简单，实践表明其增升效果相当不错，在现代飞机上获得了广泛的应用。

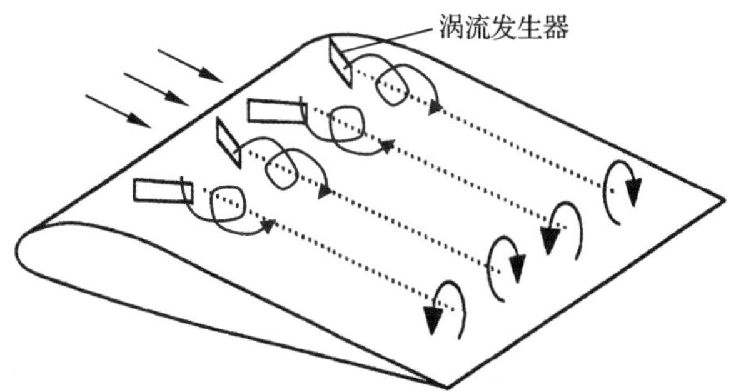

图 5－38　涡流发生器增升

2. 边界层吹气增升装置

边界层吹气增升装置，又称吹气襟翼(blown flap)。它的基本原理是：利用从涡轮喷气发动机或其他装置引出的高能量气流，通过襟翼与机翼前缘的缝隙沿上翼面高速向后喷出，

称为前缘吹气襟翼，如图 5－39(a)所示；或通过襟翼与机翼后缘的缝隙向后下方以高速喷出，形成喷气幕，称为后缘吹气襟翼，如图 5－39(b)所示。吹气装置产生的高能量气流与机翼边界层内的低能量流体进行混合，把能量传递给边界层，使得附面层气流加速或延缓气流分离，减小涡流区，改善机翼气流的流场，增加上、下翼面的压力差，从而使升力系数和临界迎角都增大。

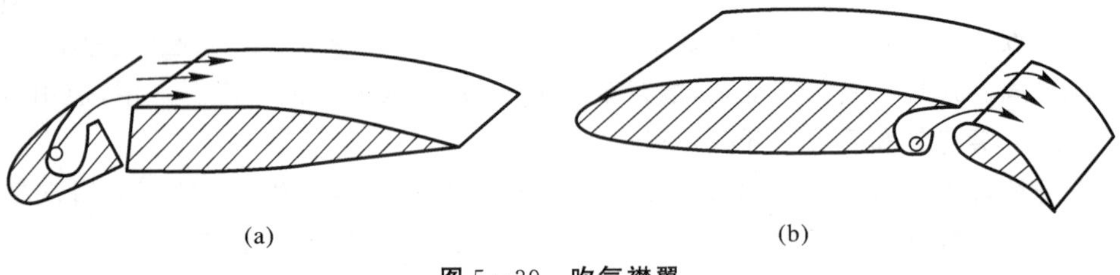

图 5－39　吹气襟翼

(a)前缘吹气襟翼；(b)后缘吹气襟翼

3. 边界层吸气增升装置

边界层吸气增升装置与边界层吹气装置相反，这种装置利用吸气泵，通过机翼上表面的缝隙，抽吸边界层的气流，使气流的速度和能量增大，减小逆压梯度的作用，如图 5－40 所示。这样也可以推迟气流分离，减小涡流区，改善机翼气流的流场，增加上、下翼面的压力差，从而使升力系数和临界迎角都增大。

图 5－40　吸气增升

5.6.5　扰流板

扰流板(spoiler)是安装在机翼上表面或者机身背部的可向上偏转小翼面，如图 5－41 所示。当扰流板向上打开时，一方面，可以增加飞机的气动阻力，使飞机速度降低，又被称为减速板；另一方面，打开机翼上的扰流板相当于增加了翼型上翼面的弯曲程度，由于扰流板的阻滞作用，从上翼面流过的气流减速，压力差减小，从而减小机翼产生的升力，即扰流板还具有减小升力或卸载升力的作用，这点与增升装置正好是相反的。当扰流板收进时，它紧贴于机翼或机身上，不影响气流的流动。

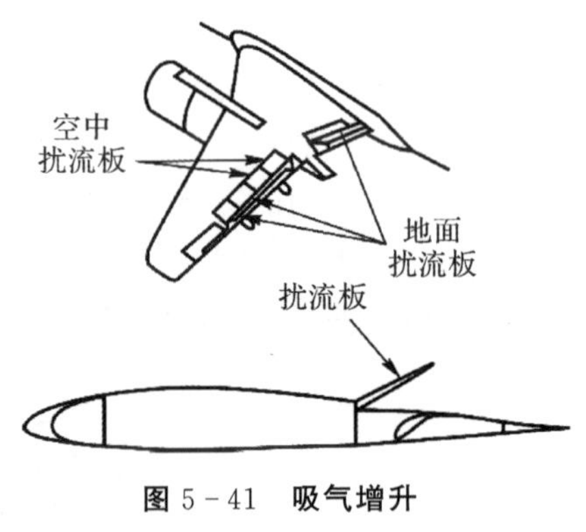

图 5－41　吸气增升

现代大型运输机上都配备有若干扰流板。扰流板按其作用的不同又可分为地面扰流板和空中扰流板。地面扰流板(ground spoiler)只在地面使用，当飞机着陆或中断起飞时，地面扰流板可完全打开，从而减小或卸除机翼的升力，增加飞机与地面间的作用力，可提高机轮刹车效率，同时还增大飞机的气动阻力，从而缩短飞机的滑跑距离。飞行扰流板(flight spoiler)既可在空中使用，又可以在地面使用。在空中飞行时，飞行扰流板主要有两个作用：一个作用是作为减速板使用以实现飞机在空中的急速机动，作为减速板使用时，左、右飞行扰流板都升起，增加飞机的气动阻力以实现空中减速；另一个作用是配合副翼进行横滚操纵,即当驾驶盘/侧杆旋转的角度超过一定值时,副翼上偏一侧的飞机扰流板打开(进一步减小升力),或者与上偏副翼构成“阻力副翼”,防止出现横向反操纵的问题。当副翼系统出现故障而卡阻时,飞行扰流板还可以单独进行应急横滚操纵。飞行扰流板在地面上使用时,可完全打开,与地面扰流板的作用相同。

5.6.6　增升装置基本原理与使用原则

1. 增升装置的基本原理

增升装置种类较多,而且为提高增升效果,现代大中型客机和高速军用飞机,往往同时采用几种增升装置,起到综合增升的效果。所有增升装置和增升技术,主要通过三个方面的原理来达到增升的目的。一是增加翼型的弯度,增大机翼上下翼面的压力差,从而增大升力系数,这是多数增升装置都使用的原理;二是延缓上翼面的气流分离,减小涡流区,改善气流流场,从而增加升力系数和临界迎角;三是增大机翼面积,达到增大升力的目的。表5-1是各种增升装置所使用的增升原理。

表5-1　增升装置所使用的增升原理

增升原理	增升装置								
	前缘缝翼	下垂前缘襟翼	克鲁格襟翼	简单襟翼	分裂襟翼	开缝襟翼	后退襟翼	后退开缝襟翼	边界层控制
增加弯度	●	●	●	●	●	●	●	●	○
改善流场	●	●	●	○	●	●	○	●	●
增大面积	○	◎	●	○	○	○	●	●	○

●表示采用,○表示没有采用,◎表示不确定。

2. 增升装置的使用原则

多数增升装置在增加升力的同时也增加阻力。飞机在起飞或着陆时,为了降低离地速度或接地速度,缩短地面滑跑的距离,提高飞机起降的安全性,一般都要求使用增升装置,但增升装置的使用量不同。在飞机起飞过程中,增升装置往往都是限制使用量,这样既可以利用增升装置减小起飞离地速度,又可以避免阻力增加过多而阻碍飞机加速,可使飞机在推进力作用下尽快加速,从而减少起飞滑跑距离。在着陆过程中,增升装置往往都是尽量使用,这样既可以通过增升装置的作用尽量减小飞机着陆接地速度,还可以使用其增阻作用使飞机尽快减速,减少着陆滑跑距离,提高着陆性能。

5.7　高速空气动力

随着飞行速度的提高,特别是当飞行速度可与声速相比拟的高速飞行时,伴随着激波的出现,不仅空气流动规律发生了变化,而且飞机的空气动力特性也发生了变化。为了更好了解飞机的高速飞行特性,需要学习和了解高速空气动力方面的知识。

5.7.1 高速气流特性

高速气流与低速气流相比较,气流流动规律有相似之处,也有很大的差异。这种差异,在飞机亚声速飞行阶段就表现出来了,到了跨声速和超声速阶段,随着激波的出现,飞机升力系数(C_L)随飞行速度的增加出现起伏变化,阻力系数(C_D)急剧增加,表现尤为明显。

引起高速与低速空气动力特性出现明显不同的原因是空气的压缩性。所谓空气的压缩性是指空气的压力、温度等条件改变而引起空气密度发生变化的属性。

不论是低速飞行还是高速飞行,空气流过机翼和尾翼等部件时,翼面上各处的速度和压力均发生变化,都会引起空气密度发生变化。低速飞行时,速度变化引起密度变化量很小,可以忽略不计,认为空气密度为常量;但高速飞行时,速度变化引起密度变化量较大,就不能忽略不计,空气密度不再认为常量,气流流动规律也变得更复杂了。

飞机在运行中,会产生各种扰动波,其传播规律与声波相同。因此,需要先学习声波的传播规律。

1. 声波的传播规律

我们人类的耳朵之所以能听到声音,是因为从声源发出的声波以一定的速度向周围传播,声波传到了耳膜,刺激了听觉神经,从而使人能听到声音,如图 5-42 所示。声音的传播是一种弱扰动在弹性介质中的传播,其传播速度主要与传播介质的弹性有关,而与扰动源的振幅、频率关系不大,即扰动的传播速度取决于传播介质的状态。

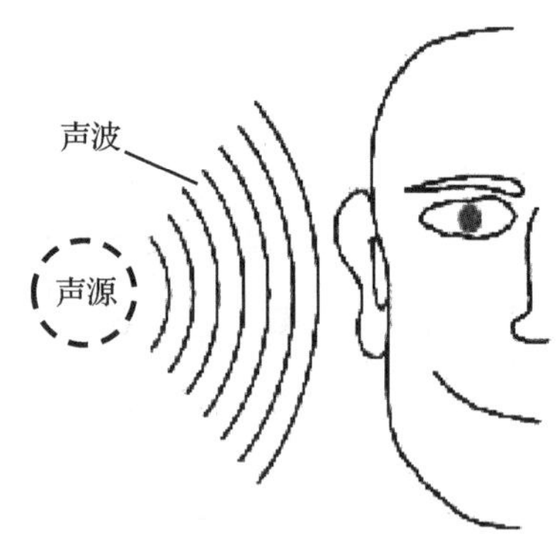

图 5-42 人耳听声过程着陆

声音在不同弹性介质中的传播速度是不一样的,还与介质的状态有关,会随介质的温度、压强等状态参量而改变。介质分子越密集,分子运动越剧烈,越不容易被压缩,声波的传播速度就越快。

声速,通常是指声波在空气中的传播速度,用符号 c 表示。声音在标准大气中的传播速度约为 340.3 m/s,随着密度、温度等发生变化,声速会发生变化。

在对流层内,随着高度升高,空气密度、气温等降低,声速将下降。

2. 飞行马赫数

飞机在运转过程中会产生各种扰动,此时飞机相当于扰动源,其产生的扰动波一样会在空气中传播,都属于弱扰动,其传播规律与声波相同。但飞机在飞行过程中,扰动源本身是运动的,按运动速度可分为四类:①飞机相对静止($v=0$);②飞机以比声速小的速度($v<c$)向前飞行;③飞机以与声速相同的速度($v=c$)向前飞行;④飞机以比声速大的速度($v>c$)向前飞行。

当飞机运动时,则扰动波的传播规律也随之发生变化,如图 5-43 所示。当飞机相对静止时,扰动波在空间以同心球形式向外传播。当飞行速度小于声速($v<c$)时,飞机所到之处,扰动波已经先经过。当飞行速度等于声速($v=c$)时,飞机所到之处,扰动波也刚好到达,新旧扰动波会相互叠加,造成共振问题。当飞行速度大于声速($v>c$)时,飞机所到之处，扰动波尚未到达，会给空气造成很大的冲击，产生激波。

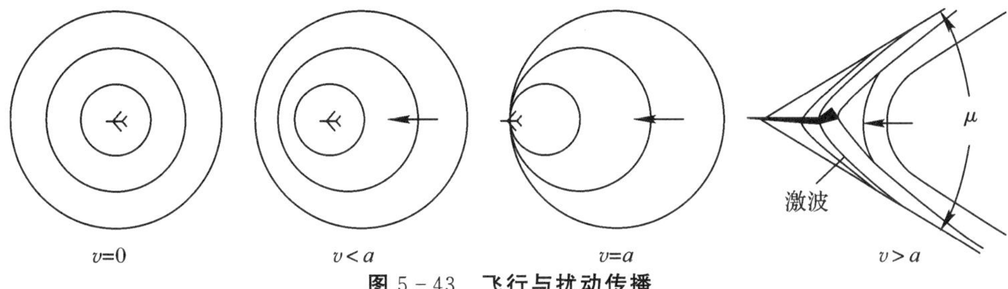

图 5-43　飞行与扰动传播

在飞机飞行过程中，还可以通过飞行速度与声速相比较来衡量飞行的快慢，称为飞行马赫数。所谓马赫数(Mach Number)是为流场中某点(气体微元)的速度与该点的当地声速之比，即该处声速的倍数，是一个无量纲数，用 Ma 表示。

$$Ma=\frac{v}{c} \tag{5-11}$$

式中：Ma 为马赫数；v 为流体微元的速度；c 为当地声速。

马赫数还可以进一步细分，如飞行马赫数、局部马赫数、临界马赫数等。飞行马赫数是指飞行真速与飞行高度声速之比，局部马赫数是指局部气流速度与局部声速之比(如翼型上表面某点的局部马赫数)。

5.7.2　激波

1. 激波的形成

弱扰动在空气中以当地声速向四周传播，当扰动源以亚声速运动($v<c$)时，扰动传播速度比扰动源运动速度大，所以扰动集中不起来，这时整个流场上流动参数(包括流速、压强等)的分布是连续的，不会有突跃式的变化。而当扰动源以等声速或超声速运动($v>c$)时，扰动源运动速度比扰动传播速度大，后续的扰动波将追赶上前面的扰动波，堆叠在一起而形成一道强的压缩波，即激波。

激波(shock wave)，又称为冲击波，通常是指当飞行器以超声速飞行时，弱扰动堆叠形成的强压缩波；或者可理解为当飞行器以超声速飞行时，其前方的气流无法及时疏散，形成了一个空气压力、温度、密度等参数发生突跃变化的分界面，如图 5-44 所示。激波是受到强烈压缩的一层薄薄的空气，理想气体的激波没有厚度，只是数学意义上的不连续面。实际激波是有厚度的，但数值十分微小，一般情况下，激波的厚度是 2.5×10^{-5} cm 左右，可以忽略不计。

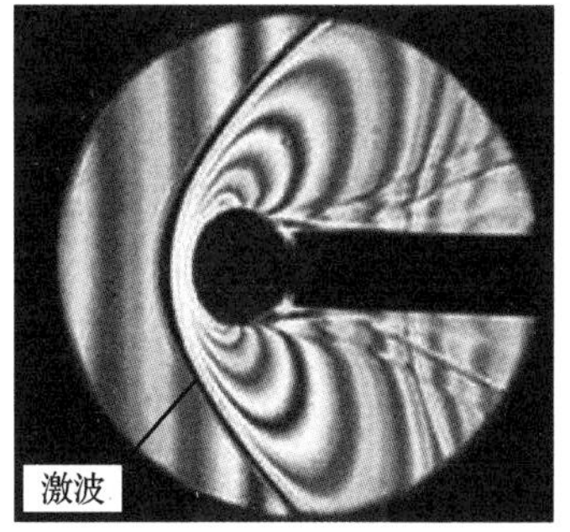

图 5-44　激波

激波前后，气流参数有非常明显的差别。在激波前的超声速区域内，气体的压强、密度、温度都较低；经过激波后，气体的压强、密度、温度都会突然升高，流速则突然下降，如图 5-45 所示。图 5-45 中，v_1、P_1、T_1、ρ_1 分别代表激波前的气流速度、压力、温度和密度；v_2、P_2、T_2、ρ_2 分别代表激波后的气流速度、压力、温度和密度，激波前后有明显突跃式的变化。

飞机从亚声速向超声速过渡，伴随着激波的产生，存在一个突破声障的过程。在比较潮湿的天气，超声速区域陡降的压力造成局部低温，可能会导致气温低于露点，使得水汽凝结变成微小的水珠，整体看来形状像是一个以物体为中心轴、向四周均匀扩散的圆锥状云团，如图 5－46 所示，这个低压带会随着空气离机身的距离增加而恢复到常压。激波后，压强的跃升可产生可闻的爆响，飞机在较低的空域中作超声速飞行时，地面上的人可以听见这种响声，即所谓声爆(sonic boom)。

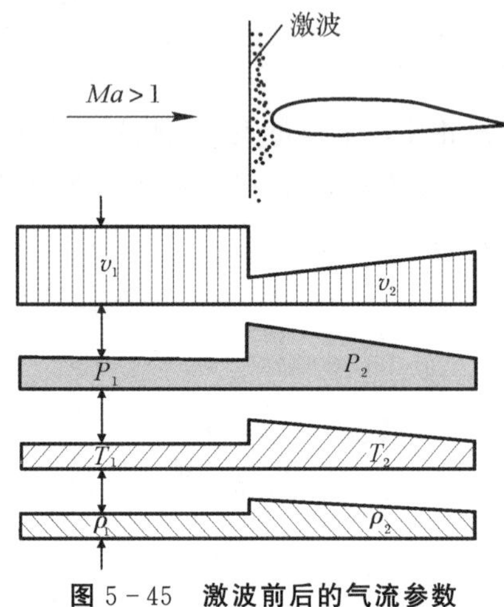

图 5－45 激波前后的气流参数

图 5－46 飞机突破声障现象

【拓展阅读】

高速飞行的三大障碍

飞行器在高速飞行过程中会遇到三大挑战：声障、热障、黑障。

(1)声障。当飞行器由亚声速向超声速过渡时，伴随着激波的产生，会出现阻力剧增、升力减小、操纵困难，激波前后压力的突变可产生可闻的爆响，这种现象称为声障。

为了克服声障，飞行器通常采用：①优化气动外形，如尖前缘薄翼型、后掠翼、小展弦比翼型等，以减小或延缓激波影响；②加大推进装置的驱动力。

(2)热障。飞行器的飞行速度超过一定界限($Ma=2.5$左右)时，由于空气的剧烈压缩、气流与物面的强烈摩擦，气流损失的动能转化为热能，导致飞行器表面温度急剧升高，产生热应力、热应变，造成飞行器材料结构强度减弱、刚度降低，外形受到破坏，并且飞行器内部温度升高，使舱内工作环境恶化，甚至发生灾难性的后果，这种现象称为“热障”。

为了克服热障，飞行器通常采用优化气动外形、耐高温材料(不锈钢、陶瓷、钛合金等)、烧蚀材料、隔热材料、散热装置和热防护系统等措施。

(3)黑障。飞行器在大气层内高速飞行时，飞行器周围的空气由于剧烈的摩擦和压缩，温度急剧上升，空气分子发生离解和电离，形成一层厚度不均等离子，称为等离子鞘。无线电波通过等离子鞘传输时，将引起严重衰减，甚至会造成通信信号中断，这种现象称为黑障。

消除黑障影响的方法理论上有多种，常用的包括：①改进飞行器的外形设计，用尖薄前缘取代圆钝表面，尽量减小等离子鞘厚度。②外加磁场法，利用外加磁场限制电子的运动，产生新的传播模式，从而使低于等离子频率的电磁波穿透等离子鞘。③添加亲电子物法，通过亲电子物降低电子密度和振荡频率，从而减轻或消除黑障的影响。

2. 激波的分类

激波的种类较多，根据形状和形成方式可分为正激波和斜激波，如图 5－47(a)所示。

(1)正激波(normal shock)是指波面与气流方向垂直的激波。气流流过正激波，压力、温度和密度都突然升高，流速由超声速降为亚声速，但气流方向保持不变。在同一 *Ma* 下，正激波是最强的激波。

(2)斜激波(oblique shock)是指波面与气流方向不垂直的激波。气流流过斜激波，压力、温度和密度也要突然升高，但不像通过正激波那样强烈，流速降低，可能为亚声速，也可能仍为超声速，通过斜激波后，气流方向要向外折。在同一 *Ma* 下，斜激波较正激波弱。

根据与物体的依附关系，激波可分为附体激波和脱体激波，如图 5－47(b)所示。

(1)附体激波(attached shock)是指波面依附于物体表面的激波。头部尖锐的物体，对气流的阻滞作用小，在物体前端通常产生附体激波。

(2)脱体激波(detached shock)是指波面不依附于物体表面的激波。物体头部方楞或圆钝，对气流的阻滞作用很强，在物体前端通常产生脱体激波。脱体激波能产生范围较大的正激波。

气流流过机翼时，产生脱体激波还是附体激波，与翼型的半顶角及飞行马赫数都有关。翼型的半顶角大，飞行马赫数小，则产生脱体激波；半顶角小，飞行马赫数大，则产生附体激波。翼型的半顶角一定，飞行马赫数要大到一定的值之后才会产生附体激波；飞行马赫数未达此值以前只存在脱体激波。

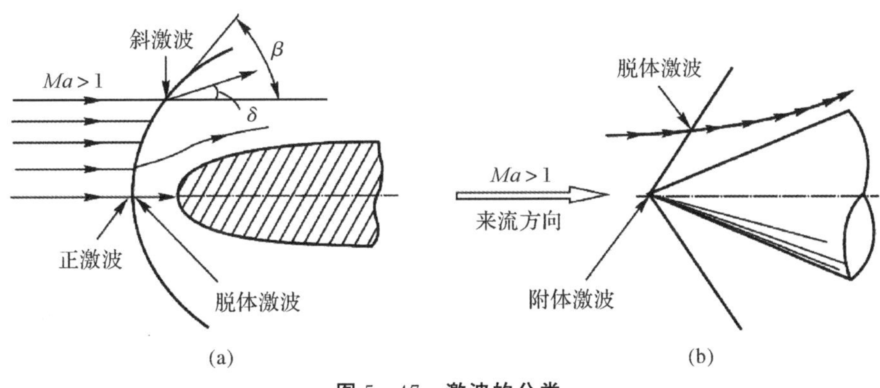

图 5－47　激波的分类

(a)正激波和斜激波；(b)附体激波和脱体激波

5.7.3　高速空气动力特性

飞行器高速飞行可分为亚声速(subsonic)、跨声速(transonic)和超声速(supersonic)飞行，其中跨声速飞行的空气动力特性最复杂。下面将以跨声速飞行为对象，阐述高速空气动力特性。

随着飞行速度的提高，飞行速度还没有达到声速，但在机翼表面的局部凸起区域就有可能出现超声速气流并产生激波，把这种飞行状态称为跨声速飞行(transonic flight)。

飞机在跨声速飞行时，超声速气流和激波是在机翼表面的局部区域出现，称为局部超声速气流和局部激波。翼型表面出现局部超声速气流和局部激波，会显著改变翼型的压力分布，使翼型的空气动力特性发生明显变化。

1. 临界马赫数

飞机以一定速度飞行时，气流经机翼表面凸起的地方，流管收缩，局部流速加快，局部压力降低，局部温度降低，局部声速也随之降低。随着飞行速度不断增大，在机翼表面凸起的区域，一方面是局部气流流速增加，另一方面是局部声速不断降低，局部流速会逐渐接近局部声速。

当飞行速度增大到某一速度时，翼型表面的最低压力点的局部气流速度等于该点的局部声速，该点称为等声速点，这时对应的飞行速度称为临界速度，用 v_{cr} 表示。此时的飞行马赫数称为临界马赫数，用 Ma_{cr} 表示。临界马赫数是临界速度与飞机所在高度声速的比值，即

$$Ma_{cr}=\frac{v_{cr}}{c_H} \qquad (5-12)$$

式中：c_H 为飞行高度上的声速。

【例】 在 2 000 m 高度上，声速 $c_H=1\ 200$ km/h，当某飞机飞行速度(v)增大到 900 km/h 时，机翼表面的最大流速为 1 150 km/h，而该点的声速也降低到 1 150 km/h，这时的飞行速度(900 km/h)就是该飞机在此高度上的临界速度，这时的飞行马赫数就是该飞机在该高度上的临界马赫数，即

$$Ma_{cr}=v_{cr}/c_H=900(\text{km/h})/1\ 200(\text{km/h})=0.75$$

在飞行马赫数小于临界马赫数前，翼面各点的气流速度都低于声速；在飞行马赫数大于临界马赫数后，翼面即出现超声速区域，并产生局部激波。临界马赫数(Ma_{cr})的高低，可以说明翼面上出现局部超声速时机的早晚，可作为翼型空气动力特性发生显著变化的标志。临界马赫数(Ma_{cr})是一个非常重要的飞行参数。

从临界马赫数的定义可以看出，临界马赫数只能小于 1，不能等于或大于 1。

2. 局部激波的形成与发展

视频 5-10　激波的形成与发展

当飞行/来流马赫数，用 Ma_∞ 表示，增加到 Ma_{cr} 时，机翼上表面首先出现等声速点。如果继续增大 Ma_∞，等声速点后面的流管扩张，空气加速膨胀，形成膨胀波，出现局部超声速区域。在局部超声速区域内，压力下降，比大气压力小得多，但机翼后缘处的压力却接近大气压力，于是在这种前后的压力差必然从机翼上表面的后部以较强压缩波的形式逆气流向前传播。由于是强压缩波，传播速度大于当地局部声速。随着压缩波向前传播，压强增量和传播速度逐渐降低，当其传播速度等于迎面的局部超声速气流速度时，就稳定在该位置上，形成一道压力有明显差异的分界面，这便是局部激波，如图 5-48 所示。气流通过局部激波后，压力、密度、温度突然升高，速度减小为亚声速气流向后流去。局部激波前，等声速线(所

有等声速点组成的线)后是超声速区域,其他则是亚声速区域。

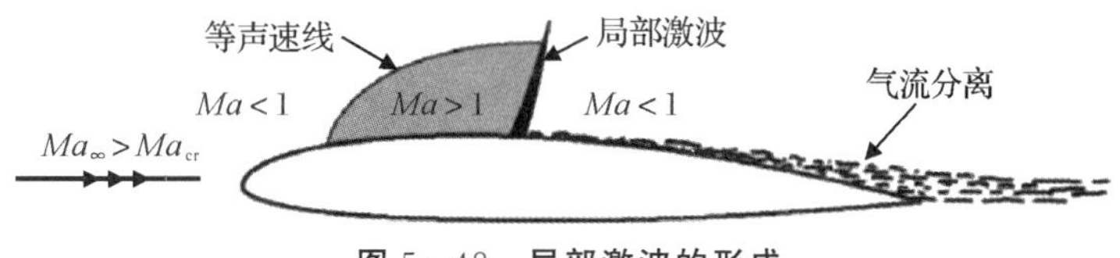

图 5-48 局部激波的形成

随着飞行马赫数的变化,翼面上局部激波位置和超声速的区域也会发生变化。为了便于分析机翼局部激波变化的规律,下面以某高速翼型在小迎角下的实验结果来举例说明,已知该翼型的临界马赫数 $Ma_{cr}=0.72$。

当 $Ma_\infty=0.7$,即 $Ma_\infty<Ma_{cr}$ 时,此时飞行马赫数小于临界马赫数,机翼上下表面没有超声速区域,尚未形成局部激波,如图 5-49(a)所示。

当 $Ma_\infty=0.73$,即 $Ma_\infty>Ma_{cr}$ 时,此时飞行马赫数大于临界马赫数不多,只在机翼上表面比较小的区域出现超声速区域,并出现了局部激波,如图 5-49(b)所示。

当 $Ma_\infty=0.78$ 时,机翼上表面局部超声速区域扩大,等声速点略向前移,局部激波略向后移,如图 5-49(c)所示。

当 $Ma_\infty=0.82$ 时,机翼上表面局部超声速区域进一步扩大,等声速点略向前移,局部激波慢慢向后移,同时机翼下表面也形成超声速区域,并产生局部激波,如图 5-49(d)所示。

当 $Ma_\infty=0.95$ 时,机翼上下表面局部超声速区域进一步扩大,机翼下表面的激波迅速移到后缘,上表面的激波也仍在向后移动(尚未到达后缘),上表面的等声速点基本移至前缘,下表面的等声速点向前移(尚未到达前缘),如图 5-49(e)所示。

当 $Ma_\infty=1.05$ 时,机翼上下表面局部超声速区域进一步扩大,前缘出现脱体激波,后缘激波向后倾斜,除前缘附近和机翼附面层处 $Ma<1$ 外,为亚声速区域,机翼上下表面绝大部分 $Ma>1$,为超声速区域,如图 5-49(f)所示。这时虽然 $Ma_\infty>1$,但仍处于跨声速流态。

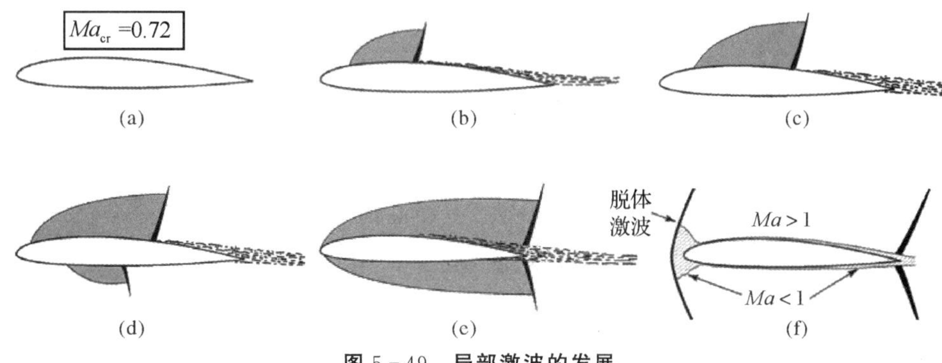

图 5-49 局部激波的发展

(a)$Ma_\infty=0.7$;(b)$Ma_\infty=0.73$;(c)$Ma_\infty=0.78$;(d)$Ma_\infty=0.82$;(e)$Ma_\infty=0.95$;(f)$Ma_\infty=1.05$

上述关于局部激波在机翼上、下表面的形成和发展过程,只是某一翼型在某迎角下的实验结果。对于其他翼型、(中小)迎角,尽管在马赫数上有差别,但基本规律大体上是一致的。因此,我们根据上述局部激波的发展过程,归纳出以下几个特点:

(1)机翼上表面先产生局部激波。当飞机以正迎角飞行时,等声速点先出现在机翼上表面,所以上表面先形成局部超声速区域和局部激波。

(2)随着来流马赫数增大,超声速区域扩大,等声速点前移,局部激波后移。这是因为,随着 Ma_{∞} 增加,机翼上表面各点的速度随之增大,超声速区域面积增大,故等声速点前移;局部激波之所以后移,是因为随 Ma_{∞} 增大后,激波前的局部流速增大,机翼后部产生的强压缩波的强度和传播速度增大,当强压缩波传播的速度等于局部气流流速时,激波位置就会稳定下来,等速点后移,致使局部激波后移。

(3)机翼下表面会产生局部激波但后移速度较快。机翼下表面的凸起程度要小于机翼上表面,对气流的加速作用弱,更难达到局部超声速,故后产生局部激波。飞机处于正迎角时,机翼下表面的最低压力点靠后,产生的激波位置就靠后。又因为翼面后段的流管扩散较小,压力变化比机翼上表面小,机翼后部下表面产生的强压缩波比较弱,强压缩波的逆向传播速度小,所以在机翼下表面的局部激波比上表面先移到后缘。

3.跨声速飞行的空气动力特性

(1)升力系数随 Ma_{∞} 的变化。图 5-50 为某翼型在某迎角下的升力系数随 Ma_{∞} 变化的曲线。从曲线可看出,在跨声速阶段,随着 Ma_{∞} 的增大,升力系数先增大,后减小,接着又增大,而后又减小。升力系数随 Ma_{∞} 呈现"两起两落"的特点,是机翼上下表面出现局部超声速区域和局部激波形成和发挥作用的结果。

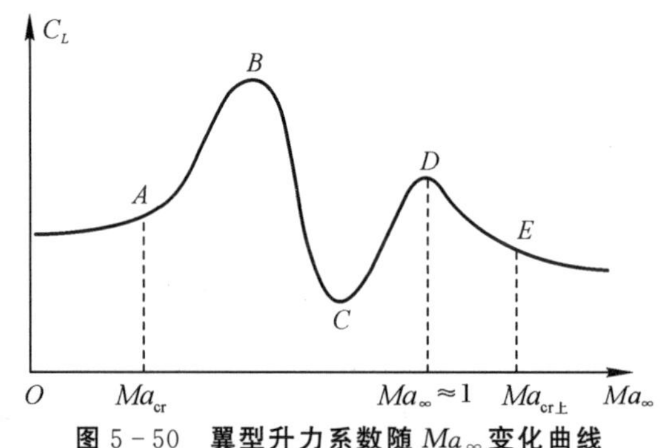

图 5-50 翼型升力系数随 Ma_{∞} 变化曲线

(2)最大升力系数和临界迎角随 Ma_{∞} 的变化。在 $Ma_{\infty} < Ma_{cr}$ 范围内,飞机处于亚声速飞行状态,最大升力系数和临界迎角随 Ma_{∞} 按亚声速变化。当 $Ma_{\infty} > Ma_{cr}$ 时,机翼表面出现了局部超声速区域和局部激波。在局部激波前的超声速区域,压力降低;激波后,压力突然升高,使得机翼后部的逆压梯度增大,导致附面层更容易发生气流分离。当激波增强到一定程度,发生严重气流分离时,阻力系数急剧增大,升力系数迅速下降,飞机的操纵稳定性变差,这种现象称为激波失速。

随着 Ma_{∞} 的增大,飞机将在更小的迎角下开始出现激波失速,导致临界迎角(α_s)和最大升力系数($C_{L\max}$)均降低。

(3)激波阻力。当 $Ma_{\infty} > Ma_{cr}$ 时,翼型表面产生了局部激波,会使阻力系数迅速增大,由于出现了激波而额外产生的阻力称为激波阻力(shock wave drag)。

当 $Ma_{\infty} > Ma_{cr}$ 时,翼型表面出现了局部超声速区域和局部激波。局部超声速区域的压力下降，要比主来流压力小得多，这样使得主来流与超声速区产生了附加的压差阻力，这是激波阻力的一部分。随着局部激波的出现，激波与附面层发生相互作用，激波的逆压作用会诱导附面层进一步分离，导致附面层增厚、紊流附面层增加、涡流区域扩大，称为激波分离。激波分离导致涡流区扩大，产生附加摩擦阻力；涡流耗能增加，会使翼型前后压力差进一步增大，形成附加的压差阻力，这是激波阻力的另一部分。

由此可见，激波阻力是指激波本身和激波分离而引起的附加压差阻力与摩擦阻力之和。

(4)阻力系数随 Ma_{∞} 的变化。翼型在一定条件下，阻力系数和阻力随 Ma_{∞} 的变化如图5－51所示。

当 $Ma_{\infty}<Ma_{cr}$ 时，翼型阻力主要是由气流黏性引起，所以阻力系数(C_D)随 Ma_{∞} 的变化不大，如图5－51(a)中的 A 点之前。

当 $Ma_{\infty}>Ma_{cr}$ 时，翼型表面出现了局部超声速区域和局部激波，出现了激波阻力，C_D 增加。最初激波并是很强，而且激波分离还没有开始，C_D 增加很少，如图5－51(a)中的 AB 段。当 Ma_{∞} 增加到一定程度，即激波越过翼型顶点后，激波强度增强，并且出现了激波分离，波阻系数便急剧增加，出现阻力发散现象，把此时对应的 Ma_{∞} 称为阻力发散马赫数，用 Ma_d 表示。当 $Ma_{\infty}>Ma_d$ 后，阻力系数随 Ma_{∞} 增加非常剧烈，如图5－51(a)中的 BC 段。Ma_{∞} 增大到1附近，阻力系数达到最大，如图5－51(a)中的 C 点。Ma_{∞} 继续增大，由于翼型压力分布基本不变，而来流动压增大，静压减小，激波阻力的作用效果变小，因而，阻力系数逐渐下降。

阻力(D)随 Ma_{∞} 的变化趋势，与阻力系数的变化趋势并不完全一致。阻力随 Ma_{∞} 一直在增大，只是在跨声速范围内，增加的趋势更急剧，当 $Ma_{\infty}>1$ 后，阻力随 Ma_{∞} 的增加趋势趋于缓和，如图5－51(b)所示。

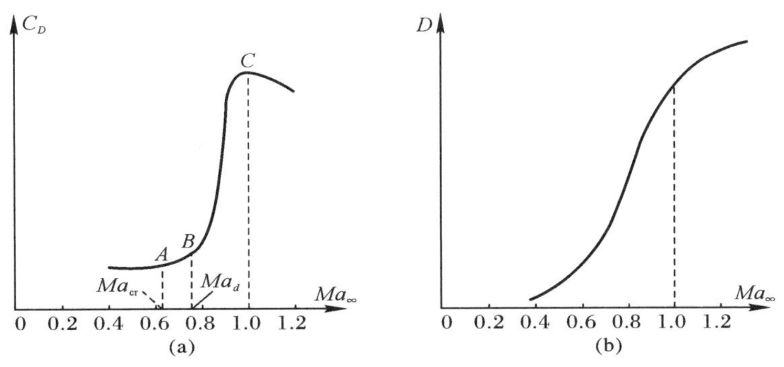

图5－51　翼型阻力系数和阻力随 Ma_{∞} 变化曲线

(a)翼型阻力；(b)阻力

5.7.4　高速机翼

随着飞行速度的提高，在 $Ma_{\infty}>Ma_{cr}$ 后，伴随着激波的产生，将导致飞行阻力急剧增加，飞行速度难以提高。要解决此问题，除了发展大推力的喷气发动机外，同时还要求改进飞机的外形，以适应高速飞行的要求。高速飞机通过采用高速翼型和加大机身的长细比来改善飞机的高速气动特性。

1. 高速翼型概述

飞机的高速翼型有两方面的要求：一方面，要求有较高的临界马赫数(Ma_{cr})，以推迟飞机上局部激波的出现，从而达到提高飞行速度和飞行效率的目的，也就是说使飞机的飞行速度更接近声速，而又不至于在机翼上过早地出现局部激波和产生波阻；另一方面，在出现激波后，能有效减小激波的影响和克服激波阻力。常用措施主要有两条：一是改善机翼的剖面形状，减小机翼剖面的厚度，采用前缘尖削、相对厚度更小更薄的翼型；另一是改善机翼的平面形状，采用适度后掠角的机翼和低(小)展弦比机翼。

在翼型前方主来流速度 v_∞ 不变的情况下，相对厚度小的薄翼型上的最大速度比相对厚度大的厚翼型上的最大速度要小，这也就意味着主来流速度 v_∞(即飞机的飞行速度)可以提得更高，才在薄翼型上出现局部超声速区域和产生局部激波。因此，减小机翼的相对厚度可以提高临界马赫数。现代高亚声速飞机或超声速飞机都采用相对厚度比较小的、最大厚度靠近中部的、比较扁平的翼型，这种翼型的 Ma_{cr} 比较高。此外，近来空气动力学家还研制出了进一步推迟局部激波出现的超临界翼型，这是一种上表面曲率较小、局部速度变化比较小的翼型，在同样相对厚度情况下，比常规翼型的 Ma_{cr} 要高。如图 5-52 所示是几种典型的高速翼型。

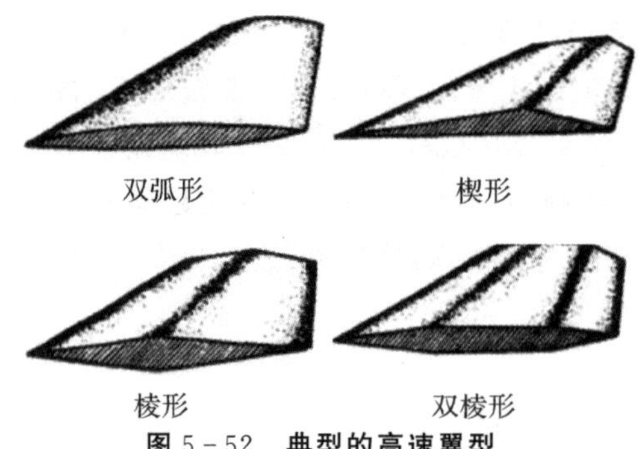

图 5-52　典型的高速翼型

翼型的前缘比较尖削、前缘曲率半径越小，产生的激波多为斜激波，激波影响作用较弱。因此，高速翼型的前缘曲率半径相对较小，多为尖削的翼型。

在机翼平面形状方面，高速飞机常用的有大后掠角梯形翼、三角翼、小展弦比机翼等，如图 5-53 所示是几种典型的高速翼型的平面形状。

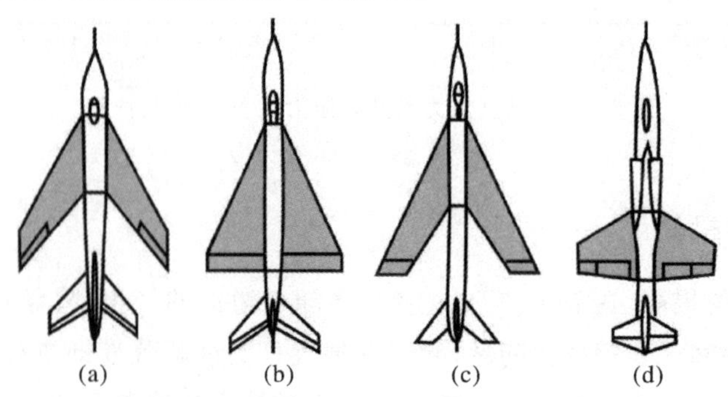

图 5-53　典型高速机翼的平面形状

(a)大后掠翼；(b)三角翼；(c)后切角三角翼；(d)小展弦比机翼

2. 后掠翼的空气动力特性

现代高速飞机很多都采用了后掠翼或三角翼，其目的是提高飞机的临界马赫数，延缓局部超声速和局部激波。

(1)后掠翼的气流特性。对称气流流向后掠机翼，流速方向与机翼前缘不垂直，可以分解为两个分速度：一个是与前缘垂直的分速度 v_n，称为垂直分速度；另一个是与前缘平行的分速度 v_t，称为平行分速度，如图 5－54 所示。两分速度与气流速度之间的关系为

$$\begin{cases} v_n = v \cdot \cos\chi \\ v_t = v \cdot \sin\chi \end{cases} \tag{5-54}$$

式中：v 为气流速度；χ 为后掠角。

机翼表面沿着与前缘平行的方向是平直、无凸起的，气流沿着该方向流动，速度不会发生变化，即平行分速度(v_t)不会发生变化，对机翼的压力分布不产生影响。而垂直分速度(v_n)，恰如气流沿翼弦方向流过平直机翼一样，会不断发生变化，从而引起机翼沿翼弦方向的压力分布发生变化。也就是说，只有垂直分速度才对后掠翼的压力分布起决定性作用，所以，垂直分速度(v_n)又称为有效分速度。

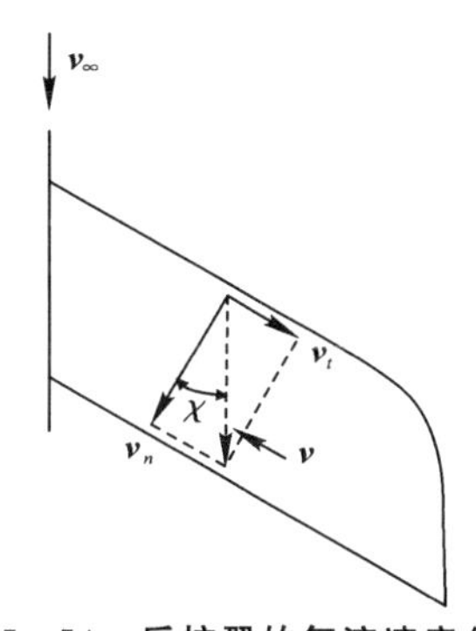

图 5－54　后掠翼的气流速度分解

后掠翼的气流特性不同于一般平直机翼，后掠翼的压力分布主要取决于有效分速度(垂直分速度，v_n)。受后掠角的影响，有效分速度小于主来流速度，当主来流速度更高时，有效分速度才达到等声速的临界速度。这可以增大机翼的临界马赫数，推迟激波的到来，并有助于减小激波阻力。

(2)后掠翼的失速特性。后掠翼虽然能提高飞机的临界马赫数，降低机翼的阻力系数，但其临界迎角比较小，容易出现失速，而且这种失速是首先从翼尖部分开始的。

后掠翼的临界迎角要比平直机翼小，导致后掠翼的最大升力系数变小。由于翼尖先失速，机翼会较早地出现抖动，而且翼尖失速后飞机的横向稳定性、操纵性都变差，所以，后掠翼的低速特性较差。

后掠翼是一种具有独特气动特性的机翼设计，对高速飞机的发展产生了深远影响。

3. 小展弦比机翼

图 5－55 为不同展弦比的飞机。

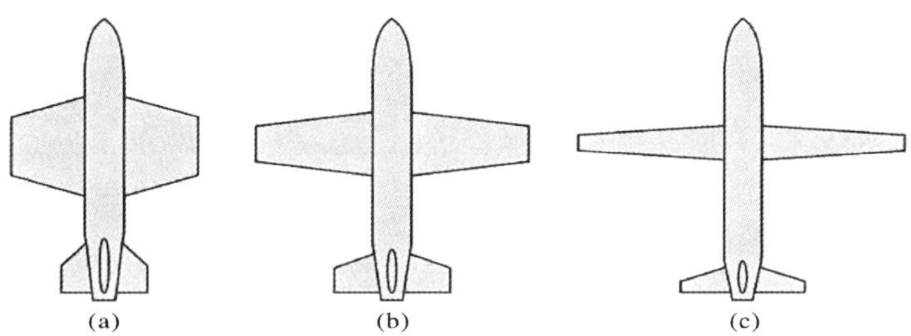

图 5－55　不同展弦比的飞机

(a)小展弦比；(b)中展弦比；(c)大展弦比

图 5-55 为不同展弦比在跨声速飞行过程中，阻力系数(C_D)随 Ma_∞ 的变化情况。从图 5-56 中可以看出，展弦比越大，阻力系数越大。这是因为激波是沿翼展在机翼前后缘产生的，翼展缩短之后，激波的范围缩小，激波阻力自然也随之减小。

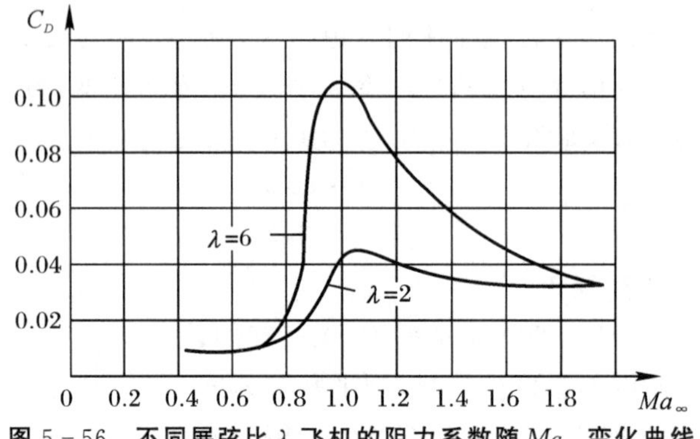

图 5-56 不同展弦比 λ 飞机的阻力系数随 Ma_∞ 变化曲线

此外，对于高速飞机，为了减少高速飞行的阻力，必须对机身也采取相应的改进措施。现代高速机根据跨声速飞行的阻力特点，首先采用跨声速面积律，即安装机翼部位的机身截面适当缩小，形成蜂腰形机身；其次它的机头往往做得很尖；第三是随着速度的不断增长，飞机机身的“长细比”不断增大，即用细而长的旋转体作机身，使机身表面的弯曲度相对变小，气流增速或减速变得缓和。

习　　题

一、填空题

1. 纯干空气由大约__________的氮气、__________的氧气和余下的 1%的__________组成。

2. 以__________变化为基准，可将大气分为__________、__________、中间层、电离层和散逸层五层。

3. 中国区域对流层的平均高度为__________。

4. 平流层的下半部分气温大约为__________。

5. 一个标准大气压为__________hPa 或__________psi。

6. 在对流层内，高度平均每上升 1 000 m，气温约降低__________。

7. 温度升高，空气的黏性__________。

8. 高速空气动力，需要考虑空气的__________。

9. 国际标准大气海平面的气压为__________hPa，温度为__________℃，密度为__________kg/m^3，声速为__________m/s。

10. 顺风使相对气流速度__________。

11. 迎角是__________与__________之间的夹角。

12. 侧滑角是__________与__________之间的夹角。

13. 低速流体，流速大小与流管截面积为__________关系。

14. 根据伯努利原理，流速增加，则压力______________。

15. 空速表基于______________定理来测量空速。

16. 飞机巡航过程中，速度增加，则迎角______________。

17. 最大升力系数对应的迎角为______________。

18. 废阻力的产生与__________有关，包括__________、__________、__________。

19. 两侧翼尖涡流的旋转方向______________。

20. 飞机扰流板可分为______________扰流板和______________扰流板。

二、选择题

1. 以下(　　)为对流层的特点。(多项选择)

A. 气温随高度升高而降低　　B. 有强烈的垂直对流

C. 有较复杂的天气现象　　D. 气温主要来自直接吸收太阳光

2. 下列说法，错误的是(　　)。

A. 露点温度越高，空气越潮湿

B. 水汽的密度比空气密度大

C. 空气湿度增加将使飞行性能变差

D. 在潮湿天气环境下，飞机起飞将需要更长的滑跑距离

3. 下列说法，正确的是(　　)。(多项选择)

A. 计算升力时，可以不考虑空气的黏性　　B. 计算阻力时，可以不考虑空气的黏性

C. 任何流体都可以压缩　　D. 高速气流，需要考虑压缩性

4. 下列说法，正确的是(　　)。

A. 流线可以突然转折　　B. 物体的形状不同，流线谱不同

C. 流线间距增加，气流加速　　D. 流线谱的形状与流速有关

5. 机翼升力与(　　)垂直。

A. 飞机对称面　　B. 机身纵轴　　C. 翼弦　　D. 相对气流

6. 机翼升力与(　　)成正比。(多项选择)

A. 升力系数　　B. 来流动压　　C. 机翼面积　　D. 气流速度

7. 关于附面层，下列说法错误的是(　　)。

A. 离物面越远，附面层流速越快　　B. 附面层的产生与黏性相关

C. 紊流容易转变为层流　　D. 紊流附面层要消耗更多的能量

8. 下列(　　)不是减小飞机摩擦阻力的有效措施。

A. 使用埋头铆钉取代普通铆钉　　B. 飞机起飞前除冰作业

C. 尽量减小飞机上的涡流区域　　D. 把飞机造得尽可能大

9. 关于干扰阻力，下列说法错误的是(　　)。

A. 干扰阻力是额外增加的摩擦阻力和压差阻力

B. 干扰阻力容易产生在飞机上各个部件的结合处

C. 干扰阻力由翼尖涡流所致

D. 使用整流蒙皮可以有效减小干扰阻力

10. 关于诱导阻力,下列说法正确的是(　　)。(多项选择)

A. 升力越大,诱导阻力越大　　B. 速度越快,诱导阻力越大

C. 椭圆机翼的诱导阻力较小　　D. 翼梢小翼可有效减小诱导阻力

11. 关于升阻比,下列说法正确的是(　　)。(多项选择)

A. 升力系数与阻力系数之比　　B. 与机翼形状相关

C. 与迎角相关　　D. 速度越快,升阻比越小

12. 下列(　　)不是前缘增升装置。(多项选择)

A. 前缘缝翼　　B. 克鲁格襟翼　　C. 富勒襟翼　　D. 分裂襟翼

13. 关于增升装置,下列说法正确的是(　　)。(多项选择)

A. 飞机起飞时,尽量使用增升装置

B. 迎角较小时,使用前缘缝翼就可以获得较好的增升效果

C. 可合理利用涡流实现增升

D. 可利用增升装置增加阻力

14. 关于声音传播,下列说法错误的是(　　)。

A. 声音传播速度与声源振幅相关

B. 介质密度越大,声音传播速度越快

C. 温度越高,声音传播速度越快

D. 对流层内,高度越高,声音传播速度越慢

15. 关于马赫数,下列说法错误的是(　　)。

A. 马赫数为气流速度与标准声速的比值

B. 临界马赫数一定小于1

C. 局部马赫数可大于飞行马赫数

D. 马赫数越大,飞行速度越快

16. 经过激波后,变小的气流参数为(　　)。

A. 压力　　B. 密度　　C. 温度　　D. 速度

17. 关于激波,下列说法错误的是(　　)。

A. 正激波较斜激波强度大

B. 激波的厚度很小

C. 气流经过尖锐的物体容易产生脱体激波

D. 气流流经圆钝的物体容易产生更大范围激波

18. 关于激波阻力,下列说法错误的是(　　)。

A. 激波阻力为废阻力　　B. 激波阻力系数随速度一直增加

C. 激波阻力包括压差阻力　　D. 激波阻力包括摩擦阻力

19. 高速机翼常用(　　)。(多项选择)

A. 后掠翼　　B. 薄翼型　　C. 小展弦比机翼　　D. 尖削机翼

20. 关于后掠翼,下列说法错误的是(　　)。

A. 三角翼属于后掠翼　　B. 后掠翼可提高临界马赫数

C. 后掠翼翼根先失速　　D. 后掠翼的高速特性较好

三、简答题

1. 对流层与平流层有何特点？
2. 用伯努利定理阐述机翼升力的产生。
3. 简述机翼升力系数随迎角的变化规律。
4. 简述附面层的产生与特点。
5. 简述诱导阻力的产生与减小措施。
6. 简述机翼阻力系数随迎角的变化规律。
7. 简述机翼升阻比随迎角的变化规律。
8. 简述增升装置的基本增升原理。
9. 简述增升装置的使用原则。
10. 简述机翼上激波的形成与发展规律。

第6章 飞行原理基础

▶内容提示

在了解了升力和阻力的产生机理,并攻克了飞机升空及破风前进的关键技术之后,飞机能够完成航路飞行的障碍只剩下稳定性和操纵性。本章主要介绍飞机如何稳定飞行、如何高效地进行飞行操纵,为完成航路飞行奠定基础。

▶教学要求

(1)了解平均气动弦及重心相对位置的概念;

(2)了解俯仰力矩、偏航力矩、滚转力矩的组成及平衡机理;

(3)了解飞机三轴稳定性的概念及影响因素;

(4)了解飞机三轴操纵性的概念及基本原理。

▶内容框架

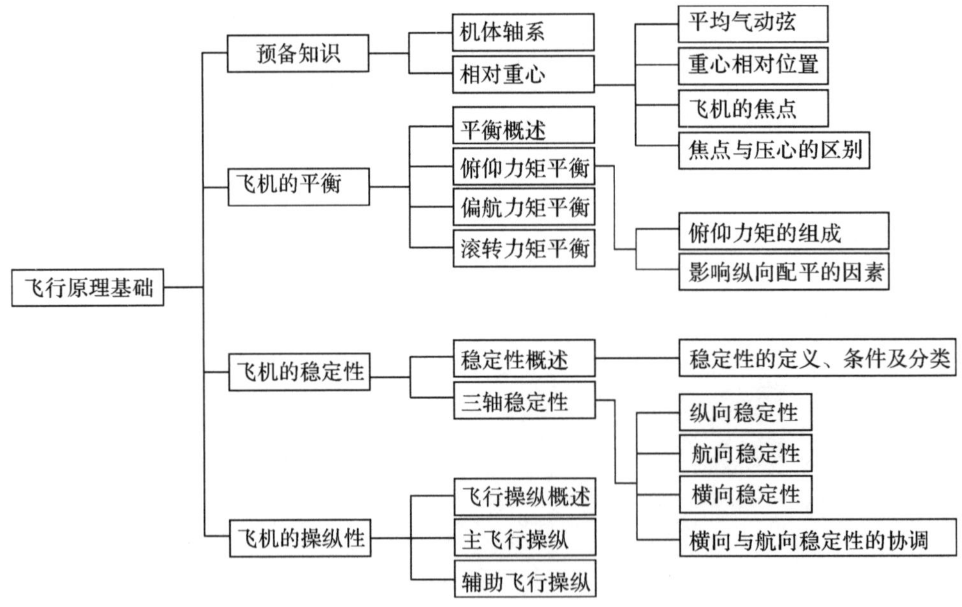

6.1 预备知识

6.1.1 机体轴系

飞机相对于空气有运动,就会承受三个空气动力和三个空气动力矩。其中,三个力分别是升力、阻力和侧力。这三个力,再加上重力、发动机推力等外力,就构成飞机质心相对于地面运动的至关重要的因素。

升力位于飞机机体对称面内，它的方向垂直于气流的相对速度如图 6－1 所示；阻力位于机体对称面内，它的方向与气流的相对速度相同；侧向力只发生在有侧滑的飞行状态，它包含了除升力、阻力之外的其他所有气动力。

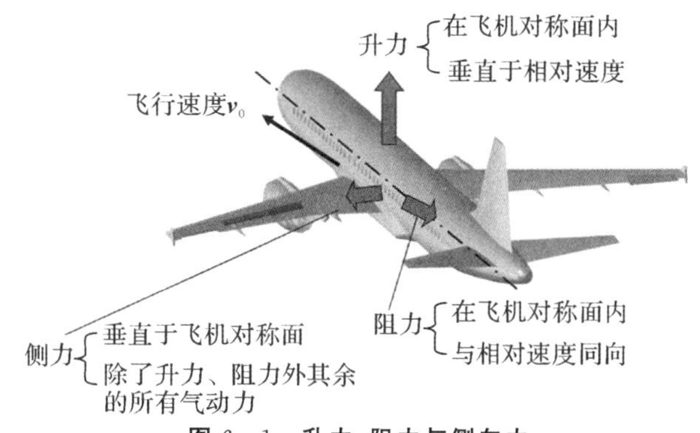

图 6－1　升力、阻力与侧向力

三个力矩（见图 6－2）则定义在机体坐标系（见图 6－3）当中，这些力矩决定着飞机绕重心的运动特性。

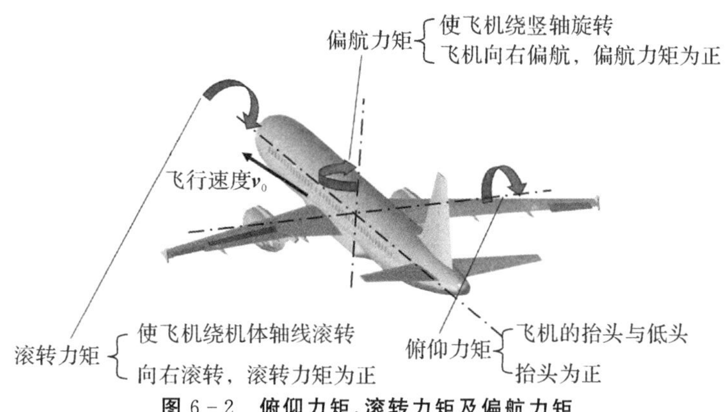

图 6－2　俯仰力矩、滚转力矩及偏航力矩

其中，俯仰力矩（pitching moment）表征了飞机的抬头与低头运动，飞机抬头为正方向；滚转力矩（rolling moment）使飞机绕着机体轴线滚转，向右滚转为正；偏航力矩（yawing moment）使飞机绕竖轴旋转，飞机向右偏航为正。

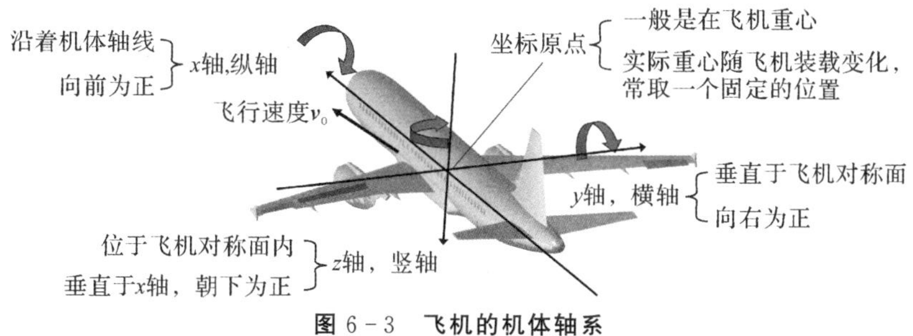

图 6－3　飞机的机体轴系

机体坐标系（机体轴系）是固定于飞机机体的坐标系，根据新的国家标准，正方向定义如下：x 轴又称纵轴(longitudinal axis)，沿着机体轴线贯穿飞机的前后，正方向向前；y 轴又称为横轴(lateral axis)，贯穿飞机的左右，正方向向右；z 轴又称为竖轴(立轴，vertical axis)，贯穿飞机的上下，正方向向下。

飞机围绕 x 轴的运动是滚转运动，x 轴又称为滚转轴；围绕 y 轴的运动是俯仰运动，y 轴又称为俯仰轴；围绕 z 轴的运动为偏航运动，z 轴又称为偏航轴。

6.1.2 相对重心

1. 飞机重心

飞机重心(center of gravity, CG)是飞机各部分重力的着力点，会随着飞机装载、燃油消耗等发生变化。

重心对飞机的影响主要表现在飞机的稳定性和操纵性上。重心前后移动之后，水平尾翼的力臂会发生变化，此外飞机机身、机翼的空气动力相对于重心的力矩也会发生一定变化，所以对于俯仰、滚转和偏航运动都会有影响。

从侧面看，重心与飞机机翼的位置是基本重合的，为便于表征重心的前后移动，人们使用了平均气动弦以及相对重心这两个概念。飞机重心的前后位置，往往用重心在平均空气动力弦上投影点到该翼弦前缘点之间的距离占整个翼弦的百分比来表征，如图 6-4 所示。

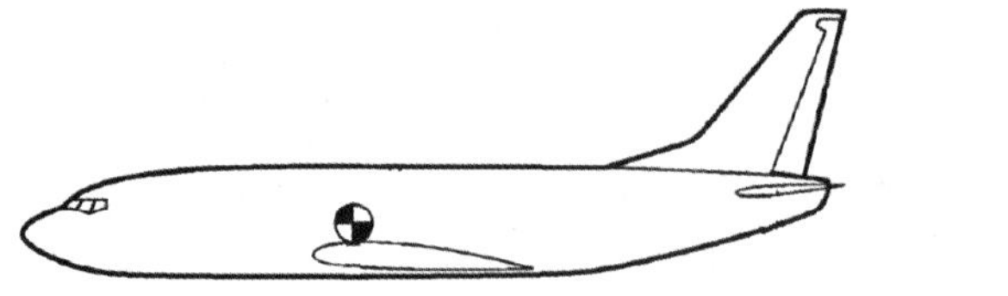

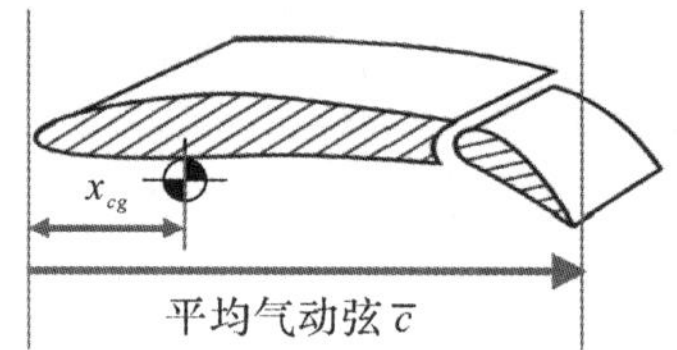

图 6-4 飞机重心与相对位置

2. 平均气动弦*

人们常常将复杂的后掠机翼等效成简单的平直机翼(见图 6-5)，以方便进行飞机的气动力、力矩以及重量计算，这个等效机翼的翼弦就是平均气动弦(Mean Aerodynamic Chord, MAC)。

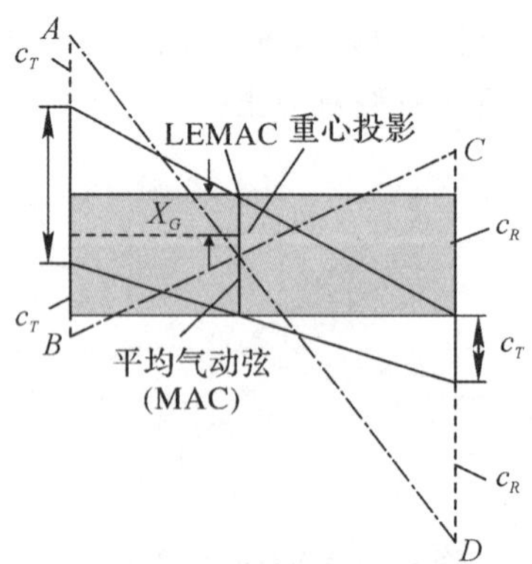

图 6-5 将后掠翼等效成直机翼

平均气动弦的长度近似于机翼的平均几何弦长，其长度通常可通过如下的公式来计算：

$$\bar{c}=\frac{2}{3}\left(\frac{c_{\mathrm{T}}}{c_{\mathrm{R}}}+\frac{1}{1+c_{\mathrm{T}}/c_{\mathrm{R}}}\right)c_{\mathrm{R}} \tag{6-1}$$

式中：c_{T} 为翼梢弦长；c_{R} 为翼根弦长；$\bar{c}$ 为平均气动弦长。以波音 767－400 飞机为例，该型飞机翼根弦长为 337.13 in，翼尖的弦长为 90.0 in。求得梢根比 $\eta_{\mathrm{m}}=c_{\mathrm{T}}/c_{\mathrm{R}}$ 为 0.267。根据公式，可计算出该型飞机的平均气动弦长 MAC 为 237.5 in。

一般地，平均气动弦的位置可以在飞机的技术手册中查得。

3. 重心的相对位置

表征重心相对位置时，人们往往拿重心的位置与平均气动弦进行比较，所以就有了重心的相对位置。首先，画出平均气动弦 $\bar{c}$，然后找到重心在平均气动弦上的投影，最后从机翼前缘向后量，得到投影处的坐标 x_{cg}。于是，$x_{cg}/\bar{c}\times100\%$ 就是重心的相对位置（见图 6－4）。百分数越小，意味着重心越靠前，百分数越大，意味着重心越靠后。

图 6－6 为典型民用飞机的典型重量重心包线，图中的横坐标给出了飞机重心的绝对位置（用站位米表示）和相对位置（平均气动弦的百分比，%MAC），纵坐标给出了重量大小（1 000 lb[①]、1 000 kg）。

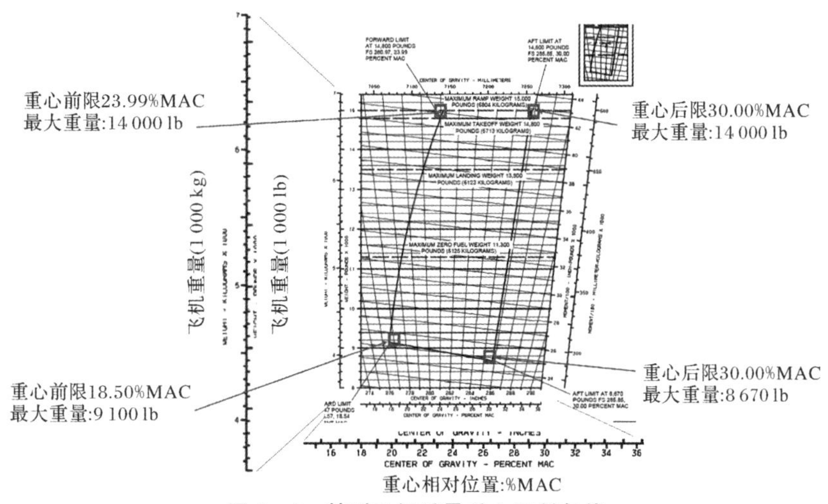

图 6－6　某型飞机重量重心限制包线

在飞机重心限制包线中，给出了飞机重心的前限和后限。重心超出前限，飞机的质量分布“头重脚轻”，对操纵性非常不利；重心超出后限，飞机的质量分布“头轻尾重”，对稳定性不利。在大重量状态下，对重心的前限尤其严格。

4. 飞机的焦点*

当我们讨论纵向稳定性时，只考虑飞机的升力、阻力和俯仰力矩，而对于对称面以外的滚转力矩、偏航力矩和侧向力是不予考虑的。对飞机的纵向稳定性而言，重心和焦点的相对位置非常重要。在本节中，将简单地介绍飞机焦点的概念。

一般地，我们可以把俯仰力矩分解成零升俯仰力矩、纵向静稳定力矩、俯仰阻尼力矩和

① 1 lb=0.454 kg。

俯仰操纵力矩等几个部分，如下式：

$$C_m = C_{m0} + C_{m\alpha}(\alpha - \alpha_0) + C_{mq} \cdot \hat{q} + C_{m\delta e} \cdot \delta_e \tag{6-2}$$

式中：C_m 是俯仰力矩系数，它与升力系数 C_L、阻力系数 C_D 一样，是一个无量纲的参数，表征了飞机的俯仰力矩的大小；C_{m0} 是零升俯仰力矩系数，它主要受机身的洗流影响，与升力几乎没有关系；$C_{m\alpha}$ 是纵向静稳定导数，它表征了纵向静稳定力矩随着迎角 α 增加而线性增大的斜率；C_{mq} 是俯仰阻尼力矩导数，它与俯仰角速度 $\hat{q}$ 共同构成俯仰阻尼力矩；$C_{m\delta e} \cdot \delta_e$ 为操纵力矩，表征了升降舵、全动平尾等操纵面对俯仰力矩的影响。关于俯仰阻尼力矩和操纵力矩，在后续的章节中会详细介绍。

随着飞机飞行迎角的增加，飞机的升力也会增加，俯仰力矩会发生变化(见图 6-7)。

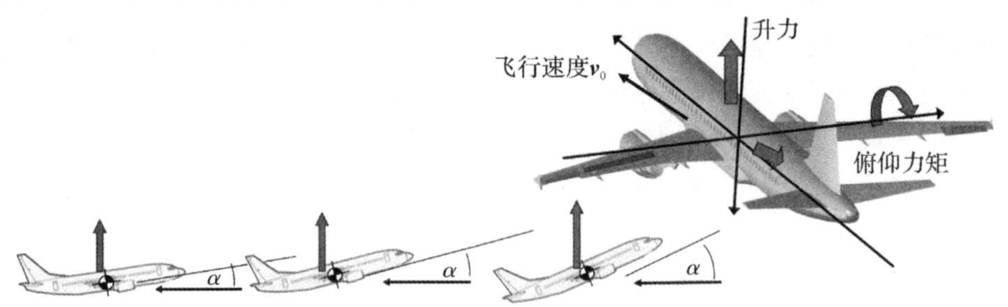

图 6-7　升力与俯仰力矩随迎角的变化

一般地，俯仰力矩是对重心取矩，随着迎角的变化，纵向静稳定力矩会发生变化。但如果我们把取矩点后移，纵向静稳定力矩的变化就会越来越小，直至完全不变化。此时，把取矩点看作是升力增量(变量)的作用点，俯仰力矩系数 C_m 不会随迎角的变化而改变。我们把这个点叫作焦点(见图 6-8)，有时也称为“气动中心”(Mean Aerodynamic Center)。

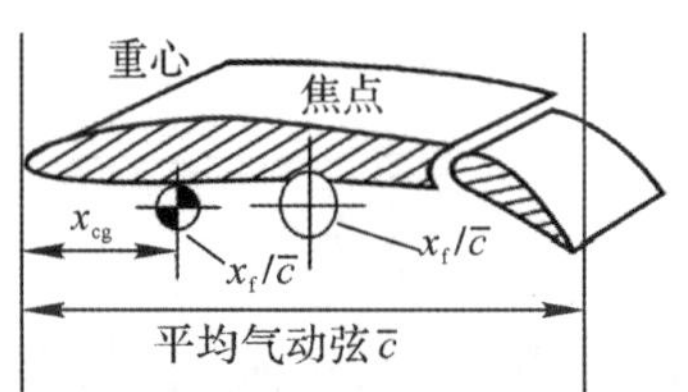

图 6-8　飞机的焦点

第 5 章 5.3.2 节中，我们介绍过压力中心的概念。压力中心是飞机总升力的作用点。但是，焦点是升力增量的作用点，随着飞行迎角的增大，增加的升力都作用在焦点上(升力增量的力臂为 0)，所以全机空气动力的变化对焦点的俯仰力矩没有变化(见图 6-9)。

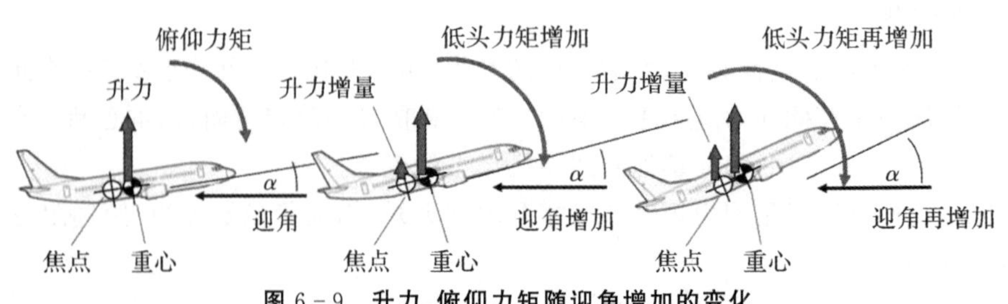

图 6-9　升力、俯仰力矩随迎角增加的变化

飞机的气动布局，如机身、机翼、尾翼的设计都会对全机焦点的位置造成影响。不论如何，对于常规飞机，重心都应当配置在焦点之前，以保证飞机具有纵向的静稳定性。我们将会在后面的章节中详细讨论上述问题。

6.2　飞机的平衡

6.2.1　平衡概述

飞机的平衡包括力的平衡和力矩的平衡问题。为了维持定常飞行状态，比如定常直线平飞、定常爬升、定常下降、定常侧滑，甚至是定常转弯等，作用在飞机上的力——包括升力、阻力、侧向力、发动机推力、重力（甚至包括地面的支反力和机轮的滚动摩擦力等等，见图 6－10）——以及各种力矩（见图 6－11）的代数和应当为零。这样，力和力矩可达到平衡状态，以确保飞机飞行状态的稳定。

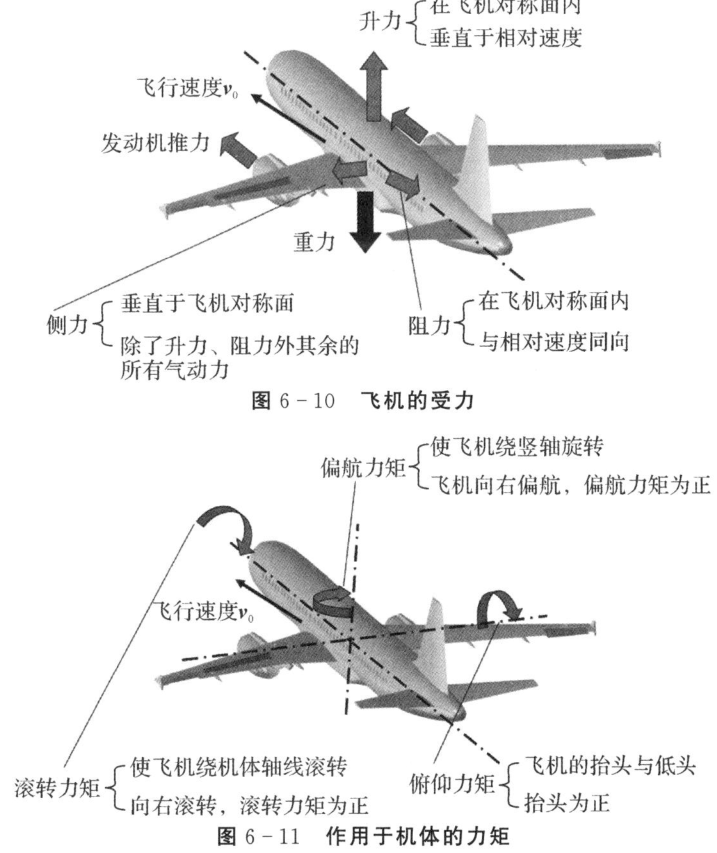

图 6－10　飞机的受力

图 6－11　作用于机体的力矩

力矩平衡是保证飞机飞行姿态的必要条件，飞机的气动力和推力、支反力、地面滚动摩擦力等都会改变飞机总的力矩。力矩平衡，又称为配平（trim），是指使飞机对重心的总的力矩为零。滚转力矩使飞机绕着机体纵轴旋转，滚转的正方向是向右；俯仰力矩使得飞机绕着横轴旋转，俯仰的正方向是抬头；偏航力矩使得飞机绕着竖轴旋转，飞机向右侧偏航为正。

一般来说，力矩的参考点会选在飞机的重心上。但是，在飞机飞行过程中，燃料是不断消耗的，再加上人员在座舱里走动，机内重物的移动（比如空投、播撒农药、运动员从飞机上跳伞等），重心是随时可能移动的。为方便计算力矩，通常以平均气动弦的25%站位作为参考点。

6.2.2 俯仰力矩的平衡

1. 俯仰力矩的组成

如图6－12所示，俯仰力矩由气动力矩和其他力矩组成：

（1）气动力矩来自三方面的贡献：翼身组合体的升力 $C_{L,\mathrm{WB}}$ 的贡献、平尾升力 $C_{L,\mathrm{H}}$ 的贡献、零升俯仰力矩 C_{m0} 的影响三个部分组成。

（2）发动机推力或拉力 T 会构成另一部分的贡献。

除此之外，起落架地面支反力、机轮滚动摩擦力也会引起俯仰力矩的变化。

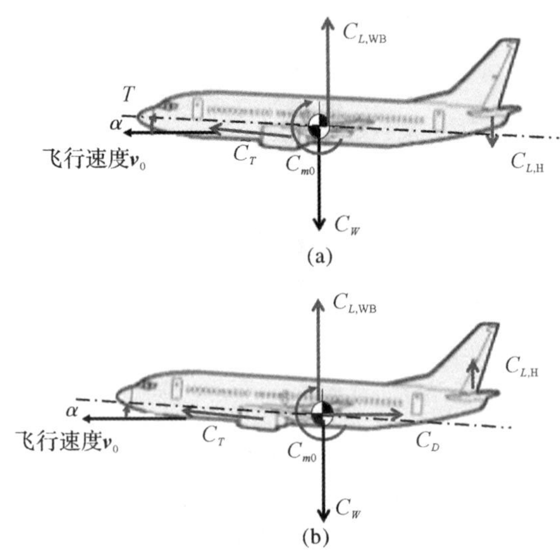

图6－12 常规飞机俯仰力矩的组成

（a）重心靠前；（b）重心靠后

综上所述，机翼、机身、平尾、发动机拉力对飞行中的常规飞机的俯仰力矩有着最重要的影响。接下来进行更详细的介绍。

2. 机翼对俯仰力矩的贡献

重心靠前的飞机［见图6－12（a）］，翼身组合体的升力 $C_{L,\mathrm{WB}}$ 作用于重心之后，为飞机提供低头力矩。重心靠后的飞机［见图6－12（b）］，$C_{L,\mathrm{WB}}$ 则作用于重心之前，给飞机带来抬头力矩。

随着迎角 α 的增加，翼身组合体的升力系数 $C_{L,\mathrm{WB}}$ 线性增加，对重心带来的俯仰力矩也线性增大。

翼身组合体的压力分布形成的俯仰力矩还有一部分不随升力大小而变化，被称为零升俯仰力矩 C_{m0}。

3. 机身对俯仰力矩的贡献

机翼的升力会在机身上产生诱导速度及抬头力矩。机翼翼型上凸下平，气流在上表面绕行时，会在机翼前缘乃至机身前部产生向上的诱导速度，又在机翼后缘至机身后部产生向下的诱导速度[见图 6 - 13(a)]。这样一来，气流会在前机身产生正升力，而在后机身产生负升力，合力矩会使得飞机抬头[见图 6 - 13(b)。

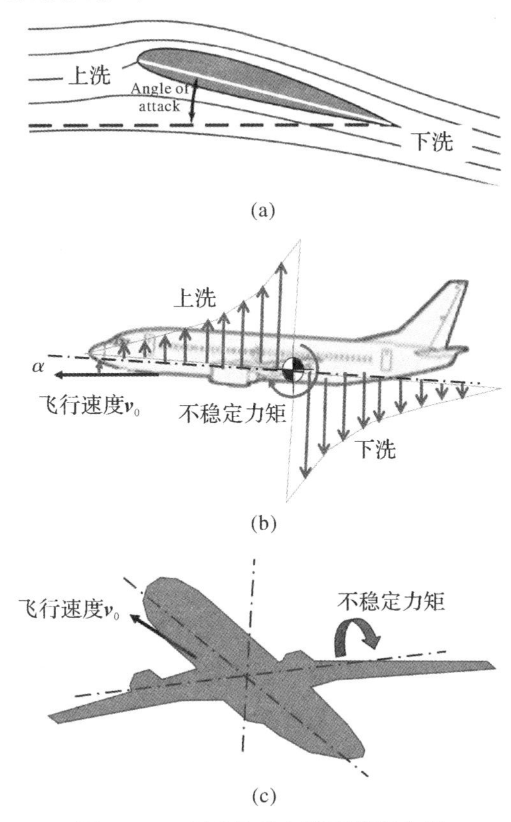

图 6 - 13　机身的纵向静不稳定力矩

(a)上洗和下洗的产生;(b)机身上的不稳定力矩;(c)翼身组合体的不稳定性

目前尚未考虑水平安定面作用，重心在正常位置时，翼身组合体是纵向不稳定的[见图 6 - 13(c)]。综上所述，翼身组合体为飞机提供的俯仰力矩要看重心前后位置，重心靠前则提供低头力矩，重心靠后则提供抬头力矩。要想让飞机实现纵向平衡，还需要靠水平安定面的作用。

4. 平尾对俯仰力矩的贡献

飞机安装了平尾，才会是纵向稳定的，如图 6 - 12 所示。平尾在飞机纵向受扰时能够产生附加的俯仰力矩，使其能够回复原本的飞行姿态。平尾可以使全机焦点大幅后移，使得飞机的重心在焦点之前，使飞机具有纵向静稳定性。

在正常的重心范围内，翼身组合体、水平安定面带来的俯仰力矩，基本能达到平衡。

重心的前后位置变化，需要通过调整平尾安装角进行微调(见图 6 - 46)，以尽可能达到俯仰力矩的平衡。重心靠前，平尾产生负升力，提供抬头力矩[见图 6 - 12(a)]；重心向后移动，为保持平衡所需的平尾负升力逐渐减小（抬头力矩也逐渐减小），在极端的重心后限位置甚至会变成正升力[提供低头力矩，见图 6-12(b)]。

5. 发动机推力/拉力的影响

飞机或由螺旋桨拉动，或由喷气式发动机推动。螺旋桨在飞机前方拉动飞机，所产生的是拉力，而涡喷或涡扇发动机则在飞机后方推动飞机，所产生的推进力又称推力。

根据发动机的安装位置，推力既可能产生抬头力矩，也可能产生低头力矩。

6. 影响纵向飞机配平的因素*

(1)飞行速度。飞行速度大，配平迎角小，纵向静稳定低头力矩比较小，配平所需的抬头力矩较小。飞行速度小，则迎角较大，纵向静稳定力矩较大，配平所需的抬头力矩较大。因此，速度对飞机配平是有一定影响的（见图 6-14）。在定直平飞的前提下，飞机增速，驾驶员应适度向前推杆；飞机减速，驾驶员应适度向后拉杆。

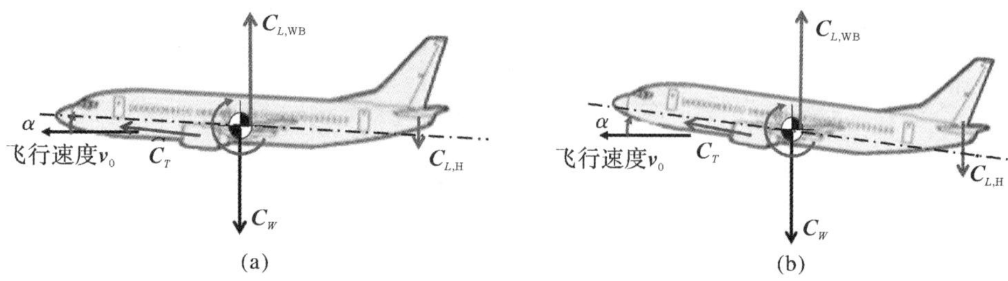

图 6-14 飞行速度对纵向配平的影响

(a)大速度、小迎角；(b)小速度、大迎角

(2)油门位置。油门偏度决定发动机的功率，进而影响螺旋桨拉力或喷气推力。油门大小、推力线高度都会影响飞机的配平。推油门，则拉力或推力增大；收油门，则拉力或推力减小。推力线若高于重心[见图 6-15(a)]，则增加推力会使飞机低头，减小推力会使飞机抬头。推力线若低于重心[见图 6-15(b)]，则增加推力会使飞机抬头，减小推力会使飞机低头。

(a)

(b)

图 6-15 飞机发动机不同的推力作用线

(a) 推力线高于重心；(b)推力线低于重心

增减油门除直接改变飞机的俯仰力矩之外，还会引起飞行速度的缓慢变化。速度变化亦会带来俯仰力矩，对配平造成影响。

(3)气动构型。气动构型的变化主要指襟翼收放及起落架收放。

放下襟翼，有两个因素会对俯仰力矩造成影响。其一，翼型弯度和机翼面积都有所增加，机翼面积的增加主要集中于机翼后缘，上翼面的升力总体向后移动，这会产生附加低头力矩[见图 6－16(a)]。其二，放下襟翼会使后机身的下洗变得更强烈，平尾的负升力会变得更大，使抬头力矩增加[见图 6－16(b)]。这两种效应对飞机俯仰配平的影响是相反的，但不一定能够相互抵消。哪一种效应影响更为明显，要看飞机的设计参数及飞行状态。

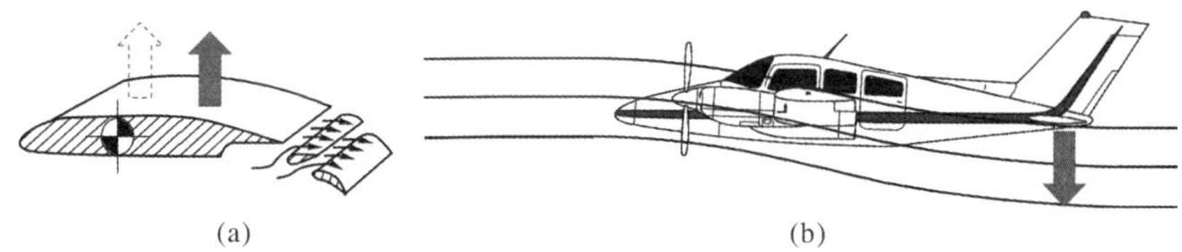

图 6－16　襟翼放下对气动特性的影响

(a)压力中心改变的影响；(b)机翼下洗的影响

起落架放下是另一种构型变化。由于起落架只产生阻力，且安装于机身下方，起落架放下一般只产生低头力矩。

(4)操纵面位移。升降舵或水平安定面(见图 6－17)实现配平是俯仰配平的最后一步。常规的通用飞机水平安定面是固定的，配平和飞行操纵都需要通过升降舵的偏转来完成；大型运输机重量重心移动范围较大，气动构型造成俯仰力矩变化较大，靠可动的水平安定面来调节俯仰力矩，使得飞机最终得到配平。

图 6－17　升降舵或水平安定面

6.2.3　偏航力矩的平衡

飞机在做定常直线平飞、定常侧滑、协调转弯等飞行的过程，都需要维持航向力矩的平衡。

机翼两侧的阻力、发动机拉(推)力、垂尾的侧力都可以相对竖轴产生偏航力矩(见图 6－18)。正常飞行时，阻力、发动机作用力产生的偏航力矩相互平衡，垂尾不产生侧力。所谓航向配平，就是指飞机承受的外力绕偏航轴的合力矩为零。出现侧滑时，飞机会在航向稳定力矩的作用下向着相对气流一侧偏航，如果想要维持侧滑的状态，必须靠方向舵偏转来抵消这股力矩。如果双发飞机有单侧发动机停车，则同样需要通过方向舵偏转来维持航向的平衡。

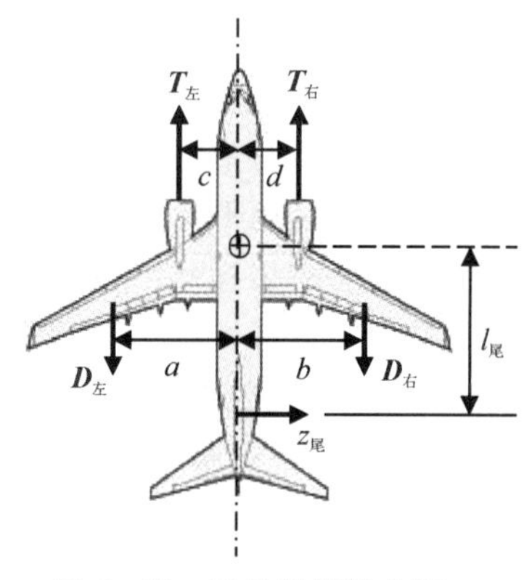

图 6－18　飞机的偏航力矩

6.2.4 滚转力矩的平衡

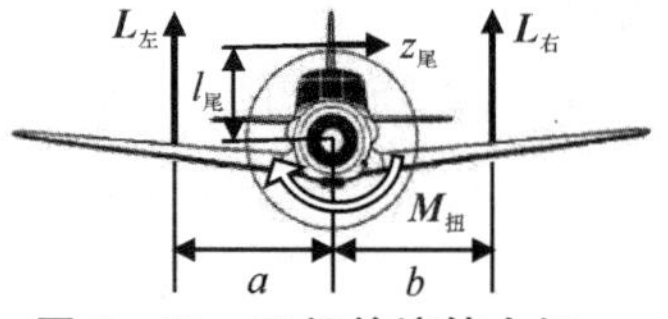

图 6-19 飞机的滚转力矩

飞机在做定常直线平飞、定常侧滑、协调转弯等飞行的过程，都需要维持横向力矩，也就是滚转轴方向的力矩平衡。

两机翼的升力对纵轴产生的滚转力矩，垂直尾翼侧力对纵轴产生的滚转力矩，螺旋桨旋转时的反扭矩对纵轴产生的滚转力矩，如图 6-19 所示。正常飞行时，左右两侧的升力产生的滚转力矩相互平衡，垂尾不产生侧力。横向配平指的是飞机承受的外力绕滚转轴的合力矩为零。出现侧滑时，飞机会朝着背风一侧滚转，此时为了保持机翼水平，必须通过副翼（及扰流板）来维持横向的平衡。

6.3 飞机的稳定性

6.3.1 稳定性概述

1. 稳定性的定义

稳定性(stability)，是指物体受到了微小扰动之后，偏离原有平衡状态(equilibrium)后，在扰动停止之后，能够自动回复到原有平衡状态的能力。举个最简单的例子：曲面上的球（见图 6-20）。伸手推一下球，使它偏离一开始的位置，三种情况会有三种不同的结果：

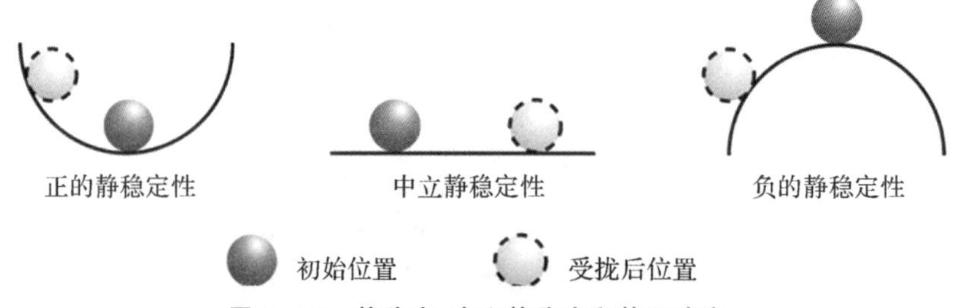

图 6-20 静稳定、中立静稳定和静不稳定

对于凹曲面，球在受扰后会滚回初始位置，具有正的静稳定性，因而它是静稳定的；对于平面，球在受扰后既不会滚回初始位置，也不会滚得更远，具有中立的静稳定性；对于凸面，球在受扰后会直接滚下凸面，越滚越远，具有负的静稳定性，或者说不具备静稳定性（静不稳定）。

飞机在飞行中同样会遇到各种扰动。飞机主要飞行在对流层或平流层的底部，无论是对流运动还是水平风，都不可避免地会给飞机造成扰动；除此之外，驾驶员无意识的操纵，对于飞机也会带来扰动；此外，飞机的构型变换，比如起落架收放、襟翼收放、空投物资、燃油消耗和空中放油等，也会对飞机造成扰动。

总之，飞机受扰后是否能恢复平衡状态，就是飞机飞行的稳定性。

2. 稳定性的条件

曲面上的球在受扰后是否能回到初始位置，取决于曲面的形状和是否存在摩擦（阻尼）。曲面形状决定了球在受扰后是否有回复到初始位置的趋势，这种趋势被称为静稳定性；如果我们在曲面上倒满水或者油，球的运动始终会受到黏滞，黏滞阻力的方向始终与球的运动方向相反，直至球完全停下，这种特性叫做阻尼。

只有同时满足了上述两个条件，球才能回复到初始位置。

6.3.2　稳定性的分类

综上所示，稳定性分为两类：静稳定性和动稳定性。

1. 静稳定性

静稳定性(static stability)指的是扰动消除后，使物体回复到初始状态的趋势；动稳定性则是指在扰动消除后使物体的受扰运动逐渐停止的趋势。

静稳定性可分为正静稳定、中立静稳定和负静稳定(静不稳定)。对飞机来说，这取决于飞机受扰后是否存在回复的力或力矩。以俯仰为例，飞机迎角增大之后，如果有使飞机低头的回复力矩，那么飞机是静稳定的[见图6-21(a)]；如果既没有回复力矩，也没有使迎角继续增大的力矩，那么飞机是中立静稳定的[见图6-21(b)]；如果迎角增大之后，非但不产生回复力矩，俯仰力矩反而使飞机继续抬头、迎角继续增大，那么飞机是静不稳定的[见图6-21(c)]。

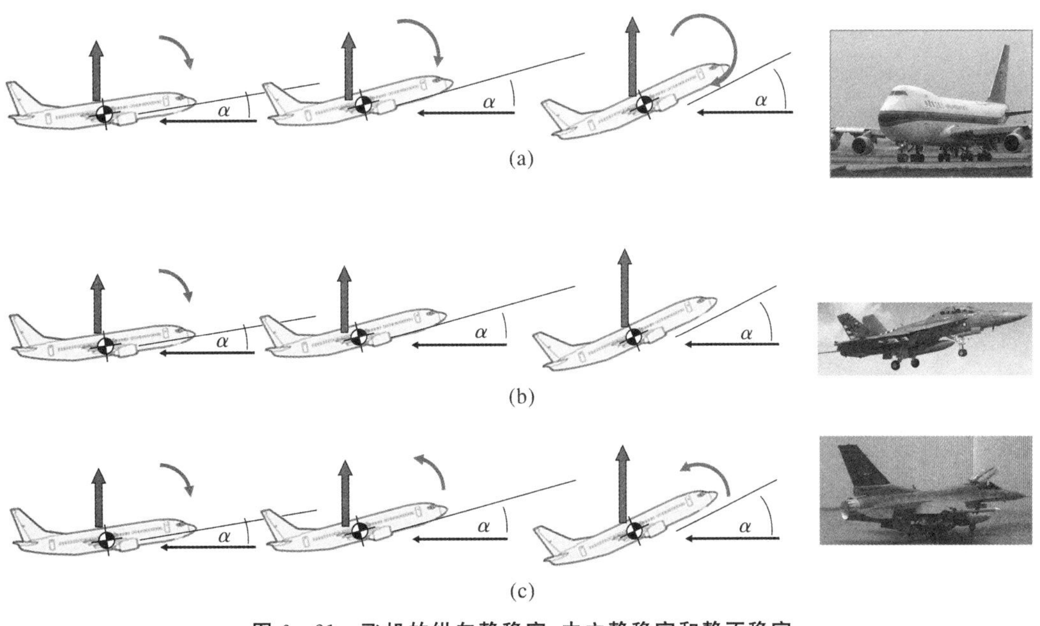

图6-21　飞机的纵向静稳定、中立静稳定和静不稳定

(a)静稳定；(b)中立静稳定；(c)静不稳定

2. 动稳定性

具备静稳定性仅仅是飞机能够稳定飞行的必要条件，飞机最终能否稳定还要具备动稳定性。动稳定性(dynamic stability)反映的是飞机受扰后动态响应随着时间推移的变化趋势。飞机飞行时，飞行姿态随时间推移，如果能逐渐稳定下来、振荡消失，则它是动稳定的[见图6-22(a)]；如果姿态随时间推移保持等幅度振荡，则它是中立动稳定的[见图6-22(b)]；如果振荡不断加剧，则它是发散的，又称动不稳定[见图6-22(c)]。

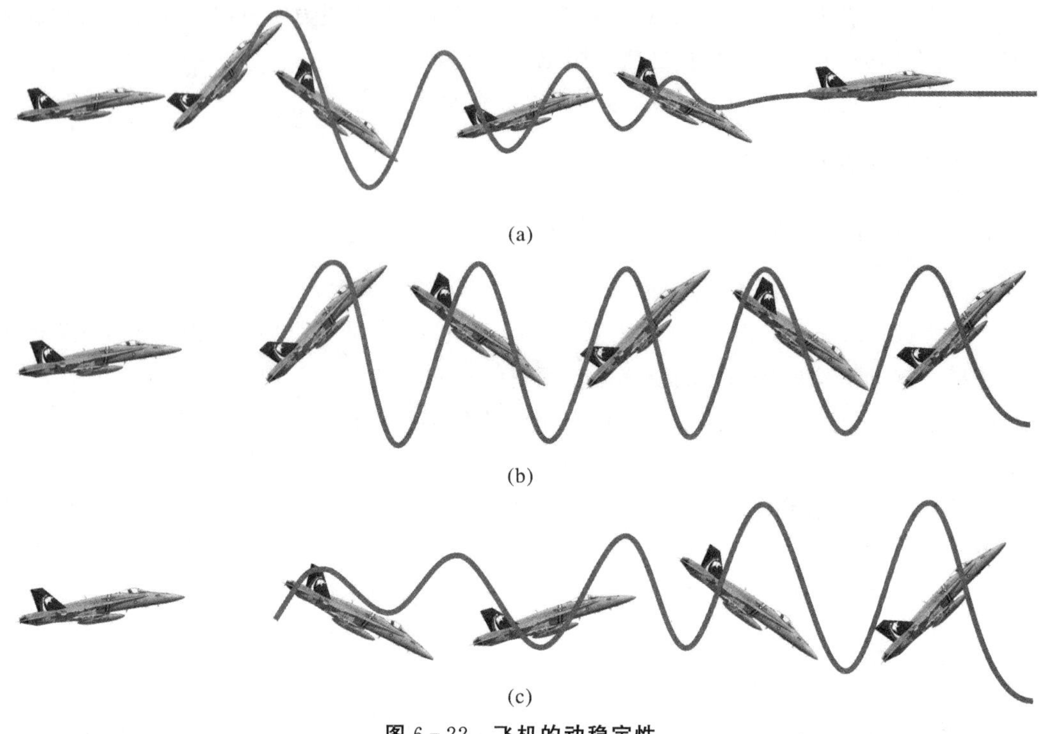

图 6-22 飞机的动稳定性

(a)动稳定;(b)中立动稳定;(c)动不稳定

【拓展阅读】

试飞员——刀尖上的舞者

尽管常规飞机在相当大的速度范围内能够维持较好的静稳定性和动稳定性,但在接近安全边界时,飞机稳定性可能急剧恶化。为了充分暴露新机型可能存在的危险状态,帮助设计师们改善飞机设计,需要对飞机做很多试飞工作。在中国试飞人顽强拼搏的65年中,涌现出许多可歌可泣的英雄事迹。

1970年6月,王昂驾驶某型国产歼击机进行性能试飞,在飞机突然出现严重纵向及横向飘摆之后,沉着应对,第一时间估计出飘摆的速度边界,果断收小油门降低飞行速度,最终安全着陆,为国产歼击机的后续改进保留了关键的资料。

1992年,黄炳新在驾驶歼轰-7战斗轰炸机进行超声速试飞时,由于剧烈振动、方向舵丢失,出现巨大险情。对黄炳新而言,可能的选择是弹射逃生。然而,他并未选择跳伞,而是冒着生命危险,努力重新控制飞机并使其恢复稳定,最终安全着陆。他说:“跳伞很容易,但歼轰-7的研制对国家很不容易,说什么也不能跳伞。我如果跳伞了,这一新型飞机的研制就有可能中断了。”

2016年4月,年仅29岁海军某舰载机航空兵部队中队长张超在驾驶歼-15战斗机进行陆基模拟着舰训练时,突遇电传操纵系统故障,不幸壮烈牺牲。飞行参数记录表明,在出现飞控告警、飞机急剧上仰直至弹射离机的4.4 s内,张超首先选择了推杆,试图挽救飞机,因此错过最佳的逃生时机。

除了军用飞机的风险试飞以外，民用飞机的试飞员也在这个没有硝烟的战场努力拼搏，为我国的大飞机事业贡献自己独特的一份力量。

试飞员通常是从飞机设计的初始阶段就参加工作，从使用和安全的角度对设计方案提出意见。他们不仅是飞行员，更是工程师、测试者和评估者，对航空安全、技术创新以及军事和民用航空工业的发展起着至关重要的作用。试飞员会频繁地在飞机的安全边界测试飞机的“脾气”。安全边界又称“生与死的边界”，每一次试飞，都是试飞员与死神的殊死搏斗。试飞员又被称为“刀尖上的舞者”。

试飞员的职业生涯是对勇气、智慧、责任感和奉献精神的极致体现，他们为推动航空科技进步和保障飞行安全做出了不可磨灭的贡献。

6.3.3　飞机的三轴稳定性

常规飞机的运动是围绕着机体的三根轴发生的，飞机的稳定性指的就是机体绕着机体轴运动的特性。绕俯仰轴（横轴）的稳定性，会影响飞机的纵向姿态，被称为纵向稳定性（longitudinal stability），分为纵向静稳定性和纵向动稳定性；绕滚转轴（纵轴）的稳定性，会影响飞机的横向姿态，称为横向稳定性（lateral Stability），分为横向静稳定性和横向动稳定性；绕偏航轴（竖轴）的稳定性称为航向稳定性（directional stability），分为航向静稳定性和航向动稳定性。

接下来展开介绍飞机的三轴稳定性。其中飞机的纵向稳定性相对较独立，且对飞行品质的影响比较重要，此处单独介绍；横向与航向运动的交联程度较高，我们把横向稳定性与航向稳定性放在一块讲解。

1. 纵向稳定性

（1）纵向静稳定性。如图 6－23 所示，随着迎角的增加，飞机的升力也近乎线性地增加，与此同时，平尾当地迎角和升力也有所增加。如果重心配置在合理的位置，那么当迎角增大时，平尾的正升力会增加。虽然平尾产生的升力增量非常小，但平尾本身有较长的平衡力臂，这股力量依然能产生足够大的低头力矩，使得飞机低头。这样，即使飞机的重心比较靠后，升力的增量不断增加飞机的抬头力矩，飞机在迎角增大后依然有足够的低头力矩用于回复。于是飞机就具备纵向静稳定性。

视频 6－1　纵向静稳定性原理

但如果重心后移得过多［见图 6－23(c)］，飞机的尾力臂就会不足，导致平尾无法产生足够的回复力矩。于是，飞机会失去纵向稳定性。因此，重心从前向后移动，纵向静稳定性会逐渐减弱。重心的后移应当是有限度的，介于具备纵向静稳定性与不具备静稳定性的临界的重心位置，就是全机的焦点。

重心在焦点之前，飞机具备纵向静稳定性；重心在焦点之上，飞机是纵向中立稳定的；重心在焦点之后，飞机不具备纵向静稳定性。

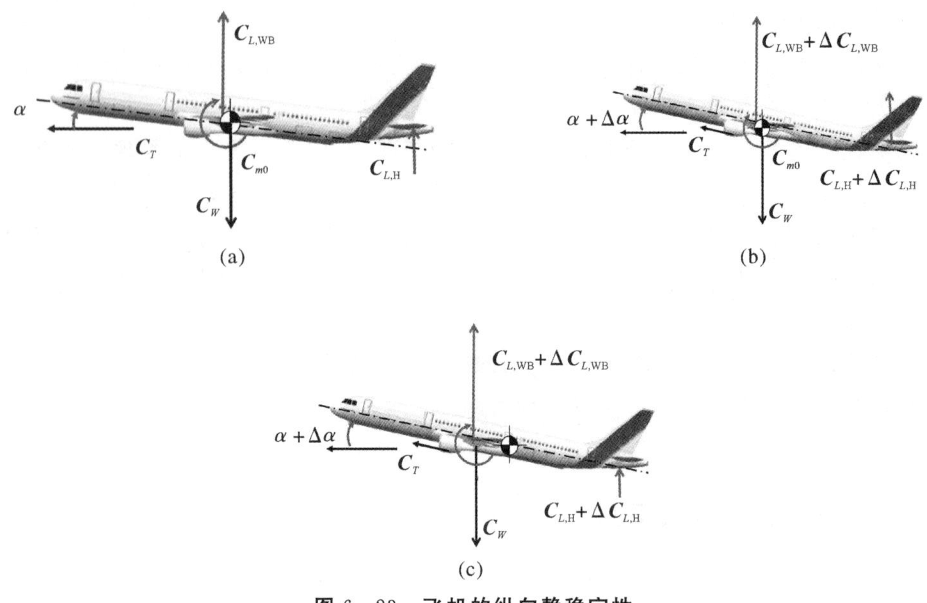

图 6-23　飞机的纵向静稳定性

(a)基准状态;(b)迎角增大;(c)重心后移

(2)纵向静稳定度*。如图 6-24 所示,重心和焦点在平均气动弦上的相对位置决定了飞机纵向静稳定性的强弱。重心和焦点在机翼上的 x 坐标分别为 x_{cg} 和 x_f,在平均气动弦 $\bar{c}$ 上的相对位置分别为 $x_{cg}/\bar{c}$ 与 $x_f/\bar{c}$。

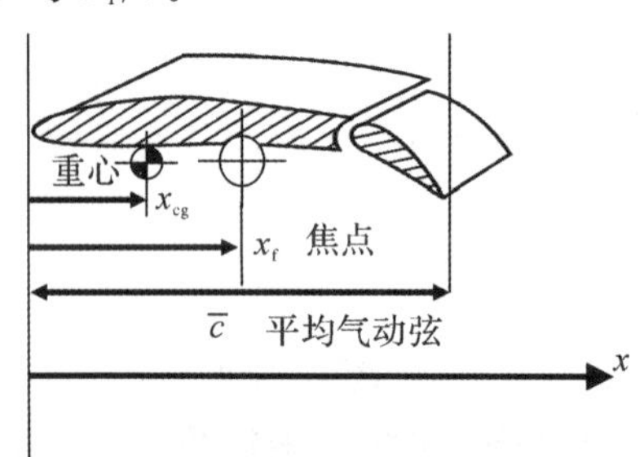

图 6-24　重心与焦点的相对位置

重心在焦点之前,两者间隔越远,则飞机纵向受扰后静稳定回复力矩越大。这种回复力矩通常用纵向静稳定度来衡量。纵向静稳定度是重心与焦点在平均气动弦上的相对位置的几何衡量,它是这样计算 $(x_f-x_{cg})/\bar{c}=\bar{X}_f-\bar{X}_{cg}$。对于不同的机型,对纵向静稳定度的要求也不尽相同。

如图 6-25 所示,常规布局的民航飞机需要设计成纵向静稳定的,而且重心与焦点之间的距离应当控制在 15%～25%平均气动弦(MAC)的范围。采用电传操作系统的先进电传客机,因飞行操纵系统能够在一定程度上对飞机的静稳定性进行补偿,它们的静稳定度可以适度减小,重心与焦点的距离控制在 5%～15%MAC。先进战斗机需要有良好的飞行性能和敏捷性,这种飞机的电传飞行操纵系统有着极高的操纵权限和反应速率,可以在飞机处于静不稳定的状态下精确地对飞机进行控制,赋予该类型飞机人工的静稳定性,此类飞机重心与焦点的距离可控制在-5%～-15%MAC。

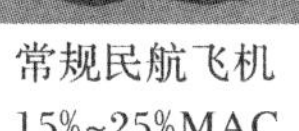
常规民航飞机 15%~25%MAC

先进电传客机 5%~15%MAC

先进战斗机 -5%~-15%MAC

图 6-25　不同类型飞机对稳定裕度的需求

【拓展阅读】

放宽静稳定性设计及主动控制技术

一般地，一架飞机要想实现纵向的静稳定性，重心就应当配置在焦点前方。为了保证有足够的静稳定性，重心位置往往需要足够靠前，这就需要更大的抬头力矩进行配平。配平的需求挤占了俯仰操纵的权限，对飞机的操纵性造成不利影响，飞机的稳定性与操纵性是相互矛盾的。此外，重心越靠前，为了配平飞机，平尾需要产生的负升力越大，对整机升阻特性带来的不利影响越大。20 世纪 70～80 年代，随着电传飞行操纵的技术逐渐成熟，人们开始逐步优化飞机的气动设计和总体布局，使飞机的重心后移、焦点前移，以本体飞机损失一定的纵向静稳定性作为代价，换来操纵特性及气动效率的提高。这种设计被称为放宽静稳定性设计，其中民用飞机采用的方案较为保守，也即“重心依然在焦点之前，但稳定裕度较小”；而高性能战斗机采用的方案相对激进，部分机型甚至采用了静不稳定布局，也即重心布置于焦点之后。

放宽静稳定布局的飞机配备了电传飞行控制系统，配合高性能的电液作动器，可执行非常复杂的高频率飞控指令，除改善飞机的静稳定性外，还可以实现飞行包线保护、阵风载荷减缓、机动载荷优化等复杂功能，有效改善现代高性能飞机的飞行品质及飞行安全性。

我国的大飞机三剑客 Y-20、C919 及 AG600M 飞机均采用了电传飞行操纵系统，前两者通过放宽静稳定性设计技术有效提高飞机飞行性能，而 AG600M 利用电传操纵系统大幅改善低空投水灭火、汲水及水上救援时的稳定性及飞行安全性。

我国研制的先进战斗机 J-10、J-11、J-15、J-16、J-20 等均采用了纵向静不稳定布局，利用先进的高升力体机身获得非常优秀的机动性，运用电传操纵系统来维持闭环飞机的稳定性，并将飞机控制在飞行安全的边界内。

放宽静稳定性设计对于提高飞机的性能、机动性、减轻结构重量以及应对现代战争需求具有重要意义，不仅在技术层面上推动了飞行器性能的极限，还在战略层面促进了航空工业的技术革新与进步分。它体现了人类对飞行器性能不断追求极致的探索精神。

(3)纵向动稳定性。飞机的稳定飞行不但取决于纵向静稳定性，还需要有纵向俯仰阻尼力矩。俯仰阻尼力矩可以使飞机在受扰后不再围绕俯仰轴做无休止的振荡，有利于改善飞机的稳定性及操纵性。

俯仰阻尼力矩主要由机翼和水平安定面产生，其中后者的贡献较大。在飞机发生俯仰运动时，飞机会绕俯仰轴旋转，假定俯仰角速度为 q。尾力臂 l_{HT} 则是全机力矩参考点(重心)到平尾压心的距离。

假定飞机正在以角速度 q 抬头,随着机身的转动,平尾向下运动。在后机身处,随着与飞机重心的距离增加,相对气流的速度线性增加,平尾的局部迎角增加,平尾产生正的升力增量。这股升力增量将阻碍飞机继续抬头[见图 6-26(a)]。

如果飞机以同样的角速度低头,随着机身的转动,平尾向上运动。在后机身处,随着与飞机重心的距离增加,相对气流的速度线性增加,平尾的局部迎角减小,平尾产生负的升力增量。这股升力增量将阻碍飞机继续低头[图 6-26(b)]。

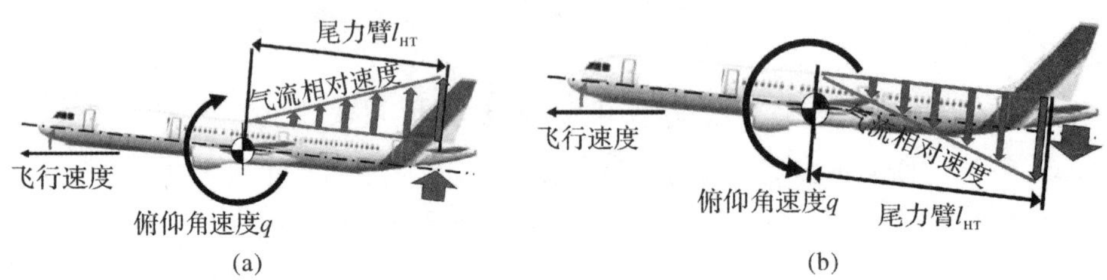

图 6-26 水平尾翼对俯仰阻尼的贡献

(a)飞机抬头;(b)飞机低头

综上所述,俯仰阻尼力矩的大小和方向仅取决于飞机的俯仰角速度。角速度越大,俯仰阻尼力矩越大;俯仰阻尼力矩的方向总是与飞机俯仰运动的方向相反。

2. 航向稳定性

(1)航向静稳定性。飞机绕偏航轴(竖轴)运动的稳定性,被称为航向稳定性,是指飞机在平衡飞行时,受到短暂的非对称干扰(如侧风)后产生小量侧滑,在这种干扰消失后,飞机能够自动消除侧滑并趋向于恢复到原航向或直线运动状态的性能特性。它又由航向静稳定性和航向动稳定性两个方面来表征。

当飞机遭遇侧风、垂尾承受侧向力时,飞机左右的空气流动会出现不对称。此时会产生偏航力矩,使得机头转向相对气流吹来的方向,最终使左右两侧的气流重新归于对称。这种企图通过偏航来消除侧滑的特性被称为航向静稳定性(directional static stability, 见图 6-27)。

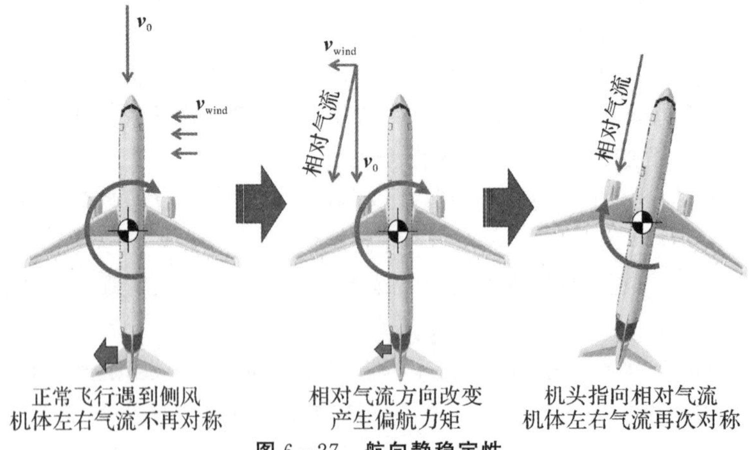

图 6-27 航向静稳定性

对于常规飞机,航向稳定性主要由垂直尾翼来提供,机翼的平面形状和构型等也会产生较小的影响。其中,垂直尾翼的贡献主要由尾力臂、垂直尾翼面积提供,这两个参数的增加,都有利于提高飞机的航向稳定性。此外，机翼的上反角、后掠角对航向稳定性也有贡献，但贡献程度远小于垂尾。

高空高速飞行时，飞机容易出现航向稳定性不足。为了保证航向稳定性，高速飞机通常会设置背鳍、腹鳍等部件。

(2)航向动稳定性及偏航阻尼。虽然航向静稳定性能使飞机通过偏航自行消除侧滑，但是在消除侧滑过程中会带来航向的震荡，还需要一定的偏航阻尼(Yaw Damping)。

一般来说，偏航阻尼由垂直安定面提供。如图 6－28 所示，当航向稳定遭到破坏时，机体就会围绕竖轴作偏航运动。偏航角速度 r 会使得飞机的后机身周遭的气流相对于机体作侧向运动。相对速度随着与重心的距离加大而线性增加，并在垂直安定面上形成与 r 方向相同的侧向力，产生与角速度 r 相反的偏航阻尼力矩，阻碍偏航运动。如果阻尼力矩足够强，则荷兰滚运动会很快平息。

就好比把鱼的尾部浸泡在水中，不论将尾部向哪个方向摆动，水都会阻碍尾部的运动。偏航阻尼力矩就好比水流的这种作用。

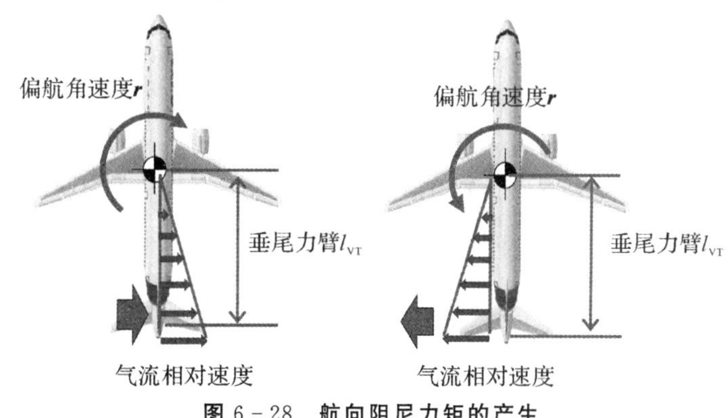

图 6－28　航向阻尼力矩的产生

(a)飞机向右偏航；(b)飞机向左偏航

3. 横向稳定性

(1)横向静稳定性。飞机绕滚转轴(纵轴)运动的稳定性，被称为横向稳定性，描述了飞机在受到侧风干扰或小角度倾斜后，自动恢复到初始平衡状态的能力。它又由横向静稳定性和横向动稳定性两个方面来表征。

飞机侧滑时，左右机翼的升力会不平衡。以图 6－29(a)为例，风从右侧吹来，右侧机翼处于迎风位，左侧机翼处于背风位。迎风一侧最先与来流接触，因此也被称为侧滑前翼。

由于机翼有上反角(Dihedral)、后掠角(Swept Back)等几何特性，侧滑往往会使侧滑前翼升力增加，而侧滑后翼升力减小，使飞机向背风一侧滚转。飞机倾斜之后，铅锤的重力一部分分量会牵引飞机向左侧滑，这正好抵消了飞机的右侧滑。同理，当飞机遇到左侧的侧风，飞机也会自动向右倾斜，来消除左侧滑。这种特性就是横向静稳定性。

视频 6－2　横向静稳定性的原理

同理，当飞机无意进入滚转时，在重力的作用在，会向着下沉一侧的机翼侧滑，侧滑前翼产生更大的升力，会使机翼自动恢复水平，如图 6－29(b)所示。

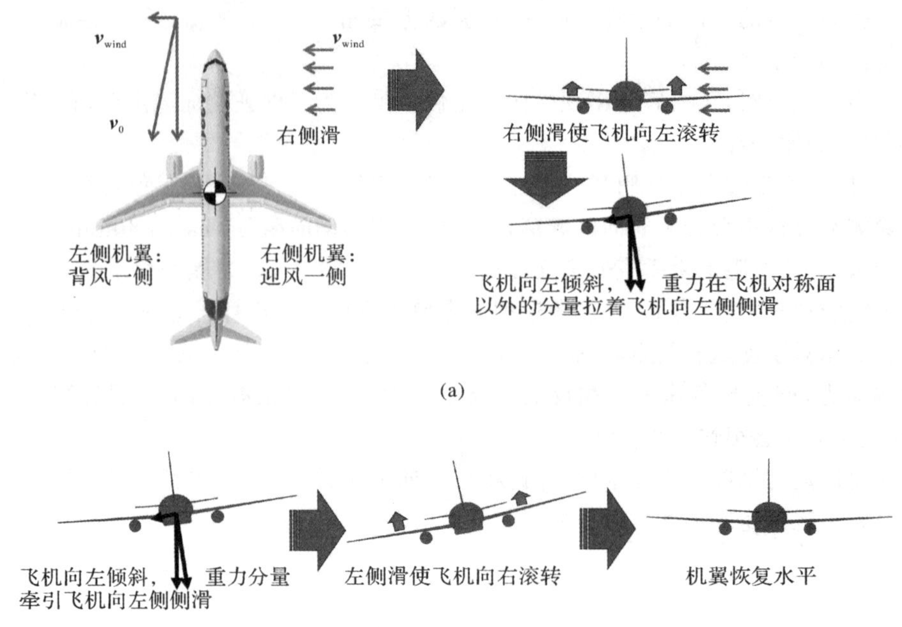

图 6-29 横向静稳定性的基本原理

(a)在侧风中消除侧滑;(b)无意进入滚转后机翼恢复水平

飞机布局中影响横向稳定性的主要参数包括上反角、后掠角及机翼相对于机身的上下位置:①在侧风情况下,上反角会使迎风侧机翼迎角更大,升力更大,对横向静稳定性有利,如图 6-30(a)所示。②与平直翼相比,相对气流在后掠翼的侧滑前翼能够产生更大的有效速度和升力,有助于使已经倾斜的机翼恢复水平,如图 6-30(b)所示。③在面对横向气流时,下单翼布局的机身将气流阻隔在机身两侧和机翼上表面,上翼面压强增加,侧滑前翼升力减小,滚转角继续增大;上单翼布局则将气流阻隔在机翼下表面,使侧滑前翼升力增加,机翼恢复水平,如图 6-30(c)所示。

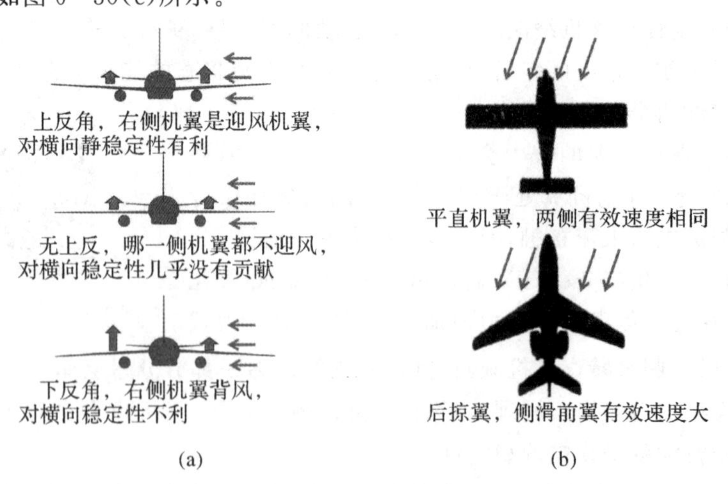

图 6-30 飞机布局对横向稳定性的影响

(a) 上反角(b);后掠角

下单翼，侧向气流流经机身时，在上翼面受阻滞，流速减慢压力增加，对稳定性不利

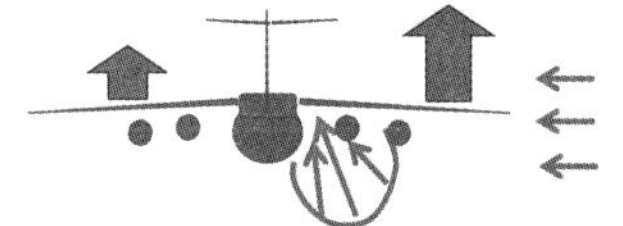

上单翼，侧向气流流经机身时受到阻滞，流速减慢压力升高，对稳定性有一定补偿作用

(c)

续图 6-30　飞机布局对横向稳定性的影响

(c) 机翼与机身的相对位置

(2)横向动稳定性。飞机的滚转运动可以视为围绕着滚转轴的单自由度运动。当飞机向右侧滚转时，左侧机翼产生向下的相对速度，右侧机翼产生向上的相对速度，相对速度从机身对称面向着翼尖线性增大。左机翼产生负升力增量，右机翼产生正升力增量，这股升力差形成抑制飞机继续滚转的强大力矩，可迅速使飞机的滚转运动平息。这种作用被称为滚转阻尼(Roll Damping，见图 6-31)。对于大展弦比的飞机，滚转阻尼的作用很强，一般飞机的滚转运动是稳定的。

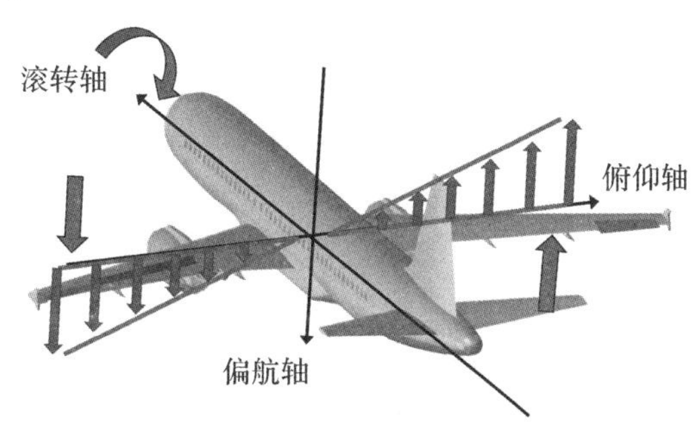

图 6-31　滚转阻尼的产生

(3)横航向稳定性的协调问题*。从上面分析可知：飞机的垂直尾翼，机翼的上反角、后掠角等布局对飞机的横向稳定、航向稳定都有影响。因此，飞机的横向稳定与航向稳定会存在一些内在的关联。飞机要具有稳定性，不但要求各自独立的横向稳定性和航向稳定性，而且要求它们之间能协调配合好；否则，也会导致飞机的不稳定。

1)荷兰滚。荷兰滚(Dutch roll)是一种飞行器在特定情况下的不稳定性现象，是横向稳定性过强，航向稳定性相对较弱导致的。

视频 6-3　荷兰滚

如图 6-32 所示，虽然航向静稳定性可以使飞机机头指向相对气流，以消除侧滑。但飞机本身具有一定的转动惯量，在转到侧滑角为零的航向时，并不一定能及时停止转动。其继续转动可能会使飞机进入左侧滑状态，作用在垂直安定面上的侧向力又使飞机朝左偏航。引发后续来回的振荡。

侧滑角的反复变化，还会引起飞机左右两侧升力的不均衡。由于飞机后掠角及机翼上反角的作用，一般迎风一侧机翼的迎角更大，产生更大的升力。因此，侧滑角的反复变化还会引起飞机滚转角的反复变化。

这种侧滑、偏航及滚转相互耦合的振荡，就像轮滑运动员的动作一样，促使飞机围绕着偏航轴及滚转轴不停地作左右运动,这种运动被称为荷兰滚运动。

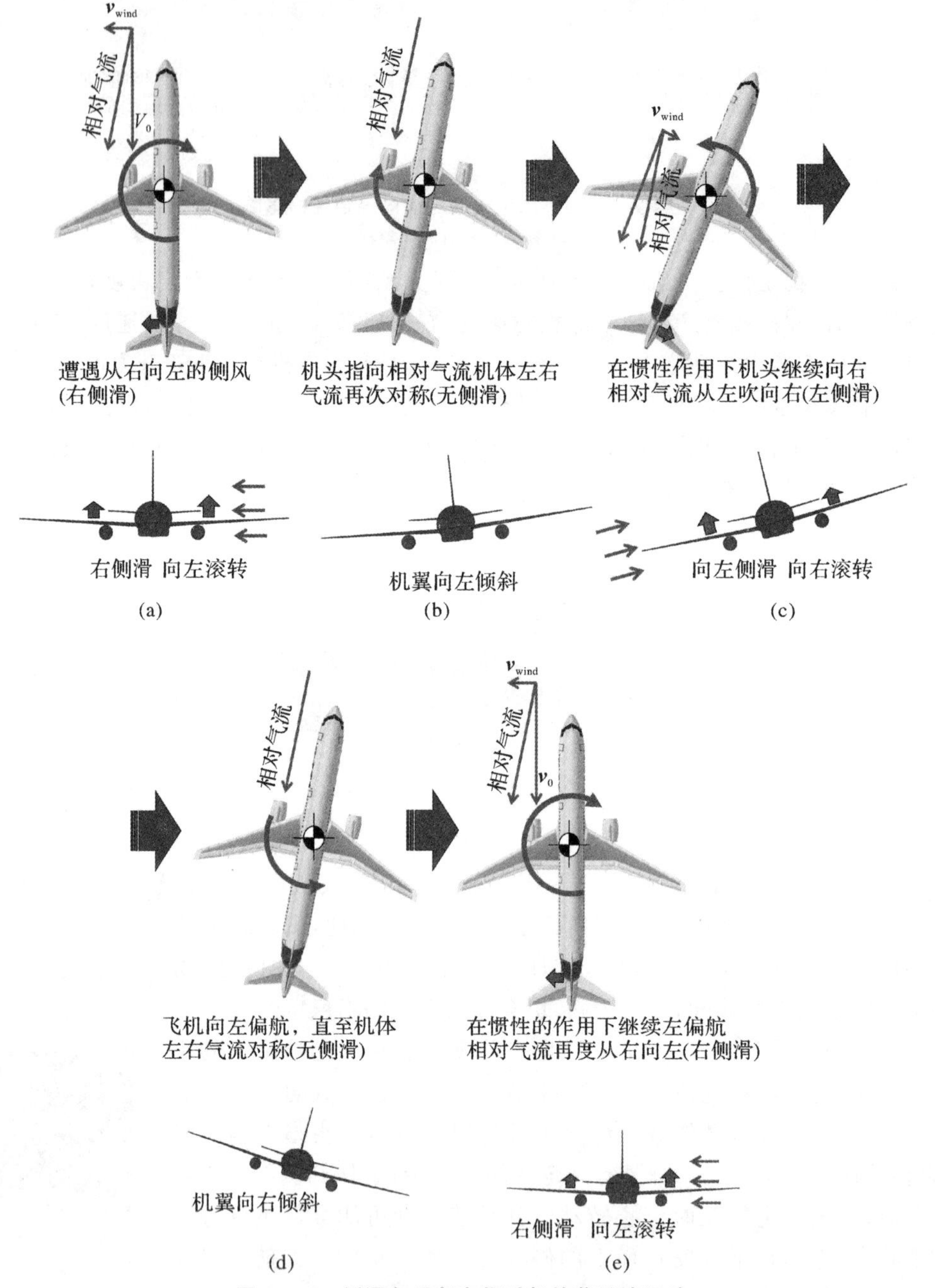

图 6-32 侧滑角反复变化引起的荷兰滚运动

(a)右侧滑;(b)机头右偏;(c)机头继续右偏;(d)机头左偏;(e)机头再度右偏

除了侧滑角反复振荡引起的滚转角和偏航角变化之外,荷兰滚运动中还存在一些交叉力矩,它们也在影响着荷兰滚运动的形态。交叉力矩主要包含滚转角速度引起的偏航力矩,以及偏航角速度引起的滚转力矩(见图 6-33)。它们相互影响,故而得名。

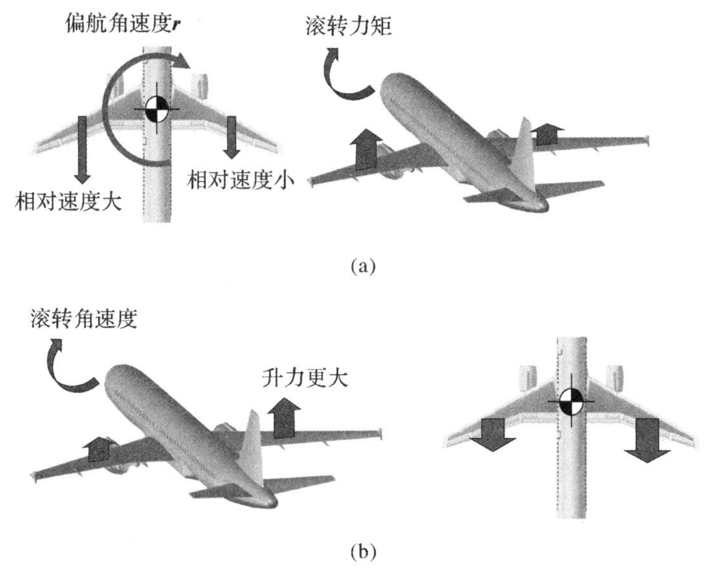

(a)

(b)

图 6－33　荷兰滚运动中的交叉力矩

(a)偏航运动引起的滚转力矩;(b)滚转运动引起的偏航力矩

可见,飞机的偏航运动会使左右机翼相对于远方来流的速度不均衡。图 6－33(a)中,飞机向右偏航,则左侧机翼相对速度大,右侧机翼相对速度小。因此,左侧升力大,右侧升力小,进而引起飞机滚转。图 6－33(b)中,飞机向右滚转,右侧机翼会出现更大的自下而上的相对气流,因而升力更大,使得该侧升致阻力也更大。不对称的升致阻力会导致飞机向右偏航。

综上所述,荷兰滚运动的构成比较复杂。其中既掺杂着由侧滑带来的滚转及偏航运动,而滚转和偏航运动本身也存在着直接的相互耦合。

与水平安定面相比,飞机的垂直安定面面积较小。因此,荷兰滚运动的阻尼相对较小,本体飞机的荷兰滚运动通常会持续较长时间。这种特性对飞行操纵和乘坐品质都会造成不利的影响。为了改善荷兰滚运动特性,驾驶员可以主动蹬方向舵:机头右转时蹬左舵,机头左转时蹬右舵,这样可以抑制荷兰滚运动的发展。然而,荷兰滚运动是一种周期较短的振荡运动,完全靠人工操纵加以抑制会使驾驶员心理和体力上都非常疲劳。于是人们发明了偏航阻尼器(Yaw Damper),利用角速度传感器感受飞机的偏航运动,一旦检测到荷兰滚运动,由控制系统自动操纵方向舵偏转,来抵消飞机的偏航运动。偏航阻尼器改善了飞机飞行时的飞行品质,降低了驾驶员的操纵负担。

【拓展阅读】

6·6 西安坠机事故与偏航阻尼器

1994 年 6 月 6 日上午,中国西北航空公司的一架苏制图－154M 型(注册号:B2610)执飞西安至广州 WH2303 航班任务。其中飞行员 5 人,乘务组 9 人,旅客 146 人。飞机起飞后不久,由于严重的机械故障,在距咸阳机场 49 km 空中解体,160 人无一幸存。

事发当天，机组、天气均符合飞行标准。飞机起飞离地后 24 s，机体发生异常飘摆，幅度很大。机组随即向地面报告飞机摆动并有异响。通过驾驶舱语音记录明显听到机体发出“嗯嗯”的响声。地面并不清楚机上发生的具体状况，指示机组继续上升，以争取更大的安全裕度。机组用 400 km/h 速度保持爬升，争取高度。此时机体左右摇摆，幅度增大。机组向地面报告两个人都稳定不住姿态。飞机飘摆幅度逐渐增大到 30°。机组短暂接通过自动驾驶仪，但接通后飞机飘摆愈加严重，遂迅速断开。此后飞机振荡幅度持续增大，最终失速并进入尾旋，快速下坠。此后，下坠中的飞机空速迅速增加，在强大的空气动压的作用下于 2 800 m 高度空中解体。

事后从飞行记录仪的数据解析发现，飞机离地后所有的横向和航向参数均发生低频大幅度变化，飞机发生了发散性横向飘摆，也即荷兰滚振荡发散。从事故现场收集的残骸可判断出自动驾驶仪安装座控制副翼的插头插在方向舵插座上，而控制方向舵的插头插在了副翼插座上。飞机的偏航阻尼器不仅未能抑制荷兰滚运动，反而成为了加剧荷兰滚运动的成因。此为飞机在空中失控并坠毁的直接原因。

此次飞行事故的深层次原因主要包括：①图－154 飞机的设计缺乏防差错措施，方向舵、副翼舵机插头可以互插。②从业人员的责任心和安全意识缺失。虽然插头可以互插，但方向舵与副翼的插头、插座颜色不同。插接正确时，插头与插座颜色应相同。这一差错本应被检查出来。③质量保障体系不健全，机务人员及值班主任未能完成自检、复检和专职检验(三检)。④管理混乱，值班主任玩忽职守、机务人员违规操作、应急处置指令受阻。

此次空难事件教训十分深刻。从业人员的敬业精神是行业安全健康发展的支撑，重视细节与敬业精神应当是机务人员的基本素质。防差错设计是防止人为差错的有效措施。此外，还应加大对人为差错的分析力度。

2)螺旋。螺旋(Spiral)是指飞行器在特定飞行条件下容易进入螺旋下降状态的倾向，是航向稳定性过强、横向稳定性相对较弱导致的。

假定飞机垂尾面积过大，导致航向稳定性过强，侧风会引起剧烈的偏航运动，如图 6－34 所示。航向角速度会使两侧机翼的气流相对速度产生较大差异，从而产生升力差，使飞机向偏航的方向滚转。当滚转力矩大于横向静稳定力矩时，飞机就会持续滚转，并持续偏离原先的航向，最终呈螺旋状轨迹下降。这种螺旋下坠的运动，被称为螺旋模态(Spiral Mode)。一般的飞机进入螺旋的过程大多比较缓慢，只要驾驶员操纵得当，一般能轻松改出，飞机允许存在一定的螺旋不稳定。因此，飞机通常会被设计成航向静稳定性略强于横向静稳定性。

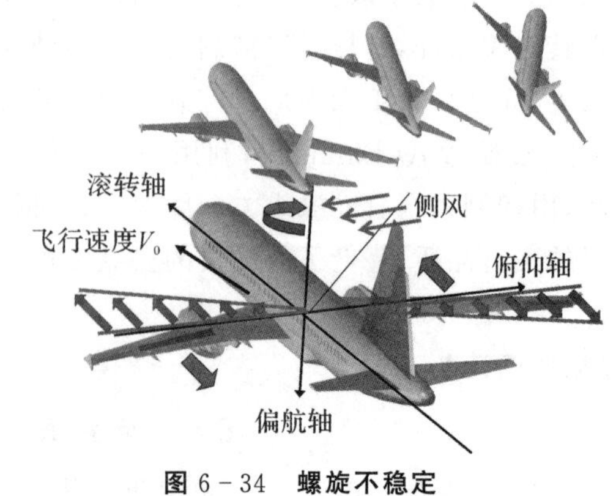

图 6－34 螺旋不稳定

6.4　飞机的操纵性

6.4.1　飞行操纵概述

飞行操纵(flight control),指的是驾驶员或飞行控制系统根据任务的需要,对飞控舵面发出指令,使飞机按照预想的方式来飞行。飞行操纵系统的功能包括俯仰(pitch)、滚转(roll)、偏航(yaw)姿态的控制,以及高升力控制(high lift control)等。常见的主飞行操纵面包括升降舵(elevator)、方向舵(rudder)和副翼(aileron);常见的辅助飞行操纵面包括可配平水平安定面(THS, Trimmable Horizontal Stabilizer)、襟翼(flap)、缝翼(slat)、扰流板(spoiler)等(见图 6-35)。

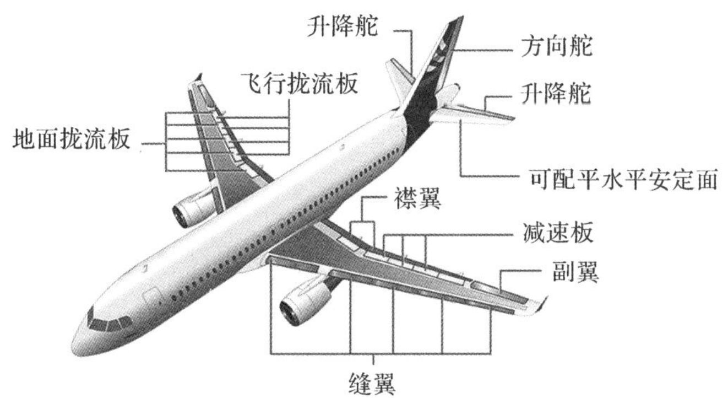

图 6-35　典型民航飞机的飞行操纵面

随着航空科学技术的发展,飞机飞行控制系统的设计经历了 3 个阶段:无助力飞控系统、助力式飞控系统、电传飞控系统,如图 6-36 所示。

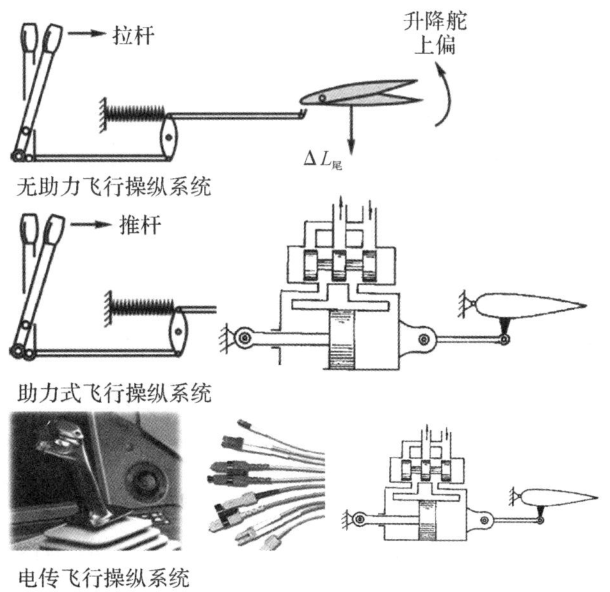

图 6-36　飞行操纵系统的分类

对于无助力飞行控制系统，操纵杆、脚蹬、手柄、手轮等的操纵位移均通过钢索或拉压杆传递到舵面位置。这种操纵系统造价低廉、构造简单、工作可靠，但舵面上的气动载荷完全由驾驶员的体力来承担，在长时间的飞行中容易引起人体力和精神的疲劳。

在第二次世界大战之后，大型轰炸机、高速歼击机问世，飞机速度越来越快，飞控舵面面积越来越大，舵面上加载的气动载荷越来越大，操纵飞机需要更大的体力，甚至超出了人体力的极限。助力式飞控系统使用液压泵输出的液压力(hydraulic power)来移动舵面，驾驶员只需要付出移动控制阀的体力，即可按自己的意愿去驱动舵面运动。二战之后的大型飞机和高速飞机普遍采用了此类飞行操纵系统。

在上世纪六七十年代，人们开始研究主动控制技术，通过放宽静稳定性等手段牺牲一定的稳定性，来使飞机获得更高的气动效率，以期提高飞行性能。作为补偿，需要使用飞控计算机精确、快速而准确地控制飞控舵面，对飞机飞行进行精确的控制。从此，诞生了计算机电子控制、液压作动的电传飞行操纵 (Fly by Wire，FBW)。如今，电传操纵系统已在包括Y-20、C919、ARJ21-700、AG600M等国产大飞机上得到了成功应用。

6.4.2 主飞行操纵

主飞行操纵包括升降舵、副翼和方向舵。它们分别控制飞机俯仰、滚转及偏航运动，通过改变飞机的迎角和侧滑角来改变飞行轨迹角和航迹角。

升降舵通过驾驶杆来控制。后拉驾驶杆，升降舵上偏，平尾变为负弯度并产生负升力，使飞机抬头；前推驾驶杆，升降舵下偏，平尾变为正弯度并产生正升力，使飞机低头，如图6-37所示。除传统的驾驶杆外，不少飞机，如我国的C919、欧洲的空中客车系列飞机采用了小巧的侧杆，其操纵习惯与传统驾驶杆类似：前推低头，后拉抬头。

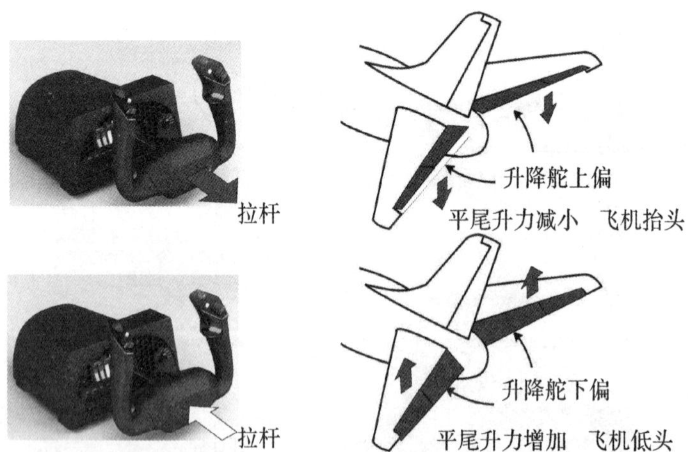

图6-37 飞机的俯仰操纵

滚转操纵通过驾驶盘控制滚转，如图6-38所示：右转驾驶盘，右侧副翼上偏，左侧副翼下偏，右侧升力大于左侧升力，使飞机向右滚转；左转驾驶盘，左侧副翼上偏、右侧副翼下偏，左侧升力大于右侧升力，飞机向左滚转。

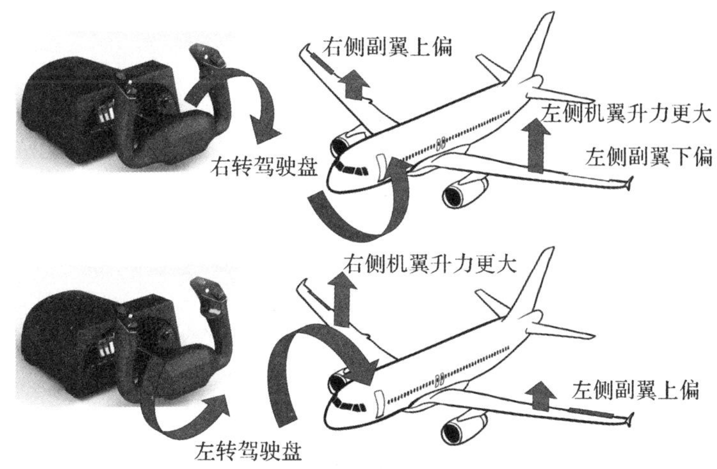

图 6-38　飞机的滚转操纵

飞机的航向操纵由方向舵完成。每个驾驶员脚下都有一对方向舵踏板，蹬左脚踏板时，方向舵左偏，垂直安定面产生向右的侧向力，飞机向左偏航；蹬右脚踏板时，方向舵右偏，垂尾产生向左的侧向力，飞机向右偏航，如图 6-39 所示。

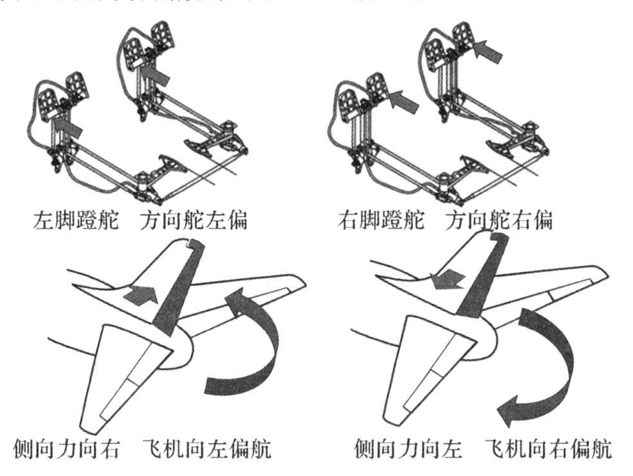

图 6-39　飞机的航向操纵

6.4.3　辅助飞行操纵

辅助飞行操纵包含增升装置(high Lift Devices)、扰流板(spoilers)、配平操纵面(trim devices)的控制。

增升装置包括后缘襟翼(trailing edge flaps)和前缘装置(leading edge devices)。它们改变机翼的弯度，改善大迎角时机翼的气流流态，在起飞、着陆等低速飞行阶段维持飞机的升力。

不同飞机的辅助操纵有较大的差异，下面将介绍一些较典型的辅助操纵。

1. 后缘襟翼操纵

后缘襟翼主要有开裂式襟翼、简单襟翼、开缝襟翼、后退式襟翼、后退开缝式襟翼五个类型(见图 6-40),相关内容可参考第 5.6 节 增升装置。

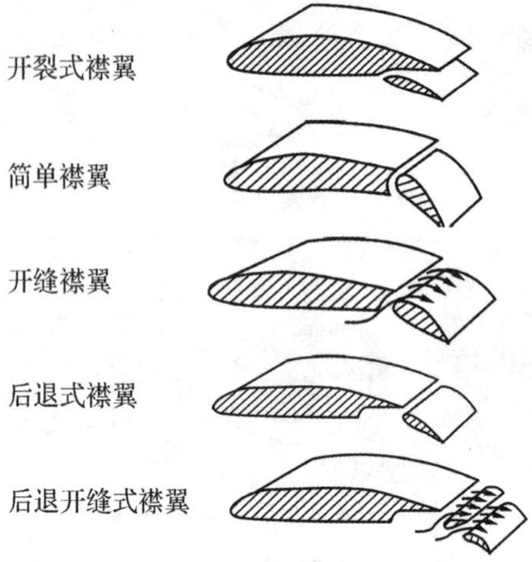

图 6-40 后缘襟翼的类型

后缘襟翼的操纵是由飞行员通过驾驶舱内的操纵手柄来控制,这个过程涉及到机械控制和液压作动。飞行员根据飞行阶段的需求(如起飞、巡航或着陆),选择合适的襟翼位置。如图 6-41 所示,飞行员将襟翼操纵手柄放置在不同的位置,可发出操纵指令,在液压或电力的辅助下,襟翼驱动机构可控制后缘襟翼打开不同的角度。

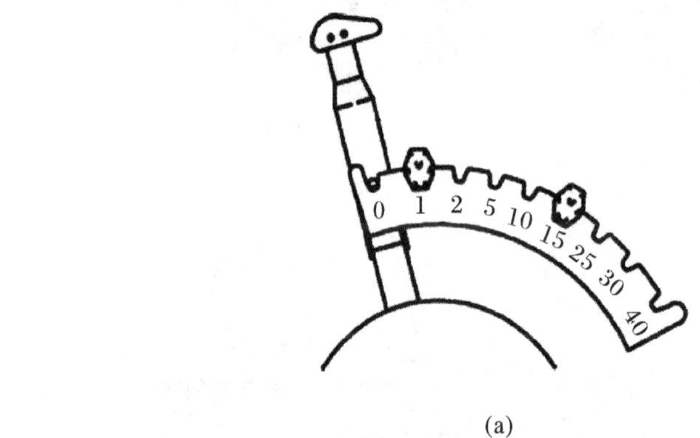

(a)

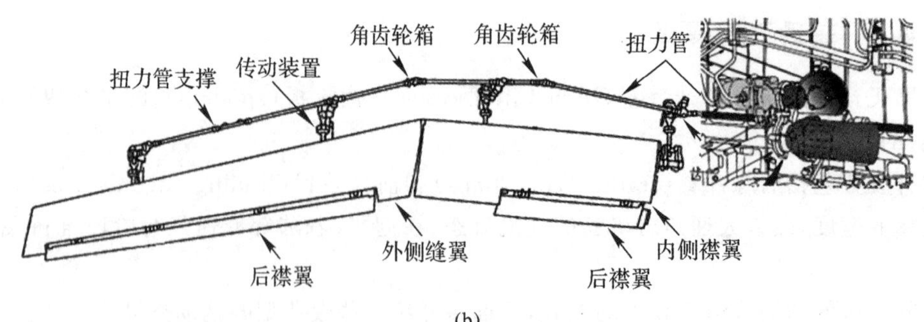

(b)

图 6-41 后缘襟翼的操纵

(a)襟翼操纵手柄;(b)襟翼驱动机构

2. 前缘设备操纵

常用的前缘设备包括：前缘缝翼、下垂式前缘襟翼、克鲁格襟翼等。它们的操纵可以通过液压作动筒驱动打开，也可以通过扭力杆带动齿条运动的方式打开，如图 6－42 所示。

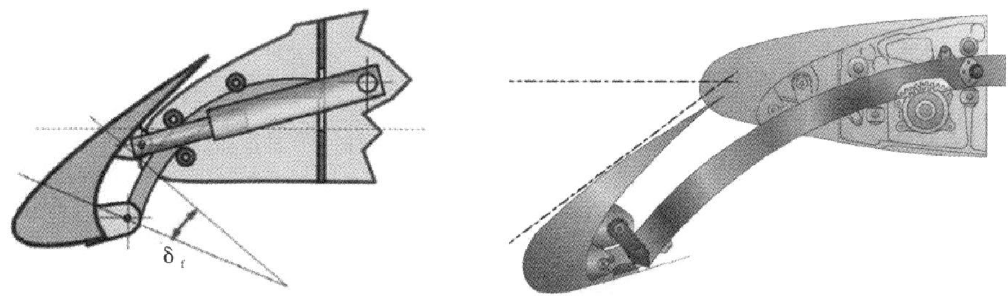

图 6－42　前缘设备驱动机构

3. 扰流板操纵

大型民航飞机的操纵面布置最为复杂，不但有副翼、前缘装置及后缘襟翼，还有一种专门用于破坏升力的装置——扰流板（spoilers，见图 6－43）。扰流板升起时会破坏机翼上表面的气流，起破升增阻的作用。在滚转操纵时，飞机滚转方向的部分扰流板会升起，使该侧的升力减少，起辅助副翼滚转的作用。在需要空中减速时，两侧机翼的部分扰流板对称升起，起减速板的作用。在中断起飞时和着陆接地后，飞机的全部扰流板升起，起地面破升增阻的作用。一般地，扰流板由安装在其下面的液压作动筒打开。

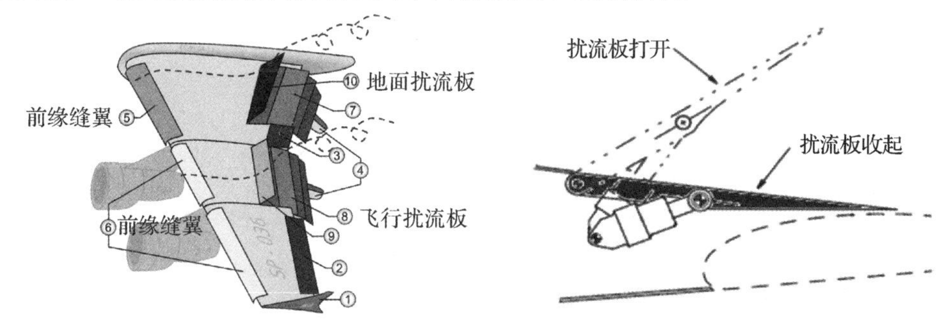

图 6－43　飞行扰流板及地面扰流板

4. 舵面配平操纵

在长时间的飞行中，驾驶员需要长期在驾驶杆或脚蹬上施加恒定的操纵力来维持飞机的三轴运动的平衡。这样会消耗大量的体力，使驾驶员变得十分疲劳。为了减轻驾驶员在飞行中的操纵负担，不少飞机上设置了调整片（control tabs，见图 6－44），用于卸除巡航飞行时的铰链力矩。

随动调整片（也叫随动补偿片，balanced tab）会跟随操纵面偏转，偏转角一般与主舵面成一定比例，偏转方向与主舵面相反，起减小铰链力矩、卸除部分操纵力的作用。反补偿片（anti-servo tab）偏转方向与主舵面相同，起增大铰链力矩、增加操纵力的作用，一般用于全动平尾，为驾驶员提供必要的人工感觉力。配平调整片（trim tab）通常由电动配平开关或配平手轮控制，用于完全卸除铰链力矩，使驾驶员在松开杆或脚蹬的同时仍能保持平衡飞行。

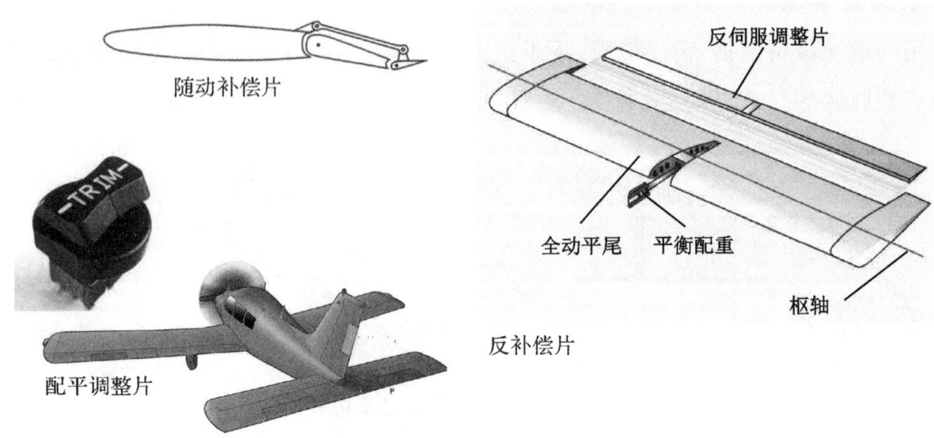

图 6-44　不同类型的调整片

5. 安定面配平操纵

现代大型涡轮类运输机纵向尺寸大、重心纵向移动范围大，为了配平和操纵，单靠升降舵将无法产生足够的俯仰力矩。大部分民航飞机水平安定面被做成安装角可调的，以在不占用升降舵操纵权限的前提下，满足纵向配平的需求。这种水平安定面被称为可配平水平安定面(Trimmable Horizontal Stabilizer，THS，见图 6-45)。水平安定面有一定的偏转范围，前缘上抬、后缘下偏时，能够提供一定的低头力矩；前缘下偏、后缘上抬时，能够提供一定的抬头力矩。这样，水平安定面能够兼顾不同重量重心、飞机气动构型不同等情况的配平需求。

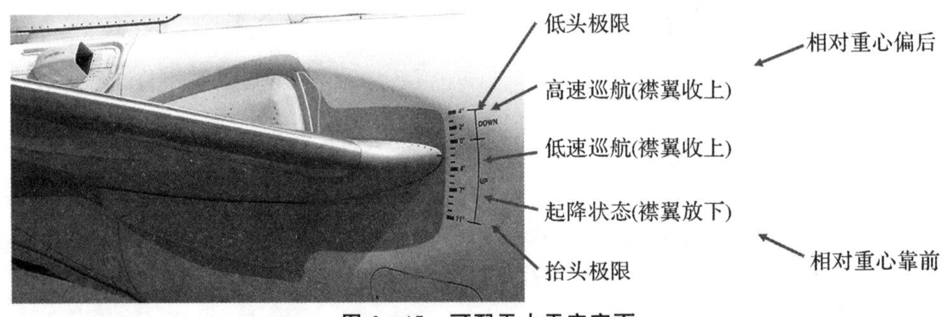

图 6-45　可配平水平安定面

配平操纵则是指调整安定面的角度，飞行员通过驾驶舱内的配平手轮或电门直接控制安定面的偏转角度，自动配平系统可根据飞行状态(如空速、高度、推力设置等)自动调整安定面的位置。

习　题

一、填空题

1. 飞机绕质心的转动运动分别为____________、____________与____________；

2. 飞机的机体坐标系包含三根坐标轴：____________、____________与____________；

3. 飞机重心的前后位置可以在____________上用相对位置来表示；

4. 随着迎角的增加，焦点是____________的作用点；

5. 压心是____________的作用点；

6. 飞机的平衡包括____________和____________的平衡；

7. 稳定性按性质可划分为____________和____________；

8. 飞机的三轴稳定性指的是____________、____________和____________；

9. 升降舵用于控制飞机的____________运动；

10. 液压助力器用于克服作用于飞控舵面的____________。

二、选择题

1. 对飞机而言，俯仰力矩是围绕（　　）运动的力矩。

A. 横轴　　B. 纵轴　　C. 竖轴

2. 静稳定性指的是物体的什么趋势？

A. 受扰后的运动倾向　　B. 受扰后的运动时间历程。

3. 荷兰滚运动是围绕着（　　）和（　　）的振荡运动。

A. 横轴、竖轴　　B. 纵轴、横轴　　C. 纵轴、竖轴

4. 为保证飞机的纵向静稳定性，重心需要布置在焦点的（　　）。

A. 前方　　B. 重合　　C. 后方

5.（　　）用于飞机的滚转操纵。

A. 升降舵　　B. 方向舵　　C. 襟翼　　D. 副翼

6. 为了克服越来越大的气动载荷，现代高速飞机的飞行操纵面普遍由（　　）来驱动。

A. 电动机　　B. 液压力　　C. 空气动力　　D. 高压气体

7. 下列（　　）构型飞机的横向稳定性最强。

A. 上单翼布局　　B. 中单翼布局　　C. 下单翼布局

8.（　　）可在大迎角状态下抑制附面层分离。

A. 前缘缝翼　　B. 简单襟翼　　C. 后缘开缝襟翼　　D. 扰流板

9. 俯仰阻尼力矩与（　　）。

A. 俯仰角速度的方向相同　　B. 俯仰角速度的方向相反

C. 迎角增量的方向相同　　D. 迎角增量的方向相反

10、滚转阻尼力矩主要源自（　　）。

A. 两侧副翼差动偏转的升力差　　B. 两侧扰流板差动偏转产生的阻力差

C. 滚转时两侧机翼的升力差　　D 滚转时两侧机翼的阻力差

三、问答题

1. 简述飞机飞行时重心前后移动对纵向稳定性的影响。

2. 简述静稳定性与动稳定性之间的关系。

3. 大型灭火/水上救援水陆两栖飞机使用上单翼布局，试述该型飞机使用这种机翼布局是出于什么考虑。

4. 简述偏航阻尼器是如何使飞机的荷兰滚运动变得稳定的。

5. 电传操纵系统是我国大飞机“三剑客”采用的飞控系统类型，试述采用电传操纵系统对大飞机的性能及安全性有什么帮助。

第7章 基本飞行过程

▶内容提示

在解决了飞机的操纵性及稳定性问题后，飞机便可以按照驾驶员的意愿或飞行任务的要求完成特定的飞行任务。本章主要介绍典型飞机的基本飞行过程，以及机动飞行的基础知识。此外，飞机飞行时，时刻要考虑失速及尾旋的风险，本章将简单介绍失速及尾旋的机理及改出方法。

▶教学要求

（1）掌握民用飞机基本飞行过程的组成。

（2）了解指示空速、校正空速和当量空速的意义，了解指示空速在分析飞机起飞、平飞、上升、下降及着陆性能中的意义。

（3）掌握起飞的定义，了解起飞过程中的重要物理参数及影响它们的因素。

（4）掌握上升时飞机的受力关系。了解表征上升性能的重要参数及其影响因素。

（5）掌握平飞时飞机的受力关系。了解表征平飞性能的重要参数及影响因素。

（6）掌握下降时飞机的受力关系。了解表征下降性能的重要参数及影响因素。

（7）掌握着陆的定义，了解着陆过程的重要物理参数及影响因素。

（8）掌握载荷因数和定常转弯的定义，了解定常转弯的操纵要点。

（9）了解失速和尾旋的机理及改出方法。

▶内容框架

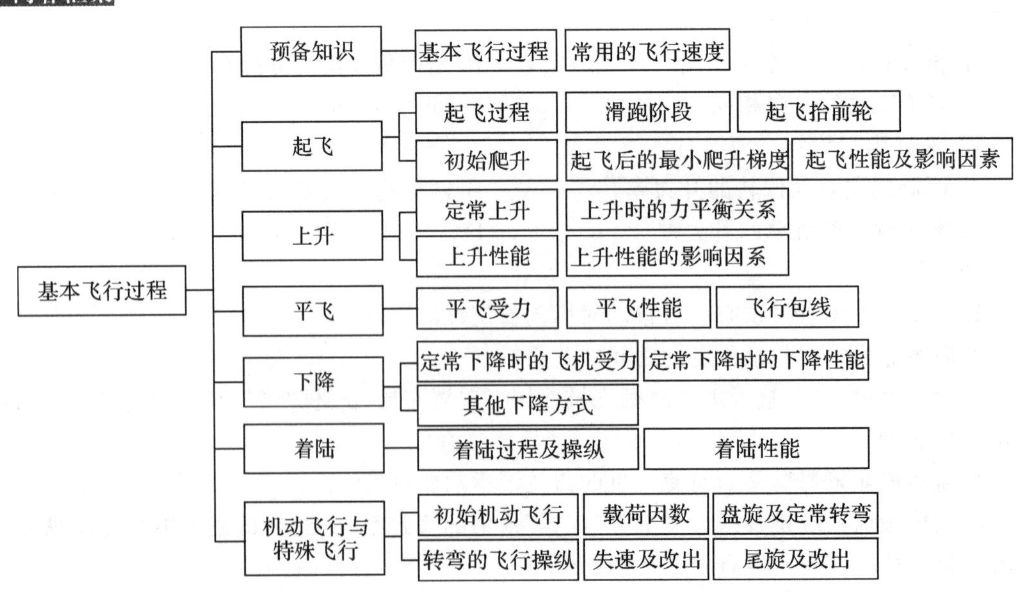

7.1　预备知识

7.1.1　基本飞行过程

典型民航飞机的基本飞行过程包括起飞(takeoff)、爬升(climb)、平飞(cruise)、下降(descend)及着陆(landing)五个部分(见图7-1)。

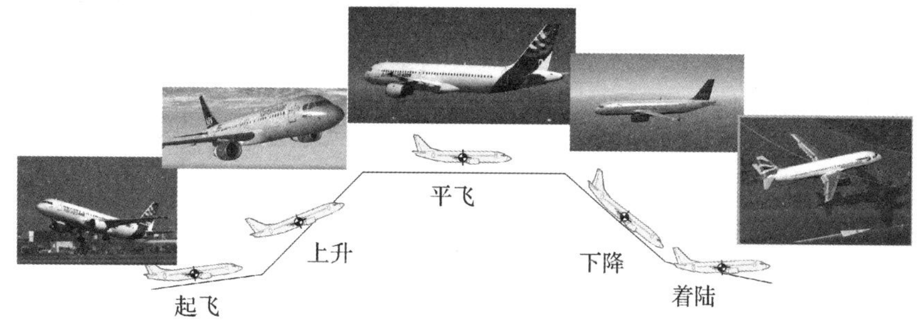

图7-1　基本飞行过程

在基本飞行过程中,还会涉及到航向的变化。最基本的航向变化是通过定常转弯来实现的。本章还将介绍定常转弯所涉及的飞行性能参数及转弯的操纵技巧。

此外,飞机还可以做出各种特技飞行动作。在特技飞行过程中,飞行迎角和侧滑角较大,容易发生失速及尾旋。本章还将针对失速和尾旋的特性进行介绍,并讲解如何改出。

7.1.2　常用的飞行速度

飞行速度反映飞机飞行的快慢,它与大气密度一起产生动压,动压表征了作用在飞机上的空气动力的大小(参考“空速表”章节)。仪表上显示的速度未必是飞机飞行的真实速度,而真实速度又未必反映飞机实际的空气动力及力矩大小。常用的飞行速度包括地面速度、真实空速、指示空速、校正空速、当量空速。

(1)地面速度(又称地速, Ground Speed,GS)最为简单,意为飞机相对于地面的速度。在空中交通管理当中,地速显得尤为重要,它是计算不同飞机航迹信息的重要输入。

(2)真实空速(又称真空速,True Airspeed,TAS)是飞机相对于气流的速度。在静风条件下,真实空速等于地速。在有风条件下,地速等于真空速与风速之和。

(3)指示空速(又称表速,Indicated Airspeed,IAS)由皮托管中总压和静压的差值解算而得,之所以被称为表速或指示空速,是因为这是驾驶舱空速表中所指示的空速。表速的大小取决于皮托管总压和静压之差,它还会受到空速表自身设备误差、皮托管及静压孔安装位置误差、气流误差、空气压缩性等因素的影响。早期的空速表是机械式的,需要人工查手册来修正误差;现代的数字式空速表误差很小,配合大气数据计算机(ADC, Air Data Computer),所测量的空速精度非常高。

(4)校正空速(Calibrated Airspeed,CAS)的大小与指示空速相近。飞机在一定高度飞行时,皮托管测得的总压与静压之差按标准海平面的大气条件进行折算,所得的海平面真空速即为指示空速，而校正空速在其基础上修正了除了空气压缩性之外的所有误差。对于现代飞机，指示空速与校正空速几乎相等。

(5)当量空速(Equivalent Airspeed，EAS)是将不同高度动压相同的不同速度，都按照标准海平面的大气密度进行折算。本质上说，EAS是标准海平面上的真空速，它与实际来流单位体积的空气来流具有相同的动能。简言之，EAS是排除了仪表误差、空气压缩性误差的等效空速。使用EAS可以方便地分析升力、阻力和俯仰、滚转及偏航力矩等空气动力及力矩的大小。

在不计及飞行仪表误差、空气压缩性误差的情况下，指示空速、校正空速与当量空速是相等的。因此，在飞行仪表上、飞行性能参数图表中，常用指示空速或校正空速来标注飞机飞行的重要特征速度。使用这三种空速的理由包括：

(1)不同高度大气密度不同，如果使用真空速给驾驶员操纵飞机作为参考，在同一真速下，飞机在不同高度所承受的空气动力及力矩特性是不一样的，飞机的失速速度也会随高度增加而变化，这会给驾驶员操纵的参考带来混乱。

(2)使用指示空速或校正空速后，在任何高度，在同一个指示空速或校正空速下，涉及的气动特性是一致的，飞机的失速速度也是唯一的，不会给驾驶员操纵飞机带来混乱。

这些速度在飞机的起飞、上升、巡航、下降及着陆过程将是飞行操纵的重要参考。

【拓展阅读】

空中交通管制系统

空中交通管制系统是空中交通管理系统的一部分。该系统通过技术手段对飞行器进行监视和控制，防止其在空中或地面碰撞，是引导飞行器安全、准时起飞和着陆的控制系统。

现代空中交通管制涉及飞行的全过程，即从驶出停机坪开始，经起飞爬升，进入航路，通过报告点到目的地机场降落为止，飞机始终处于监视和管制之下。在这个过程中，管制分为三级：塔台管制、进近管制和区域管制(见图7-2)。

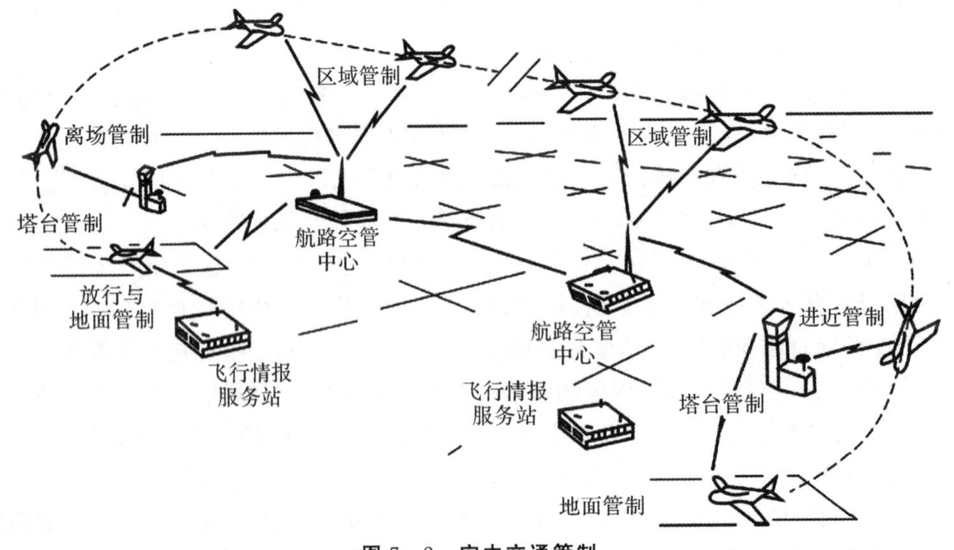

图7-2　空中交通管制

塔台管制：塔台设在机场，主要是维持机场的飞行秩序、指挥滑行和起降、防止碰撞。各国的管制范围不一，视空域、飞行量和管制能力而定，在中国通常为 100 km 左右。

进近管制：对处于塔台管制范围和区域管制范围之间的进场或离场飞机实施管制。其范围有时较大，可达 180 km 以上，可以包括几个机场。

区域管制：也称航路管制，由区域管制中心执行，主要是使航路上的飞机之间保持安全间隔。它能对飞机实施竖向、纵向或横向调配，以避免碰撞，确保安全。

随着航空科学技术和电子信息技术的发展，空中交通管制被时代赋予新的内涵，它也逐渐演化成由空中交通服务、空中交通流量管理和空域管理三大部分组成的空中交通管理系统。在我国，中国民用航空局空中交通管理局（简称民航局空管局）是民航局管理全国空中交通服务、民用航空通信、导航、监视、航空气象、航行情报的职能机构。民航局空管局、空管局下属七个地区空管局及众多空管站，形成以区域管制、进近管制和机场管制为主线的三级空中交通服务体系。

7.2 起　　飞

7.2.1 起飞过程

对常规飞机而言，起飞是指从起飞线开始滑跑加速、抬前轮、继续滑跑并离地、上升至安全高度的整个加速运动过程，如图 7－3 所示。起飞过程大致可分为起飞滑跑、抬前轮离地、初始上升三个阶段。起飞的目的在于增大速度、获得足够的升力离地并使飞机升空。

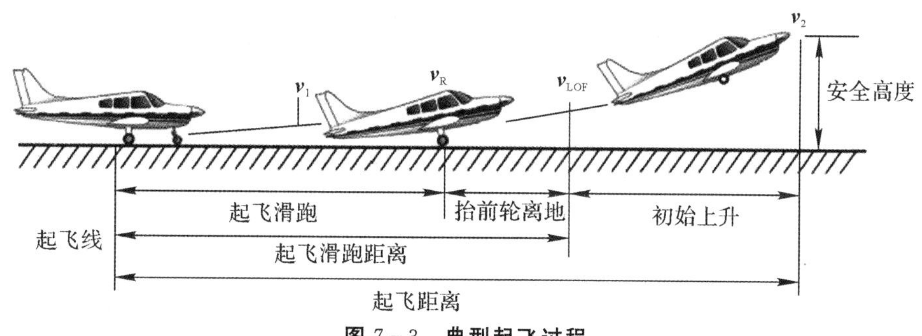

图 7－3　典型起飞过程

1. 起飞滑跑

起飞滑跑是飞机不断加速的过程，要使飞机尽快加速及控制滑跑方向。滑跑过程中，飞机需要承受螺旋桨拉力或发动机推力、空气阻力、地面支反力、升力、地面摩擦阻力、重力（见图 7－4）。在滑跑过程中，随着速度的增加，气动阻力和升力都逐渐增大，地面支反力逐渐减小，机轮的滚动摩擦阻力也逐渐减小；当飞机抬轮，迎角增加，伴随着升力和升致阻力的大幅增加，飞机由三轮滑跑变为两轮滑跑，滚动摩擦阻力减小；此外，螺旋桨拉力或发动机推力都随着速度增加而略有衰减，飞机的加速度也会有所减小。

三轮滑跑属于高速滑跑，需要通过方向舵脚蹬来控制方向。现代飞机多数采用前三点式起落架布局，滑跑时航向稳定性较好，只需轻轻蹬舵来控制方向。随着滑跑速度的增加，方向舵、升降舵及副翼舵效提升，拉杆、蹬舵动作要柔和。

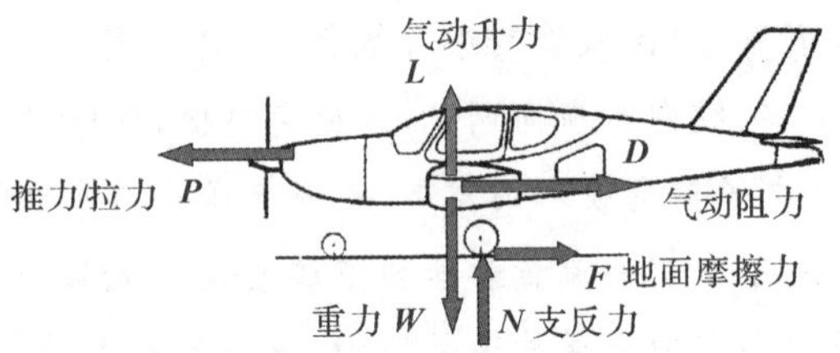

图 7-4　地面滑跑的飞机受力图

2. 起飞抬前轮

在三轮滑跑的加速过程中，飞机先会达到决断速度 $\boldsymbol{v}_1$（decision speed），驾驶员此时应当决断飞机是否继续起飞。在达到决断速度之前无重大故障，飞机按正常程序起飞。在达到决断速度之前发生或怀疑发生重大故障，剩余的跑道长度仍足以让飞机减速并停止滑跑，应进行中断起飞（Rejected Takeoff，RTO）。当滑跑速度超过 $\boldsymbol{v}_1$，发生或怀疑发生重大故障，都必须继续起飞，但应当尝试尽快着陆。这么做的原因是剩余跑道长度已不足以完成中断起飞。

图 7-5　抬前轮

当滑跑速度达到抬前轮速度 v_R 时，驾驶员轻轻向后拉杆，飞机抬头转为两轮滑跑，这个阶段叫做起飞抬前轮（rotating），如图 7-5 所示。它使飞机获得更大的迎角和升力并使前轮离地，这样可大幅缩短滑跑距离。抬轮速度 v_R 是根据飞机气动特性及重量重心数据来确定的，应严格遵循。过早或过晚的抬轮都会带来不良后果。

抬轮过早，抬轮速度太小，$v < v_R$，舵效较低、速度较低，此时抬轮困难。所产生的升力也不足以托举飞机使飞机升空。即使强行升空，飞机离开地效区后仍可能因升力不足而再次落地。抬轮速度过低，还可能导致机尾擦地（见图 7-6）。

抬轮过晚的坏处主要是机轮轮速过高、滑跑距离过长，对机轮、减震支柱带来额外的磨损，飞机起飞性能变差。

(a)

(b)

图 7-6　抬轮过早的危害

(a)离地困难;(b)机尾擦地

3. 起飞爬升

在短暂的两轮滑跑加速之后,飞机便获得足够的升力离地升空。但至此起飞并不算结束,飞机还应继续加速并维持正的爬升率,并上升到安全高度,在安全高度达到安全速度 v_2(见图 7-3)。

在达到安全高度后,飞机还应继续上升至规定高度,并调整构型及功率。

对于安全高度,中国规定为 25 m,英、美等国规定为 15 m(35 ft),飞机在起飞阶段飞行高度很低,遇有特殊情况回旋余地很小,加上近地面常有风切变,飞行事故常出现于起飞阶段。对于驾驶员来说,掌握起飞技术是飞行训练的重要科目之一。

7.2.2　起飞性能

常用的起飞性能参数包括最大起飞重量、起飞速度、起飞滑跑距离及起飞距离等。

1. 最大起飞重量

最大起飞重量(Maximum Take-Off Weight, MTOW)是飞机起飞时所允许的最大重量,它受到设计因素和飞行环境的双重限制。其中设计因素包括发动机推力及功率、飞机装载及地面轮速等;环境因素包括大气温度及湿度、机场海拔、跑道长度、跑道坡度及道面粗糙度等。

一般而言,更大的发动机推力或功率将允许飞机以更大的起飞重量升空。起落架减震支柱及机轮的承载能力提高,亦允许提高飞机的最大起飞重量。

机场环境对起飞重量主要起限制作用,大气温度和湿度越大,机场海拔越高,道面粗糙度越大,都不利于飞机滑跑加速和腾空离地,这些因素会限制飞机的最大起飞重量。跑道长度越短,则允许的起飞重量也越小。

2.起飞速度

飞机起飞是连续的加速过程，起飞速度从小到大分别为决断速度 v_1、抬轮速度 v_R、离地速度 v_{LOF}、安全速度 v_2。

决断速度 v_1 是起飞时出现或疑似出现关键故障时的决策速度，驾驶员在飞机滑跑加速至此速度时，应决断是否继续加速起飞。如果在 v_1 以下出现状况，则中断起飞；如果在 v_1 以上出现状况，则必须先加速起飞，但必须尽快着陆。

抬前轮速度 v_R 应当大于决断速度，因为飞机起飞滑跑是加速过程，应当先决断、后抬轮。抬轮速度应根据飞机的气动特性与几何、重量参数来确定，且确保飞机在到达安全高度时飞行速度不小于安全速度 v_2。

离地速度 v_{LOF} 指的是飞机抬轮之后升力增加到刚好与重力相平衡的速度。离地速度取决于飞机的重量、襟翼偏度、机场环境等。重量越大、机场海拔越高、气温越高、湿度越大，都会使离地速度显著增加，而襟翼偏度增加可以减小离地速度。

起飞安全速度 v_2 是飞机上升到安全高度时应当达到的速度。它至少应当等于 1.13 倍 1g 失速速度，之所以这样制定是为了保证飞机有足够的速度，以保证它离地后不断获得高度并飞越障碍物的能力。

3.起飞滑跑距离和起飞距离

起飞滑跑距离 L_{TOR} 是指从加速滑跑开始直至离地，飞机机轮在跑道上滑行过的距离，TOR 代表 Takeoff Rolling。起飞距离 L_{TO} 是指飞机加速滑跑直至主轮离地，再加上飞机完成初始爬升到达安全高度，所经过的全部地面距离(见图 7-7)。

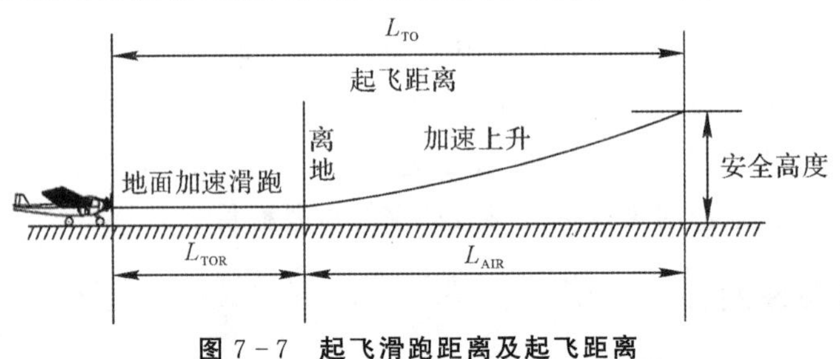

图 7-7　起飞滑跑距离及起飞距离

7.2.3　起飞性能影响因素*

影响起飞滑跑距离的因素有油门设置、起飞姿态、起飞重量、襟翼偏度、机场压力高度和气温、道面质量、风向风速等。

(1)油门设置：起飞时采用起飞推力或加力推力，发动机推力或螺旋桨拉力最大，飞机加速快，起飞滑跑及起飞距离短。在跑道足够长的情况下，也可以采用减推力灵活起飞的方式，在起飞性能没有明显损失的前提下节省燃油。

(2)起飞姿态：离地时若带有明显的抬头姿态，可以获得更大的迎角，更快地获得升力，缩短起飞滑跑及起飞距离。但是，这样做可能会导致擦尾，升空后安全裕度也会减小。

(3)起飞重量：同等推力下，重量越大则飞机加速越慢。重量大，起飞离地还需要更大的升力，飞机会推迟升空。离地后，重量大的飞机爬升率和爬升梯度更低，越障能力变差。因此飞机在加长机身后，往往会换装推力更大的发动机。

(4)襟翼偏度：起飞时一般需要放襟翼，这样可提高升力系数，减小飞机离地速度，缩短起飞距离。起飞时襟翼一般半偏而非满偏，因为偏度过大会导致阻力增加过于明显，不利于起飞增速和越障。

(5)机场压力高度及气温：压力高度越高，气温越高，空气密度越小。这既不利于提高发动机推力，也不利于产生升力。飞机加速变慢，离地速度也会增加，导致起飞滑跑距离及起飞距离均有所增加。

(6)道面质量：光滑平坦而坚实的道面，摩擦因数小，有利于飞机滑跑加速，可缩短飞机的起飞滑跑距离及起飞距离。粗糙松软的跑道则相反，会使距离变长。

(7)风向风速：速度一定，则逆风起飞，滑跑时机翼所产生的升力更大，飞机滑跑距离及起飞距离越短。

【拓展阅读】

舰载机起飞

航空母舰虽然尺寸巨大，但其飞行甲板相对于陆地机场仍显得非常狭小，330 m长的飞行甲板中仅有大约100 m长的起飞区域。因此，如何利用非常短的滑跑距离获得足够的速度和升力是舰载机起飞的关键技术。

固定翼舰载机起飞有弹射起飞、滑跃起飞、垂直起飞三种方式。

弹射起飞，是指舰载机在弹射装置上，利用高压蒸汽或电磁力等外部力量迅速加速升空的起飞方式。蒸汽弹射器由七八十米长的蒸汽活塞筒、往复车、拖车等部分组成。起飞时，飞机前起落架的弹射钩与往复车连接。此时，蒸汽活塞筒加压，同时飞机启动。活塞筒达到一定压力后，就会推动往复车在滑槽内高速运动，往复车拖着飞机快速向前滑跑，飞机在瞬间就获得了350 km/h的速度，从而飞离军舰。目前该项技术仅掌握在美国手中，仅有美国和法国的航空母舰采用这种弹射器。

滑跃式起飞是飞机从航母起飞的另一种方式，其特点是飞机在甲板上的平面上滑行加速，然后通过一个上翘的滑跃翘板改变滑行方向，向上飞出离开甲板。在离开甲板后，飞机继续在发动机推力和惯性作用下以高抛物线状态向上滑翔，并在这个过程中持续增加速度和高度，直至达到预定的高度和速度完成起飞。滑跃式起飞不需要航母安装构造复杂的蒸汽弹射器，但在甲板逆风风速风向极度不确定的情况下，滑跃式起飞极大地限制了舰载机的起飞性能，使舰载机不能满载出击。我国的辽宁号和山东号航空母舰就采用这种方式起飞舰载机。

与传统的蒸汽弹射器相比，电磁弹射器具有体积小、对舰上辅助系统要求低、效率高、重量轻、易于维护等优点。它是未来航空母舰的关键技术之一。我国的第三艘航空母舰“福建”号安装了3条电磁弹射器，为日后起降歼-15弹射型、歼-35战斗机和空警-600型预警机做好了准备，也为我国航母关键技术弯道超车迈出坚实的一步。

电磁弹射技术不仅是中国海军现代化进程的关键里程碑，也是推动国防科技创新、增强国家综合实力的重要标志。

部分舰载机采用垂直起降或矢量推力短距起降的方式起飞，利用大推力的涡轮风扇发动机及矢量喷口，使推力方向偏转，一边滑跑加速一边利用垂直向下的推力分量提供飞机离地的推力。在轻载状态下，可利用发动机推力直接垂直起飞。

7.3 上　升

7.3.1 上升过程

上升是飞机获得高度的主要手段。在定常上升中，飞机沿着倾斜向上的轨迹等速直线飞行，这是飞机获得高度的最简单方式。在定常上升过程中，飞机处于等速直线飞行状态，飞机的俯仰、滚转、偏航姿态均保持恒定。定常上升是分析其他类型上升的基础。

首先进行定常上升的飞机受力分析。作用在飞机上的四个力分别为发动机推力 T/螺旋桨拉力 P、阻力 D、升力 L，以及重力 W。假定飞机上升的轨迹角为 γ，可以沿着机体轴将重力 W 分解为正弦分量 $W\sin\gamma$ 及余弦分量 $W\cos\gamma$，如图 7-8 所示表达式为

$$\left.\begin{aligned} L &= W\cos\gamma \\ T &= D + W\sin\gamma \end{aligned}\right\} \tag{7-1}$$

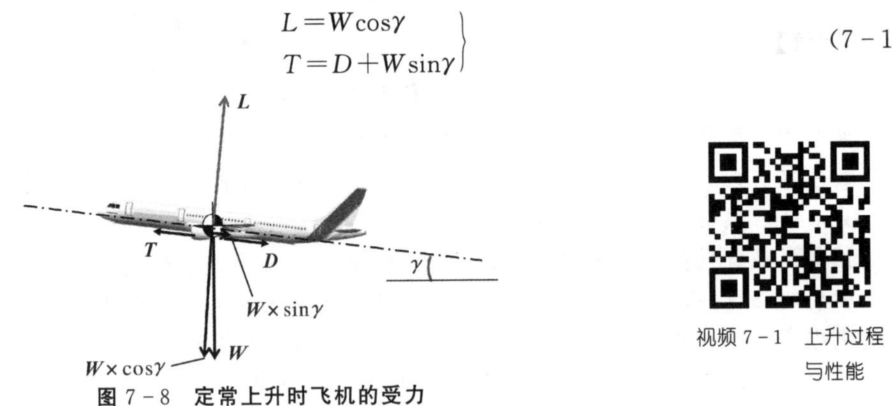

图 7-8　定常上升时飞机的受力

视频 7-1　上升过程与性能

从式(7-1)可知，正弦分量与阻力一起，阻碍飞机前进，因此，上升时要加大油门增大飞机的推力；而升力只需要平衡重力的余弦分量，比飞机本身的重量小。

7.3.2 上升性能

1. 上升角与上升率

飞机上升性能可以通过上升角 γ、上升梯度 $\tan\gamma$、上升率 V_V 等参数表征(见图 7-9)。上升角 γ 是爬升轨迹与水平面的夹角。上升梯度则是上升高度与飞机飞过地面距离的比值。在上升角不大的情况下，上升角与上升梯度成正比。上升率，又称为爬升率或爬高率，是指飞机在单位时间内上升的高度，通常用来衡量飞机垂直方向上的爬升性能。

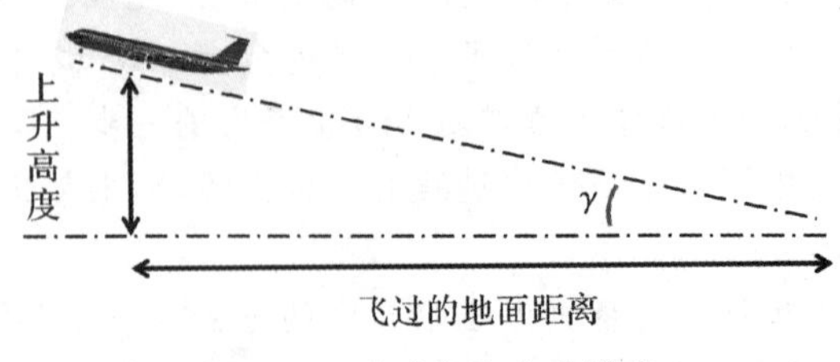

图 7-9　上升角和上升梯度

2. 陡升速度与快升速度

飞机上升时，上升角最大对应的上升速度称为陡升速度。飞机以此速度上升，上升相同的高度，前进的水平距离最短。陡升速度对应着飞机的最小功率速度。

飞机上升时，上升率最大对应的上升速度称为快升速度。飞机以此速度上升，上升相同的高度，用时最短。快升速度对应着飞机的最小阻力速度。

飞机以不同的速度上升的轨迹如图 7-10 所示。

图 7-10　陡升轨迹与快升轨迹的区别

3. 上升时间及升限

上升时间是指飞机上升到预定高度所需的最短时间，上升率越高，则上升时间越短。增大飞机的剩余功率有利于缩短上升时间。

当飞机不断上升时，发动机推力随着高度的增加而逐渐减小，剩余推力和剩余功率也逐渐减小。飞机上升到一定高度，上升率便会减小到一定的程度，飞机只能维持水平飞行。这个高度被称为实用升限(service ceiling)。

随着飞机继续向前飞行，上升率会逐渐衰减为零，飞机无限接近、但实际又无法达到的高度被称为理论升限(theoretical ceiling)。

7.3.3　上升性能的影响因素*

1. 飞机重量

上升角及上升率分别与单位重量的剩余推力和剩余功率成正比，可知重量越大，飞机的最大上升角和上升率越低。除此之外，重量大意味着飞机的配平阻力也更大，这也会进一步降低飞机爬升的性能。

飞机重量越大，上升到相同的高度所需的时间越长。因此，飞机会提前达到实用升限和理论升限，换句话说，实用升限和理论升限均有所下降。

为了应对重量的增加，对民航客机进行机组化设计时，一般会为加长的机型选装推力更大的发动机。

2. 飞行高度的影响

在对流层中，大气密度随着高度的增加而逐渐降低。随着高度增加，发动机的可用推力逐渐减小，相对于阻力曲线的富余量也逐渐降低。剩余推力和剩余功率随高度增加而降低，会使上升角和上升率等关键参数变坏。

一般而言，飞机在近地面具有最佳的上升性能，随着高度的增加，上升性能逐渐变坏。

3. 风的影响

风可分为水平方向的风和垂直方向的风，它们对上升性能都有一定影响。

首先分析水平风。由上升率的计算公式可知，飞机能获得的最大上升率完全取决于剩余功率，水平风只会影响气流与飞机的相对速度，并不会影响剩余功率。因此，上升率与顺风和逆风并无明显的关系。水平风对上升梯度和上升角存在影响。顺风时，飞机的地面速度会更大，在上升同等高度时，上升角会变小。逆风时，飞机的地面速度会减小，在上升同等高度时，上升角会变大。

对于垂直风，上升气流可以使上升率、上升梯度和上升角都增加，而下沉气流则起相反的作用。

【拓展阅读】

高空长航时无人机到底能飞多高

升限是飞机飞行性能的重要参数，它表征了飞机获得最大高度的能力。单纯从空气动力学的角度，升限取决于飞机的升力、阻力、推力和重力的平衡关系。传统的高空高速截击机和高速侦察机采取大推力、小展弦比机翼高速气动布局的形式，但代价是航时较短，仅适合在较短的航时维持较高的速度和高度。对于现代高空长航时无人机而言，降低阻力、提高升力是一种更加经济的手段。典型的高空长航时无人机“全球鹰”便采用机长 14.5 m、翼展 39.9 m 的大展弦比直机翼构型，在最大起飞重量 15 t 的状态下，依然可上升至 18 000 m 以上的高空，长时间在空中巡航。

由航空工业成都飞机设计研究所研制的高空无人战略侦察机“翔龙”，采用联翼布局。这种构型结构坚实、抗颤振能力强、飞行阻力小，非常适合高空长航时的任务需求。该型飞机长度 14.3 m，翼展 25 m，标准起飞重量 7 500 kg，航程可达 7 000 km，巡航高度可达 18 000～20 000 m。它的亮相，表明中国高空大型无人机已从“从无到有”向“质量取胜”方向发展。

7.4 平　　飞

7.4.1 平飞过程

定常直线水平飞行简称定直平飞，是飞机巡航阶段的主要飞行状态。在此阶段，飞机处于等速直线飞行运动状态，飞机没有任何绕机体轴的转动运动。本节主要介绍平飞时飞机的受力及飞行性能参数。

定常直线平飞时，作用于飞机上的四个力分别为发动机推力 T（螺旋桨拉力 P）、阻力 D、升力 L，以及重力 W，如图 7－11 所示。为了维持平衡，这四个力两两之间互相平衡：升力 L 与重力 W 相互平衡，发动机推力 T（螺旋桨拉力 P）与阻力 D 相互平衡。

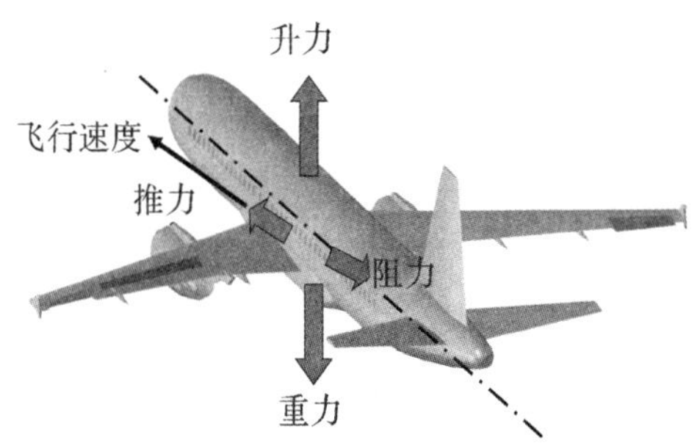

图 7-11　平飞时的飞机受力

平飞中，升力与重力平衡，满足 $L=W$。由升力的计算公式 $L=C_L\dfrac{1}{2}\rho V^2S$ 可知，在大气密度 ρ 、机翼面积 S 、迎角 α 一定的前提下，飞机要以某规定速度飞行，称为平飞所需速度，平飞所需速度的计算公式为

$$v_{平飞}=\sqrt{\frac{2W}{C_L\rho S}} \tag{7-2}$$

平飞中，大气密度 ρ、机翼面积 S 保持不变，平飞所需速度 $v_{平飞}$ 由飞机重量 W、升力系数 C_L 确定。

在其他条件不变的情况下，重量越大，需要更大的速度来维持平飞。在同等速度下，重量越大，则需要更大的迎角来维持平飞。换言之，在同等重量下，飞行速度越小，飞行迎角越大，如图 7-12 所示。

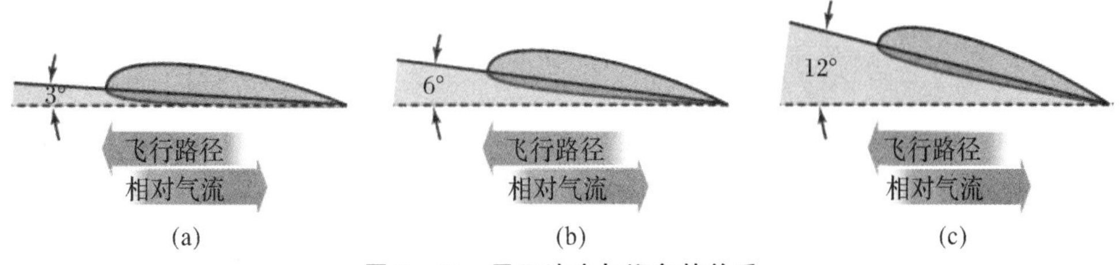

图 7-12　平飞速度与迎角的关系

平飞中，拉力与阻力平衡，满足 $T=D$。从小速度过渡到大速度，维持平飞的飞行迎角逐渐减小。在小速度下，平飞迎角较大，诱导阻力在总阻力中占优；随着速度增加，平飞迎角逐渐减小，诱导阻力逐渐减小，废阻力逐渐增加；随着速度继续增加，平飞迎角变得很小，废阻力在总阻力中占优。飞行阻力为废阻力与诱导阻力之和，总阻力-速度曲线呈勺形，如图 7-13 所示。

由图 7-13 可知，飞机的阻力并不是速度越低阻力越小，而是以某一速度飞行时，对应的阻力最小，此速度称为最小阻力速度，记作 v_{MD}。

飞行中，发动机需要产生与阻力相当的推力或拉力。因此，阻力又称为需用推力或需用拉力。发动机可提供的推力或拉力，称为可用推力或可用拉力。现代的涡轮式和活塞式发动机，在静止状态可以提供最大的推力或拉力，随着飞机前进速度的增加，可用推力逐渐减小。向前推动油门杆可以增加推力，向后收回油门杆可减小推力。在相当一部分速度范围内，油门杆在最大推力位置时，可用推力是大于需用推力的。多出来的这一部分推力，称为剩余推力。从失速速度开始，随着速度逐渐增加，剩余推力先增加再减少（见图 7－14）。

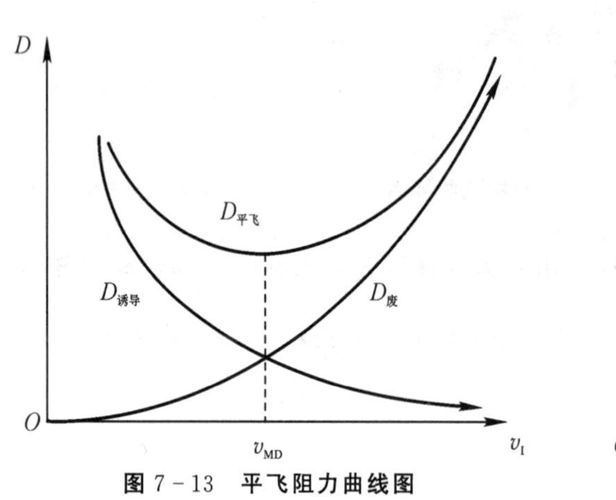

图 7－13　平飞阻力曲线图

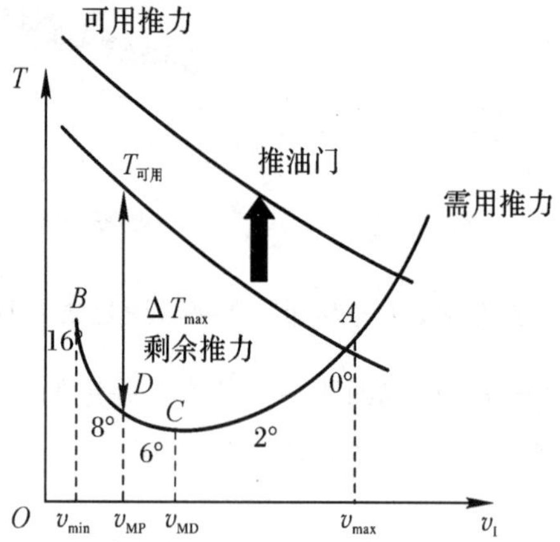

图 7－14　需用推力与可用推力

除考虑推力因素外，发动机做功的快慢（功率）也是飞机平飞需要考量的重要因素。功率的计算公式是 $P=F\cdot v$，那么可以根据平飞需用推力 $T_{需用}$ 与飞行速度 v 来推算出平飞需用功率 $P_{需用}=T_{需用}\cdot v$。需用功率曲线（图 7－15 的 $P_{需用}$ 曲线）与需用推力曲线类似，随着飞行速度的增加，也呈勺形分布。平飞中，飞机以某一速度飞行时，对应的功率最小，此速度称为最小功率速度，记作 v_{MP}。

根据发动机的可用推力 $T_{可用}$，可以推算出平飞可用功率 $P_{可用}=T_{可用}\cdot V$。发动机的可用功率曲线如图 7－15 中的 $P_{可用}$ 曲线。

与剩余推力的定义类似，剩余功率是指 $P_{可用}$ 比 $P_{需用}$ 多出来的量。在功率曲线上，随着速度增加，剩余功率总是先增加后减小。因此，总能找到一个特殊的速度，在这个速度下，剩余功率达到最大。

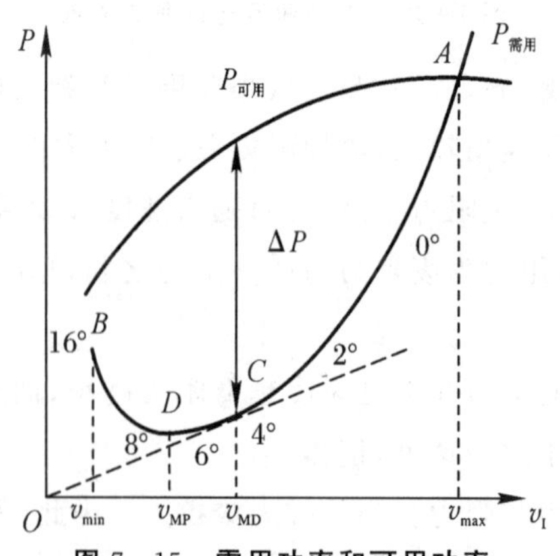

图 7－15　需用功率和可用功率

7.4.2 平飞性能

常用的平飞性能参数包括最大平飞速度、最小平飞速度、航程与航时等。

1. 最大平飞速度

最大平飞速度是指飞机发动机在满油门(或额定功率)条件下平飞能达到的稳定最大飞行速度,用 v_{max} 表示。

在最大持续推力下,可用推力曲线与需用推力曲线在图 7－16 中右侧的交点标出了受推力限制约束的最大平飞速度。随着飞行速度的增加,发动机推力或螺旋桨拉力逐渐下降,而飞行总阻力增大。当速度未达 v_{max} 时,$T_{可用}$ 大于 $T_{需用}$,飞机可继续加速。速度达到 v_{max} 时,$T_{可用}$ 与 $T_{需用}$ 相等。这是在力平衡上能维持定常直线平飞的最大速度。

上面所确定的是飞机理论上能达到的最大平飞速度,一般地,考虑各种实际因素,飞机最大使用速度比最大平飞速度要小。

2. 最小平飞速度

最小平飞速度是指飞机平飞所能保持的最小稳定速度,用 v_{min} 表示。

在低空飞行时,发动机功率足够的情况下,此时可用功率曲线与需用功率曲线在最左边没有交点(见图 7－15),最小平飞速度受最大升力系数限制,最小平飞速度为飞机的失速速度(v_s)。

在高空飞行时,发动机功率不够(接近升限)的情况下,最小平飞速度要大于失速速度,为可用拉力曲线与需用拉力曲线最左边交点所对应的速度(见图 7－16 中的 B 点)。

实际飞行中,当飞机接近临界迎角飞行时,由于流过机翼的气流严重分离,飞机的稳定性操作性变得很差,因此以失速速度飞行是不安全的。为了保证飞行安全,对迎角使用应留有余量,平飞最小使用速度($v_{min使用}$)要比失速速度大,一般取 $v_{min使用}=(1.1\sim1.25)v_{min}$。

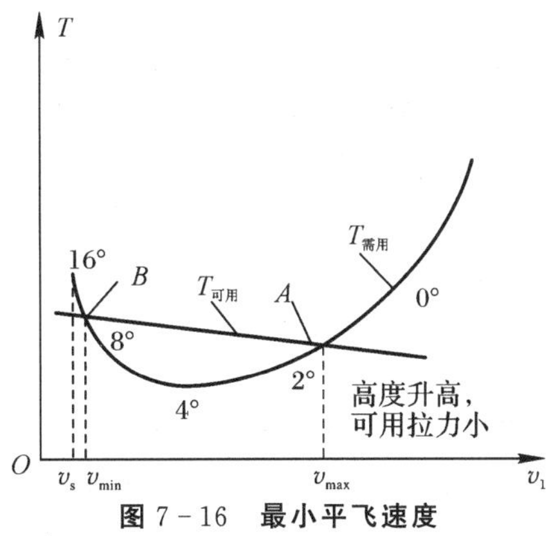

图 7－16　最小平飞速度

平飞速度范围通常指的是飞机在保持水平飞行状态下,能够维持稳定状态的飞行速度区间。理论上的平飞速度范围为:平飞最小速度到平飞最大速度之间的区间速度。平飞速度范围大,飞机可选择的飞行速度多,反映飞机的灵活性和适用性更广。

3. 航程与航时

航程是指飞机的续航距离。它具体是指飞机耗尽可用燃油、沿预定航线飞行的最大距离。航时，则是指飞机耗尽可用燃油，在空中能够持续飞行的最长时间。

所谓可用燃油，是指飞机从滑出出发地停机位到滑入目的地停机位这一完整过程所消耗的燃油。应当注意，并不是飞机上的所有燃油都能用于航线飞行，出于安全考虑，需要预留出备降、等待、应急储备油（这些是民航法规的最低储备要求）。除此之外，航空公司也会额外留出一部分公司储备油，以备不时之需（见图 7－17）。

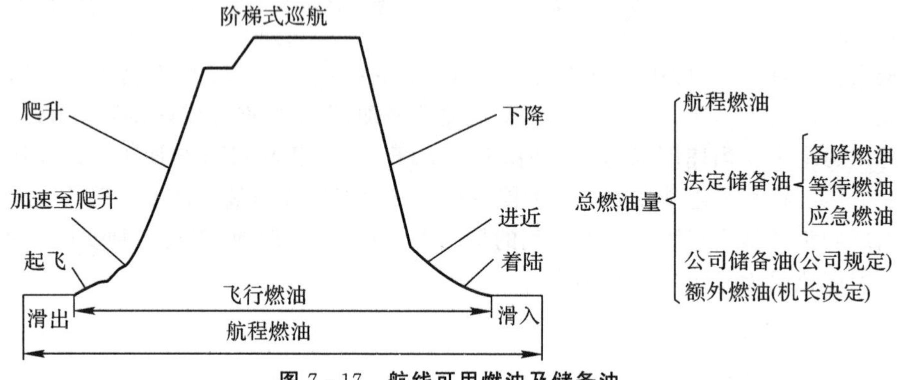

图 7－17　航线可用燃油及储备油

发动机效率、飞行速度、飞行高度、飞机重量都会影响到平飞的航时及航程。对于活塞式或涡桨式飞机，以最小功率速度飞行，可获得最大的航时；涡扇或涡喷等喷气式飞机在有利速度下飞行可获得最大航时。

【拓展阅读】

AG600M 水陆两栖飞机

AG600M（代号："鲲龙"）是为满足我国应急救援体系和国家自然灾害防治体系建设需要，研制的一款灭火型水陆两栖飞机，最大起飞重量 60 t，最大载水量 12 t，航程 4 500 km，具有更高安全性、更大投水量、更远航程、更强大的抗浪性能、更优秀的平台系列化发展能力。

作为一款灭火机，"鲲龙"AG600M 可以实现注水投水以及汲水投水。利用注水口，可以让飞机在起飞前装满水。飞机在水面滑行时也可以放下汲水斗，让它补充汲水。在机身两侧一共有四个水箱，每个水箱能装三吨水。选择 12 t 齐投，8 个舱门同时打开的话，4 s 内把 12 t 水全部投掉，形成一个强的水弹形式。12 t 分投，就是每次打开一个水箱就卸掉 3 t，在火场的边缘区形成隔离带来隔离开火源和没有燃烧的树枝或者树木，保证外端人员及其他的安全。

2024 年 4 月 24 日，"鲲龙"AG600 在湖北荆门漳河机场完成了着水救援和空投救援水上救援演示验证，试验过程中飞机与水面救援力量配合良好，救援实施过程流畅，AG600 已初步完成水上救援模式验证。此次 AG600 水上救援演示验证包括着水救援和空投救援。

"鲲龙"AG600M 可加强我国的应急救援能力、海洋与海岛管理能力，在军事上也具有潜在价值。AG600M 的研发和生产推动了我国在航空工业、材料科学、电子技术、发动机技术等多个领域的进步，促进了高端制造业的发展，增强了国家的自主创新能力。

AG600M 水陆两栖飞机不仅是一项重要的科技成果，更是我国在和平利用海洋、加强应急救援体系、促进经济社会发展等方面的重要工具，体现了科技兴国、军民融合的发展战略。

7.4.3　平飞性能的影响因素*

飞机的重量、飞行高度和大气温度都会对飞机平飞性能构成影响(见图 7－18)。

1. 飞机重量

飞机的重量增加,同等速度下维持平飞的升力和配平迎角有所增加,需用推力或功率会有所增加,如图 7－18(a)所示。此时,对应的发动机推力或功率并未增加。因此,重载状态下的飞机的最大平飞速度会减小。飞机重量同样对最小平飞速度也带来不利影响:在低空,重量增加,飞机的配平迎角增加,更接近失速迎角,安全裕度较小,导致飞机在更大的速度下失速。在高空,发动机推力出现较大衰减,而需用推力却因为重量增加而提高,也会使最小平飞速度增大。综上,重量增加会缩小飞机维持平飞的速度范围,使平飞性能恶化。

2. 飞行高度

海拔高度增加,大气密度减小,导致发动机推力衰减,如图 7－18(b)所示。按照指示空速给出的阻力曲线并不会随着海拔高度的增加而发生变化,推力曲线向下移动会使使用的最大指示空速变小、最小指示空速增大,能够维持平飞的指示空速范围缩小。

3. 气温

气温变化是影响飞机平飞性能的另一重要因素[见图 7－18(c)]。气温升高,大气密度下降,发动机压缩空气做功的能力下降,可用推力或功率减小。与此同时,阻力并不会随之减小,飞机的剩余推力减小。最大平飞指示空速减小,最小平飞指示空速增加。

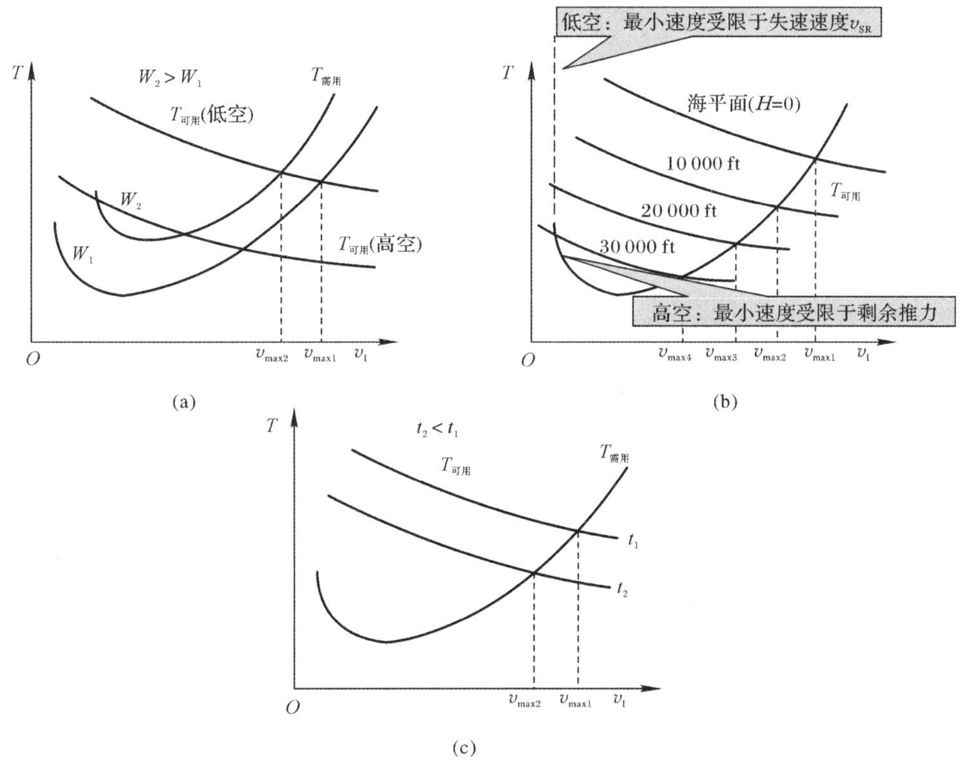

图 7－18　平飞性能的影响因素

(a) 重量的影响;(b) 飞行高度的影响;(c)大气温度的影响

7.4.4 飞行包线*

飞行包线是表示飞机飞行范围和使用限制条件的封闭几何图形。它往往以飞行速度、高度、过载、环境温度等参数为坐标，表示飞机的允许飞行范围和使用限制条件。民用运输类飞机常使用以下几种：①平飞速度包线，主要给出不同高度所允许的平飞限制速度及马赫数；②速度-过载包线，主要给出不同速度对应的最大允许气动过载，民用飞机在干净构型的载荷限制为－1～＋2.5g；③突风-过载包线，给出遇到突风时不同飞行速度允许的最大过载；④飞行高度与温度包线，给出不同飞行高度所允许的飞行环境温度范围。

本书仅讨论平飞速度包线。以速度为横坐标，以高度为纵坐标，把各个高度的速度上限和下限画出来，这样便构成了一条边界线。飞机只能在边界线框定的范围内飞行。如图7-19所示，平飞速度包线左侧边界在低空受失速边界限制，在高空受可用推力限制；右侧边界受拉力(推力)边界限制。

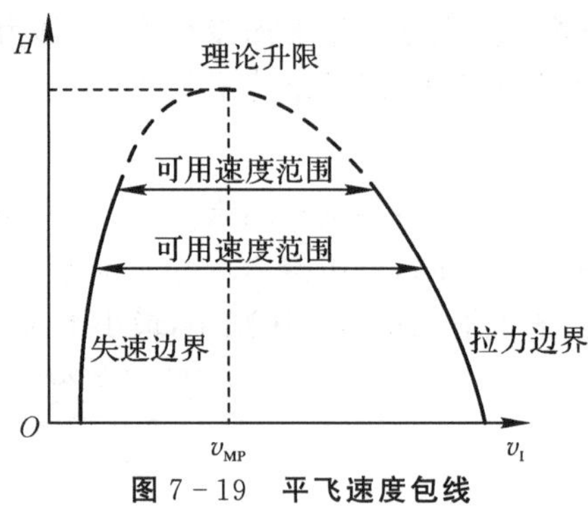

图7-19 平飞速度包线

7.5 下 降

7.5.1 下降过程

下降，是指飞机飞行高度不断降低的飞行状态。对于喷气式运输机而言，下降是指飞机从巡航阶段的终点到进近起始高度的下降过程。常用的下降方式有高速下降(应急下降)、低速下降(正常的经济下降)和穿越颠簸气流下降等。本节讨论其中最基本的一种下降形式：定常下降。它是研究其他下降方式的理论基础。

视频7-2 下降过程

在定常下降中，飞机沿着倾斜向下的轨迹飞行。但总体来说，下滑角不大，且下降轨迹接近于直线。等速直线下降，又被称为定常下降。

分析下降时飞机的受力，是计算飞机下降性能特性、确定下降操纵方式的基础，对于研究飞机飞行性能、制定操作程序有着重要意义。

定常下降时，飞机承受的外力包括重力、升力、拉力和阻力四部分。其中，根据发动机工作状态的不同，飞机的受力状态可分为三种：正拉力、零拉力及负拉力。

在上述三种情况下，飞机的受力形式有所区别，如图 7－20 所示。

假定下降角为 γ。在正拉力状态，重力的正弦分量和拉力都是驱使飞机前进的力，它们与阻力相平衡；在零拉力状态，重力的正弦分量与阻力相平衡；在负拉力状态，拉力相当于等效阻力，与阻力一同抗衡重力的正弦分量。在上述三种状态下，升力仅需要平衡重力的余弦分量。也就是说，在定常下降阶段，升力是略小于重力的。

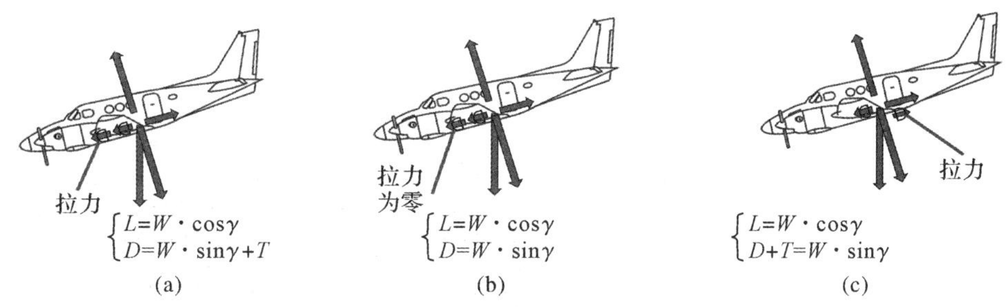

图 7－20　不同拉力状态下飞机的受力(定常下降)

(a)正拉力；(b)零拉力；(c)负拉力

7.5.2　定常下降的下降性能

1. 零拉力下降

零拉力下降，近似于无动力下降，这种下降与滑翔机飞行类似，此时飞机相当于滑翔机。因此，零拉力下降又称“下滑”。

首先介绍下降角 γ 、下降距离 R_d 及下降梯度的概念。下降角 γ 是飞机下降轨迹与水平面的夹角。下降距离 R_d则是指飞机下降一定高度时能够飞越的水平距离。下降梯度是指飞机的下降高度与下降距离之比(见图 7－21)。

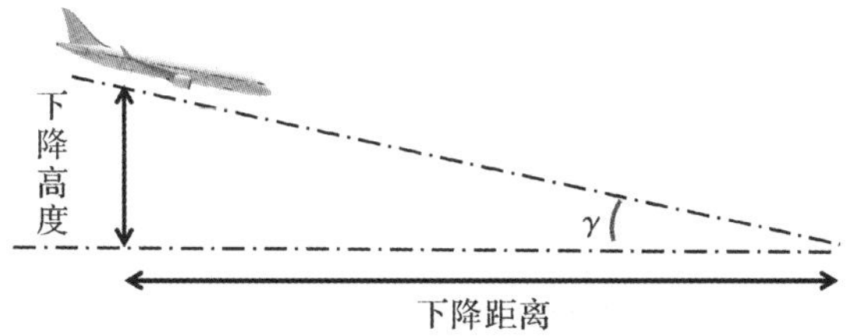

图 7－21　定常下降中的下降角及下降距离

零拉力状态最为典型也最为简单，我们重点分析这种工况。由图 7－20(b)所示的运动方程为

$$\left.\begin{aligned} L &= W\cos\gamma \\ D &= W\sin\gamma \end{aligned}\right\} \tag{7-2}$$

易见，定常零拉力下降时飞机的下降梯度及下降距离为：

$$\left.\begin{aligned} \tan\gamma &= D/L = 1/K \\ R_d &= H/\tan\gamma = H \cdot K \end{aligned}\right\} \tag{7-3}$$

式中：K 为飞机飞行的升阻比。由式(7－3)可见，对于给定的下降高度 H，飞机以下降角 γ

能够前进的水平距离为R_d。这个距离与升阻比K成正比。也就是说，升阻比越大，从同等高度下降，飞机就能滑翔越远的距离。如前所述，飞机以有利速度飞行将获得最大的升阻比，因此驾驶员操纵飞机以有利速度下降，才可能获得最远的滑翔距离。在下滑的过程中，下降距离与下降高度之间的比值被称为滑翔比。滑翔机通过巨大的展弦比获得极大的升阻比，因此能够滑翔非常远的距离，如图 7－22 所示。

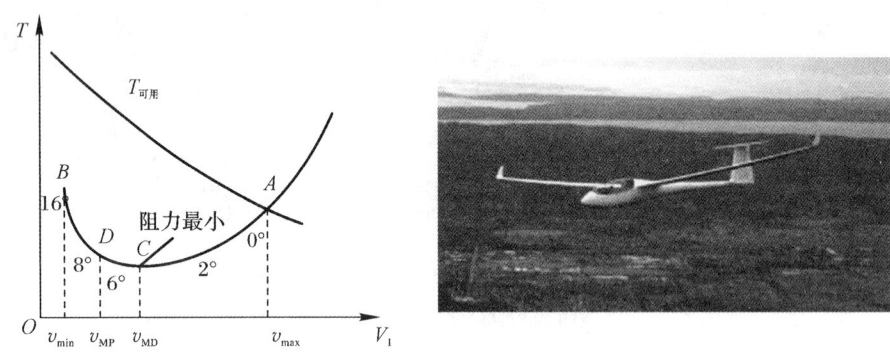

图 7－22　滑翔机下滑与有利速度

2. 正拉力下降*

根据图 7－20 中正拉力下降的飞机受力关系，正的推力（拉力）有助于飞机在下降同等高度的同时向前飞行更远的距离。推力越大，则定常下降的下降角越小。

$$\tan\gamma=\frac{D-T}{L}\approx\frac{D-T}{W}=\frac{-\Delta T}{W} \tag{7-4}$$

应当注意，定常下降时应当将推力（拉力）控制住，确保其低于飞机的阻力，否则飞机将会改为平飞甚至是缓慢上升。

3. 负拉力下降*

由图 7－20 中的负拉力下降关系式可知，负推力（拉力）增加了飞机的等效阻力，使飞机的升阻比下降、滑翔比降低。负拉力下降通常出现在应急下降当中。飞机下降过快，可能会导致座舱压力发生过快的变化并导致旅客不适，也有可能会使飞机超过最大设计俯冲速度而导致机体结构受损。因此，必要时需要调节好负拉力，以限制下降的速度。

4. 下降率

下降率与上升率相反，是指单位时间内飞机下降的高度。一般也用垂直速度v_V来表示，它是飞机下降速度的垂直分量。根据零拉力下降的力学分析，得知下降率等于飞机单位重量的平飞需用功率：

$$v_V=v\cdot\sin\gamma=v\cdot\frac{D}{W}\approx v\cdot\frac{D}{L} \tag{7-5}$$

为了减小航段上的油耗，在理论上，飞机可以以快升速度上升，并以远航或久航速度巡航，最终以最小平飞需用功率速度下降。

7.5.3 下降性能的影响因素*

1. 飞行重量

飞行重量增加，下降所需速度增加。零拉力下滑时同迎角下的升阻比不变，下滑角不变，下滑距离不变，但下滑速度增大使下滑率增大。飞行重量减小则相反。

正拉力下降时，飞行重量增加，飞机的下降角和下降率都增大，下降距离缩短。

2. 气温

气温升高，同迎角对应的升阻比不变，故零拉力的下滑角不变，但气温升高使空气密度减小，相同指示空速的真速增大，即下降速度增大，使下滑率增大；气温下降则相反。正拉力下降时，气温升高，拉力减小，负的剩余拉力增大，下降角增大，下降率增大；气温下降则相反。

3. 风

风对下降性能的影响与风对上升性能的影响相同。

(1)水平方向的风，对飞机的下降高度、下降率无影响，但对下降经过的水平距离有影响。顺风下降，下降率不变，下降距离增加，下降角减小；逆风下降，下降率不变，下降距离减小，下降角增大。

(2)垂直方向的风，对飞机的下降角、下降距离和下降率都有影响。上升气流中下降，下降角和下降率都减小，下降距离增加；下降气流中下降，下降角和下降率都增加，下降距离减小。

7.6 着　　陆

着陆是飞机基本飞行过程的最后一个阶段，也是最为关键的飞行阶段。它从飞机下降至安全高度开始，到飞机接地滑跑直至完全停止作为结束。着陆大致分为四个阶段：下降、拉平、平飘接地、着陆滑跑。它是一个飞行高度不断降低、速度不断下降的阶段(见图 7－23)。

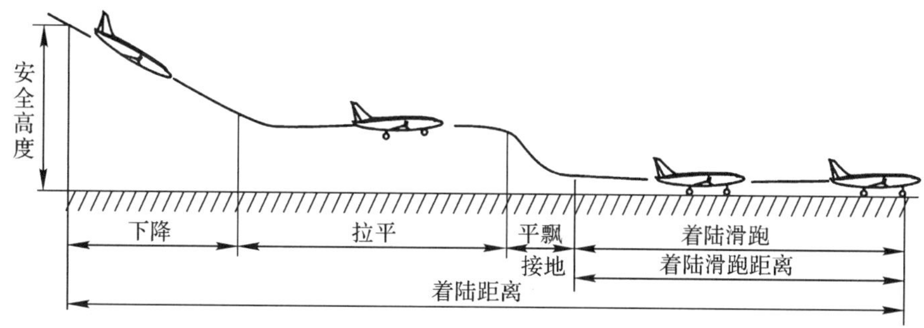

图 7－23　着陆的定义及阶段过程

7.6.1　着陆过程

在下降与着陆阶段之间，其实还有一个飞行阶段——进近(approach)。在这个阶段中，驾驶员操纵飞机改变高度和速度，并调整航向、功率和气动构型，使飞机最终对准跑道。

在进近着陆的过程中，驾驶员应根据所驾驶的具体机型，调整飞行高度、速度、姿态、放襟翼、检查发动机及飞机系统等，并随时针对机场交通环境、外界风速、风向等的变化进行调整。在接近跑道时抬起机头完成拉平和接地操作，直至安全着陆。

在着陆的起始阶段，飞机保持 3°下滑角和五边下滑速度下降。在下降至安全高度时，指示空速应降低至 1.3 倍的 1g 失速速度（又称失速参考速度 v_{SR}，即飞机能够维持定常平飞的最小速度）。此时飞机有足够大的飞行迎角，可在下降的同时使机头高于地平线，确保主轮先接地（大部分现代飞机采用前三点式起落架布局，见图 7－24）。对于大飞机而言，机轮触地前的最后阶段是着陆拉平。

飞机在规定高度开始拉杆并收油门，使飞机逐渐由下滑状态改为机头稍高于地平线的接地姿态。在这一过程中，飞机逐渐减速至接地速度，并尽可能减小下滑角，使得飞机接地更加柔和。

对于大型运输机而言，着陆拉平之后主轮就会接地；而小飞机因近地面的气垫效应，还会平飘一段距离再接地。

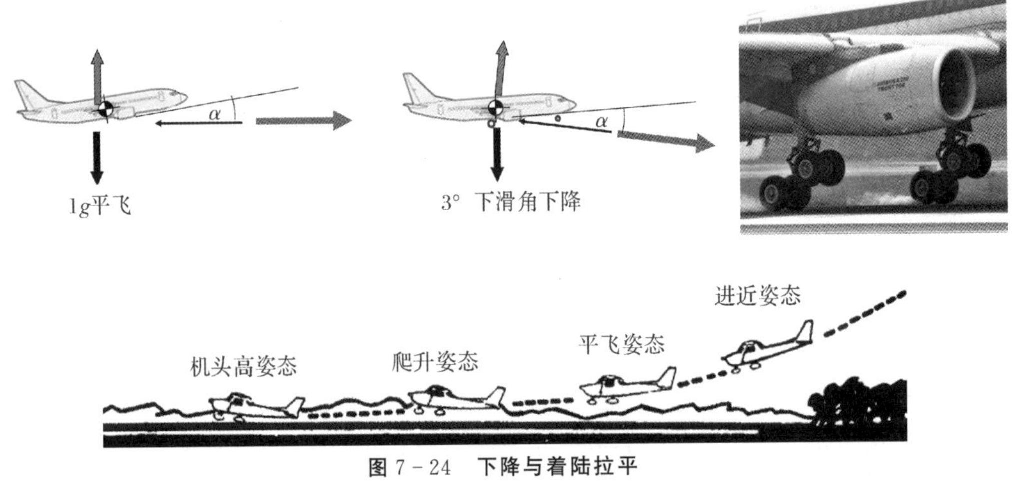

图 7－24　下降与着陆拉平

接地之后，机轮的支反力、滚动摩擦力和地面效应带来的气垫升力都会产生一股低头力矩，如任由其发展而不及时控制，飞机前起落架支柱及前轮可能会重重砸在跑道，可导致前轮爆胎、起落架损伤，甚至飞机弹跳。为避免这样，主轮接地后驾驶员一般会轻轻向后拉杆，以维持两轮滑跑的姿态。机头上仰可增加滑跑的阻力，有助于飞机减速并缩短滑跑距离。

当速度逐渐下降，机翼产生的升力也逐渐减小，前轮最终也将接地，飞机进入三轮滑跑阶段。此时减速和维持滑跑方向是着陆操纵的重点。减速可通过扰流板、反推和机轮刹车等形式来实现。现代大型飞机主轮着地时，随着减震支柱承受地面支反力的增大，飞机的所有扰流板都会立刻升起，随着油门杆收至反推或慢车位置，机轮刹车也会立刻启动，使飞机迅速减速。高速滑跑时，方向舵对于控制滑跑方向有着重要意义，待前轮接地且滑跑速度降低之后，前轮转弯开始介入滑跑的方向控制。现代飞机的前三点式起落架具有较良好的滑跑方向稳定性，驾驶员只需要轻踩脚蹬即可控制住滑跑的航向（见图 7－25）。

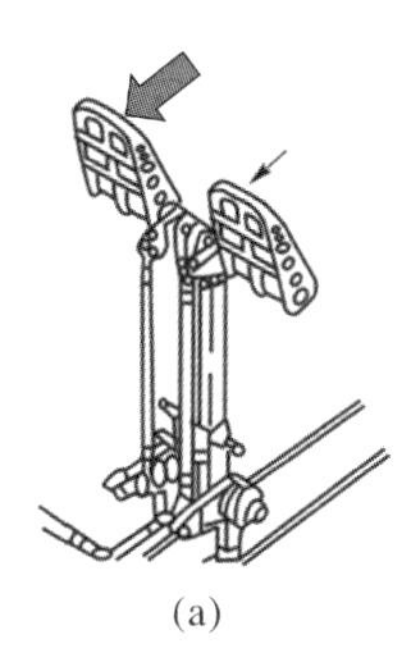

(a)

(b)

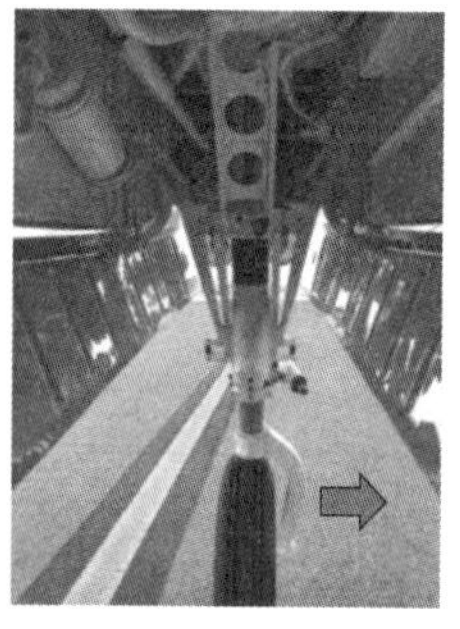

(c)

图 7-25　着陆滑跑方向的控制

(a)方向舵脚蹬;(b)方向舵偏转;(c)前轮转弯

7.6.2　着陆性能

飞机着陆性能的好坏,由一些关键参数来表征,其中包括着陆重量、进场及接地速度、着陆滑跑距离及着陆距离等。

1. 着陆重量

着陆重量,又称最大着陆重量(Maximum Landing Weight,MLW),是指飞机在设计和操作限制下,安全着陆时所允许的最大重量。

与起飞不同,飞机着陆的重量受接地瞬间起落架机轮及减震支柱载荷的限制;而且,着陆过程一旦有不利于飞机继续着陆的事件发生,飞机应立即复飞(见图 7-26)。受冲击载荷和复飞能力的双重限制,一般大型飞机的最大着陆重量远小于最大起飞重量。此外,着陆重量还受大气温度、压力、湿度、海拔高度、跑道条件等外部条件的限制。

一般而言,气温高、气压低、湿度大、海拔高度大不利于升力的产生,在同等真速下产生的升力更少,飞机需要以更大的速度起降,这不利于缩短着陆距离。跑道长度及坡度是另一个限制条件,跑道长度过短、跑道是下坡都不利于安全着陆,应当更严格地限制着陆重量。

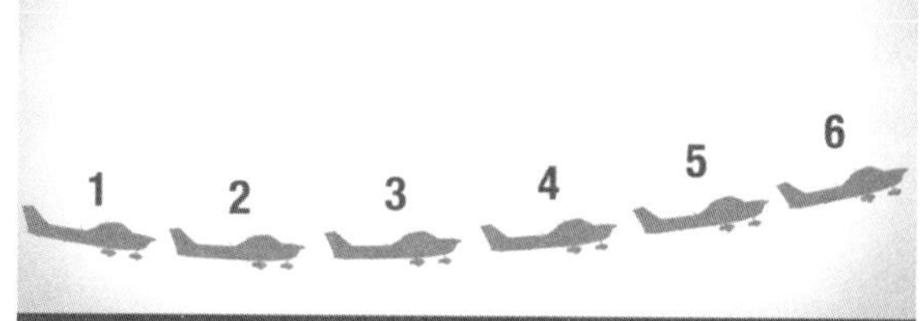

图 7-26　重着陆与复飞

2. 着陆速度

在进近的过程中,飞机以进近参考速度 V_{REF} 下降,这个速度通常是 1g 失速速度的 1.23 倍,也即留有 23%的余量。失速速度与飞机重量和襟翼偏度都有较大关系:飞机重量越重,失速速度越大;襟翼和缝翼等增升装置的伸出,可有效减小失速速度。着陆通常是高度不断下降、速度不断减小的过程,为更加轻盈地接地,襟翼和缝翼往往会是满偏,以确保飞机以尽可能低的速度安全着陆。在最大着陆重量以下,重量越轻,机翼产生升力平衡重力的负担也就越小,失速速度越小。因此,在小着陆重量下飞机的着陆性能较好。

接地瞬间，驾驶员轻轻拉杆使飞机改平，此时升力略大于重力。接地速度 V_{TD} 会略小于参考速度，相对于失速速度的余量也会略为减小。

3. 着陆距离及着陆滑跑距离

应当注意，着陆过程始于飞机到达安全高度之时，在飞机停止滑跑时结束。它包含空中阶段及地面滑跑阶段。相应的，飞机着陆的特征距离也包括着陆距离及着陆滑跑距离。飞机从安全高度下降，直至在地面停止，所经过的地面距离是着陆距离；飞机从开始接地，直至完全停止，所经过的地面距离为着陆滑跑距离（见图 7－23）。

在已知飞行环境和飞机构型参数的前提下，我们可以通过图表来确定一架飞机的着陆距离及滑跑距离（见图 7－27）。可见，压力高度、机场温度、安全高度都会影响着陆距离及滑跑距离。除此之外，还有一些其他条件会对两项性能参数构成影响。

温度	距离/ft	压力高度/ft				
		0	200	4 000	6 000	8 000
ISA−20	滑跑距离	625	665	705	745	785
	50 ft着陆距离	1 405	1 490	1 565	1 650	1 725
ISA	滑跑距离	675	720	765	805	850
	50 ft着陆距离	1 475	1 595	1 675	1 760	1 840
ISA+20	滑跑距离	720	775	825	875	920
	50 ft着陆距离	1 610	1 700	1 875	1 875	1 960

飞行环境：机场压力高度为2 000 ft，地面温度为11 ℃
飞机构型：起飞重量1 984 lb，起飞襟翼10°

图 7－27　表格法确定着陆距离及滑跑距离

7.6.3　着陆性能的影响因素*

1. 着陆重量

着陆阶段飞机重量越大，为产生同等升力所需的真空速越大，导致进近及接地速度更大。这样，飞机下降、滑跑花费的距离更长。在着陆性能表格中，在其他参数相同的情况下，重量越大，则滑跑距离及着陆距离都会越大。

2. 进场速度和高度

最佳的进场速度是 1g 失速速度的 1.23 倍，不宜过大也不宜过小。速度过小，下降轨迹角会过大，飞机也极易失速；速度过大，容易导致飞机错过最佳接地点并造成拉飘，导致着陆距离及滑跑距离大幅增加。

3. 接地姿态

主轮接地后，驾驶员适度向后拉杆，以使飞机保持机头朝上的姿态（见图 7－28）。以这种大迎角姿态进行两轮滑跑，可产生更大的诱导阻力，使飞机更快地减速，从而缩短滑跑距离和着陆距离。

图 7－28　着陆接地姿态

4. 襟翼偏度

着陆时后缘襟翼一般满偏，以获得最大的升力系数，降低着陆的接地速度。部分飞机机翼前缘也有增升装置，如前缘襟翼、前缘缝翼等，它们在飞机着陆时也会配合后缘襟翼的工作而偏转或伸出，以改善机翼的气流特性。

一般而言，襟翼偏角越大，则飞机失速速度越小，着陆距离及滑跑距离都会缩小。

5. 机场压力高度及气温

飞机常常需要在不同地区的机场起降，各个机场的海拔高度、气温不尽相同。为操纵方便，飞机下降及着陆时驾驶员都以指示空速作为参考，但由于高海拔、高温等条件大气密度较小，同等的指示空速意味着更大的真空速，着陆距离及着陆滑跑距离都明显增加。飞机在高原机场或高温环境下着陆，着陆性能会变差。

6. 风向和风速

飞机进近和着陆的指示空速是一定的，逆风着陆可使飞机与气流的相对速度更大，从而减小地速，使得着陆距离和滑跑距离都会缩短。顺风着陆则相反，着陆距离和滑跑距离都会变长，飞机容易冲出跑道。

7. 跑道坡度

尽管机场一般修建在地势平坦的位置，但仍有些机场因地理原因修建在山坡上。地势不平整对飞机起降提出了不少难题。其中跑道的坡度是影响飞机着陆性能的重要因素。比如在着陆的过程中，如果跑道是下坡的，这无疑是不利于飞机在跑道上停止。因此，下坡的跑道会使着陆距离及滑跑距离增加，甚至是导致飞机冲出跑道的危险因素。上坡的跑道则有利于飞机停止。

【拓展阅读】

刀刃上的舞蹈：舰载机着陆

航空母舰甲板跑道长度远小于陆地机场，而且船身在海面上还存在纵摇、横摇和垂荡运动。为了安全回收出击的舰载机，舰载机采用了拦阻着陆、垂直着陆等特殊的着陆方式。以美国尼米兹级航空母舰为例，着陆甲板长度仅为225 m，而飞机着陆滑跑距离仅为107 m。为了在如此短的距离减速为零，着陆跑道上设置了3～4条拦阻索，靠飞机的着舰钩勾住拦阻索来实现快速减速。舰载机飞行员在进近时小心翼翼地控制油门和升降舵，使飞机保持在下滑道上。为精确控制触地的位置、避免拉飘错过拦阻索，舰载机主轮触地前没有着陆拉平的动作。勾住拦阻索后，拦阻系统通过一个复杂的能量吸收系统迅速但控制地减速飞机，直至完全停止。整个过程中，飞机的减速加速度需要精确控制，以避免对飞机结构和飞行员造成伤害。此外，为了预防勾索不成功导致的飞机坠海事故，在整个着陆(舰)过程中，要时刻做好复飞的准备。

舰载机的拦阻着陆是一个难度非常大、风险非常高的过程，被喻为“刀刃上的舞蹈”。它要求飞行员具备高度的技能和精确的飞行控制能力，同时也需要地面人员和航母舰载机指挥系统的紧密配合。我国掌握拦阻着陆相关技术不仅标志着中国军事技术的重大突破，也是中国向建设蓝水海军目标迈进的重要一步，对于维护国家海洋权益、参与国际安全合作等方面均具有重大意义。

除了拦阻着陆外，部分机型采用垂直着陆的技术途径。这种方式易于操纵，但对于发动机推力及控制、飞行控制的技术要求较高。

7.7 机动飞行及特殊飞行

尽管前面的内容大致介绍了飞机航路飞行过程的基本组成，但只涵盖了对垂直飞行剖面的介绍。从地图上看，飞机的飞行航路是由若干个航路点(waypoint)组成的，它并不是一条直线，飞机需要在航路飞行中不断地调整航向，以追踪这些航路点。改变航向的主要手段并不是简单通过使用方向舵来完成的，本节将介绍水平转弯、转弯操纵及失速等机动飞行与特殊飞行的相关知识。

7.7.1 机动飞行的概念

机动飞行(maneuvering flight)指的是飞机飞行状态(高度、速度、加速度、飞行方向、姿态等)随时间变化的飞行。它分成水平机动飞行和空间机动飞行等。水平机动飞行指的是在水平面内改变航向的飞行[见图 7-29(a)]。空间机动飞行则同时包含水平面及铅锤面内的机动动作，其中铅垂面内的机动飞行包括俯冲、筋斗、跃升、横滚、桶滚、半滚倒转等[见图 7-29(b))]。

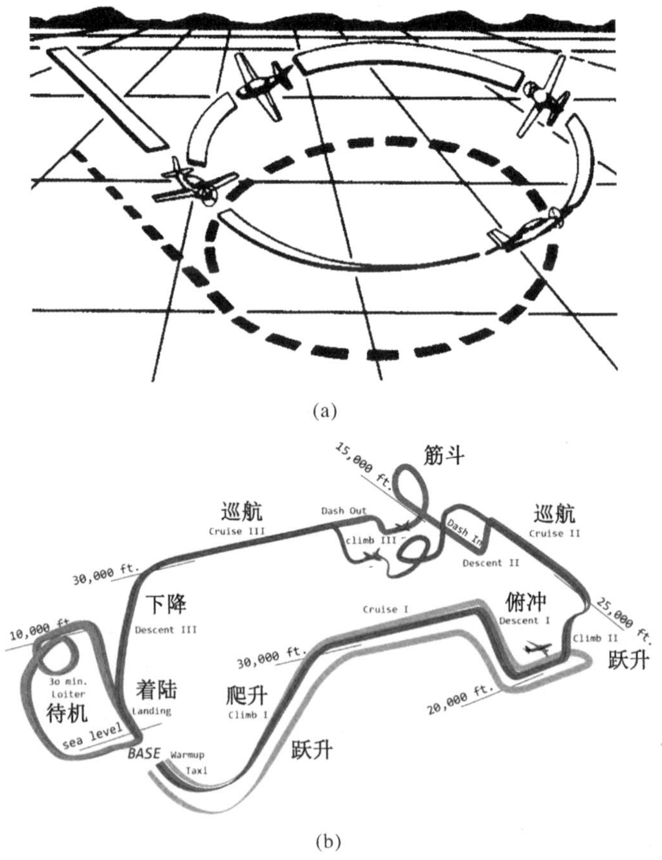

(a)

(b)

图 7-29 平面及空间机动飞行

(a) 水平机动飞行；(b)空间机动飞行

7.7.2　盘旋及定常转弯

1. 盘旋、转弯及定常转弯的定义

盘旋是指飞机不断改变航向而不损失高度、航向改变不小于 360°的曲线运动。转弯则是指航向改变小于 360°的曲线运动。在整个盘旋过程中，如果坡度、速度、高度、迎角、侧滑角、载荷因数、角速度等参数保持不变，那么这就是定常盘旋。盘旋过程中的任何一段曲线飞行，都可以视为定常转弯。在现实中，飞行操纵不可能做到完全精确，飞机的飞行参数会随时间发生变化，现实中的转弯大部分是非定常转弯。此处，为方便分析飞机的受力和操纵，仍然以定常转弯作为分析的基础。

在转弯飞行中，飞机应建立一定的滚转角（坡度，bank angle），利用倾斜的升力来产生转弯所需的向心力。按坡度大小，转弯可分为小坡度（坡度小于 20°）、中等坡度（介于 20°～45°）及大坡度（大于 45°）三类。

2. 定常转弯和载荷因数

定常转弯时，飞机在水平面内作圆周运动。飞机机翼倾斜，坡度（滚转角）为 φ，相应地飞机的升力 L 也发生倾斜。我们可以将升力按铅垂和水平两个方向分解，分别得到铅垂分量 $L\sin\varphi$ 及水平分量 $L\cos\varphi$。铅垂分量用于平衡重力，而水平分量用于提供转弯所需的向心力。此外，转弯时飞机产生的升力大于平飞，飞行迎角更大，发动机应产生足够的推力 T，来克服相对于平飞增加的阻力 D（见图 7－30）。

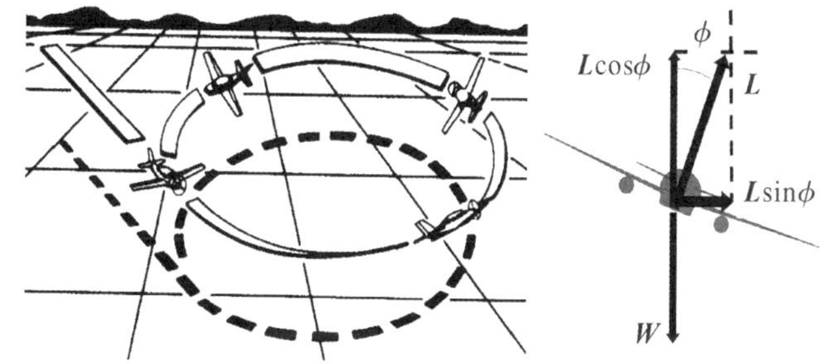

图 7－30　定常转弯及飞机的受力

综上所述，定常转弯时飞机的受力满足下述关系式：

$$\left.\begin{aligned} W &= L\cos\varphi \\ \frac{mV^2}{R} &= L\sin\varphi \\ T &= D \end{aligned}\right\} \tag{7-6}$$

在式(7－6)中，若要维持高度不变，转弯时必须维持比定常平飞时更大的升力。转弯坡度 φ 决定了升力与重力之间的关系：$W=L\cos\varphi$。转弯时的法向载荷因数 n_z 的大小等于 L/W，也即等于 $1/\cos\varphi$。所以，坡度越大，则载荷因数越大。

平飞时，φ 为零，载荷因数为 1.0；以 20°坡度转弯，载荷因数为 1.06；当坡度增加到 40°

时，载荷因数增加到1.31；坡度达到60°时，载荷因数已达到2.0；坡度达到67°时，载荷因数为2.5（这也是典型民航飞机的限制载荷因数及限制坡）；当坡度达到80°时，载荷因数达到惊人的5.76。由上述可见，在定常转弯中，为了补偿机翼倾斜而损失的升力，坡度越大则载荷因数越大。在小坡度状态下，载荷因数随着坡度增加的增长相对缓慢；在大坡度状态下，载荷因数的增长非常快。因此，由于升力和机体结构强度的限制，任何飞机都无法在足够接近90°的坡度进行定常转弯（见图7-31）。

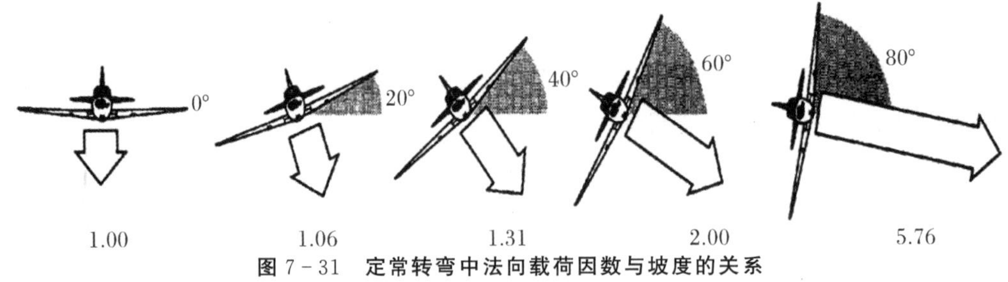

图7-31　定常转弯中法向载荷因数与坡度的关系

7.7.3　转弯的飞行操纵

1. 内侧滑与外侧滑*

在转弯飞行的动态过程中，驾驶员的操纵不可能做到完全消除侧滑。根据侧滑与转弯的方向，带侧滑的转弯飞行又分为内侧滑和外侧滑两类。以左转弯为例，在转弯的过程中如果机头指向弯外侧，则此时相对气流从左前方流向机身，使飞机向弯心方向侧滑。这种侧滑被称为内侧滑[slipping，见图7-32(a)]。如果在转弯过程机头指向弯内侧，使飞机向弯外方向侧滑，这种侧滑被称为外侧滑[skidding，见图7-32(b)]。

视频7-3　转弯的飞行操纵

产生内侧滑和外侧滑的原因是副翼和方向舵的操纵不协调，只有做到盘舵协调（副翼、方向舵协调操纵），才能实现协调转弯（coordinated turn）。

内侧滑的成因主要有两个：①方向舵用舵量不足；②副翼用量过大。转弯时，驾驶员向左压杆，左侧副翼上偏而右侧副翼下偏，形成向左的滚转力矩并建立转弯坡度。向左压坡度意味着飞机向左侧滑，气流从左前方流向飞机，所产生的侧向力会将飞机推向弯外。为使转弯效率更高，可以适当向左蹬舵，利用方向舵消除侧滑角，减小侧向力对转弯向心力的削弱作用。与此同时，可以适度减小副翼的用量。没有了侧滑对向心力的影响，副翼用量及滚转角也可适当减小。

外侧滑的成因则相反，主要有两个：①方向舵用舵量过大；②副翼用量不足。在这种情况下，驾驶员向左蹬舵，使机头指向转弯内侧，相对气流从右前方流向机身。所产生的侧滑会产生将机身压向弯心的力。副翼用舵量不足，导致滚转角偏小。外侧滑转弯最大的问题是依靠外侧滑提供向心力，而未充分利用机翼倾斜所产生的向心力。这相当于依靠方向舵偏转来改变飞行方向，操纵效率较低。正确的操纵方式是减小方向舵的用舵量，适度增加副翼操纵量，减小侧滑角并充分利用倾斜的升力来产生向心力。

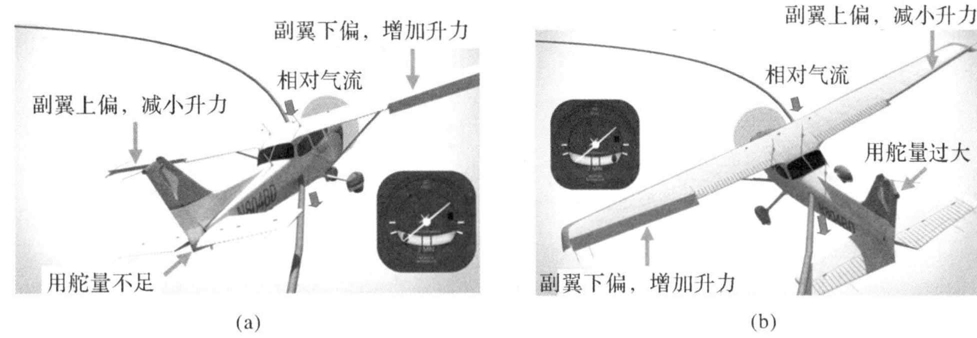

(a)　　(b)

图 7-32　内侧滑与外侧滑

(a)内侧滑；(b)外侧滑

2. 协调转弯的盘舵协调

前面提到，在转弯过程中，只有当驾驶盘和方向舵用舵量合适时才能实现协调转弯。驾驶员可通过转弯协调仪(turn coordinator，见图 7-33)来监控飞机转弯时的侧滑状况。转弯协调仪是飞机仪表板上的一种重要飞行仪表，可在指示转弯的同时提供侧滑指示信息，用于指示飞机在转弯时的方向、速率以及是否处于协调转弯状态。它由转弯指针和球体两部分组成。指针指示飞机的滚转运动，球体安装在一个装有煤油的密封玻璃管里，表盘上的两根竖线用于判断球体是否位于管子的中心位置。如果球体停在中央，则代表飞机处于协调转弯状态。如果球体滚向弯心方向，则表明飞机处于内侧滑状态，此时驾驶员应适当增加方向舵用量、减小副翼用量。如果球体位于弯外侧，则代表飞机处于外侧滑状态，此时应当减小用舵量、增加副翼用量。

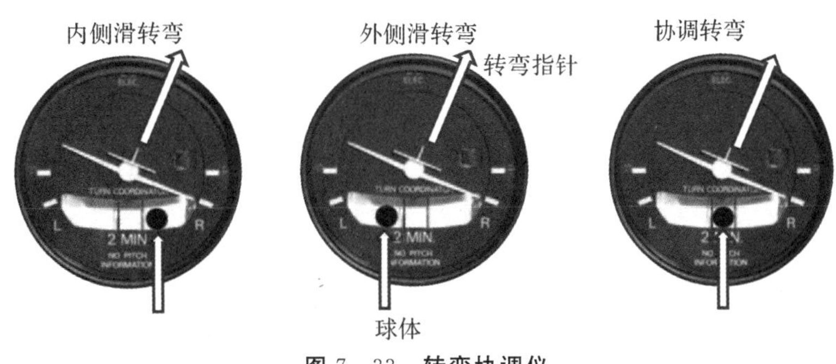

图 7-33　转弯协调仪

7.7.4　失速及改出*

1. 失速的定义及对飞机的影响

失速(stall)是指飞机飞行迎角超过临界迎角、机翼出现严重气流分离、升力突然衰减、阻力急剧增加、不能维持正常飞行的现象(见图 7-34)。气流分离之后，不再平顺流过机翼上表面。严重的气流分离会引起机翼、后机身、平尾、垂尾及飞行操纵面抖动。这些会引起升力大量损失而阻力急剧增加，并导致机头下俯。失速的最直接原因就是飞行迎角超过

视频 7-4　失速

失速迎角，这种现象可能发生在任何速度、任何功率之下。

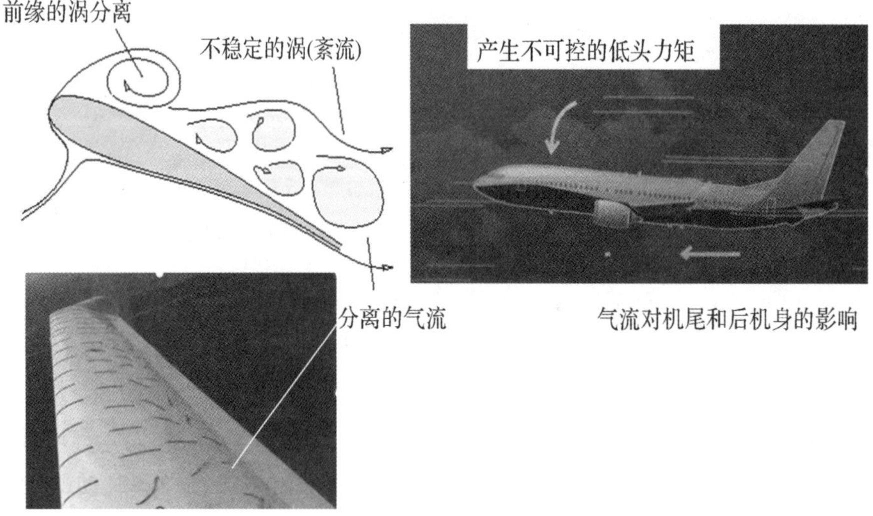

图 7-34 失速及其对飞机的影响

2. 失速速度

失速速度(stall speed)是飞机飞行性能的重要参数，此处主要介绍 $1g$ 失速速度和转弯失速速度。

飞机在定常直线水平飞行时能够维持平飞的最小飞行空速，叫做 $1g$ 失速速度。飞机在平飞状态临近失速时，飞行迎角接近失速迎角，此时飞机的升力系数 C_L 达到最大升力系数 $C_{L,\max}$。根据平飞升力的计算公式，可得：

$$v_{SR}=\sqrt{\frac{2W}{C_{L,\max}\rho S}} \tag{7-7}$$

失速速度越小，飞机的低速性能越好。同一架飞机重量越大，失速速度越大。在低速状态下，可以利用增升装置提高飞机的最大升力系数，从而减小失速速度，改善低速飞行性能，使起降变得更安全。

在定常转弯或盘旋状态，由于坡度的增大会使载荷因数增加，飞机失速速度也会更大。由 $L=n_zW$ 得：

$$v_{SR,转弯}=\sqrt{\frac{2n_zW}{C_{L,\max}\rho S}}=v_{SR,平飞}\cdot\sqrt{n_z} \tag{7-8}$$

3. 失速警告

鉴于失速的危险性，飞行中应尽量避免进入失速，一旦进入也应及时识别并改出。驾驶员应当正确判断飞机是否接近或进入失速状态，失速警告有助于飞行员判断飞机的失速情况。

失速警告(stall warning)是飞机上一种关键的安全系统，用于在飞机接近失速状态时向飞行员发出即时警报。失速警告主要分为自然失速警告和人工失速警告，如图 7-35 所示。

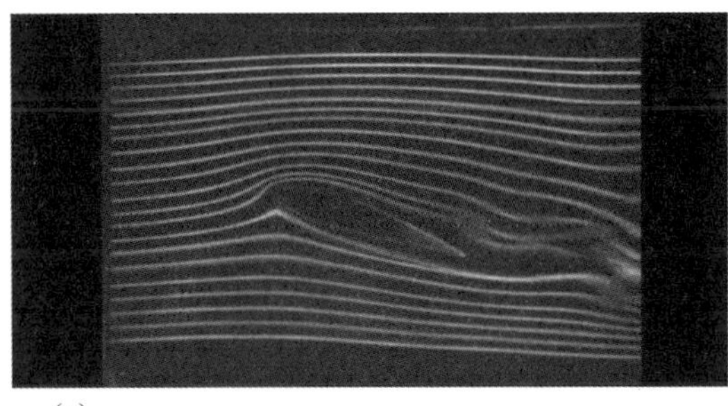

(a)

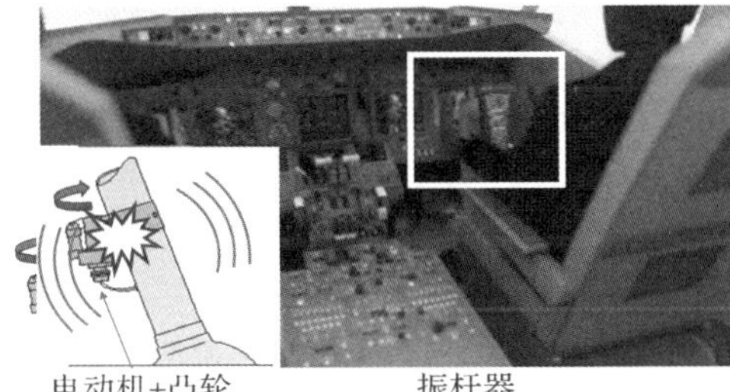

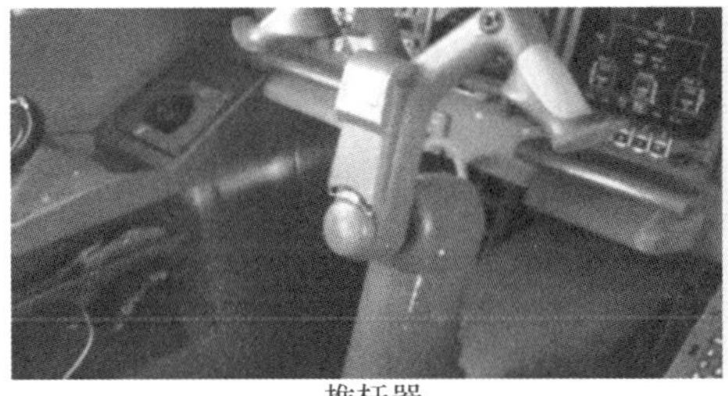

(b)

图7-35　自然失速警告及人工失速警告

(a)自然失速警告;(b)人工失速警告

自然失速警告主要源于机翼上表面的气流分离。气流分离形成大量的涡流,不断拍打机翼上表面、后机身、尾翼及操纵面(副翼、升降舵、方向舵等),造成飞机、驾驶杆及方向舵脚蹬踏板出现明显抖动。与此同时,飞机开始出现明显的低头力矩,拉杆抬头变难。当出现这些现象时,驾驶员应当迅速推杆减小迎角,防止飞机进一步进入失速。

随着翼型和增升装置的持续改进,现代飞机在大迎角状态下的气流分离已较为平缓,加上助力式飞行操纵系统的广泛应用,驾驶员已难于从飞机机身、驾驶杆及方向舵脚蹬的抖动中感受到失速时的抖振。单靠自然失速警告已难于防止飞机失速,现代飞机都安装了人工失速警告系统,在飞机临近失速时发出警告,如振杆器(stick shaker)。有的飞机采用了T形尾翼,一旦陷入失速将难以改出。为防止进入危险状态,驾驶舱中设置了推杆器(stick pusher),自动推杆使飞机改出失速状态。

人工失速警告系统由输入部分、信号处理器和输出部分组成。其中,输入部分包括迎角探头、襟翼及缝翼位置传感器、空速传感器、马赫数传感器等。飞机在不同马赫数下、不同气动构型下失速迎角不同,因此要针对不同的飞行状态去调节迎角的告警值。信号处理器接收输入部分传来的信息,对信息进行处理分析,计算失速告警迎角,并将告警迎角与实际迎角进行比对,最终向输出部分发送控制指令。输出部分包括各类声、光、触觉告警装置,以及T尾飞机使用的推杆器。

4. 失速改出的方法

驾驶员应当学会如何识别失速及失速改出的方法。失速的直接原因是迎角超过临界迎角,故不论在任何状态下失速,都应当及时松杆或推杆以减小迎角。当飞行迎角减小到临界迎角之下时,再柔和拉杆改出,避免出现二次失速。与此同时,还应当注意蹬舵,防止飞机偏航或进入螺旋。对于螺旋桨飞机而言,螺旋桨的进动性和滑流都会导致飞机偏航并进入滚转。

7.7.5 尾旋及改出*

1. 尾旋的定义及危害

尾旋(tail spin)是指飞机失速之后，又受到扰动导致机翼自转，从而产生的急剧的滚转及偏航运动。在尾旋运动中，飞机沿着一条半径很小的螺旋线航迹旋转并急剧下坠，并同时围绕飞机的滚转、俯仰及偏航轴不断旋转(见图 7-36)。

尾旋运动的特征是旋转半径小、旋转角速度高、飞机下沉率大、飞机操纵困难。小型飞机进入尾旋后尚有一定的操纵能力，在适当的操纵下仍能从尾旋状态改出；大型运输类飞机操纵性较差，一旦进入尾旋将难于改出，因此也严禁进入尾旋运动。

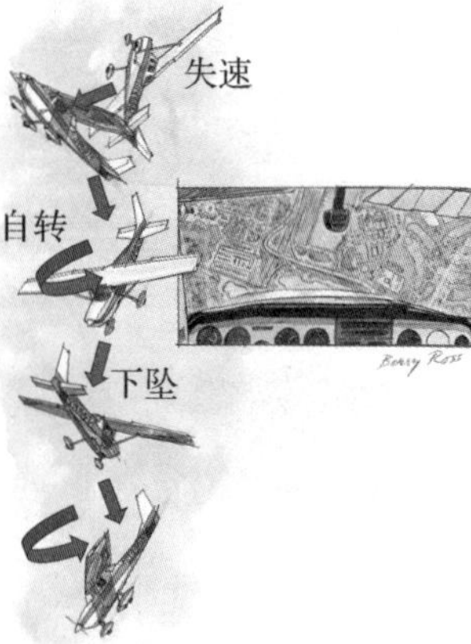

图 7-36 尾旋的运动过程

2. 尾旋的产生机理

尾旋的本质是飞机失速后引起的横航向不对称运动。机翼迎角超过临界迎角，机翼就会失速。由于失速的非定常性，飞机的两侧机翼必然会有一侧先失速，另一侧后失速。如图 7-37(a)所示，飞机右侧迎角更大，先于左侧失速，右侧的升力迅速变小，而气流分离引起的压差阻力右侧更大，因而导致飞机向右偏航并向右滚转，进入尾旋。这些动作都是非指令的。

接下来，飞机开始下坠自转。由于升力的降低，飞机急剧下坠，飞机的飞行轨迹主要由水平飞行转为垂直下落。由于滚转坡度增大，机翼升力的水平分量逐渐增大，构成螺旋自转运动的向心力。在螺旋下坠的过程中，还伴随着急剧的俯仰和偏航运动。飞机一边绕着偏航轴旋转，一边下坠。

3. 尾旋的改出

尾旋是一种危险的飞行状态，它由失速诱发，但又比单纯的失速更加复杂。在尾旋改出的过程中，除失速改出之外，驾驶员还需要制止飞机的自转。螺旋桨飞机的尾旋改出大致分为四个步骤：收油门、副翼回中、反方向蹬舵、推杆改出[见图 7-37(c)]。

首先是收油门。发动机处于大功率状态时，螺旋桨所表现出的进动性、螺旋桨效应及滑流会加剧飞机往螺旋方向偏航的趋势。减小油门可缓解螺旋桨副作用对尾旋改出的不利影响。

接下来将副翼回中并往自转的反方向蹬舵。当飞机向一侧倾斜并进入尾旋时，切忌往反方向操纵副翼以试图改平。因为该侧机翼已失速，操纵副翼只会适得其反。以左尾旋为例[见图 7-37(b)]，飞机左侧机翼先失速，导致左侧副翼失去作用。通过副翼纠正滚转角是驾驶员下意识会施加的操纵，但这种操纵对纠偏是无益的。正确的做法是松开驾驶杆让副翼回中，为后续的蹬舵改出做准备。反蹬舵是尾旋改出的关键动作，方向舵应往自旋的反方向偏转，以克服飞机的自旋运动。

尾旋改出的最后一步是推杆改出。在垂直下落的飞行中，驾驶员本能的反应是拉杆试图拉升，但在失速状态下这样操纵将事与愿违。正确的手段是克服本能，松开操纵杆或干脆直接推杆，虽然这样会加剧机头朝下，但飞行迎角会迅速减小，在掉高度的同时飞机也逐渐恢复可控。在改出的过程中，应避免剧烈地拉杆，以免产生过大的载荷因数和迎角导致二次失速。

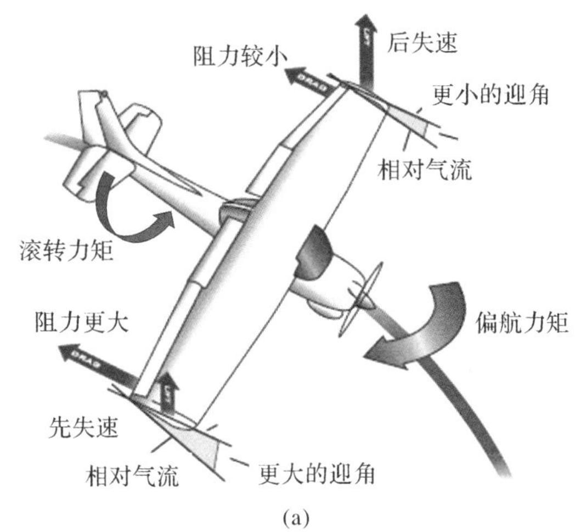

(a)

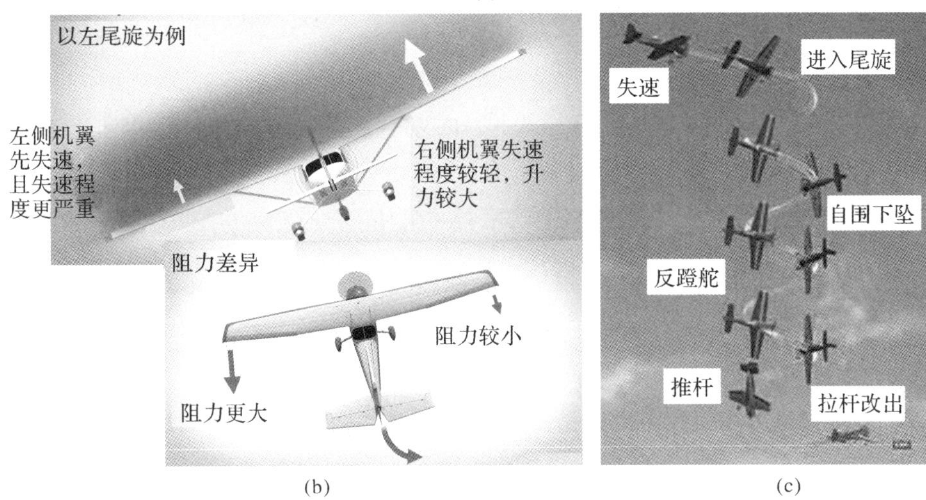

(b)　(c)

续图 7-37　尾旋的成因、现象级改出

(a)进入尾旋；(b)副翼失效；(c)改出过程

习　　题

一、填空题

1. 基本飞行过程包括__________、__________、__________、__________、__________。

2. 空速表所指示的空速是__________。

3. __________修正了皮托管的仪表误差。

4. 起飞过程是指从飞机开始滑跑，直至飞机上升至__________的整个过程。

5. __________是飞机爬升角最大的上升方式，对应的上升速度为__________。

6. ____________是飞机获得高度最快的上升方式,对应的上升速度为____________。

7. 对于喷气式飞机,远航速度是____________。

8. 对于螺旋桨飞机,远航速度是____________。

9. 定常转弯时,坡度越大则载荷因数越____________。

10. ____________与____________的协调操纵可以实现协调转弯。

二、选择题

1. 在标准大气条件下,高空飞行时的指示空速(　　)真空速。

A. 大于　　B. 等于　　C. 小于

2. 为了准确表征飞机在不同高度、不同温度下的空气动力及力矩的大小,飞行仪表指示飞行速度时一般采用下列哪个物理量?(　　)

A. 地速　　B. 真空速　　C. 指示空速　　D. 风速

3. 常规飞机起飞的特征速度,由小到大分别为(　　)。

A. $v_1 \rightarrow v_2 \rightarrow v_{LOF} \rightarrow v_R$　　B. $v_1 \rightarrow v_2 \rightarrow v_R \rightarrow v_{LOF}$

C. $v_2 \rightarrow v_{LOF} \rightarrow v_R \rightarrow v_1$　　D. $v_1 \rightarrow v_R \rightarrow v_{LOF} \rightarrow v_2$

4. 飞机起飞时,襟翼应当(　　)。

A. 收起　　B. 完全伸出　　C. 部分放出

5. 飞机着陆时,襟翼应当(　　)。

A. 收起　　B. 完全放出　　C. 部分放出

6. 定常上升时,升力与重力之间的关系是(　　)。

A. 升力=重力　　B. 升力>重力　　C. 升力<重力

7. 定常平飞时,升力与重力之间的关系是(　　)。

A. 升力=重力　　B. 升力>重力　　C. 升力<重力

8. 无动力定常下降时,飞机以(　　)下降时,滑翔比最大。

A. 失速速度　　B. 有利速度　　C. 最小功率速度

9. 适航规章规定的飞机载荷因数是按下列哪个载荷因数确定的?(　　)

A. 切向载荷因数　　B. 法向载荷因数　　C. 侧向载荷因数

10. 定常转弯时,如果出现外侧滑,驾驶员应当如何操作?(　　)

A. 减小副翼用量　　B. 增大方向舵用量

C. 增大副翼用量　　D. 增加升降舵用量

三、问答题

1. 简述起飞过程及操纵要点。

2. 简述着陆过程及操纵要点。

3. 简述协调转弯的操纵要点。

4. 简述失速改出的操纵要点。

5. 简述尾旋改出的操纵要点。

第 8 章　典型飞机系统

▶内容提示

一架完备的飞机除了机翼、机身、尾翼、起落架、动力装置等组成部分之外，还有各种各样的系统，它们共同协作确保飞机的安全、稳定和有效运行。然而，不同飞机的系统配置和组成不尽相同，本章以典型民航飞机为对象，阐述飞机重要系统的概况、基本组成与工作原理。

▶教学要求

(1)了解 ATA 100 规范。

(2)了解燃油系统的功用、组成与工作原理。

(3)了解飞行操纵系统的功用、组成与工作原理。

(4)了解液压系统的功用、组成与工作原理。

(5)了解电源系统的功用、组成与工作原理。

(6)了解通信系统的功用、组成与工作原理。

(7)了解导航系统的功用、组成与工作原理。

(8)了解环境控制系统的功用、组成与工作原理。

▶内容框架

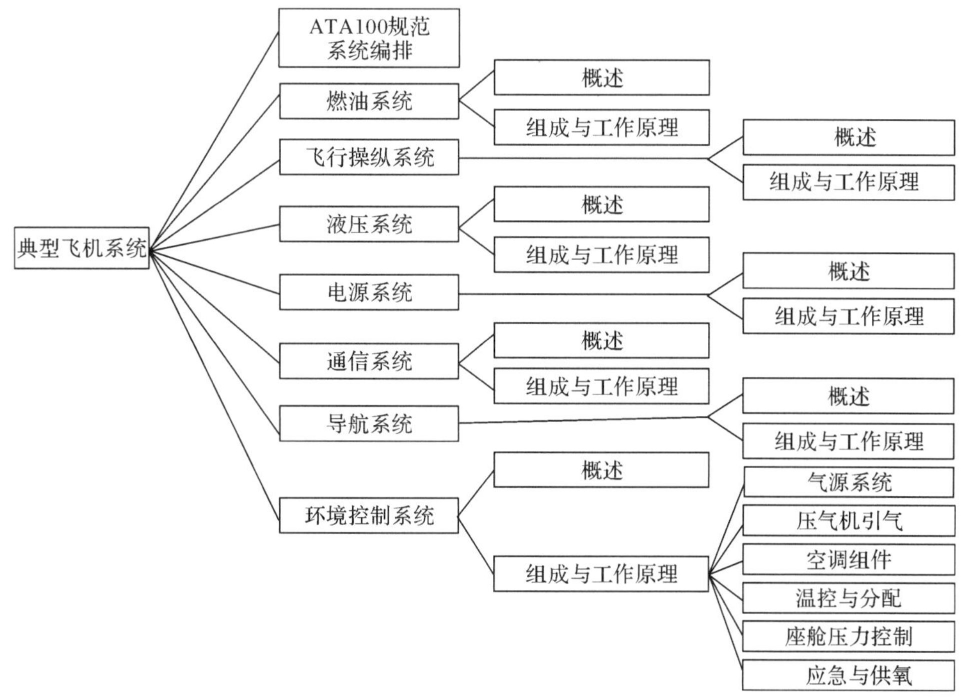

一架完备的飞机除了机翼、机身、尾翼、起落架等机体部分之外，还有各种各样的系统，它们共同协作确保飞机的安全、稳定和有效运行。飞机系统涵盖多个方面，主要包括动力系统、燃油系统、飞行控制系统、液压系统、电气系统、通信系统、导航系统、环境控制系统等，每一种系统内部还可包括许多子系统和组件。

8.1 ATA 100规范系统编排

视频 8-1 ATA 100简介

ATA 100(Air Transport Association of America Specification No. 100)是美国航空运输协会(ATA，现改名为 Airlines for America，A4A)联合全球的航空制造商和运营商合作制定的一套标准化体系，旨在为民用航空器产品设计、制造、运维的各种技术文档的编写和管理提供一种统一的编码规范——《航空产品技术资料编写规范》，以提高行业的效率和安全性。ATA 100 规范用三组数字(××-××-××)对技术文档进行编码，对应着航空器的系统、子系统和组件三个层次的编码，即技术资料的章号、节号和目号三组号码，如图 8-1 所示。随着技术的发展，ATA 100 规范已经演化为更加全面细致的 ATA iSpec 2200 系列标准、S1000D 系列标准、IETM(Interactive Electronic Technical Manual，交互式电子技术手册)等，继续在行业内发挥重要作用，中国也制定相应的 GJB 6600、GB/T 24463 系列标准，但 ATA 100 还是这些标准的核心。

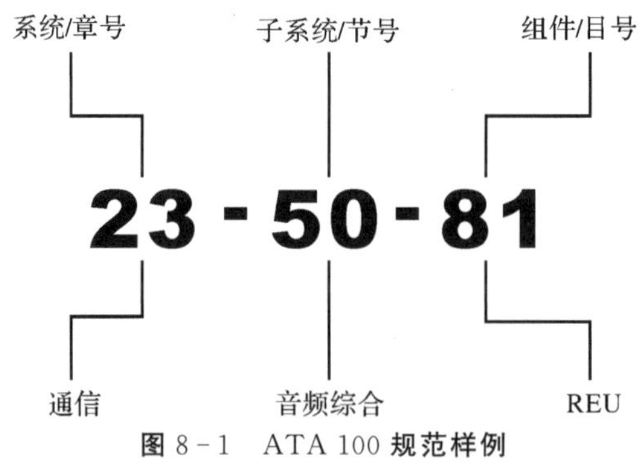

图 8-1 ATA 100 规范样例

ATA 100 规范涵盖了航空器机体与系统的各个方面，无论是机翼/旋翼、机身、尾翼/尾桨、起落架等机体部分，还是动力系统、燃油系统、飞行控制系统、液压系统、电气系统、通信系统、导航系统、环境控制系统等各个系统，ATA 100 规范都对其进行了统一的编码，见表 8-1。ATA 100 中的部分章节(如第 1 ～ 4 章等)预留给用户自定义使用，部分章节(如第 13 ～ 17 章等)尚未指定内容，预留将来使用。因此，目前所使用的 ATA 100 章节编号并非是完全连续的。

ATA 100 为航空器的技术资料编写提供了一种统一的编码规范，从中亦可看出不同航空器的构造与系统组成，但并不意味着每种航空器都要具有这些系统，具体航空器可根据实际情况合理设计自身所需的系统，并按规范编写技术资料。

表 8-1　ATA 100 规范系统/章号编码(节选)

大　类	ATA 章节号	系统/章节(英文)	系统/章节(中文)
总体	00	Introduction	引言
	01-04	Reserved/Blank	保留/空白(用户自定义)
	05-12	Aircraft General	飞机概述
飞机系统	20	Standard Practice-Aircraft	系统标准施工
	21	Air condition/ECS	空调/环境控制系统
	22	Auto Flight	自动飞行
	23	Communications	通信
	24	Electrical Power	电源
	25	Equipment/Furnishings	设备/装饰
	26	Fire Protection	防火
	27	Flight Controls	飞行操纵
	28	Fuel	燃油
	29	Hydraulic Power	液压
	30	Ice and Rain Protection	防冰与排雨
	31	Indicating/Recording Systems	指示/记录系统
	32	Landing Gear	起落架
	33	Lights	灯光
	34	Navigation	导航
	35	Oxygen	氧气
	36	Pneumatic	气动系统
	37	Vacuum	真空系统
	38	Water/Waste	水/灰(污)水
飞机结构	51	Standard Practices-Structures	结构标准施工
	52	Doors	门
	53	Fuselage	机身
	54	Nacelles/Pylons	短舱与吊挂
	55	Stabilizers	安定面
	56	Windows	窗户
	57	Wings	机翼
螺旋桨/旋翼	60	Standard Practices-Propeller/Rotor	螺旋桨/旋翼标准施工
	61	Propellers/Propulsion	螺旋桨/推进
	62	Rotor(s)	旋翼
	63	Rotor Drive(s)	旋翼驱动
	64	Tail Rotor	尾桨
	65	Tail Rotor Drive	尾桨驱动
	66	Folding Blades/Pylon	折叠桨叶/吊架
	67	Rotors Flight Control	旋翼飞行操纵

续表

大类	ATA章节号	系统/章节(英文)	系统/章节(中文)
动力装置	70	Standard Practices-Engine	发动机标准施工
	71	Power Plant	动力装置
	72	Engine Turbine/Turbo Prop Ducted Fan/Unducted Fan	发动机涡轮/涡桨涵道风扇/无涵道风扇
	73	Engine Fuel and Control	发动机燃油与调节
	74	Ignition	点火
	75	Air	气体
	76	Engine Control	发动机控制
	77	Engine Indicating	发动机指示
	78	Exhaust	排气
	79	Oil	滑油
	80	Starting	启动
	81	Turbines	涡轮
	82	Water Injection	喷水
	83	Accessory Gear Boxes	附件齿轮箱
	84	Propulsion Augmentation	推力增强

8.2 燃油系统(28－00－00)

8.2.1 燃油系统概述

燃油(fuel)系统是飞机(航空器)的一个关键子系统,其设计目标在于安全有效地存储、管理和传输燃油,确保在所有飞行条件(包括起飞、爬升、巡航、下降和着陆)下,都能按照发动机和其他相关系统的要求,提供充足且连续不断的燃油供应。燃油系统还负责对燃油进行必要的处理(如排除水分和杂质),与其他系统进行热交换(如冷却润滑油和液压油),同时还需要具有足够的灵活性来支持飞机的不同运行需求,例如调节飞机重心位置、紧急情况下放油减重以及加油和抽油操作。

一架飞机完整的燃油系统包括飞机燃油系统和发动机燃油系统两部分,本章节主要阐述飞机燃油系统。

飞机燃油系统主要有如下功用:

(1)存储燃油:飞机上合理设置燃油箱用来存储整个飞行过程所需的燃油。

(2)管理燃油:按需往油箱加减/充放燃油,准确指示油量、油温等,排除燃油中的杂质,保证燃油系统安全。

(3)可靠供油:确保在所有飞行条件下,都能按照发动机和其他相关系统的要求,提供充足且连续不断的燃油供应。

(4)调节飞机:通过调整燃油存储位置、合理设计供油顺序,调整飞机的重心,改善机翼受力,减小飞行阻力;通过应急放油,调整飞机重量。

(5)冷却介质:燃油可用于冷却发动机滑油、液压油等。

8.2.2　燃油系统组成与工作原理

典型的飞机燃油系统由燃油箱、加油/放油系统、供油/输油系统、燃油指示系统组成,有些飞机还具有应急放油系统和油箱惰化系统。

1. 燃油箱

飞机的燃油箱大多采用结构油箱,即油箱是飞机结构的一部分。采用结构油箱可充分利用机体内的空间,增大燃油存储量,减轻飞机的重量,但也要求机体有更好的密封性和抗腐蚀性。

现代民航飞机常在机身的部分空间和两侧机翼的内部空间设置燃油箱,前者称为中央油箱(center tank),后者称为主油箱(main tank)。为了保证油箱的结构安全还设有通气油箱(surge tank),有些飞机(如 B747、6A380 等)在尾翼水平安定面的内部设有配平油箱(trim tank),如图 8-2 所示。中央油箱和主油箱才是真正用来存储燃料的装置,通气油箱和配平油箱是为专门目的而设置的。

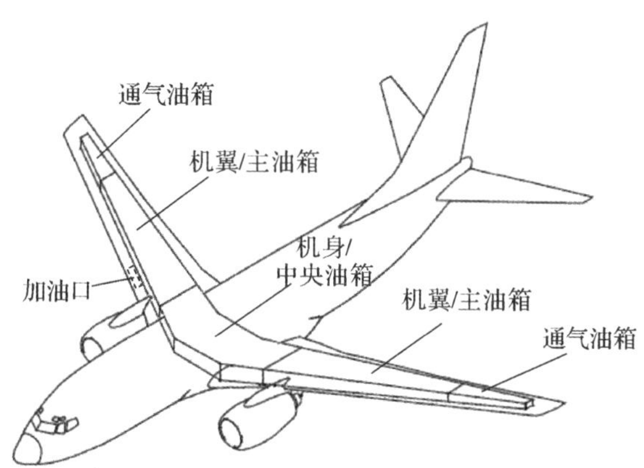

图 8-2　典型飞机燃油箱布局

【拓展阅读】

油箱惰化系统

1996 年 7 月 17 日,美国环球航空公司一架波音 747-100 型客机(注册号:N93119),执飞从美国纽约肯尼迪国际机场至法国巴黎的戴高乐机场的 TWA Flight 800 航班,机上共载有 212 名乘客及 18 名机组人员。

起飞后不久,飞机在纽约长岛附近的上空发生爆炸,导致机上 230 人全部遇难。这一事件震惊了全球,并引发了广泛的调查。经过美国国家运输安全委员会(NTSB)长达数年的详细调查,最终官方结论认为事故是由飞机中央油箱内的燃油蒸气被意外点燃所引起的,可能由电路短路产生的火花引起。

这一事件对全球航空安全标准产生了深远影响,促使了航空业界对燃油系统安全性的重大改进,包括实施油箱惰化系统以减少燃油蒸气爆炸风险。

油箱惰化系统是一种用于减少飞机燃油箱内部爆炸风险的安全装置。该系统通过向燃油箱内注入惰性气体(通常是氮气或者富氮空气),以降低燃油蒸气与周围空气混合后的氧气浓度,确保氧气浓度保持在一个安全水平之下,从而防止可燃混合物的形成和潜在的爆炸。

惰化系统:①首先对气源系统中的空气进行预处理,包括温度调节、过滤除尘和除湿,以保证惰性气体的质量。②处理后的空气进入空气分离单元,通过分子筛或膜式技术进行氧氮分离,产生富氮气体,是一种理想的惰性气体。③产生的惰性气体随后被调节至合适的流量和浓度,分两路送入燃油箱:一部分直接充填至燃油箱的上部气相空间,以降低该区域的氧气浓度;另一部分则经过燃油箱底部,与燃油混合,帮助置换出燃油中溶解的氧气,进一步降低整个燃油箱的可燃风险。

油箱惰化系统以技术创新手段降低了飞机油箱爆炸的风险,显著提升了飞行安全。国际民航组织(ICAO)和各国航空安全标准都对民用飞机的燃油箱惰化系统有着明确的要求和规定,以确保所有新设计的飞机都能配备此类安全系统。

2.加油/放油

现代飞机的加油/放油系统的主要作用是往油箱里添加燃油、排放燃油和在油箱之间传输燃油。有些飞机设有比较完备的放油系统,可以实现空中应急放油,但并非所有飞机都具有此功能。

加油(refuel)是使用专门的加油设备和设施为飞机加注燃料。在加油方式上,常采用两种方法:一种方法是“翼上加油”,即利用重力加油;另一种方法是通过加油设备上的油泵将航空燃料输送至燃油箱,即压力加油,如图 8-3 所示。压力加油有一个或多个加油口,通过加油控制面板将燃油加到对应的油箱。

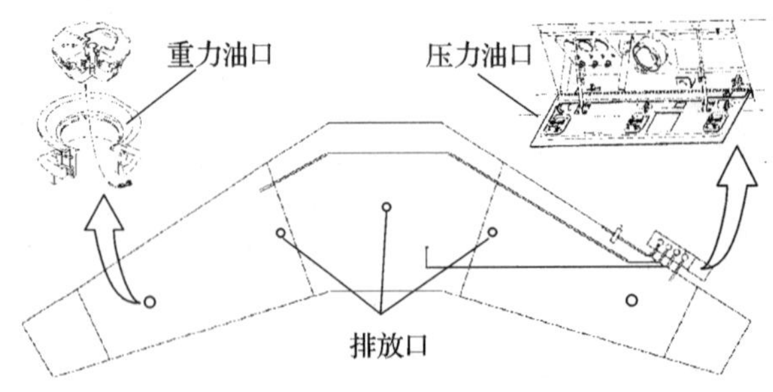

图 8-3 典型飞机加油/放油系统

放油(defuel)是根据需要将燃油箱内的燃料排放到机外。在放油方式上,常采用两种方法:一种方法是在油箱的最低点(排放口),利用重力放油;另一种方法是通过燃油增压泵或专门放油增压泵进行压力放油。

加油和放油时需要选择安全、远离火源和静电的场地，确保周围环境没有易燃物质，避免因燃油泄漏或闪电引发火灾或爆炸；搭好地线，操作需要严格按照规范进行，避免出现任何操作失误或违规现象。

3. 供油

飞机的供油(fuel feed)系统是将油箱的燃油按一定的顺序提供给发动机的系统，确保发动机能够稳定、高效地运行。飞机的供油方式主要有重力供油、动力供油和气压供油三种。

重力供油利用燃油自身的重力，通过设置在油箱和发动机之间的管路和阀门，使燃油自然流向发动机。这种方式简单可靠，但在某些特殊飞行状态下，如倒飞或高机动飞行时，可能会受到一定的限制。

动力供油通过油箱增压泵等动力设备，将燃油从油箱抽送到发动机。这种方式可以确保在各种飞行状态下都能为发动机提供稳定的燃油供应，是目前常用的一种供油方式。

气压供油利用气压差来驱动燃油流动，这种方式在一些先进的飞机上得到应用，能够实现更为精准的燃油控制。

典型的动力供油系统采用电动燃油增压泵将燃油从油箱抽出供往发动机，如图 8 - 4 所示。为了保证供油的可靠性，一般采用双泵制，即每个油箱有两个燃油增压泵。交输阀可以将供油系统从逻辑上分成左右两部分，正常情况下，交输阀断开，左侧燃油泵负责给左发动机供油，右侧燃油泵负责给右发动机供油；必要时可以将交输阀连通，任何一台都可以给两侧发动机供油。

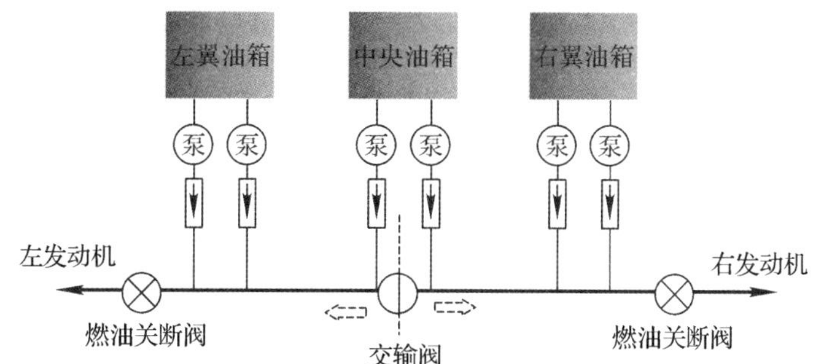

图 8 - 4　典型飞机供油系统

大中型飞机，为了改善机翼受力，一般采用“先中间后两边”的供油顺序，即先使用中央油箱的燃油，再使用两侧机翼主油箱的燃油，并且为了保证供油的连续可靠性，一开始所有燃油增压泵是同时工作的，可通过不同工作压力的燃油增压泵(中间高两边低)和单向阀/顺序阀配合来保证供油顺序。

视频 8 - 2　飞机供油原则

4. 燃油指示

飞机的燃油指示(fuel indicating)系统是一种用于监测飞机燃油状态的系统，为机组人员、燃油勤务人员、飞行控制管理系统提供准确的燃油量信息，确保飞机在飞行过程中的安全和稳定。燃油指示系统通常包括燃油量计量、温度测量、加油控制、系统完整性监测以及与其他系统的数据交换等。

燃油计量是燃油指示的基本功能。根据工作方式不同，燃油量传感器主要有浮子式和电子式两种，如图8-5所示。浮子式油量传感器利用浮子随燃油液面运动来计量燃油量。电子式油量传感器利用电容传感器把燃油液面的变化转换成电容量变化，再改变电路中的电信号来计量燃油量。

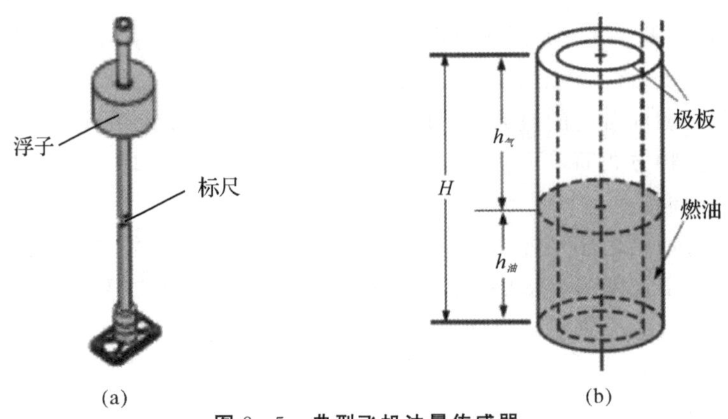

图8-5 典型飞机油量传感器

(a)浮子式油量传感器；(b)电子式油量传感器

8.3 飞行操纵系统(27-00-00)

8.3.1 飞机操纵系统概述

飞机操纵(flight control)系统将驾驶员或自动驾驶仪发出的操纵指令，通过传动系统传递至执行机构，做功驱动舵面运动，进而有目的地改变飞机的姿态和飞行轨迹。根据操纵指令来源，飞机操纵系统可分为人工操纵系统和自动控制系统。

视频8-3 飞机操纵系统

人工操纵系统可分为主操纵系统和辅助操纵系统。主操纵(primary flight control)系统是通过驾驶杆/驾驶盘、侧杆和脚蹬，即中央操纵机构来控制飞机的升降舵(或全动平尾)、副翼和方向舵的操纵机构，从而控制飞机的飞行轨迹和姿态。辅助操纵(secondary flight control)系统则包括调整片、襟翼、减速板、可调安定面和机翼变后掠角操纵机构等，用于控制飞机的运动状态。这些操纵主要依赖驾驶员选择相应的开关、手柄位置，通过电信号接通电动机或液压作动筒来完成。

自动控制(auto flight)系统接受来自飞行管理计算机、自动驾驶仪或传感器的指令，能对外界的扰动作出反应，以保持或改变原来的飞行状态。常用的自动控制系统有自动驾驶仪、各种增稳系统和主控操纵系统。

8.3.2 飞机操纵系统组成与工作原理

飞机操纵系统组成主要包括：操纵面/舵面、操纵机构/自动驾驶仪、传动机构和驱动机构。

根据操纵指令传递方式的不同，飞机操纵系统可分为三种形式：无助力操纵系统、助力操纵系统和电传操纵系统。无助力操纵系统，驾驶员动作操纵机构，操纵力和位移通过传动机构（硬式、软式或混合传动机构），直接输送到舵面，驱动舵面偏转。助力操纵系统，驾驶员动作操纵机构，通过传动机构把操纵力和位移（信号）输送到助力机构/伺服执行机构，由助力机构来驱动舵面偏转，从而实现助力操纵舵面偏转。电传操纵系统（fly by wire，FBW），驾驶员动作操纵机构的信号转变为电信号，通过缆线将此电信号输送到飞行操纵计算机，经过处理的信号变为指令，驱动伺服执行机构，由伺服执行机构来驱动舵面偏转。图 8－6 为飞机操纵系统功能简图。

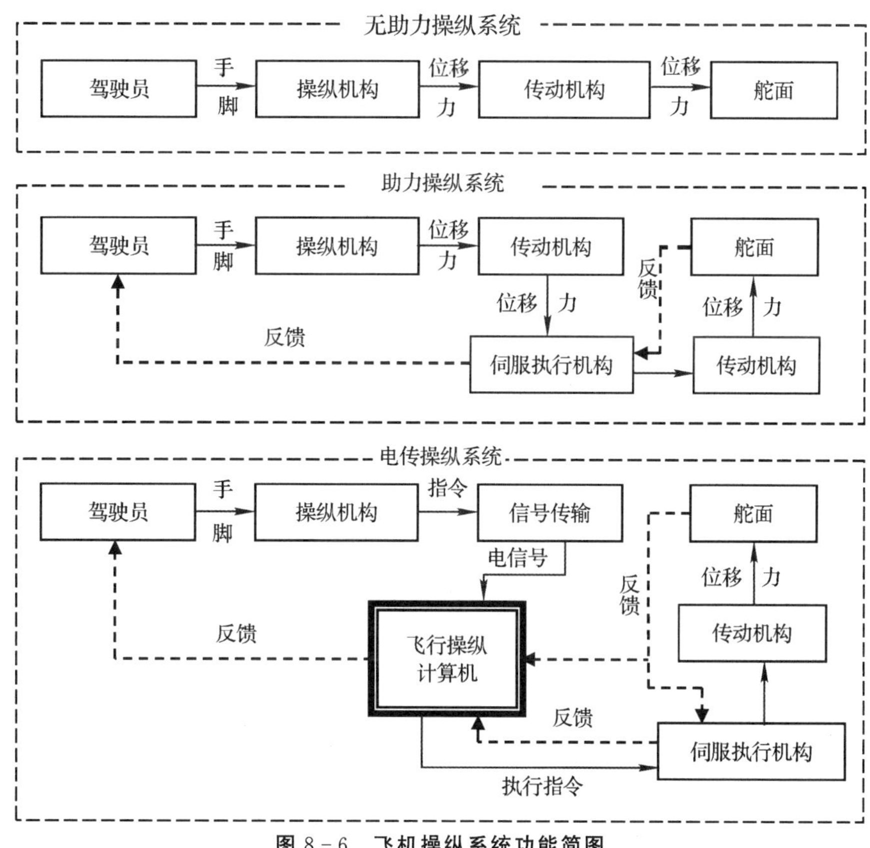

图 8－6　飞机操纵系统功能简图

1. 舵面

舵面（control surface）是飞机上通过偏转而产生平衡力和控制力来操纵飞行的气动翼面，又称为操纵面。它们通过改变机翼、尾翼的气动特性，从而实现对飞机的操纵。飞机的舵面可分为主操纵舵面和辅助操纵舵面。主操纵舵面包括升降舵（或全动平尾）、副翼（和飞行扰流板）和方向舵，辅助操纵舵面包括调整片、襟翼、缝翼、减速板、可调安定面等，如图

8－7所示。各种舵面的结构、功用可参考相关章节。

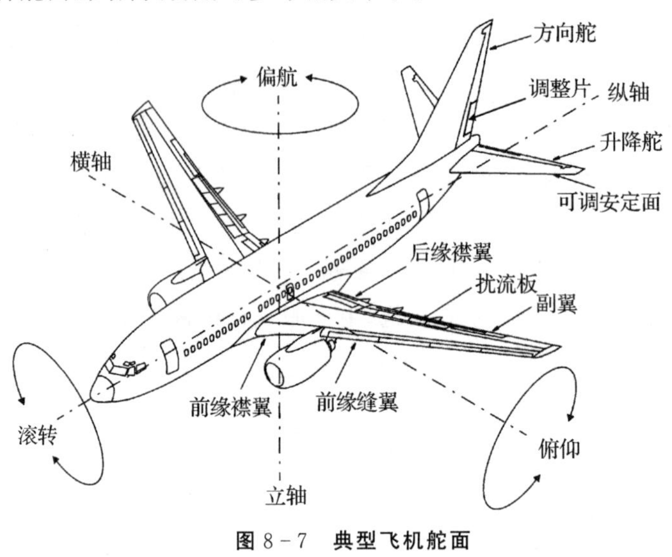

图 8－7 典型飞机舵面

2. 操纵机构

飞机上传统主操纵机构的手操纵部分大多采用驾驶杆/盘。驾驶杆(control stick/column)可以向前推或向后拉(简称为推杆或拉杆)，通过传动机构等部件可以驱动升降舵偏转，对飞机进行俯仰操纵；左右转动驾驶盘(control wheel)或左右偏转驾驶杆，通过传动机构等部件可以驱动副翼偏转，对飞机进行滚转操纵。主操纵机构的脚操纵部分有左、右两个脚踏板/脚蹬(pedal)，主要用于操纵方向舵(操纵脚踏板常被称为蹬舵)，对飞机进行方向操纵，如图8－8(a)所示；现代飞机在地面滑行时还可以脚蹬/转弯手轮来操纵前轮转弯。现代民航飞机或者大型运输机，往往有两套主操纵系统，通常左侧为"机长"操纵系统，右侧为"副驾驶"操纵系统。

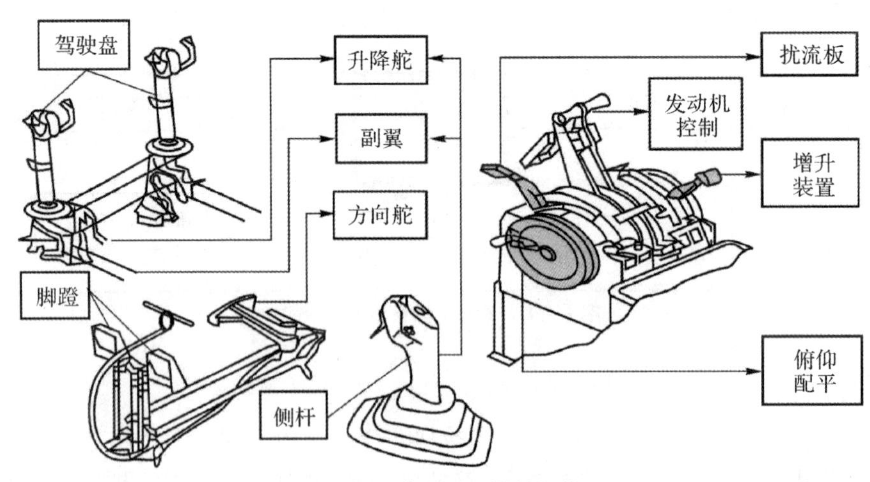

图 8－8 典型飞机操纵机构

(a) 主操纵机构；(b) 辅助操纵机构

采用电传操纵系统的飞机(如A320飞机)，其操纵机构完全打破了传统意义上手操纵部分的结构，将主操纵机构的手操纵部分放置在左、右侧台上，称为侧杆(side stick)。侧杆看起来像电脑的游戏手柄，它主要是用来产生操纵信号，而不是力和位移，可实现对升降舵和副翼的操纵。

辅助操纵机构用于操纵辅助操纵系统舵面的偏转，如图 8-8(b)所示。增升装置控制手柄用于操纵襟翼、缝翼的工作，扰流板控制手柄用于操纵扰流板工作，俯仰配平手轮用于操纵纵向配平，一些操纵电门/开关可用于操纵其他配平和调整片。

以上为对飞机操纵机构最一般、最简单的描述，不同飞机的操纵机构在细节上会有较大的不同，需要针对具体的机型才能全面阐述。

3. 传动机构

传动机构是指飞机上用于将驾驶员或自动飞行控制系统发出的操纵指令转换成对舵面或其他控制部件的实际动作的机械或电子系统。飞机传动机构主要包括：硬式传动、软式传动、混合传动和电/光传动。

硬式传动机构主要包括刚性传动杆和摇臂等构件，可以传递受到的拉力或压力，刚度大，操纵灵敏，但占用空间大，装配时不容易绕过其他设备。

软式传动机构主要包括钢索和滑轮等构件，具有占用空间小及装配时容易绕过其他设备等优点，但钢索刚度小，只能传递拉力，需要双钢索回路才能实现双向转动，操纵灵敏性变差，需要施加预先张紧力。

混合式传动机构则由硬式和软式传动机构组合而成，综合了两者的优点，根据飞机的不同部位和功能需求选择合适的传动方式，既保证操纵效率又兼顾飞机整体布局的合理性，如图 8-9 所示。

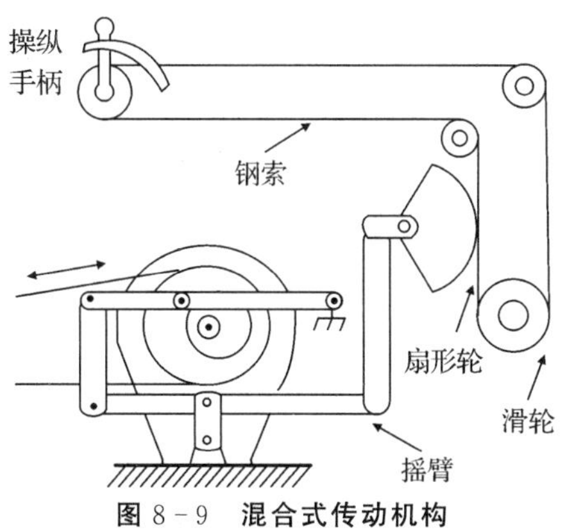

图 8-9 混合式传动机构

电/光传动利用传感器感知驾驶员的操作输入，通过计算机处理后转化为电/光信号，进而控制伺服作动器来驱动飞机舵面。这种系统具有更高的可靠性和适应性，允许飞行控制逻辑更加复杂，能实现增强稳定性和机动性等功能，并且大大减少了机械部件的重量和体积，但容易受到电磁干扰的影响。

4. 舵面驱动机构

舵面驱动机构是指用于改变飞机舵面(如升降舵、副翼、方向舵等)偏转角度的装置。飞机舵面驱动机构常采用机械驱动、液压驱动、电动伺服液压驱动和电动伺服驱动。

机械驱动:操纵机构所发出的指令经过一系列机械传动机构(如连杆、钢索、滑轮等)将操纵信号(力和位移)传递给舵面,驱动舵面偏转,如图 8-10 所示。

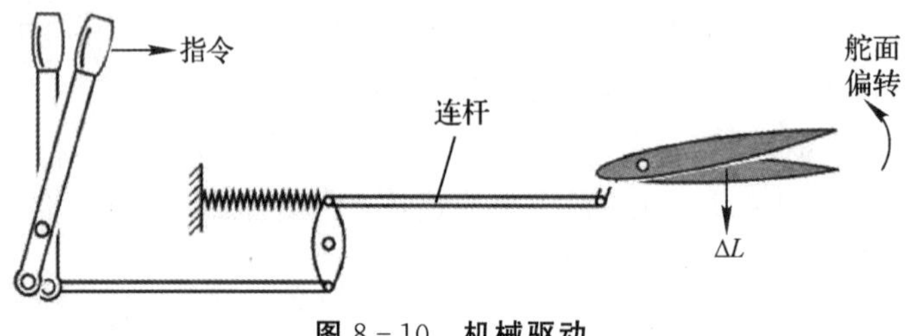

图 8-10 机械驱动

液压驱动:液压助力器的控制阀接收操纵(机械)信号后,控制液压油的流动,驱动液压作动器或马达工作,驱动舵面偏转,如图 8-11 所示。

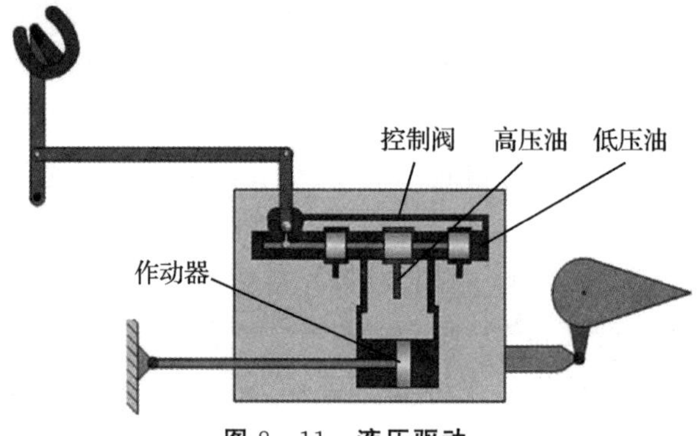

图 8-11 液压驱动

电动伺服液压驱动:伺服电机接收操纵电信号产生作动,伺服电动机提供动力精确控制液压油的流动,驱动液压作动器或马达工作,驱动舵面偏转,如图 8-12 所示。它结合了电动和液压两种技术的优势,既具有电动技术的快速响应和精确控制特点,又具备液压技术的高功率输出和稳定性。当前,很多电传操纵飞机采用这种舵面驱动方法。

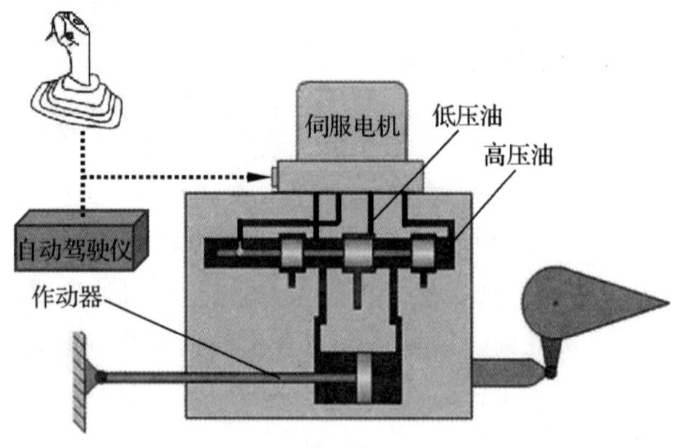

图 8-12 电动伺服液压驱动

电动伺服驱动:操纵信号以电信号形式传输,控制伺服电机/作动电机的动作,实现对舵面的精准操控，如图 8-13 所示。电动伺服驱动具有高精度、快速响应、力矩控制、自适应能力强等特性，是飞机舵面驱动的发展方向。

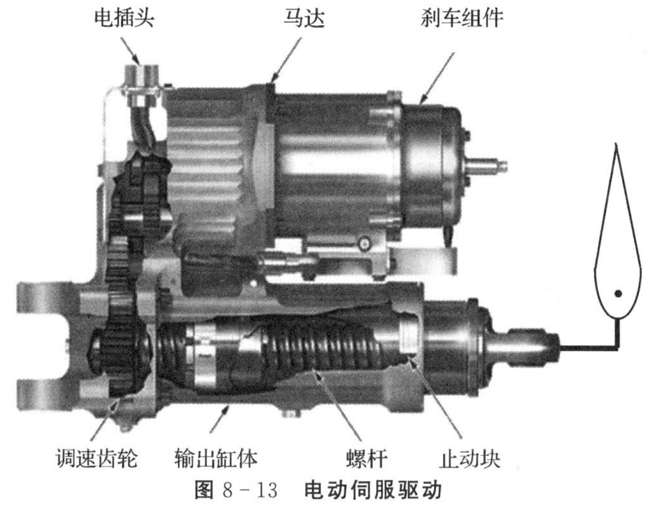

图 8-13　电动伺服驱动

8.4　液压系统(29-00-00)

8.4.1　液压系统概述

随着飞机的体量和飞行速度的不断增大，用人力来操纵飞机(某些部件)变得日益困难，现代飞机需要使用助力来实现操纵，所以，飞机上采用液压、电力驱动的部件日益增多。电力驱动具有快速灵敏、精准控制的优点，但也存在结构较复杂、输出功率低、可靠性差等不足。随着电力驱动技术的发展，以后其在飞机上的应用会逐步增加。

液压(hydraulic power)驱动是根据帕斯卡原理利用密闭系统中的液压油作为传输能量的工作介质，通过液压泵将机械能转换为液压能，进而驱动各类作动器(如液压缸、液压马达等)，将液压能转换为机械能来实现飞机上的多种关键操作与功能。在现代飞机设计中，液压系统因其高效、精确的力和运动传递能力而被广泛应用。液压系统具有以下显著优点：

(1)高效能量传递：液压系统能以相对较小的体积和重量，传递极大的功率，尤其适合需要快速响应和大力矩的场合，如控制飞行操纵面(副翼、升降舵、方向舵等)、起落架收放、刹车系统以及飞机的其他机械设备。

(2)精确控制：液压系统可提供精确、平稳的动作控制，这对于飞机飞行安全至关重要，尤其是在复杂气象条件下的精密飞行操作。

(3)裕度和安全性高：现代飞机通常配置多个相互独立的液压系统，即使其中一个系统发生故障，其他系统仍能保证关键操作继续执行，增强了飞行安全性和容错率。

(4)结构紧凑：相较于同等功率的电气或机械系统，液压系统更易于实现紧凑化设计，适合于飞机有限的空间布局要求，并减轻飞机的重量。

(5)标准化程度高:全球液压行业有一套成熟的标准体系,使得液压系统的检测、维修和更换较为便捷。

8.4.2 液压系统组成与工作原理

1.液压系统的基本组成

飞机液压系统通常包括以下几个主要部分。

(1)供压/动力部分。

1)液压油箱(reservoir):用于储存液压油,并根据需要补充液压油,同时补偿因温度变化、消耗或泄漏导致的油量变化,有的油箱还配备增压设备确保高空中液压油的供应。

2)液压泵(hydraulic pump):用于将其他形式的能量(如机械能、电能等)转换为液压能,向系统提供高压液压油。

3)蓄压器(accumulator):用于储蓄一定的液压能,在液压泵不工作或输出压力不足时,能够短暂提供、补充能量,确保系统压力稳定。

(2)传动/执行部分。

1)动作筒(又称伺服机构或液压缸,actuator/actuating cylinder):用于接收液压能并将其转换为直线或旋转运动,用于驱动起落架收放、襟翼、副翼、升降舵、方向舵等操控面。

2)液压马达(hydraulic motor):用于将液压能转换为机械能,输出扭矩和转速,驱动非线性运动的部件,例如舱门开启关闭、燃料泵等。

(3)调节与控制部分。

1)压力控制元件:用于调节液压系统的压力,防止过压或低压损害系统部件,如释压阀(pressure-relief valve)。

2)方向控制元件:用于控制液压油流向不同的执行机构,如单向阀(check valve)、选择阀(selector valve)等。

3)流量控制元件:用于控制液压油的流量,从而调整执行机构的速度。

(4)辅助部分。

1)油滤(filter):用于清除液压油中的污染物,保持油液清洁,以免进一步损伤其他元件。

2)密封元件(sealing element):用于确保液压系统各连接部位无泄漏。

3)散热器(heat exchanger):用于冷却液压油,防止油温过高影响性能或安全。

4)连接管路和接头(fitting):用于将各个液压元件连接起来形成完整的液压回路。

(5)控制与指示部分。

1)控制面板:用于控制液压系统的工作,主要是开关液压泵。

2)指示面板:用于监控液压系统的工作情况,如液压油量,液压泵的超压、超温情况等。

图 8-14 为 B737NG 飞机的主液压系统的基本组成。供压部分由液压油箱、一套发动机驱动泵(Engine Drive Pump,EDP)和一套电动马达驱动泵(Electrical Motor Driven Pump,EMDP)组成,能提供 3 000 psi 的液压力。一套压力组件负责调节与控制液压系统

的压力，最大压力值不超过3 500 psi。执行部分主要由各种舵面、起落架收放机构、机轮刹车组件等的作动器或液压马达组成。辅助部分主要包括两套液压泵壳体回油滤、一套系统回油滤、热交换器和相关接头等。通过液压控制/指示面板和发动机过热/灭火面板可控制液压系统工作与监控其工作情况。

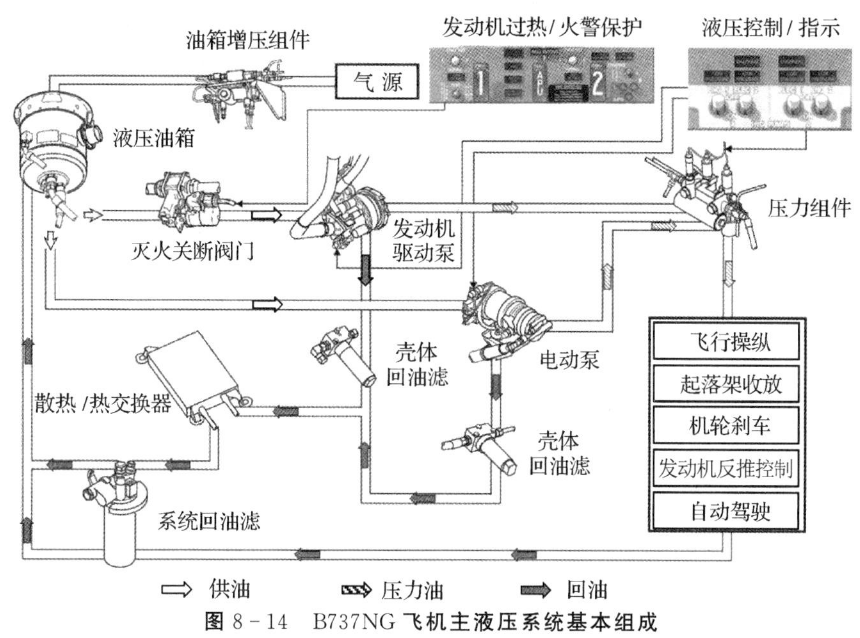

图8-14 B737NG飞机主液压系统基本组成

2. 液压泵

液压泵(hydraulic pump)将其他形式的能量(如机械能、电能等)转换为液压能，向系统提供高压液压油。液压泵按照结构主要分为柱塞泵、齿轮泵、叶片泵、离心泵和螺杆泵等。现代飞机的液压系统的压力都比较高，大多采用柱塞泵。

柱塞泵(plunger pump)是一种容积式往复泵，依靠柱塞在缸体中往复运动，使密封工作容腔的容积发生变化来实现吸油、压油/增压的过程。柱塞泵按柱塞排列方式不同，可分为径向柱塞泵和轴向柱塞泵，如图8-15所示。轴向柱塞泵又可分为直轴式(斜盘式)和斜轴式(摆缸式)两种。柱塞泵结构复杂，柱塞运动部件精密，对液压油的品质要求高，但其效率高、增压效果好，能产生很高的压力，而且流量是可调节的。

视频8-4 柱塞泵

液压泵按照不同的驱动动力源，可分为发动机驱动泵(EDP)、电动泵(AC-MP/EMDP)、空气驱动泵(ADP)、冲压空气涡轮驱动泵(RATP)、动力转换组件(PTU)和手动泵(hand pump)。发动机驱动泵由发动机转子通过附件传动齿轮驱动，作为发动机附件安装在发动机上，是最常用的增压泵；电动泵由飞机上的交流电机驱动；空气驱动泵由气源系统的高压引气驱动。它们通常作为液压系统的主增压泵或需求泵。冲压空气涡轮驱动泵由飞行中产生的冲压空气驱动；动力转换组件为液压马达驱动泵，即利用一个液压系统为另一个液压系统增压；手动泵为一种人力驱动泵。它们通常作为液压系统的应急泵或辅助泵。

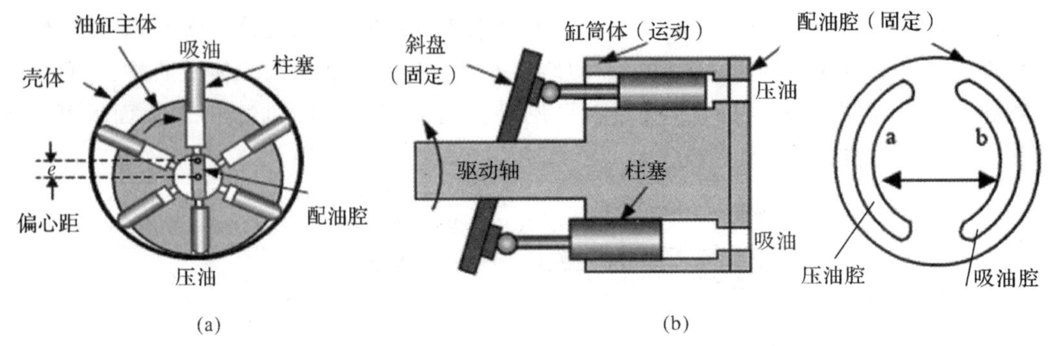

图 8-15 典型柱塞泵

(a)径向柱塞泵;(b)轴向柱塞泵

3.液压作动筒

液压作动筒(hydraulic actuator),又称液压缸或液压油缸,是液压系统中的执行元件之一,主要用于将液压系统中的液压能转化为直线往复运动或摆动运动的机械能。液压作动筒的基本构造包括缸筒、活塞、活塞杆、端盖以及密封件等部件。工作原理为:当液压系统的高压油进入液压作动筒的一端时,推动活塞及活塞杆移动,从而对外部负载施加力,实现直线运动。

液压作动筒可以根据不同的设计特点和用途分为不同的类型:按运动形式可分为直线往复式和回转式两种;按作用方式可分为单作用和双作用两种;按安装结构可分为柱塞式和活塞式两种;还可分为双腔作动筒、差动作动筒、多位置作动筒;等等。其中,活塞式液压作动筒、直线往复式液压作动筒是应用最广泛的液压作动筒,如图 8-16 所示。

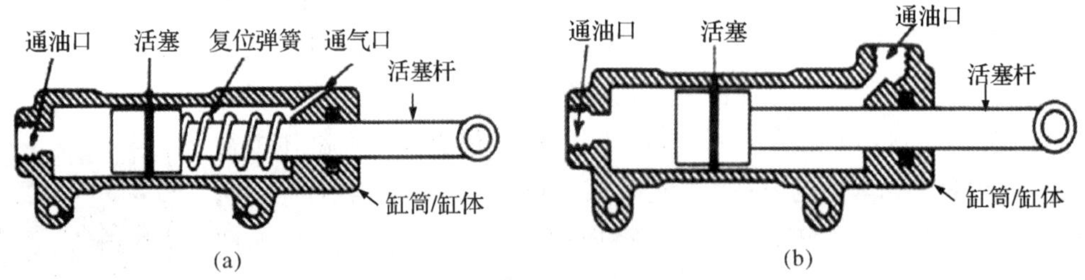

图 8-16 直线往复式液压作动筒

(a)单作用液压作动筒;(b)双作用液压作动筒

4.液压控制元件

液压控制元件负责调控液压系统中的液体的方向、压力和流量,确保系统按照设计要求准确地运行。液压控制元件有多种分类方式,按功能可分为方向控制阀、压力控制阀和流量控制阀,还可将多种功能集成在一个元件上,称为复合或多功能控制阀。

方向控制阀用于控制液压油路的通断和切换液压油的流动方向,从而对执行元件的启停和运动方向进行控制,按其用途可分为单向阀和换向阀。

换向阀利用阀芯在阀体内的相对运动来改变阀芯与阀体之间的相对位置,实现换向功能，常用的换向阀有旋转换向阀和三位四通阀。旋转换向阀的阀芯围绕自身的中心轴旋转，阀芯上设有不同的通路，随着阀芯的转动，可以切断流体进入其下游元件，流体可以通过阀芯的不同位置流入或流出，从而实现换向功能，如图 8－17(a)所示。三位四通阀的“三位”指的是阀芯可以处于三种不同的工作位置，“四通”则表示阀体上有四个接口(压力油/P、回油/T、工作口 A 和 B)。当阀芯位于中间位置时，所有接口互相隔离，可以切断流体进入其下游元件；当阀芯移向一侧时，则 P 口与 A 口接通，T 口与 B 口接通；移向另一侧，P 口与 B 口接通，T 口与 A 口接通，液压油流动方向改变，如图 8－17(b)所示。

视频 8－5　三位四通阀

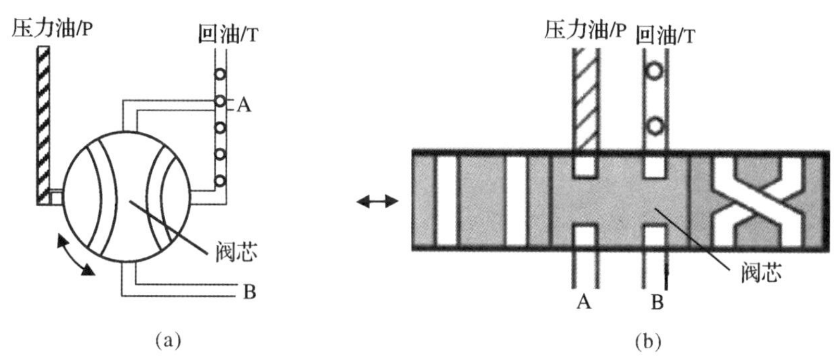

图 8－17　换向阀

(a)旋转换向阀；(b)三位四通阀

压力控制阀是液压系统中用来控制和调节系统压力的元件，以确保系统能够在设计的压力范围内稳定、安全地工作。根据其功能和应用，压力控制阀主要分为溢流阀、减压阀、顺序阀和安全阀等。

流量控制阀的主要功能是用来调节液压系统中的液体流量，进而控制执行元件(例如液压缸或液压马达)的运动速度。根据其功能和应用，流量控制阀主要分为节流阀、调速阀、分流阀和集流阀等。

5. 液压油滤

液压油滤(filter)是用来去除油液中的固体颗粒、金属粉末、橡胶碎屑、水和其他污染物的过滤装置，使液压油保持必要的清洁度，防止传动时损伤液压元件。典型的液压油滤由头端、滤芯和滤杯组成，如图 8－18 所示。头端用于连接管路，并安装到飞机结构上，有些液压油滤在头端内部装有旁通阀，可在滤芯堵塞严重时，形成另一条通路。滤杯用于安放滤芯，并可固定到头端，形成一个封闭体。滤芯决定了过滤精度和过滤效果。常见的滤芯包括金属网(如不锈钢编织网、烧结网)、滤纸(如玻纤滤纸、化纤滤纸、木浆滤纸)以及烧结毡等。滤芯可根据实际工作环境和使用频率进行更换。

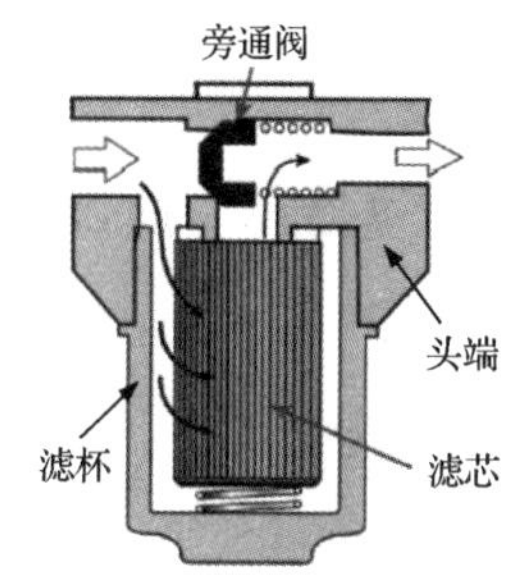

图 8－18　典型液压油滤

8.5 电源系统(24-00-00)

8.5.1 电源系统概述

电源(electrical power)系统负责为飞机的所有电气负载提供可靠的电力来源,并确保电力的有效分配与管理。

飞机上的电气负载指的是飞机在运行过程中消耗电力的各种设备和系统。这些负载种类繁多,涵盖了飞机操作、通信、导航、乘客服务、环境控制以及安全性保障等诸多方面。以下是飞机电气负载的主要分类:

(1)电动设备:为飞机系统、舵面和各种可操纵元件提供电驱动力的设备,如电动伺服作动器、电动液压增压泵、燃油增压泵、电动阀门、电液作动器、通风/换气扇等。

(2)电子设备:飞机上的电子显示设备、通信设备、导航设备、自动驾驶仪、飞行管理计算机、各种传感器和控制组件等。

(3)灯光照明设备:驾驶舱照明、客舱照明、货舱照明,滑行灯、着陆灯、防撞灯、航行灯、航徽灯、应急灯等。

(4)加热防冰负载:机翼和机身表面除冰/防冰系统,如热气防冰、电热防冰系统,驾驶舱窗户、探头、传感器等关键设备的加热系统等。

(5)客舱服务设备:厨房设备、卫生间设施、客舱娱乐系统、座椅电源等。

飞机上电源的来源是多种多样的,它们协同工作,确保飞机在各种飞行状态下都能获得稳定、可靠的电力供应。以下是飞机电源的主要来源:

(1)动力装置电源:当发动机运行时,发动机上的交流发电机或直流发电机,能将发动机的机械能转化为电能,为飞机提供电力。飞机在地面或在空中主发动机无法供电的情况下,辅助动力装置(APU)驱动的发电机可为电源系统供电。

(2)电池电源:飞机一般装备有大容量的蓄电池,能够在主电源丧失时为必要的飞行仪表、导航设备和其他关键系统短暂供电,直到其他备用电源启动或飞机安全降落。

(3)应急电源:有些飞机配备有冲压空气涡轮发电机,可在极端情况下展开并利用飞机前进速度产生的动态气压来驱动小型发电机的装置,为飞机的关键系统供电。

(4)地面电源:当飞机停留在地面时,可以通过外部地面电源设备(Ground Power Unit,GPU)接入飞机的电源接口,为飞机提供电力,从而节省燃料并降低噪声污染。

8.5.2 电源系统组成与工作原理

1.配电网络

飞机配电网络(distribution & control)的主要功能是将来自电源的电能以不同的线制、不同的配电方式传输到汇流条,再通过汇流条到用电设备。它确保飞机各部分能够可靠地接收和分配电能,同时管理和保护各类电气负载和用电设备。飞机配电网络分为供电网和配电网两部分。供电网是从飞机电源、电源汇流条到用电设备汇流条的部分,而配电网则是从用电设备汇流条到用电设备间的部分。配电网络一般包括以下几个关键部分:

(1)电源：为整个电源系统提供可靠的电力来源，可包括动力装置电源、电瓶电源、应急电源和地面电源。

(2)电源转换与调节设备：飞机上的电力可以是不同参数(电压、频率)的交流或直流形式，系统中包含变压器、整流器、逆变器等设备，用于将电源转换成适合各类负载需求的电压和频率，又称为二次电源设备。

(3)控制与保护装置：系统中包括断路器、接触器、继电器、转换开关、熔断器、过载保护装置等元件，用于控制电流通路通断，保护系统免受过载、短路等故障影响。

(4)汇流条(bus)：是一种用于集中和分配电能的装置或结构，可以连接多个电源单元和负载。不同类型的电源、负载连接至不同的电源汇流条，例如主交流/直流汇流条、备用汇流条、紧急汇流条和热汇流条等。

图 8-19 为典型民用飞机的配电网络。发电机 1、发电机 2、APU 发电机和外部电源可以为整个网络供电。变压整流器(transformer rectifier)将交流电变压整流为直流电。正常情况下，发电机 1 为汇流条 1 及与其连接的汇流条供电，发电机 2 为汇流条 2 及与其连接的汇流条供电，电池可通过直流电池汇流条充电。应急发电机只给主汇流条供电，不给备用汇流条供电。在应急发电机不能正常供电时(如展开过程中)，可由电池 1 通过逆变器(静变流机，static inverter)给交流主汇流条供电，电池 2 给直流主汇流条供电。在飞机维护过程中，可通过外部电源给勤务汇流条供电。

视频 8-6　典型民用飞机配电网络

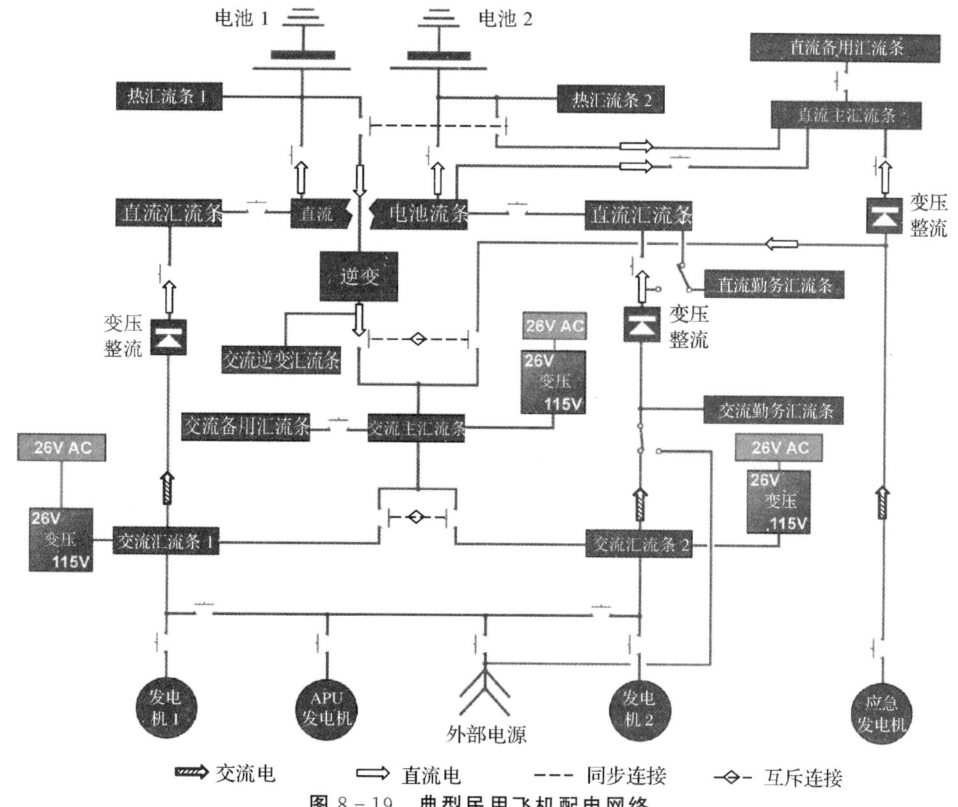

图 8-19　**典型民用飞机配电网络**

2. 整体驱动发电机

整体驱动发电机(Integrated Drive Generator,IDG)是现代飞机电力系统中的关键设备,它将发动机的机械能转化为电能,为飞机提供主电源。整体驱动发电机直接与飞机发动机的附件齿轮箱相连,恒速传动装置保持发电机转速恒定,通过内部的励磁系统和整流器将交流电转换为直流电或稳定的交流电,供给飞机上的各类电气系统使用,如图 8-20 所示。典型民用飞机发电机可提供 115/200 V、400 Hz、90 kV·A 的三相交流电。

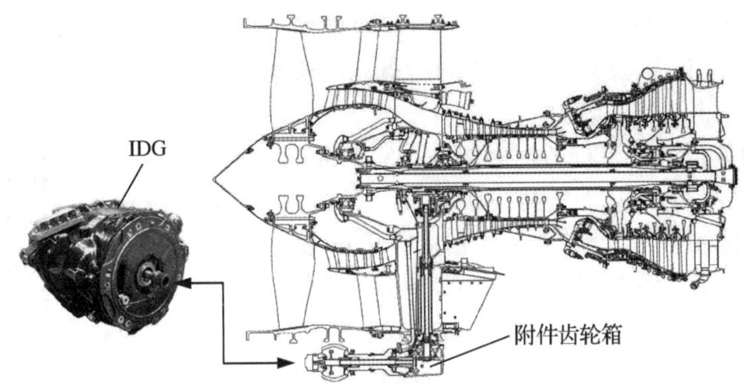

图 8-20 整体驱动发电机

3. 应急发电机

应急发电机(emergency generator)是飞机的一种重要安全设备,当飞行中主电源失效时,它能够为飞机上的关键系统和设备提供电力,保证飞机的安全运行。典型的应急发电机由冲压空气涡轮(Ram Air Turbine, RAT)驱动,又被形象地称为"老鼠"。正常情况下,RAT 被收回至舱室内,以保持飞机气动外形,减小飞行阻力。当满足一定条件(如空速大于 100 kn,且交流主电源全部失效)时,RAT 可以自动放出,也可人工操纵放出。RAT 放出后,飞行产生的气流作用在冲压空气涡轮的叶片上使其旋转,从而带动发电机运转,为飞机提供有限的电力。RAT 还可以提供应急液压力,以作动飞行操纵系统,为一些关键的操纵面(如方向舵、升降舵)提供液压支持,如图 8-21 所示。

视频 8-7 RAT

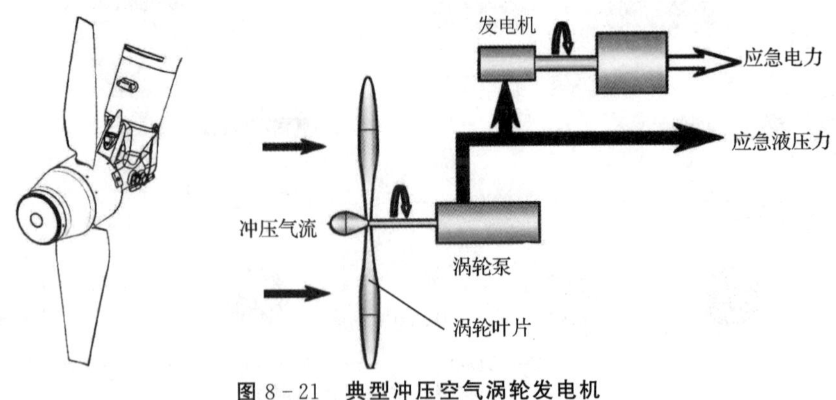

图 8-21 典型冲压空气涡轮发电机

8.6　通信系统(23－00－00)

8.6.1　通信系统概述

通信(communication)系统是指通过无线传输或有线传输技术,实现飞机与地面之间(Air－to－Ground,A2G)、飞机与飞机之间(A2A)、飞机内部的相互联络,以确保飞机在飞行全程中与地面站、其他飞机、空中交通管制(ATC)以及应急救援的有效语音和/或数据通信。它包括无线电通信、内部通信和应急通信,如图 8－22 所示。

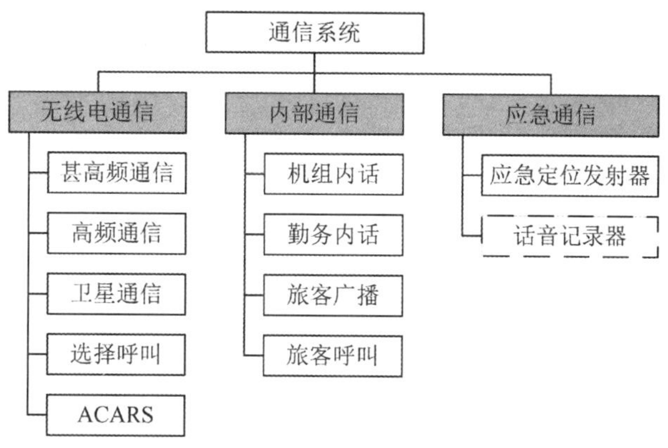

图 8－22　典型飞机通信系统组成

8.6.2 通信系统组成与工作原理

1. 无线电通信

无线电通信是飞机通信系统的核心部分,包括甚高频(Very High Frequency,VHF)通信系统、高频(High Frequency,HF)通信系统、卫星通信(Satellite Communication,SATCOM)系统、选择呼叫(Selective Calling,SelCal)系统和飞机通信寻址与报告系统(Aircraft Communications Addressing and Reporting System, ACARS)等。VHF 通信系统主要用于短距离通信,如与航空管制塔台通话。HF 通信系统则用于长距离通信,如与远距离地面站通信。卫星通信系统利用人造地球卫星作为中继站可以实现全球通信,有取代高频通信的趋势,并用于飞机上乘客的付费通信服务。选择呼叫系统允许地面服务人员或特定机构通过独特代码直接呼叫特定飞机,无须占用常规通信频率。ACARS 用于在飞机与地面站之间传输短消息,包括飞行数据、维护信息和机组人员报告等。前三种作为基本的通信技术,其原理与特点见表 8－2。

表 8－2　飞机无线电通信的原理与特点

通信方式	传播形式	常用频率	传播距离	特　点
甚高频	超短波	117.975～136.975 MHz	视距(200 n mile)	空间波,不受电离层变化的影响,传播稳定,通信可靠,距离较短

续表

通信方式	传播形式	常用频率	传播距离	特点
高频	短波	2～30 MHz	全球	天波，传输距离远，通信效果受电离层影响，传播稳定性差
卫星	微波	1～40 GHz	全球	空间波，传播距离远，通信效果好，费用较高

典型的飞机无线电通信系统如图 8-23 所示，主要包括：无线电管理面板，用于选择通信方式和调节通信频率；无线电收发器和天线，用于接收和发送无线电信号；音频管理面板和音频管理器，用于选择和调整音频设置，以获得更清晰、更高质量的音频输出。

选择呼叫系统(SelCal)是一种作为地面塔台与飞行中飞机进行定向、优先级高的无线电通信系统。在选择呼叫系统中，每架飞机都设有一个独一无二的识别码，当地面控制中心需要联系某架飞机时，会通过无线电发射这个识别码。飞机上的接收机接收到并识别出与自身匹配的代码后，驾驶舱内的音响设备将发出提示音，提醒飞行员有来自地面的优先通话请求。驾驶员确认后即可与地面进行常规语音通信。该系统允许地面调度中心通过预设的特定编码信号呼叫指定的飞机，而不会干扰到其他正在空中飞行的飞机通信，提高了通信效率，还具有高度的可靠性和稳定性。

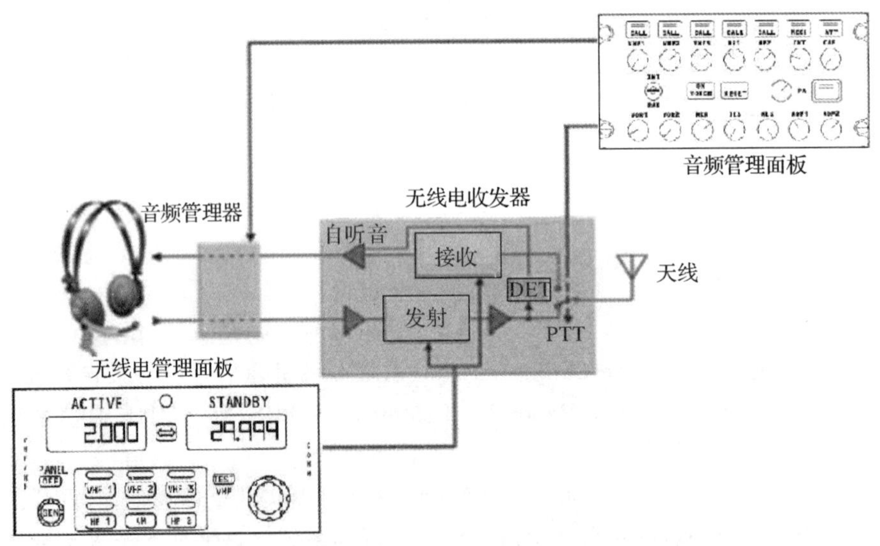

图 8-23　典型飞机无线电民航通信系统组成

飞机通信寻址与报告系统(ACARS)是一种在航空器和地面站之间通过无线电或卫星传输短消息(报文)的数字数据链系统，从而实现飞机运行状态报告、飞行计划更新、气象信息获取、维护信息传递等多种功能。ACARS 系统的主要功能包括以下几种。

(1)数据通信：ACARS 允许航空器与地面站之间进行双向数据通信，传输包括飞行状态、故障信息、机组报告等多种类型的数据信息。

(2)实时监控：地面人员可以通过 ACARS 实时监控航空器的飞行状态、位置、航向、高度、速度等关键参数，确保飞行安全。

(3)维护支持:ACARS 为地面维护人员提供了实时的飞机性能数据和故障信息,有助于及时发现问题并提前准备维修资源,提高飞机的维修性。

(4)航班管理:航空公司可以通过 ACARS 对航班进行更加高效的管理,包括航班计划、航班动态、机组调配、机场服务等。

2. 内部通信

内部通信用于驾驶舱机组成员之间,以及与飞机其他部位建立直接通信,确保了飞机上不同区域和人员之间的有效沟通,如图 8-24 所示。飞机内部通信系统通常包括以下几个部分。

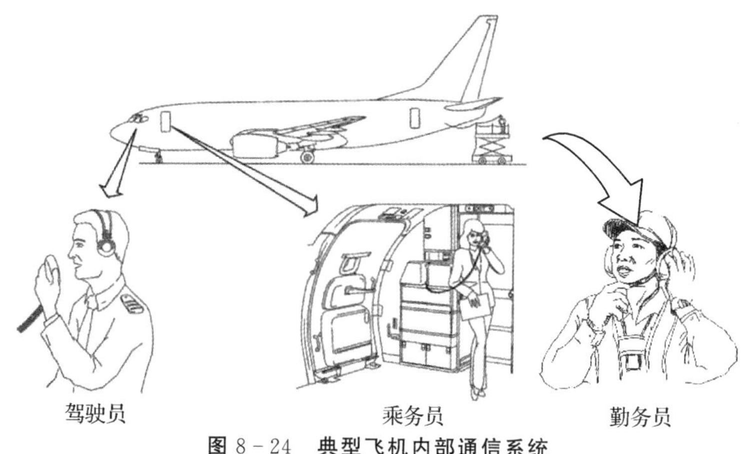

图 8-24　典型飞机内部通信系统

(1)机组内话系统(Crew Interphone System,CIS):用于机长、副驾驶和第三观察员之间的通信,以及与机舱其他关键岗位如飞行工程师、空乘人员等的通话。

(2)勤务内话系统(Service Interphone System,SIS):用于飞机勤务/维护人员在地面上对飞机各系统进行勤务、检查、维修和调试时机舱内部与外部的通话,也支持飞行过程中必要的内外通信。地面服务人员可以在有勤务内话插孔的地方通过头戴式耳机话筒与机舱内部人员进行通话。不同飞机的勤务内话的插孔位置不尽相同,如图 8-25 所示是典型的飞机勤务内话插孔的分布图。

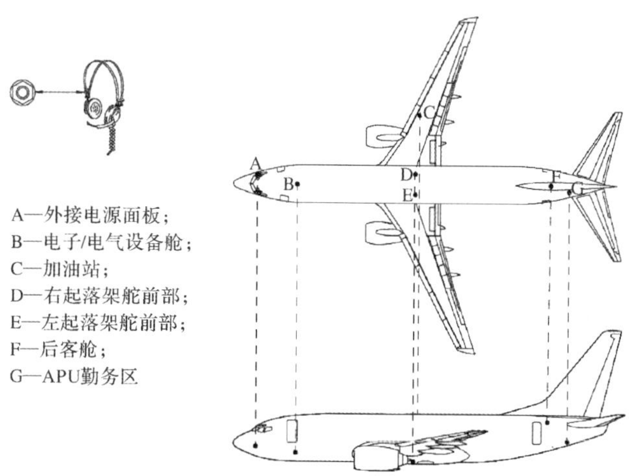

图 8-25　典型飞机勤务内话插孔分布图

(3)旅客广播(Passenger Address, PA)系统:用于机组向乘客广播重要信息,如安全须知、飞行进度通知、目的地信息等。当有多个广播信息需要播放时,按“驾驶员话音、乘务长话音、乘务员话音、预录通知、登机音乐”优先权级别播放。

(4)旅客呼叫系统(Passenger Call System, PCS):允许乘客在飞行过程中向机组成员传达信息或请求帮助。系统通常包括每个座位上方或侧面的呼叫按钮,当乘客按下按钮时,乘务员工作站会显示出相应的座位号码,提示乘务员哪个座位的乘客需要服务。

3. 应急通信

应急通信是指在飞机遭遇紧急情况,如事故、故障、迫降或坠毁等危急时刻,用于保障机组成员与地面救援机构、空中交通管制部门或其他相关方进行及时、有效沟通的一系列通信技术、设备和策略,旨在确保快速定位飞机位置、传递关键信息、协调救援行动,从而最大限度地提高救援效率。飞机典型的应急通信设备为应急定位发射机。

应急定位发射机(Emergency Locator Transmitter,ELT)是飞机上的重要应急通信设备,在飞机遭遇意外事故(如坠机、迫降、严重撞击或沉入水中)时,自动或手动触发并向外界发送紧急求救信号,以便搜救机构快速定位飞机所在位置,及时展开救援行动。现代 ELT 已普遍采用 406 MHz 数字频率发射信号(通常还保留了 121.5 MHz 或 243 MHz 的副信道)。飞机发生剧烈撞击或触水时,或被人工触发,ELT 装置会启动并发射信号,包含飞机的唯一识别码和地理位置信息。一旦 ELT 被触发,其信号可被全球卫星搜救系统(COSPAS/SARSAT)中的近极地卫星捕获,并定位到发生事故的飞机。ELT 可分为固定式和便携式两种。固定式永久安装在飞机结构上(如尾部),多用于大型飞机;便携式在飞机上固定存放,在紧急情况下可以快速拆卸并携带,多用于小型飞机和直升机。

随着通信技术的发展,一些飞机还配备了甚高频应急信标,可以在视距范围内向附近的地面站或飞机发送求救信号;卫星通信应急信标,也能在紧急情况下提供可靠、远距离的通信手段。

驾驶舱语音记录仪(Cockpit Voice Recorder, CVR)和飞行数据记录仪(Flight Data Recorder, FDR),俗称“黑匣子”,也可作为飞机应急通信的一部分。CVR 虽然不是实时通信设备,但持续捕捉和记录飞机驾驶舱内的各种声音,如机组人员和地面人员的无线电通话、机组人员之间的对话,以及驾驶舱内出现的各种音响,实际上是一个无线电通话记录器,可在发生飞行事件或事故时,为调查人员提供关键信息,将其归为应急通信的一部分。现代 CVR 还具备即时传输(如通过卫星)部分数据的能力,以便在事故发生后迅速获取关键信息。

8.7 导航系统(34-00-00)

8.7.1 导航系统概述

导航(navigation)是指航空器在飞行时采用的一系列技术、设备及方法,以确定航空器的位置、航向、速度和高度,引导航空器安全、准确地沿着预定航线飞行,最终到达目的地的一系列操作和方法。它是航空运输中不可或缺的重要组成部分,对保障飞行安全和提高飞行效率起着至关重要的作用。导航系统集成了多种先进的电子设备、传感器、计算机程序以及全球定位、通信和数据处理技术，一般包括机上设备和地面设备，还包括导航卫星。按不同的导航方式可分为：目视导航、大气数据与惯性基准导航、无线电导航、卫星导航、机载设备辅助导航，以及由它们组成的综合导航，如图 8-26 所示。

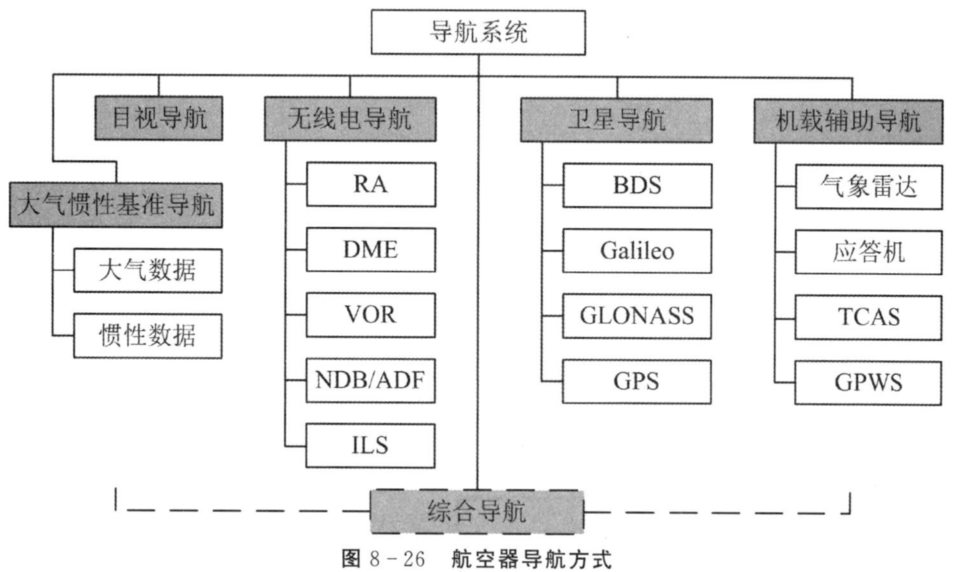

图 8-26 航空器导航方式

8.7.2 导航系统组成与工作原理

1. 目视导航

目视导航(visual navigation)是航空领域中的一种基础导航方法，是指飞行员在飞行过程中，主要依赖于视觉直接观察外部环境特征，包括地形地貌、地标、自然或人工助航设施等参照物，来进行定位、定向和路径跟踪的一种导航方式。目视导航具有简单、直观的优点，不需要复杂的导航设备和系统支持，因此在一些特定的飞行场合中仍然被广泛使用。目视导航也存在一些明显的缺点和局限性。首先，它高度依赖于飞行员的视觉感知和经验，对飞行员的技能水平和经验要求较高。其次，目视导航受到天气、能见度、光照等环境因素的影响较大，恶劣的天气条件和夜间飞行等情况下，目视导航的难度和风险会显著增加。尽管现代航空广泛采用惯性、无线电、卫星导航系统等高科技导航设备，目视导航仍具有重要价值。

2. 大气数据与惯性基准导航

大气数据与惯性基准导航是一种集成化的航空导航系统，它结合了大气数据基准和惯性基准系统的功能，为飞机提供精确、连续的飞行参数和导航信息。

大气数据是将来自多个大气数据传感器(如空速管、静压孔、全温探头、攻角传感器等)的信号，经过大气数据计算机(Atmospheric Data Computer，ADC)的补偿、校正和转换计算出飞行器的空速、气压高度、垂直速度、马赫数、攻角、侧滑角等大气飞行参数。图 8-27 所示为典型的大气数据航空仪表。空速表通过皮托管和静压孔感受动压、静压变化测量空速，气压高度表和升降速度表则通过静压孔测量不同高度的静压测量相关参量。

惯性基准是根据牛顿力学定律，利用安装在航空器上的惯性敏感元件测量飞机相对于惯性空间的线性运动和角运动参数，在给定初始条件的情况下，自动测量和计算航空器的各种导航参数。惯性元件包括加速度计（测量线加速度）和陀螺仪（测量姿态角速率）。惯性基准系统（Inertial Reference System，IRS）根据初始位置、速度和姿态信息，通过数学模型、滤波算法处理和积分运算实时推算航空器的三维位置（经纬度、高度）、航向、姿态角（俯仰、滚转、偏航）以及地速。

在一些航空器上，ADC 和 IRS 的功能被集成在一个物理单元内，称为大气数据惯性基准组件（ADIRU），实现了大气数据处理和惯性导航的统一管理，集成了大气数据与惯性导航数据，为航空器提供全面、准确的飞行参数和导航信息。大气数据与惯性基准导航具有自主导航能力，即使在没有外部导航信号的情况下也能提供连续的导航信息，也不向外发射导航信息，具有自主性好、隐蔽性强和全天候工作的优点。其缺点为：初始误差或传感器漂移会随时间积累，导致长期运行后的定位精度逐渐降低，需要定期进行校准或与外部导航源进行比对修正；还存在校准过程较复杂和设备成本较高等不足。

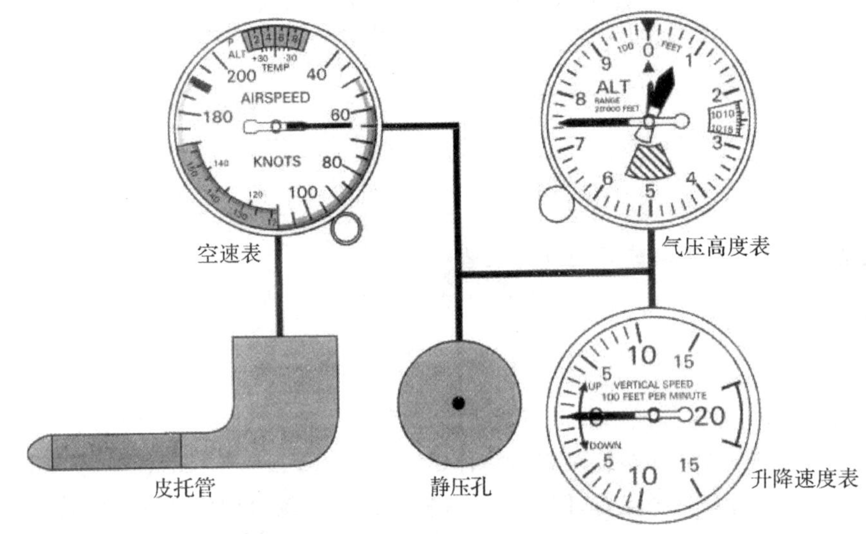

图 8-27　**典型大气数据航空仪表**

3. 无线电导航

无线电导航（radio navigation）是一种利用无线电波的传播特性来测定飞行器的导航参量（如距离、方位和速度），并据此算出与预定航线的偏差，再由驾驶员或自动驾驶仪操纵飞行器消除偏差以保持正确航线的技术。电磁波具有在均匀理想媒质中沿直线（或最短路径）传播，以及在自由空间的传播速度是恒定的等特性。通过测量无线电导航台发射信号（无线电电磁波）的时间、相位、幅度、频率等参量，可以确定运动目标相对于导航台的距离（测距）、方位（测向）和利用几何关系解算出运动目标的二维或三维坐标（定位），从而确定运动目标与导航台之间的相对位置关系，实现对运动目标的定位和导航。无线电导航可分为常规（地面）无线电导航、卫星导航和机载辅助导航。常用的无线电导航技术包括以下几种。

（1）无线电高度表（Radio Altimeter，RA）可通过机载无线电设备测量飞行器相对于地面的垂直距离。它通过测量无线电脉冲信号的往返时间，再结合电磁波的传播速度来确定飞行器离地面的即时高度。无线电高度表能在较低高度提供高精度的高度测量，且不受温度、湿度、风速等气象因素影响，但随着高度增加，因信号衰减严重而无法提供准确数据。因此，RA 常用于起飞、离场、进近、着陆和低空飞行阶段。

(2)测距仪(Distance Measuring Equipment，DME)用于测量飞行器与地面导航台之间的直线距离。DME 系统由地面测距台(DME Transponder)和机载询问器(DME Receiver)两部分组成，它们之间的交互基于询问-应答模式，如图 8-28 所示。机载询问器定期发射包含唯一识别码的询问脉冲对，地面测距台接收到询问脉冲后，经过一定延迟，发射一个应答脉冲串，通过计算询问脉冲与延迟、应答脉冲的时间差，再结合电磁波的传播速度来确定飞行器与地面测距台之间的斜直线距离。DME 采用双向通信机制保证了距离测量的准确性与可靠性，且测距范围较大(可高达 200 n mile，取决于地面测距台功率、地形地貌、天气条件等因素)。DME 通常与 VOR(甚高频全向信标)或 ILS(仪表着陆系统)等地面导航设施共同作用，形成完整的定位解决方案。

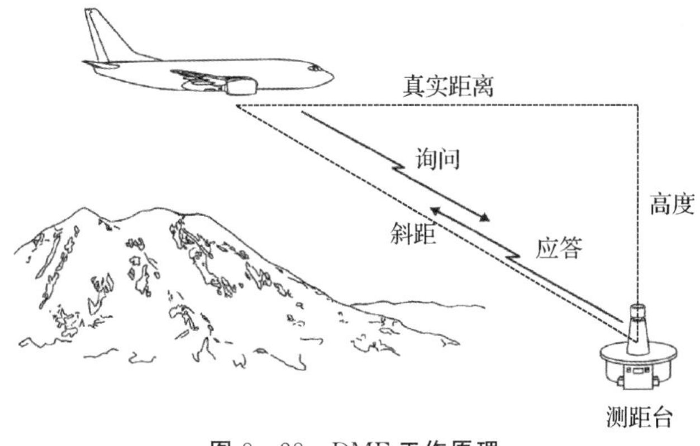

图 8-28　DME 工作原理

(3)甚高频全向信标(VHF Omnidirectional Range，VOR)是一种地面无线电导航系统，用于帮助飞行器确定其位置并进行精确导航。VOR 利用无线电测向技术对飞行器进行定位与导航。VOR 工作时，地面台站用甚高频频率(108.00～117.95 MHz)发射两种不同的信号：参考信号和可变信号。参考信号是一种全向连续波信号，为飞行器提供了一个恒定的参考基准。可变信号通过天线阵列以 30 r/s 的速度旋转发射，其相位相对于参考信号发生变化。飞行器上的 VOR 接收器可接收到这两个信号，通过比较信号之间的相位差，据此计算出飞行器相对于 VOR 台站的磁北基准线的相对方位角，从而确定飞行器的方位。

若飞行器上配备两套 VOR 接收机，分别接收两个不同 VOR 地面台站的信号，确定两条方位线，则它们的交点就是飞行器的位置，这种方法称为“角-角”定位；还可以通过一套 VOR 测向和一套 DME 测距来确定飞行器的位置，这种方法称为极坐标定位，如图 8-29 所示。

(4)无方向性信标(Non-Directional Beacon，NDB)/自动定向机(Automatic Direction Finder，ADF)利用无线电定向导航技术，确定飞机相对于地面导航台的方位角。NDB 地面台站发射全方向信号，飞行器上的 ADF 设备，包含至少两个垂直极化天线(如环形天线和直立天线)，对收到的信号进行处理，通过比较接收到的信号强度差异来判断信号源的方向，从而计算出飞行器相对地面台站的方位角。虽然现代飞机通常使用更先进的导航系统，但 ADF 仍然在某些情况下发挥着重要作用。

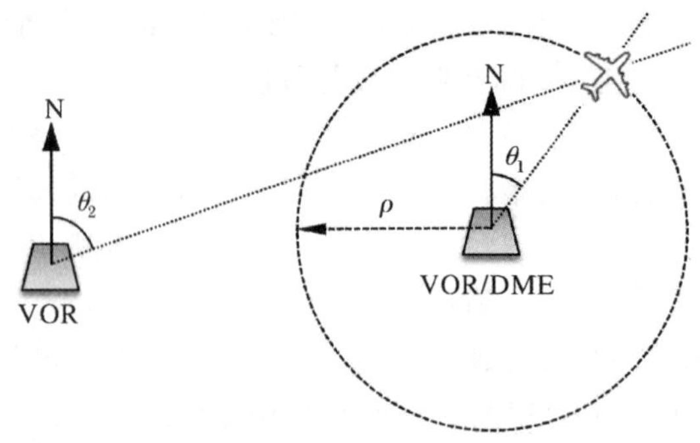

图 8－29　VOR/DME 定位

（5）仪表着陆系统（Instrument Landing System，ILS）是一种精密的终端无线电导航设备，专为飞行器提供精确的三维进近和着陆引导，尤其适用于低能见度、恶劣天气或夜间飞行条件，俗称“盲降”。ILS 由地面设备和机载接收机两部分组成。地面设备主要包括：①航向信标：位于跑道中心延长线上，提供一个通过跑道中心线的铅垂面（航向面），发射一束包含左、右两个边带信号的定向射频波束，用于判断航迹的横向偏移量，引导飞行器对准着陆跑道。②下滑信标：通常设置在跑道的一侧，提供一个与跑道平面成固定角度（3°左右）的倾斜面（下滑面），发射一束向下倾斜的射频波束，用于判断航迹的下滑偏移量，引导飞行器处于正确的下降角度。③指点信标：沿跑道中心线向外设置，包括内指点标（Inner Marker，IM）、中指点标（Middle Marker，MM）和外指点标（Outer Marker，OM），这些地面设备向上发射音频或编码脉冲信号，当飞行器飞越这些信标时，根据接收到的信号可判断飞行器距离跑道入口的距离，如图 8－30 所示。当飞机接近机场时，驾驶员将机载接收机调谐到 ILS 频率，开始接收航向信标和下滑信标的信号。仪表显示飞行器相对于 ILS 航迹和下滑道的偏离，驾驶员据此调整飞行器，使飞行器进入并保持在 ILS 的航向道和下滑道上。随着飞行器接近跑道，驾驶员根据指点信标判断距离信息。在 ILS 引导下，并且驾驶员已经建立足够的目视参考，可以继续下降直至接地，完成精确的仪表着陆。

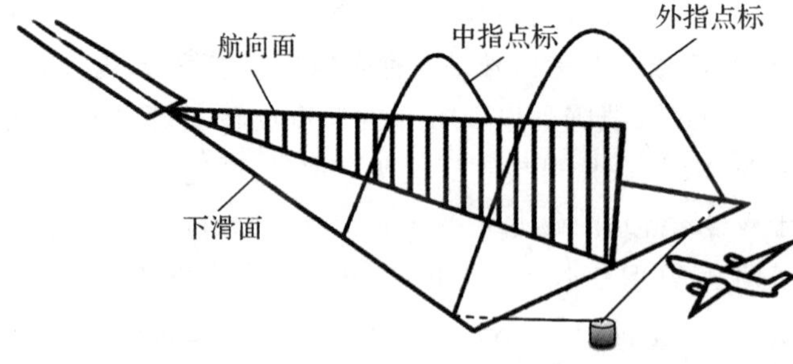

图 8－30　仪表着陆系统原理图

ILS 根据其引导精度和飞行员在进近过程中所需的目视参考，分为三类：①CAT Ⅰ：最低天气标准较高，要求飞行员在特定高度（通常是 DH 60 m 或 DA 200 ft）能看到跑道，以便进行目视降落。②CAT Ⅱ：降低天气标准，允许更低的决断高度（如 DH 30 m 或 DA 100 ft），但仍需要一定的目视参考。③CAT Ⅲ：进一步降低甚至取消决断高度要求，分为 A、B、C 三种子类，其中 CAT Ⅲ C 允许在零目视参考（跑道完全不可见）的情况下进行着陆。

4. 卫星导航

卫星导航是指利用地球轨道上运行的导航卫星系统为飞行器提供位置、速度、时间和航向等导航信息的技术。目前，最广泛使用的卫星导航系统包括美国的全球定位系统(Global Positioning System，GPS)、俄罗斯的格洛纳斯系统(GLONASS)、欧洲的伽利略系统(Galileo Sateuite Naoigation System，Galileo)以及中国的北斗卫星导航系统(BeiDou Navigation Satellite System，BDS)，它们都属于全球导航卫星系统(Global Navigation Satellite System，GNSS)。

飞行器的卫星导航接收机捕获至少四颗不同卫星的信号，通过测量信号从卫星到接收机的传播时间，结合接收到的卫星位置和精确的时间信息，接收机使用三角定位或多边定位算法计算出飞机的三维位置(经度、纬度、高度)、速度和航向，为飞行器提供准确的导航信息，如图 8-31 所示。同时，卫星导航系统还能与其他航空交通管理系统进行无缝对接，实现信息共享和协同工作，进一步提高空中交通的安全性和效率。

卫星导航系统的优点显著：首先，它提供全球范围的导航服务。其次，它大大提高了导航的精度和可靠性，降低了事故风险。卫星导航系统能够提供亚米级的定位精度，数据更新迅速，能够实时反映飞机的位置变化。最后，它不受天气、地形等自然因素的影响，具有全天候、抗干扰能力强的特点。无论是在复杂的山区、广阔的海洋，还是在恶劣的天气条件下，卫星导航系统都能稳定工作，无须依赖地面设施，增强了导航系统的独立性和抗干扰能力，确保了飞机的安全飞行。

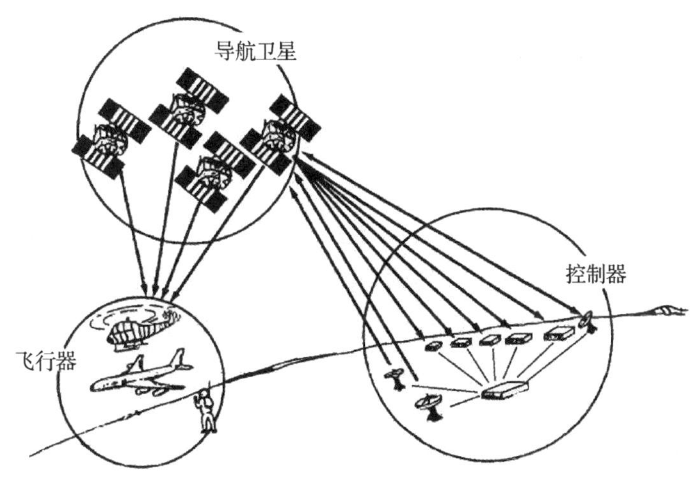

图 8-31　卫星导航系统

卫星导航不但能用于航路导航，还能用于进近与着陆等终端导航。卫星导航信息还可用于空中交通管制的飞机监视与追踪，实现高效的空域管理和飞行冲突预警。部分卫星导航系统(如北斗)还具备短报文通信和紧急定位服务功能，能在飞机发生意外时快速定位并发送求救信息。

5. 机载辅助导航

机载辅助导航设备是确保飞行器安全高效地完成飞行任务，机上所携带的一系列仪器和系统，通常与其他机载设备(如通信设备、导航设备、仪表设备等)配合使用，共同构成飞行器的综合导航系统，提供全面、准确的导航信息，确保飞行安全。

民航飞机上常见的机载辅助导航设备(系统)包括以下几种。

(1)气象雷达(weather radar, WXR)：安装在飞机上的一种重要机载设备，它利用主动式微波遥感技术，通过向飞机前方空间发射电磁脉冲，然后接收返回的雷达回波，通过分析回波的强度、频率和波形等信息，以此来探测前方大气中的气象目标，包括降水(雨、雪、冰雹等)、云层结构、湍流区域、风切变、地形特征等信息，这些信息以图像、数据等形式显示在雷达屏幕上，供飞行员参考，如图 8-32 所示。气象雷达可实时探测飞机前方数百千米范围内的气象状况，提前发现可能影响飞行安全的恶劣天气，规避恶劣天气，降低飞行风险；在进近和着陆阶段提供机场周围的详细气象信息，支持飞行员做出正确的决策；低空飞行时，进行地形探测，有助于避免碰撞山体或其他障碍物。新型气象雷达系统还可能具备预测风切变的能力，这对于减少起飞和降落期间由风切变导致的飞行事故具有重要意义。

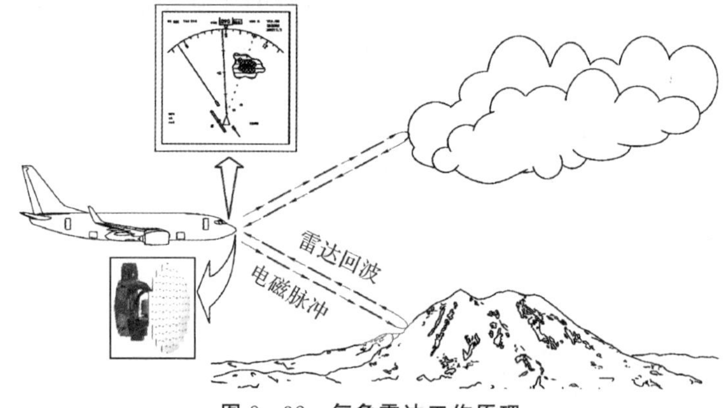

图 8-32　气象雷达工作原理

(2)应答机(transponder)：是一种安装在飞机或其他交通工具上，用于响应外部询问并自动发送特定信息的电子设备。航空应答机工作在特定的射频频段，当 ATC(空中交通管制)雷达或其他设备需要获取某一飞行器的信息时，会在 1 030 MHz(询问频率)上发送一个询问脉冲串；应答机收到信号后，会在 1 090 MHz(应答频率)上发送应答信号。这个应答信号通常包含以下关键信息：航空器识别码(squawk code，由四位数字组成的代码 0000－7777)、高度信息(如果装备了高度编码器)。S 模式应答机还可包括更多的飞行参数如速度、航向、垂直速度等。相关设备(如 ATC 或 TCAS)监听这个频率，接收并解析应答信号，从而获取飞行器的具体信息。通过应答机提供的信息，管制员可以准确监控各架飞机的位置、高度以及身份，确保飞行间隔，防止碰撞风险，指导飞行器安全、有序地飞行；在遇到紧急情况时，驾驶员可以设置特殊的识别码(如 7500 表示非法干扰，7600 表示通信故障，7700 表示通用应急)，迅速传达险情，便于及时采取救援措施。

(3)机载避撞和警告系统(Traffic Alert and Collision Avoidance System，TCAS)：主要用于防止飞机与附近其他飞机发生空中相撞。它与空中交通管制应答机配套工作，利用主动式二次监视雷达(Secondary Surveillance Radar, SSR)技术，按照空中交通管制信标格式,以每秒平均一次的随机速率自动发送本机识别信号。在收到邻近飞机的自发识别报告后,通过空-空通信,互相辨认并确定和对方的相对位置关系,实时监控空中交通情况,并在可能发生碰撞危险时向机组提供警告和避撞建议。

目前,TCAS 按国际民航组织(ICAO)标准主要分为 TCAS Ⅰ和 TCAS Ⅱ两类。TCAS Ⅰ仅提供预警信息、简单的 TA(Traffic Advisory, 交通咨询)服务,不提供飞行操作建议(如爬升、下降或保持高度),适用于小型飞机;TCAS Ⅱ则包含完整的预警和 RA(Resolution Advisory, 决断咨询)功能,不仅发出警告,还会生成具体的避碰指令,适用于大型商业客机和运输机。正在研究的 TCAS Ⅲ还增加了左右避撞能力,提供更全面的防撞保护。TCAS 的作用范围会随系统配置和实际情况变化,一般的作用范围为:水平范围约为 30 nm,垂直范围约为±2 700 ft。

(4)近地警告系统(Ground Proximity Warning System,GPWS):通过实时监测飞机的飞行高度、速度、下降率、姿态、地形数据以及飞机构型(起落架收放、襟翼收放等),及时向机组发出警报(包括视觉和语音警告),提醒他们采取避让措施,以确保飞行安全。现代飞机往往配备增强型近地警告系统(Enhanced GPWS, EGPWS)。它在 GPWS 的基础上增加了地形数据库和预测性警告功能,能在飞机接近地形之前更早发出更丰富的警报,甚至在平飞状态下也能预警潜在的地形冲突。

8.8　环境控制系统

8.1.1　环境控制系统概述

随着飞行高度的增加,大气温度、压力都会降低。温度过低会使人体感到寒冷不适,低气压、氧气浓度降低会导致人体组织脱水、耳鼻喉不适、胸闷、头痛等症状,失去意识甚至死亡。为给机组人员和乘客在高空飞行时创造一个安全、舒适的工作和生活环境,需要对座舱的内部环境进行调控。

环境控制系统(Environmental Control System, ECS)主要功能是确保飞行器座舱(包括驾驶舱和客舱)以及特定设备舱内维持适宜的环境条件,通过精确控制空气的供应、温度、压力、湿度、洁净度以及紧急情况下的氧气供应,以保障机组人员、乘客的生命安全和舒适度,以及机上敏感电子设备的正常工作。环境控制系统是一个复杂的集成系统,通常包括以下几个关键组成部分和功能:

(1)气源系统:通常从飞机发动机引气(高压、高温空气)或辅助动力装置(APU)获取气源。

(2)空调组件:由蒸发循环或空气循环(如冲压空气冷却器)对来自气源系统的热空气进行冷却、除水等操作,确保达到设定的温度、湿度标准。

(3)温度控制与空气分配系统:通过混合冷、热空气来调节供给座舱的空气温度,通过座舱内分布的出风口(如头顶通风口、脚部通风口等)均匀送入舱内。

(4)座舱压力控制系统:根据飞行高度、速度以及舱内外压力差,自动调整排气活门的开度，以保持预设的座舱压力。

(5)应急通风与氧气供应系统：在主供气系统失效或高空座舱失压时，确保舱内继续有新鲜空气和紧急氧气供应。

8.8.2 环境控制系统组成与工作原理

1. 气源系统

气源(pneumatic)系统的主要功能是提供一定流量、压力和温度的增压空气给相应的用气系统，如空调组件、客舱增压控制、机翼防冰、发动机进气道防冰、发动机启动、油箱增加、水箱增压、液压油箱增压等。现代飞机的气源系统通常由多种供气方式组成，其中包括发动机引气、APU引气、专门设备引气(如B787飞机的气源系统)以及地面设备供气等，如图8-33所示。典型飞机的气源(供气)和用气(用户)系统如图8-34所示。

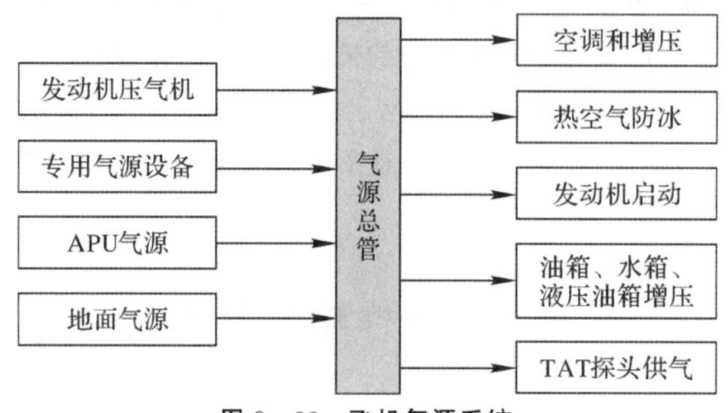

图8-33 飞机气源系统

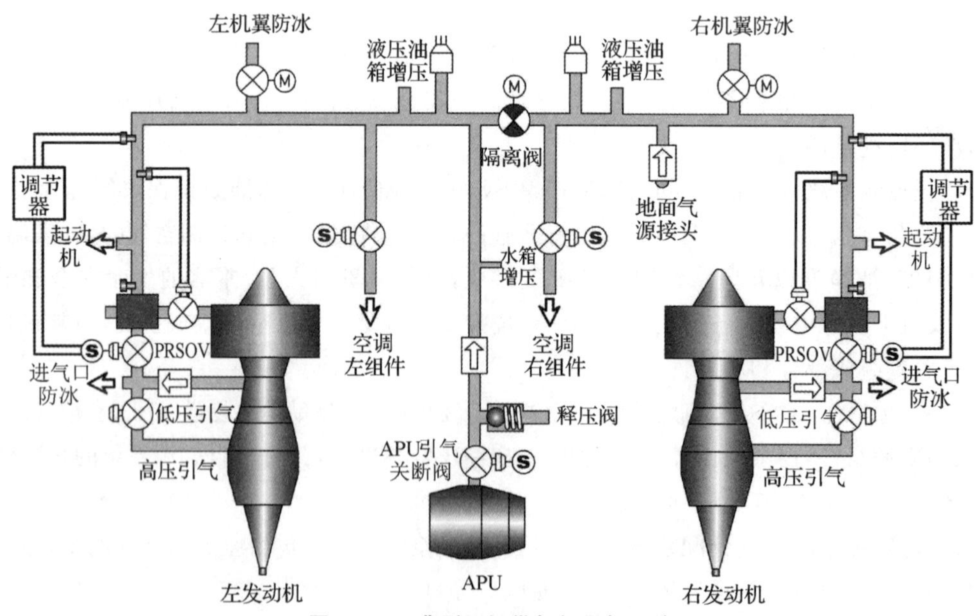

图8-34 典型飞机供气与用气系统

2. 发动机压气机引气

发动机压气机引气是指从涡轮发动机的压气机中引出一部分压缩气体向气源系统输送具有一定压力和温度的气体，为最主要的气源。

为了降低压气机引气对发动机造成的功率损耗，并使燃油消耗最小，发动机引气系统常采用两级引气，即中低压引气和高压引气。典型飞机的中低压引气和高压引气分别来自发动机高压压气机的第 5 级和第 9 级，如图 8 - 35 所示。

气源系统可以通过压力调节关断阀(Pressure Regulating and Shutoff Valve，PRSOV)控制从发动机引气。PRSOV 可以人工控制开合，当出现引气超温、超压或发动机火警时，PRSOV 也可以自动关闭。当 PRSOV 打开、发动机高功率运转时，发动机引气系统从中低压引气，此时高压引气关闭；当发动机低功率运转时，中低压引气压力不足，则高压阀自动打开，由高压引气。为防止高压引气时气体向低压倒流，在中低压引气出口装有单向阀。

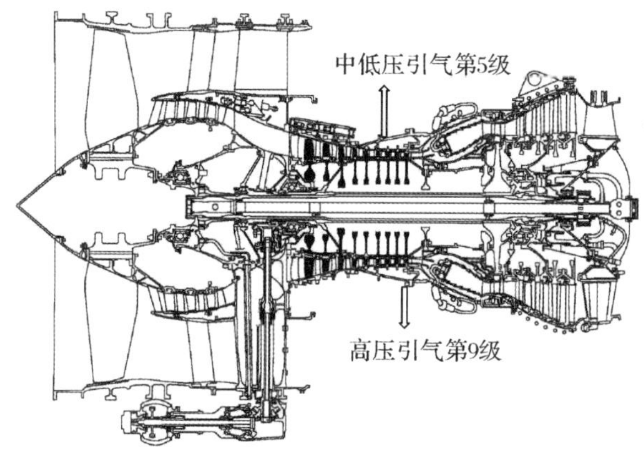

图 8 - 35　典型飞机发动机引气

3. 空调组件

空调组件(pack)对来自气源系统气源总管的压缩气体进行过滤、去除杂质和颗粒物，根据需要进行加热或降温，并通过加湿或除湿来调节空气的湿度，向座舱提供适宜温度、湿度、压力的清新空气。

视频 8 - 8　空调组件

典型的空调组件是对进入组件的空气进行降温和除湿，通过外部冲压空气与压缩气体的气-气、非混合物理传导作用，导走压缩空气中多余的热量和水分。典型空调组件的主要组成部分有：流量控制和关断活门、过滤器(臭氧转换器)、热交换器、空气循环机(涡轮、压气机、风扇)、高压除水(回热器、冷凝器、水分离器)、冲压空气系统和辅助温控元件等。空调组件工作过程为：气源总管的压缩气体→过滤器(臭氧转换器)→经流量控制关断阀(Flow Control and Shutoff Valve，FCSOV)控制→初级热交换器导走部分热量→空气循环机(Air Cycle Machine，ACM)的压缩机进行压缩→次级热交换器导走部分热量→高压除水系统去除多余水分→ACM 的涡轮膨胀降压、降温→出口，如图 8 - 36 所示。空调控制组件主要通过控制进入空调组件的压缩空气量、冲压空气量和辅助温控元件来控制空调组件的出口温度，从而获得适宜的空调气体。

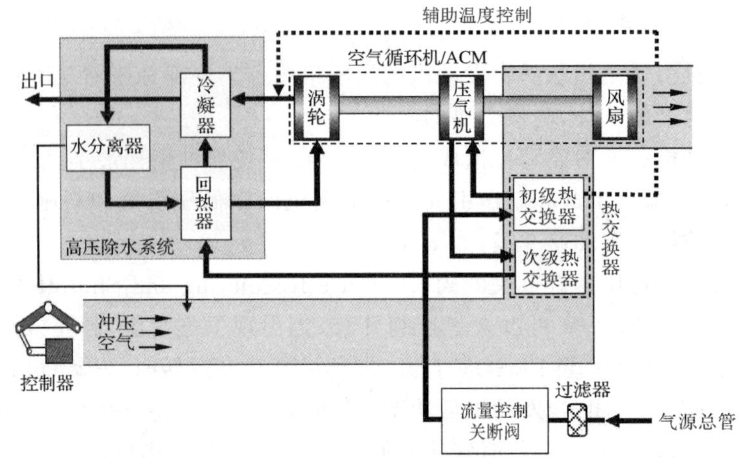

图 8-36 典型空调组件的组成与工作原理

4. 温度控制与分配系统

座舱温度控制与分配系统通过精密的温度控制系统和空气分配系统协同工作，实现对座舱温度的精确控制与均匀分布。

座舱温度控制(Cabin Temperature Control, CTC)可分为空调组件出口温度控制和座舱分区域温度控制。正常情况下，组件温度控制系统(一级温控)和区域温度控制系统(二级温控)协同工作，如图 8-37 所示。

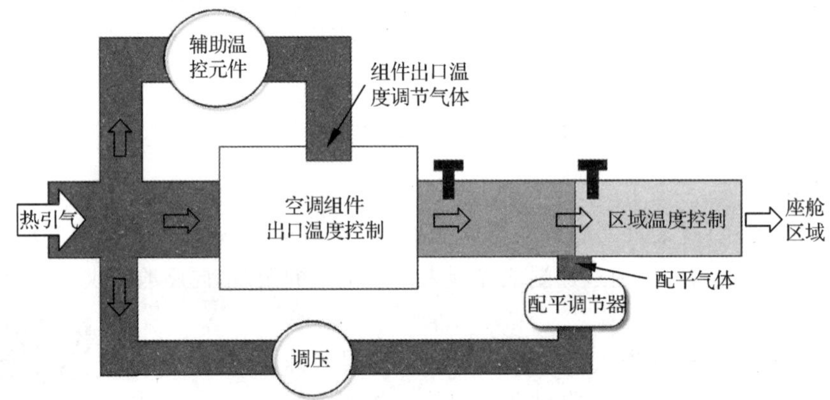

图 8-37 温度控制原理

空调组件出口温度控制是确保座舱内环境舒适的关键环节，根据接收到的温度数据，结合预设的温度设定值和飞行条件(如外界温度、飞行高度等)，计算出所需的制冷或加热量。典型空调组件首先通过流量控制关断活门调节通过空调组件的热空气流量和压力，然后通过控制冲压空气进口门的开度(冲压空气流量)来控制热交换器的效果，再通过控制旁通活门、防冰活门的开度来调节组件的出口温度，确保空调组件输出的空气温度始终保持在设定范围内，最终把空调组件出口温度调节到满足区域温度的最低要求。同时，空调组件还通过除水系统去除多余的水分。

座舱分区域温度控制允许座舱的不同区域(如驾驶舱、前舱、中舱、后舱、高端商务舱、经济舱等)独立设置和维持各自的温度，以满足不同乘客群体或区域的独特需求，如图 8-38

所示。区域温度控制器根据不同区域的温度需求，计算出所需的冷热空气比例或流量，在空调组件出口温度的基础上，补充一定量的热气(配平气体，trim air)，实现了对座舱内部不同区域的个性化温度控制。有些机型，乘客可以自行调节气流速度、方向甚至温度(在一定范围内)，进一步细化个人舒适度。

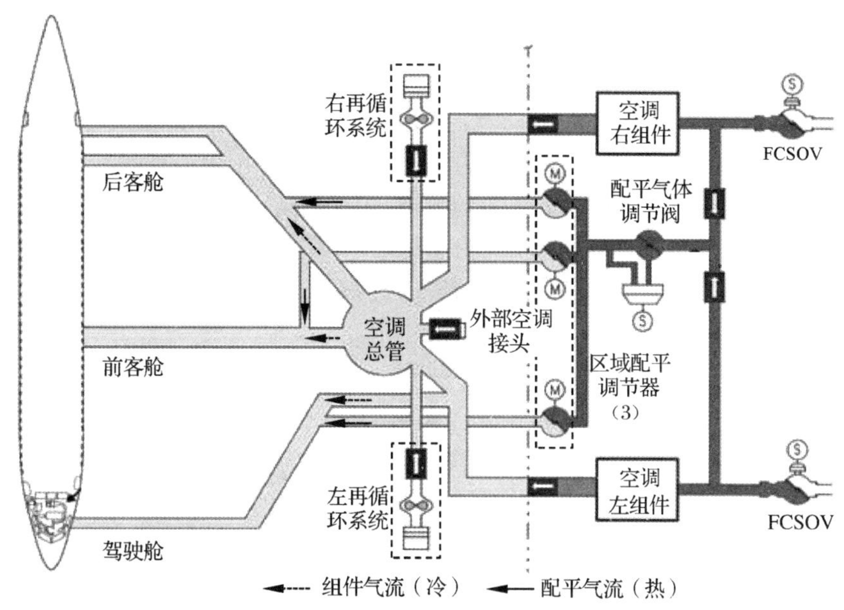

图 8-38　典型飞机温度控制系统

空气分配(distribution)系统是将经温度控制系统处理后的冷热混合气体有效、均匀地送至座舱各个区域，主要由气体主分配管道、分支分配管道、通风口和调节装置(如出气口、扩散器、渗气口、地板格栅)等组成。再循环系统通过收集座舱的部分空调气体，与空调组件产生的空调气体混合后一起供给分配系统，再由分配系统输送到座舱相关区域，可减小空调组件的引气量，从而降低飞机的引气负担和燃油消耗，如图 8-39 所示。

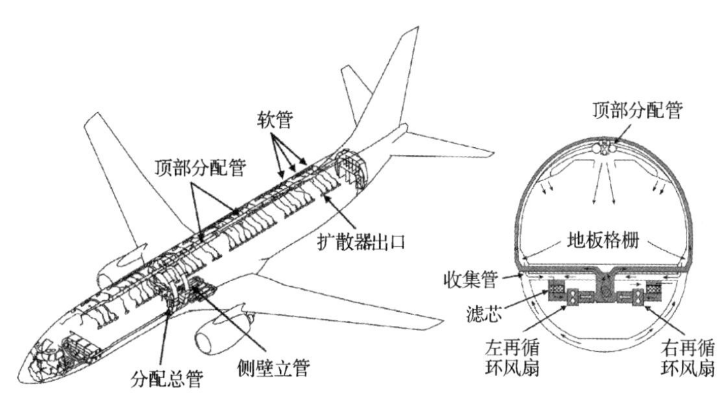

图 8-39　典型飞机空气分配系统

空气分配系统还包括对货舱的气体分配、设备舱的气体分配，以及像厨房、厕所一些特殊区域的气体分配。

5. 座舱压力控制系统

座舱压力控制系统确保在各种飞行条件下，座舱的压力及其变化速率满足人体生理要求，维持一个安全、舒适的气压环境，使机组人员和乘客在高空飞行时免受低气压、缺氧等危害，同时也要保证飞机的结构安全。

根据适航法规的要求，民航飞机在各种飞行条件下，座舱高度(cabin altitude，即座舱内压力所对应的海拔高度)不能大于 8 000 ft 或 2 400 m；对座舱高度变化率也有限定，正变化率不超过 500 ft/min 或 150 m/min，负变化率不超过 300 ft/min 或 90 m/min。

飞机可以通过调节供气量和/或排气量的方法调节座舱压力。现代民航飞机常用的座舱压力控制方法为：从空调系统获得恒定的气流，通过控制一个或多个外流阀门调节排气量来控制座舱内的压力，如图 8-40 所示。为了保证不因压力差过大而损伤机体结构，还可增设座舱压力保护装置，包括正释压阀门、负释压阀门和压力均衡阀门等，它们能在正常压力控制失效或出现极端情况时工作，起到补救的作用。

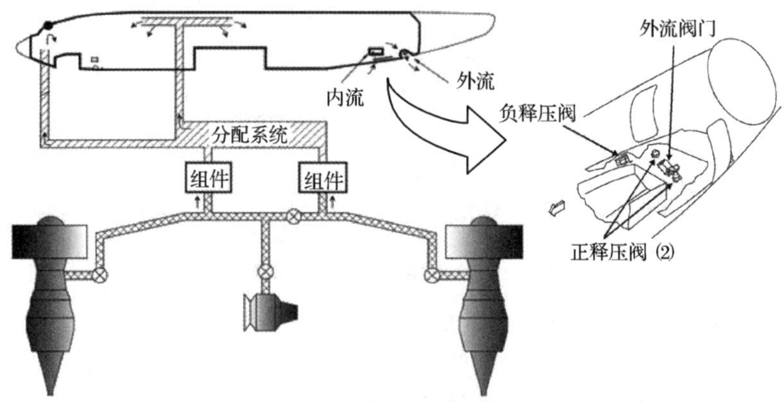

图 8-40 典型飞机座舱压力控制系统

座舱压力控制系统会根据不同的飞行阶段通过调节供气量与排气量，对座舱压力进行精准控制，图 8-41 为典型飞机的飞行包络线。

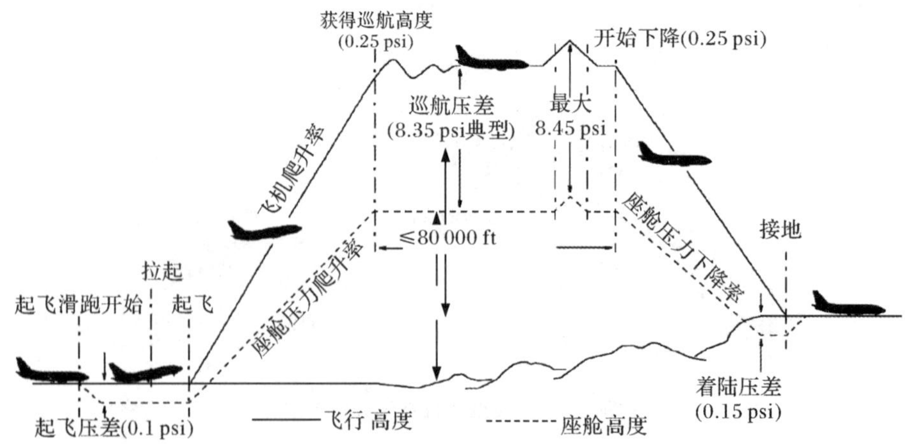

图 8-41 典型飞机飞行包络线

(1)起降阶段:起飞前,座舱压力设置为地面气压(可稍高);起飞后,随着飞机爬升,压力调节器逐渐减少供气量,排气阀门逐渐开启,使座舱压力以适宜的速度降低,并控制座舱高度不超过 8 000 ft。

(2)巡航阶段:在巡航高度,压力控制器根据飞行高度、速度和外界大气条件的变化,持续调整压力调节器和排气阀门的工作状态,保持座舱压力恒定在设定值附近。同时,系统会监控压力变化速率,确保压力变化平缓,避免乘客出现不适。

(3)下降阶段:随着飞机下降,座舱压力开始以适宜的速度逐步升高,压力调节器可使排气阀门逐渐关闭,与地面气压逐渐接近,以减轻乘客耳压变化的不适感。落地前,座舱压力恢复至地面气压(可稍高)。

6. 应急与供氧系统

适航法规要求座舱环境控制系统必须具有保护功能,当增压系统出现故障或出现座舱急剧失压等极端情况时,必须避免对机上人员造成伤害和损坏飞机。当座舱高度超过一定值时,必须启动相关的警告功能和保护措施。

(1)当座舱高度超过 10 000 ft(3 000 m)时,压力警告电门闭合,使声响警告装置发出断续的警告声响,将提醒机组人员戴上氧气面罩,如图 8 - 42 所示。

(2)当座舱高度超过 14 000 ft(4 300 m)时,客舱氧气面罩会自动释放,供乘客应急吸氧。

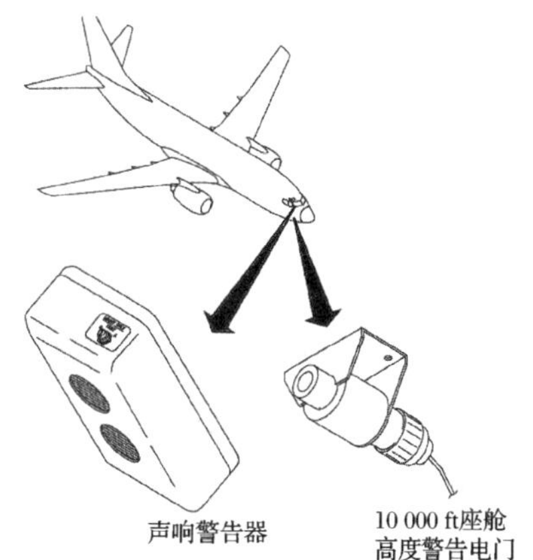

图 8 - 42　典型飞机座舱高度警告系统

民航飞机氧气系统包含机组氧气系统、旅客氧气系统和手提便携式氧气系统,这三部分在大多数飞机上都是各自独立的系统。

机组氧气系统通常采用高压氧气瓶单独为驾驶舱区域提供氧气,并确保驾驶舱内机组人员可以按需随时使用氧气。使用时,驾驶员按压手柄将氧气面罩从存放盒中取出,压紧带可以充气膨胀方便机组人员佩戴,如图 8 - 43 所示。

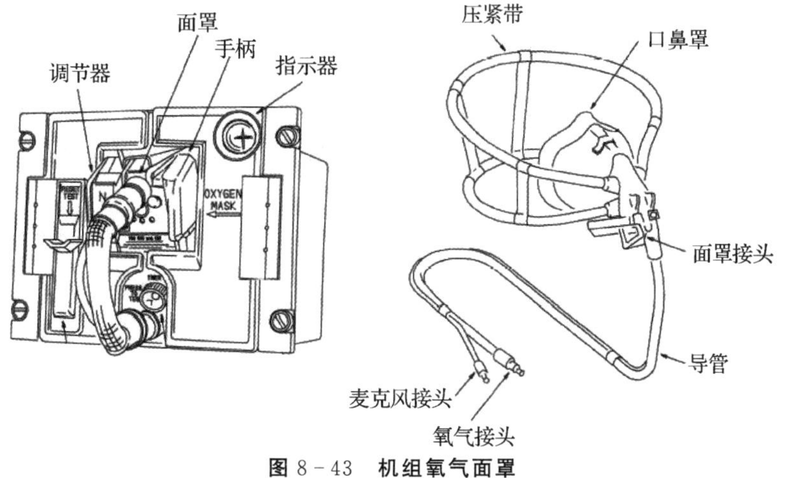

图 8 - 43　机组氧气面罩

旅客氧气系统采用化学氧气发生器制氧或高压氧气瓶供氧，在客舱、厕所、乘务员工作区和机组休息区(如有)都安装有氧气面罩。在出现飞机失压、氧气面罩自动脱落或人工超控放下后，该系统向客舱的乘务人员和乘客提供氧气。有些大型客机也采用高压氧气瓶调压后由分配管路同时为飞行机组和乘客供氧。

在应急氧气储存盒盖板打开、面罩脱落后，还需要乘客用力拉动面罩上的释放拉索，激发化学氧气发生器，使其产生化学反应并生成氧气，或接通供气管路，才能供氧气给面罩使用，如图 8-44 所示。

便携式手提氧气瓶分布于整个飞机的不同地方，由乘务员向有需要的人员提供氧气。

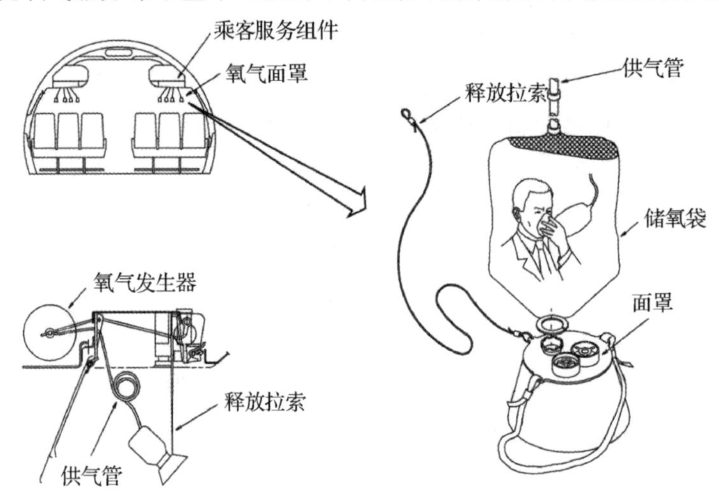

图 8-44　旅客氧气面罩

根据相关航空法规，应急供氧系统必须至少供应 10 min 的氧气。但实际上，不同客机的供养系统能提供的氧气时长可能有所不同，通常在 10～20 min 之间。一旦座舱失压触发应急供氧系统启动，驾驶员应该尽快将飞机下降至一个安全的海拔高度(通常为 10 000 ft 或更低)。

有些飞机还安装有一个应急冲压空气进口，常称应急通风系统，旨在确保在空调系统失效时，仍能为座舱内人员提供足够的新鲜空气，维持适宜的氧气浓度、温度和湿度，以及排除有害气体，保障飞行安全和乘客舒适度。在飞行中，当所有空调组件失效时，它能提供新鲜的外界空气到混合组件。当应急冲压空气进口打开时，通过一个单向活门将外界新鲜的空气引入混合组件，在混合组件内，新鲜空气与再循环的客舱空气混合并分配到不同的座舱区域。

【拓展阅读】

四川航空 3U8633 事件为什么被誉为“世界级”

2018 年 5 月 14 日，四川航空的一架空客 A319 飞机(注册号 B-6419)执飞重庆至拉萨的 3U8633 航班，在万米高空出现了驾驶舱右座前风挡玻璃突然破裂脱落、座舱释压的极端罕见险情。面对突发状况、生死关头，机长刘传健等全体机组成员临危不乱、果断应对、正确处置，凭借顽强的意志、过硬的本领，克服高空低压、低温、大风等恶劣环境，在多部门的密切配合下，成功备降成都双流机场，确保了机上 119 名乘客和 9 名机组成员的生命财产安全，创造了世界民航史上的奇迹。四川航空 3U8633 事件有以下特点。

(1)极端罕见的故障情况：在万米高空，驾驶舱风挡玻璃突然破裂并脱落，这种级别的故障在全球商业航空历史上极为罕见。

(2)极端的飞行条件：风挡玻璃突然破裂导致飞机座舱失压，低温、强风直灌以及巨大的噪声使得座舱环境极端恶劣。

(3)极端的决策与操作：部分关键系统失效，机组几乎完全手动操作，而且还需要应对高原山多无法快速下降高度的复杂情况。

(4)保障了机上所有人的生命安全：在这种极端的危机中，机上共计 119 名乘客及 9 名机组人员全部安全无恙。

(5)广泛的认可：2018 年 6 月 8 日，四川航空 3U8633 航班机组被授予“中国民航英雄机组”称号，机长刘传健被授予“中国民航英雄机长”称号。该事件不仅在国内获得了高度赞誉，也引起了国际航空界的广泛关注和称赞。

四川航空 3U8633 事件成功处置绝非偶然，机组危急关头表现出来的沉着冷静和勇敢精神，来自平时养成的强烈责任意识、严谨工作作风、精湛专业技能。英雄机组生动诠释了“敬畏生命、敬畏规章、敬畏职责”的理念，很好地践行了“当代民航精神：忠诚担当的政治品格、严谨科学的专业精神、团结协作的工作作风、敬业奉献的职业操守”。它们是中国民航在长期发展实践中形成的优良传统和精神文化的升华。

习　　题

一、填空题

1. ATA 100 为民用航空器__________提供一种统一的编码规范。

2. 一架飞机完整的燃油系统包括__________两部分。

3. 飞机的供油方式主要有__________、__________和__________。

4. 大中型飞机，为了改善机翼受力，一般采用“__________”的供油顺序。

5. 飞机的主操纵舵面包括__________、__________和__________。

6. 液压系统中，常见的传动/执行机构包括__________和__________。

7. __________是一种用于集中和分配电能的装置或结构。

8. 飞机维修人员对飞机各系统进行维护时，可使用__________与机舱通话。

9. __________是航空领域中的一种基础导航方法。

10. 民用飞机应答机的询问频率为__________，应答频率为__________。

11. 飞行中，__________可导致耳鼻喉不适、胸闷、头痛等症状。

12. 英语缩略词“PRSOV”的中文意思为__________。

13. 飞机空调中的__________可降低飞机的引气负担和燃油消耗。

14. 飞机座舱高度越高，则座舱内的气压__________。

15. 适航法规规定，民航飞机的座舱高度不能大于__________。

二、选择题

1. ATA 100 规范用(　　)组数字对技术文档进行编码,第一组数字对应着航空器的(　　)。

A. 2;结构　B. 3;子系统　C. 3;系统　D. 4;部件

2. “飞行操纵”系统的章节编号为(　　)。

A. 5　B. 27　C. 57　D. 81

3. 飞机上真正用来存储燃料的油箱是(　　)。(多项选择)

A. 主油箱　B. 中央油箱　C. 通气油箱　D. 配平油箱

4. 飞机方向舵一般由(　　)操纵。

A. 驾驶杆　B. 侧杆　C. 驾驶盘　D. 脚蹬

5. 飞机的俯仰运动由(　　)操纵控制。

A. 副翼　B. 方向舵　C. 升降舵　D. 扰流板

6. 当前,电传操纵飞机主要采用(　　)的舵面驱动方式。

A. 机械驱动　B. 液压驱动

C. 电动伺服液压驱动　D. 电动伺服驱动

7. 现代飞机的液压泵主要为(　　)。

A. 柱塞泵　B. 齿轮泵　C. 叶片泵　D. 离心泵

8. 三位四通阀是一种液压(　　)。

A. 动力元件　B. 执行元件　C. 控制元件　D. 辅助元件

9. 飞行中,飞机的可用电源包括(　　)。(多项选择)

A. 动力装置电源　B. 电瓶电源

C. 应急电源　D. 地面电源

10. “选择呼叫”的英语缩略词为(　　)。

A. VHF　B. SATCOM　C. ACARS　D. SelCal

11. 飞行中,要将飞机性能数据和故障信息传回地面,最好使用(　　)。

A. ACARS　B. CVR　C. ELT　D. ILS

12. 英语缩略词“VOR”的中文意思为(　　)。

A. 甚高频　B. 甚高频全向信标

C. 测距仪　D. 自动定向机

13. ILS 地面设备主要包括(　　)。(多项选择)

A. 航向信标　B. 下滑信标　C. 指点信标　D. 高度信标

14. 为了获取全面的卫星导航能力,接收机需要捕获至少(　　)不同卫星的信号。

A. 二颗　B. 三颗　C. 四颗　D. 五颗

15. 飞行中,若飞机出现座舱失压、氧气面罩掉落,应答机可设置的识别码为(　　)。

A. 0000　B. 7500　C. 7600　D. 7700

16. 飞行中,发动机高功率运行时,一般从(　　)引气。

A. 中低压引气　B. 高压引气　C. APU 引气　D. 地面引气

17. 一般飞机的空气循环机(ACM)由(　　)组成。(多项选择)

A. 风扇　　B. 压缩机　　C. 涡轮　　D. 热交换器

18. 典型空调组件可通过(　　)调节其出口温度。(多项选择)

A. 流量控制关断活门开合度　　B. 冲压空气流量

C. 空调组件防冰阀门开合度　　D. 飞行高度

19. 一般民航飞机,座舱高度超过(　　),声响警告装置将发出警告。

A. 8 000 ft　　B. 10 000 ft　　C. 14 000 ft　　D. 20 000 ft

20. 关于旅客氧气系统,下列说法错误的是(　　)。

A. 旅客氧气面罩可自动掉落

B. 氧气面罩掉落后马上提供氧气

C. 氧气面罩的供氧时间一般不低于 10 min

D. 氧气面罩掉落后,飞机应尽快下降至安全高度

三、简答题

1. 简述飞机燃油系统的功用。

2. 比较飞机常用的传动机构的优缺点。

3. 简述飞机液压驱动的优点。

4. 简述飞机上的电气负载。

5. 简述不同飞机无线电通信的优缺点。

6. 简述飞机卫星导航。

7. 简述典型空调组件的组成与工作过程。

8. 简述不同飞行阶段飞机座舱压力的调节方法。

部分习题参考答案

第 1 章

一、填空题

1. 航空器　航天器　火箭、导弹和制导武器
2. 空气静力航空器　空气动力航空器
3. 固定翼航空器　旋翼航空器　扑翼航空器
4. 7.9 km/s
5. 科学卫星　技术试验卫星　应用卫星
6. 核弹(原子弹和氢弹)　导弹　人造地球卫星
7. 商用飞机　通用飞机
8. 共轴式　横列式　纵列式　交叉式
9. 遥控驾驶　程式驾驶　自主驾驶
10. 有效载荷　挂载系统　任务控制系统

二、选择题

1.C　2.D　3.C　4.B　5.C　6.D　7.A　8.C　9.C　10.A

第 2 章

一、填空题

1. 飞行安全　航空地面安全　防止非法干扰　航空器客舱安全　危险品运输　搜寻与救援
2. 亿客公里死亡率　亿飞行公里事故率　100 万飞行小时事故率　10 万起降架次事故率
3. 健康　安全　财产　环境
4. (填 3 个即可)爆炸品　压缩气体和液化气体　易燃液体和易燃固体　自燃物品和易燃物品　氧化剂和有机过氧化物、毒害品和感染性物品　放射性物品　腐蚀品及其他(杂类)
5. 关注技术因素阶段　关注人为因素的阶段　关注组织机构(如航空公司、机场等)因素的阶段　关注总系统(全国航空系统)的阶段
6. 航空器　发动机　螺旋桨　部件
7. 初始适航管理　持续适航管理
8. 大会　理事会　秘书处

9.《中华人民共和国民用航空法》

10.管理程序(AP) 咨询通告(AC) 管理文件(MD) 工作手册(WM) 信息通告(IB)

二、选择题

1.A 2.B 3.A 4.C 5.B 6.C 7.A 8.D 9.C 10.D

第3章

一、填空题

1.机翼 机身 尾翼 起落装置 动力装置

2.飞机载荷 重量

3.拉伸 压缩 剪切 扭转 弯曲

4.强度 刚度

5.翼型 机身纵轴

6.前缘 后缘

7.翼梁 翼肋 桁条 蒙皮

8.连接 装载

9.半硬壳式机身

10.前三点式

11.减震器/减震支柱

12.绿色

13.旋翼 尾桨 机身

14.水平铰链 垂直铰链 轴向(变距)铰链

15.周期变距杆

二、选择题

1.B 2.D 3.ABCD 4.ABC 5.ACD 6.B 7.B 8.C 9.D 10.BCD 11.ABCD 12.CD 13.ABD 14.C 15.D

第4章

一、填空题

1.活塞式发动机 空气喷气式发动机

2.冲压式喷气发动机 脉动(冲)式喷气发动机

3.涡轮喷气发动机(涡喷) 涡轮风扇发动机(涡扇) 涡轮螺旋桨发动机(涡桨) 涡轮轴发动机(涡轴)

4.气缸 活塞 连杆 曲轴 气门机构 机匣

5.进气行程　压缩行程　膨胀行程　排气行程

6.进气道　压气机　燃烧室　燃气涡轮　尾喷管

7.轴流式压气机　离心式压气机

8.多个单管燃烧室　环管形燃烧室　环形燃烧室

9.外涵空气流量　内涵空气流量

10.桨叶　桨毂

二、选择题

1.B　2.D　3.A　4.D　5.C　6.D　7.A　8.B　9.C　10.B

第5章

一、填空题

1.78%　21%　其他气体

2.温度　对流层　平流层

3.10～12km

4.－56.5℃

5.1 013.25　14.7

6.6.5℃

7.增加/增大

8.压缩性

9.1 013.2　15　1.225　340.3

10.减小

11.相对气流　翼弦

12.对称面/纵轴　相对气流

13.反比

14.减小

15.伯努利

16.减小

17.失速迎角/临界迎角

18.黏性　摩擦阻力　压差阻力　干扰阻力

19.相反

20.飞行　地面

二、选择题

1.ABC　2.B　3.ACD　4.B　5.D　6.ABC　7.C　8.D　9.C　10.ACD　11.ABC

12. CD　13. CD　14. A　15. A　16. D　17. C　18. B　19. ABCD　20. C

第6章

一、填空题

1. 俯仰　滚转　偏航
2. 俯仰轴　滚转轴　偏航轴(或横轴、纵轴、竖轴/立轴)
3. 平均气动弦
4. 升力增量
5. 升力
6. 力　力矩
7. 静稳定性　动稳定性
8. 纵向稳定性　航向稳定性　横向稳定性(或者俯仰稳定性、偏航稳定性、滚转稳定性)
9. 俯仰
10. 铰链力矩

二、选择题

1. A　2. A　3. C　4. A　5. D　6. B　7. A　8. A　9. B　10. C

第7章

一、填空题

1. 起飞　上升　平飞　下降　着陆
2. 指示空速
3. 校正空速
4. 安全高度
5. 最陡上升　陡升速度
6. 最快上升　快升速度
7. 有利速度(最小阻力速度)
8. 最小功率速度
9. 大
10. (驾驶)盘　(方向)舵(或者“副翼、方向舵”)

二、选择题

1. C　2. C　3. D　4. C　5. B　6. C　7. A　8. B　9. B　10. C

第8章

一、填空题

1. 各种技术文档的编写和管理
2. 飞机燃油系统　发动机燃油系统
3. 重力供油　动力供油　气压供油

4. 先中间后两边
5. 升降舵(或全动平尾)　副翼(和飞行扰流板)　方向舵
6. 作动筒　液压马达
7. 汇流条
8. 勤务内话
9. 目视导航
10. 1 030 MHz　1 090 MHz
11. 气压降低/氧气浓度降低
12. 压力调节关断阀
13. 再循环系统
14. 越低
15. 8 000 ft(或 2 400 m)

二、选择题

1. C　2. B　3. AB　4. D　5. C　6. C　7. A　8. C　9. ABC　10. D　11. A　12. B
13. ABC　14. C　15. D　16. A　17. ABC　18. ABC　19. B　20. B

参考文献

[1] 丘宏俊. 简明飞机飞行原理[M]. 2 版. 西安:西北工业大学出版社,2021.

[2] 严月浩. 无人机概论[M]. 西安:西北工业大学出版社,2023.

[3] 程明. 民航系统安全概论[M]. 北京:清华大学出版社,2020.

[4] 花迎春. 航空安全管理概论[M]. 北京:兵器工业出版社,2008.

[5] BERNARD ETKIN, LLOYD DUFF REID. Dynamics of Flight: Stability and Control[M]. 3rd ed. [S. l.]:Wiley. 1995.

[6] 黄太平. 飞机性能工程[M]. 北京: 科学出版社,2005.

[7] 张铁纯,刘珂. 人为因素和航空法规[M]. 2 版. 北京:清华大学出版社,2017.

[8] 中国民用航空局航空器适航审定司,中国民航管理干部学院. 适航法规基础知识[M]. 北京:中国民航出版社,2010.

[9] 中国档案报社,深圳市档案局. 红色档案揭秘[M]. 北京:现代出版社,2015.

[10] 李奎. 航空安全管理[M]. 北京:航空工业出版社,2011.

[11] 周长春. 航空安全管理[M]. 成都:西南交通大学出版社,2011.

[12] 焦连跃,李华星. 从 FAA 看如何加强我国民航适航管理[J]. 西北工业大学学报,2009, 29(3):43 - 47.

[13] 宋静波. 飞机构造基础[M]. 北京:航空工业出版社,2020.

[14] 刘大响,陈光. 航空发动机:飞机的心脏[M]. 北京:航空工业出版社,2003.

[15] 李红军. 航空航天概论[M]. 北京:北京航空航天大学出版社,2011.

[16] 蔡景,徐一鸣,孙见忠,等. 航空发动机构造与维修管理[M]. 北京:北京航空航天大学出版社,2015.

[17] 蔡建兵,吴施志. 涡轴发动机技术发展[J]. 航空动力,2018(5):37 - 39.

[18] 中国航空工业集团公司《新航空概论》编写组. 新航空概论[M]. 北京:航空工业出版

社,2010.

[19] 宋静波,刘熊,田巍.波音737NG飞机动力装置(CFM56-7B & APU)[M].西安:西北工业大学出版社,2018.

[20] 付伟,李明,陶志平.世界航空燃料规格及进展[M].北京:中国石化出版社,2011.

[21] 郝红武.航空航天概论[M].北京:北京航空航天大学出版社,2018.

[22] 布罗克豪斯.飞行控制[M].北京:国防工业出版社,1999.

[23] 方振平,陈万春,张曙光,等.航空飞行器飞行动力学[M].北京:北京航空航天大学出版社,2005.